环保公益性行业科研专项经费项目系列丛书

中国流域库坝工程开发的生态效应与生态调度研究

鲁春霞等 著

科学出版社

北京

内 容 简 介

水库大坝工程开发是流域水利水电资源获取的主要方式。然而,随着现代流域开发强度的迅速提高,大规模库坝工程建设所产生的生态负效应也不断显现出来。本书在分析揭示现代流域库坝工程开发的生态效应及其特征的基础上,对中国流域库坝工程开发向高坝大库、全流域和梯级密集开发等方向发展及其引发的生态效应发展趋势进行剖析;应用构建的生态效应评价指标体系对已经完成工程开发的猫跳河和白洋淀流域展开案例研究;为建立流域库坝工程开发的生态约束阈值和准则,提出了流域水利水电资源综合开发强度阈值并完成了中国二级流域的库坝工程开发生态效应敏感性分区;针对已经开发的流域提出基于生态保护目标的工程调度准则,以期为我国流域水利水电资源的合理有序开发提供科技支持。

本书作为从事资源科学、生态学和环境学等专业领域的研究生、本科生的参考用书,也适合资源生态和资源环境领域的科技人员参阅。

图书在版编目(CIP)数据

中国流域库坝工程开发的生态效应与生态调度研究 / 鲁春霞等著.
—北京:科学出版社,2013.7
(环保公益性行业科研专项经费项目系列丛书)
ISBN 978-7-03-038013-5

Ⅰ.①中⋯ Ⅱ.①鲁⋯ Ⅲ.①大坝–水利工程–生态工程–研究–中国②水库–水利工程–生态工程–研究–中国 Ⅳ.①TV632

中国版本图书馆 CIP 数据核字(2013)第 136232 号

责任编辑:刘 超 / 责任校对:郑金红
责任印制:徐晓晨 / 封面设计:无极书装

科学出版社出版
北京东黄城根北街 16 号
邮政编码:100717
http://www.sciencep.com

北京京华虎彩印刷有限公司 印刷
科学出版社发行 各地新华书店经销

*

2013 年 7 月第 一 版   开本:787×1092 1/16
2017 年 4 月第二次印刷   印张:20 3/4
字数:471 000

定价:168.00 元
(如有印装质量问题,我社负责调换)

环保公益性行业科研专项经费项目系列丛书

编著委员会

顾　　问：吴晓青
组　　长：赵英民
副组长：刘志全
成　　员：禹　军　陈　胜　刘海波

项目研究及本书撰写组成员

鲁春霞　中国科学院地理科学与资源研究所
张　雷　中国科学院地理科学与资源研究所
谢高地　中国科学院地理科学与资源研究所
曹学章　环境保护部南京环境科学研究所
高彦春　中国科学院地理科学与资源研究所
徐增让　中国科学院地理科学与资源研究所
陈　龙　中国科学院地理科学与资源研究所
李亦秋　中国科学院地理科学与资源研究所
刘　铭　中国科学院地理科学与资源研究所
李江苏　中国科学院地理科学与资源研究所
刘茂峰　中国科学院地理科学与资源研究所
裴　厦　中国科学院地理科学与资源研究所
黄园淅　中国科学院地理科学与资源研究所
唐笑飞　中国科学院地理科学与资源研究所
马　聪　中国科学院地理科学与资源研究所
唐晓燕　环境保护部南京环境科学研究所
张　明　环境保护部南京环境科学研究所
董文君　环境保护部南京环境科学研究所
池明茹　环境保护部南京环境科学研究所
李小青　环境保护部南京环境科学研究所
张赶年　环境保护部南京环境科学研究所
毛陶金　环境保护部南京环境科学研究所

环保公益性行业科研专项经费项目系列丛书

序　言

　　我国作为一个发展中的人口大国，资源环境问题是长期制约经济社会可持续发展的重大问题。党中央、国务院高度重视环境保护工作，提出了建设生态文明、建设资源节约型与环境友好型社会、推进环境保护历史性转变、让江河湖泊休养生息、节能减排是转方式调结构的重要抓手、环境保护是重大民生问题、探索中国环保新道路等一系列新理念新举措。在科学发展观的指导下，"十一五"环境保护工作成效显著，在经济增长超过预期的情况下，主要污染物减排任务超额完成，环境质量持续改善。

　　随着当前经济的高速增长，资源环境约束进一步强化，环境保护正处于负重爬坡的艰难阶段。治污减排的压力有增无减，环境质量改善的压力不断加大，防范环境风险的压力持续增加，确保核与辐射安全的压力继续加大，应对全球环境问题的压力急剧加大。要破解发展经济与保护环境的难点，解决影响可持续发展和群众健康的突出环境问题，确保环保工作不断上台阶出亮点，必须充分依靠科技创新和科技进步，构建强大坚实的科技支撑体系。

　　2006年，我国发布了《国家中长期科学和技术发展规划纲要（2006-2020年）》（以下简称《规划纲要》），提出了建设创新型国家战略，科技事业进入了发展的快车道，环保科技也迎来了蓬勃发展的春天。为适应环境保护历史性转变和创新型国家建设的要求，原国家环境保护总局于2006年召开了第一次全国环保科技大会，出台了《关于增强环境科技创新能力的若干意见》，确立了科技兴环保战略，建设了环境科技创新体系、环境标准体系、环境技术管理体系三大工程。五年来，在广大环境科技工作者的努力下，水体污染控制与治理科技重大专项启动实施，科技投入持续增加，科技创新能力显著增强；发布了502项新标准，现行国家标准达1263项，环境标准体系建设实现了跨越式发展；完成了100余项环保技术文件的制修订工作，初步建成以重点行业污染防治技术政策、技术指南和工程技术规范为主要内容的国家环境技术管理体系。环境科技为全面完成"十一五"环保规划的各项任务起到了重要的引领和支撑作用。

　　为优化中央财政科技投入结构，支持市场机制不能有效配置资源的社会公益研究活动，"十一五"期间国家设立了公益性行业科研专项经费。根据财政部、科技部的总体部署，环保公益性行业科研专项紧密围绕《规划纲要》和《国家环境保护"十一五"科技发展规划》确定的重点领域和优先主题，立足环境管理中的科技需求，积极开展应急性、培育性、基础性科学研究。"十一五"期间，环境保护部组织实施了公益性行业科研专项项目234项，涉及大气、水、生态、土壤、固废、核与辐射等领域，共有包括中央级科研院所、高等院校、地方环保科研单位和企业等几百家单位参与，逐步形成了优势互补、团结协作、良性竞争、共同发展的环保科技"统一战线"。目前，专项取得了重要研究成果，提出了一系列控制污染和改善环境质量技术方案，形成一批环境监测预警和监督管理技术体系，研发出一批与生态环境保护、国际履约、核与辐射安全相关的关键技术，提出了一系列环境标准、指南和技术规范建议，为解决我国环境保护和环境管理中急需的成套技术和政策制定提供了重要的科技支撑。

为广泛共享"十一五"期间环保公益性行业科研专项项目研究成果，及时总结项目组织管理经验，环境保护部科技标准司组织出版"十一五"环保公益性行业科研专项经费系列丛书。该丛书汇集了一批专项研究的代表性成果，具有较强的学术性和实用性，可以说是环境领域不可多得的资料文献。丛书的组织出版，在科技管理上也是一次很好的尝试，我们希望通过这一尝试，能够进一步活跃环保科技的学术氛围，促进科技成果的转化与应用，为探索中国环保新道路提供有力的科技支撑。

中华人民共和国环境保护部副部长

吴晓青

2011 年 10 月

前 言

从逐水而居到逐水而兴，人类文明的发育演进始终与河流休戚相关。流域生态系统不仅为人类的生存发展提供淡水资源和淡水产品，而且提供了多种生态服务，因而成为人文活动最为活跃的地带。随着工业化和城市化快速发展及其对水资源需求的急剧增长，高筑坝、广蓄水、谋发展的流域开发方式已经成为促进区域经济发展的基本手段。不断兴建的水库大坝在满足人类获取能源、控制洪涝、增加灌溉、改善航运等各种需求的同时，却对工程建设所在地区乃至整个流域生态系统的结构和功能产生了日益扩大的负面影响。这种负面影响不仅危害到流域生态系统的健康，而且也殃及现代流域开发自身的可持续性。一些以巨大人力和物力资本投入建立起来的水利水电工程设施，在经历了初期的辉煌之后，便开始面临如何维持工程自身正常运行的严峻挑战，从而极大地偏离了工程建设的初衷，甚至成为一种生态包袱。

过去30多年来，在以经济增长为中心的发展方式主导下，我国自然资源开发的规模和力度前所未有，而与之相伴的是资源的过度开发与生态环境的日趋恶化。河流水资源过度开发及其引发的生态环境问题尤其突出，主要表现为北方河流过度开发导致断流、流域生态系统结构和功能退化，全国河湖水质普遍受到不同程度的污染，这些实际上就是流域开发产生的生态效应现象。截至2010年，我国已经建成各类大坝水库8.78万余座，水库总库容7162亿 m^3，占全国地表水资源可利用量的88%。显然，库坝工程作为流域水利水电资源的主要获取方式，是我国流域生态效应发生的起点及其扩展的动力来源。流域库坝工程开发的程度越高，生态效应发生的时间也就越长，发生的范围也就越广，影响的程度也就越大。透过支流流域水利工程的生态后果评估分析，揭示其发生发展规律及作用机制，并提出流域水利工程开发的生态约束性阈值及准则，并制定减缓水利工程生态效应的工程调度生态准则，确保流域生态系统的健康与生态安全，既是水资源开发和环境管理工作亟待解决的重大课题，也是我国实现社会经济、资源与环境持续协调发展所迫切解决的问题。

本书是国家环保公益性行业专项项目"水利工程生态效应与生态调度准则研究"（编号：200909057，2009-2012）的主要研究成果，在该项目资助下出版。

全书共分为10章，以流域库坝工程开发的生态效应及其评价体系，流域水利工程开发的生态约束阈值及准则，水利工程生态效应的生态调度准则为主要内容展开。第一章分析了现代流域开发的生态效应及其特征，第二章对国内外流域大坝工程开发的生态效应研究进展进行回顾和总结；第三章对中国流域库坝工程开发现状及其生态效应特征进行分析；第四章构建了库坝工程开发的生态效应评价指标体系；第五章和第六章分别以完成流域开发的白洋淀和猫跳河为案例区进行生态效应评价分析；第七章进行流域开发的生态效应敏感性分区研究；第八章进行流域开发的生态约束阈值与准则研究；第九章是国内外水利工程生态调度的相关研究进展综述；第十章构建水利工程生态调度准则及案例研究。

感谢国家环保公益性行业专项项目对本书出版的资助！感谢项目实施过程中相关管理人员及专家所给予的指导和建议！

由于各种局限，本书定有一些不足和值得商榷之处，敬请读者不吝指正，以便我们在以后的研究工作中不断进步。

鲁春霞

2013.5.25

目 录

序言
前言

第1章 流域库坝工程开发的生态效应及其特征 ··················· 1
  1.1 现代流域生态系统的发育冲突与开发环境 ··················· 1
  1.2 现代流域开发的生态效应 ··················· 5
  参考文献 ··················· 15

第2章 库坝工程生态效应及其评估的研究进展 ··················· 16
  2.1 国外相关研究现状 ··················· 16
  2.2 水利工程生态效应及其评价的国内相关研究现状 ··················· 24
  2.3 国内外大坝工程生态效应研究及对中国的启示 ··················· 31
  参考文献 ··················· 32

第3章 中国流域库坝工程开发的现状分析 ··················· 35
  3.1 中国流域库坝工程开发的资源生态基础分析 ··················· 35
  3.2 流域库坝工程开发的区域特征 ··················· 38
  3.3 流域库坝工程的开发趋势及其生态效应特征 ··················· 39
  参考文献 ··················· 45

第4章 库坝工程生态效应评价的核心指标体系构建 ··················· 47
  4.1 流域库坝工程生态效应主要特征的认识 ··················· 47
  4.2 库坝工程生态效应评价的特点 ··················· 48
  4.3 库坝工程生态效应评价以河流系统健康为总标准 ··················· 51
  4.4 流域库坝工程生态效应评价指标体系构建 ··················· 54
  4.5 评价标准 ··················· 60
  4.6 评价结果 ··················· 60
  参考文献 ··················· 60

第5章 白洋淀流域库坝工程的生态效应评估 ··················· 61
  5.1 案例区概况 ··················· 61
  5.2 白洋淀流域水文气象要素演变特征分析 ··················· 68
  5.3 水利工程的生态效应评价 ··················· 78
  5.4 库坝工程对流域生态影响的机制分析 ··················· 93
  5.5 对策建议 ··················· 114
  参考文献 ··················· 115

第6章 猫跳河流域梯级开发的生态效应评估 ··················· 117

v

6.1　案例区概况 ……………………………………………………………… 117
　　6.2　猫跳河流域生态环境要素分析 ………………………………………… 123
　　6.3　水利工程的生态效应评价 ……………………………………………… 135
　　6.4　流域库坝工程对流域生态环境影响的机制分析 ……………………… 162
　　6.5　对策建议 ………………………………………………………………… 172
　　参考文献 ………………………………………………………………………… 173
第 7 章　流域开发的生态阈值及相关准则研究 ………………………………… 175
　　7.1　流域水资源开发阈值的研究进展 ……………………………………… 175
　　7.2　中国流域水资源开发的阈值构建 ……………………………………… 180
　　7.3　基于大坝下游河道水温变化的流域梯级开发阈限分析 ……………… 188
　　7.4　流域水资源开发的生态约束准则 ……………………………………… 194
　　参考文献 ………………………………………………………………………… 197
第 8 章　流域库坝工程开发的生态效应敏感性分区 …………………………… 199
　　8.1　生态效应敏感性分区方法 ……………………………………………… 199
　　8.2　生态效应敏感性分区 …………………………………………………… 204
　　8.3　结语 ……………………………………………………………………… 228
　　参考文献 ………………………………………………………………………… 228
第 9 章　水利工程生态调度及其研究进展 ……………………………………… 230
　　9.1　水利工程生态调度概述 ………………………………………………… 230
　　9.2　国内外水利工程生态调度的相关法规标准 …………………………… 240
　　参考文献 ………………………………………………………………………… 252
第 10 章　水利工程生态调度准则及案例研究 …………………………………… 254
　　10.1　水利工程生态调度准则框架 …………………………………………… 254
　　10.2　白洋淀流域水利工程生态调度研究 …………………………………… 263
　　10.3　汉江流域安康水库生态调度研究 ……………………………………… 290
　　参考文献 ………………………………………………………………………… 315

第1章 流域库坝工程开发的生态效应及其特征

1.1 现代流域生态系统的发育冲突与开发环境

流域不仅为地表淡水循环与物质能量输送提供着最重要的交换场所，而且也为地表陆生生态系统提供着最广大的发育空间。人类社会及其文明之所以发源和成长于流域，其原因就在于此。

历史证据表明，人类从逐水而居到逐水而兴，其文明的发育程度越高，越是表现出对流域开发的依赖。从这个意义上讲，人类社会的文明和进步就是一部流域开发史。如果说古代时期人类的流域开发还带有对上苍（大自然）无比敬畏的话，那么，自工业革命以来，人与流域的关系开始发生重大转变。大量体外工具的制造和使用彻底改变了人类以往的流域开发方式。高筑坝、广蓄水、谋发展的流域梯级开发方式已成为促进国家和地区现代化发展的基本手段。

不断兴建的大坝水库在满足人类获取能源、防止洪涝、提高灌溉、改善通航和城乡供水等各种需求的同时，却对工程建设所在地区乃至整个流域生态系统的稳定和正常发育产生了日益扩大的负面影响。这种负面影响不仅危害到流域的健康发育，而且也殃及人类现代流域开发自身的可持续性。一些以巨大人力和物力资本投入建立起来的水利水电工程设施，在经历了初期的辉煌之后，便开始面临如何维持工程自身正常运行基础的严峻挑战，从而极大地偏离了工程建设的初衷，甚至成为一种生态包袱。应当说，这种情况在世界各国均有发生。显然，如何维系流域的健康发育便成为人类社会持续发展及其文明传承的基本任务和首要目标。

中国是世界流域发育最为发达和人为开发最早的国家之一。中华民族的文明发育从初始状态到持续成长，每一个阶段无一不与流域水资源的开发密切相关。从古代文明时期的大禹治水、都江堰工程、大运河开凿以及历朝历代的黄河治理，再到现代文明时期的大规模流域水利水电建设，正是中国"人水关系"演进的真实过程印记。客观地讲，作为世界上的人口与发展中大国，中国所面临的流域水资源开发任务较之其他国家更为繁重、更为艰巨，也更为复杂。从这一观点出发，能否实现流域水资源的合理开发，关乎整个中华民族文明未来的走向。开展有关流域库坝工程开发的生态效应及其调度，其意义就在于此。

1.1.1 现代流域生态系统已然是自然系统与人文系统的复合体

流域承载的是地球陆地表层最具生机和最为复杂的生态系统。流域生态系统不仅是自然物种繁衍和多样化演进最为适宜的地带，而且也是人类社会文明发育和进步最为活跃的地带。这种由自然与人文两大系统共生的空间组织形式正是流域生态系统构成的基本特征所在（图1-1）。

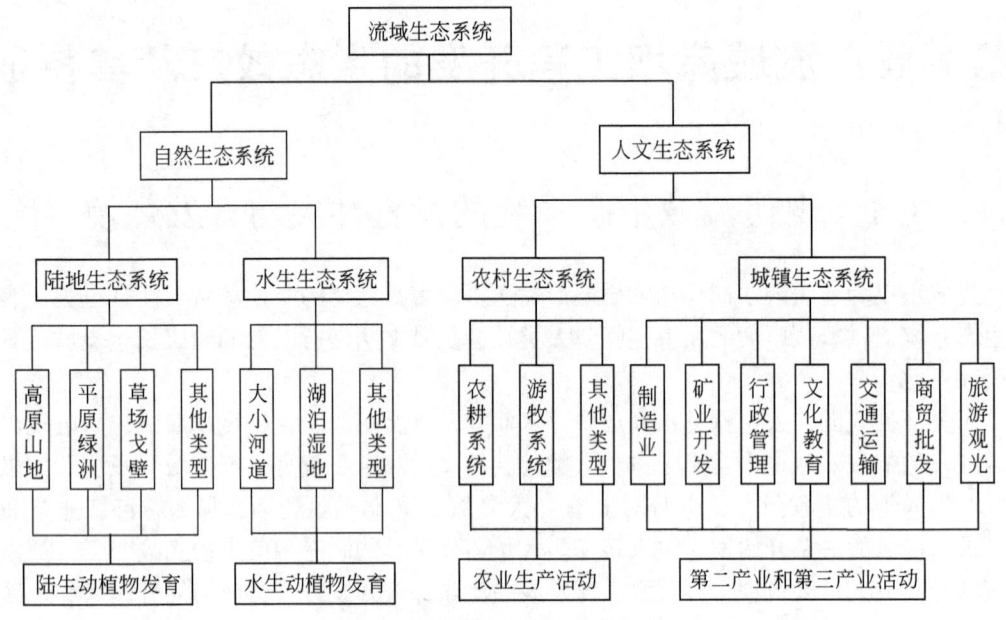

图1-1 流域生态系统及其构成

　　一般而言，流域自然生态系统大体可分为陆生生态系统与水生生态系统两大部分。其中，陆生生态系统由高原山地、平原绿洲、草场戈壁，以及在这种不同地域空间组织形态上发育起来的所有动植物群落所组成；水生生态系统则包括了各类河道、湖泊湿地、其他类型所组成的水生网络形态，以及所有相关的水生生物群落。

　　流域人文生态系统同样可分为农村与城镇两大生态系统。其中，农村生态系统的发育通常为农业耕作、游牧狩猎和其他类型等人类社会活动所决定；城镇生态系统的发育则为职能各异的第二、第三产业人类社会经济活动所主宰。

　　溯源而上的流域库坝开发工程开发建设是流域人文生态系统发育的基础。随着库坝工程的建设，已使越来越多的流域原始生态景观荡然无存，取而代之的则是庞杂的输水渠道系统、各色农田牧场、繁华的城镇村落、繁忙的船只航运以及旅游设施等人文景观。这种从自然主导到人文主导的系统转变是现代流域开发所产生的最大生态变化。

　　因此，要实现人类文明发展与流域生态发育的和谐共进，首先必须认识到，现代流域生态系统已经绝非纯自然的生态系统，而是自然生态系统与人文生态系统构成的复合系统。在流域开发过程中需要兼顾生态系统保护与人类生存发展的水资源需求。

1.1.2　流域生态系统的发育冲突

　　在工业文明之前，流域共生的自然与人文两大生态系统发育完全处在一种低水平的和谐状态。一俟进入工业化时代后，随着生产技术水平的提高，城市化和工业化的发展，持续增长的开发能力和技术手段开始打破了两大共生系统之间的传统平衡。人类试图通过现代工程手段实现对流域资源环境开发的控制欲望变得愈加强烈。其结果，造成流域两大生态系统的发育冲突日趋明显，所产生的生态效应无论是在时间上和空间上均大大超出了人类的预期。

近年来，随着库坝工程对流域水资源的开发强度增大，流域生态系统发育冲突的快速演化引发了越来越多的关注。

1. 生存用水与发展用水的需求冲突

生存用水和发展用水是现代流域水资源综合开发需求冲突的一个最基本特征，也是流域开发与保护的关键环节。

通常，生存用水包括生态用水、居民生活用水和农业生产用水等。发展用水则包括工业生产用水、水力发电用水、航道运营用水和其他用水等。

地球上淡水资源的稀缺性决定了其必然产生竞争性的利用。一方面，维持河流自然生态系统正常发育和流域居民基本生存需要水资源；另一方面，满足人类更高需求的工业生产、发电、航运等也需要通过流域资源开发来得到满足。在市场经济条件下，人们不惜采用工程手段、市场手段进行流域水资源的开发、调节、处理和控制，以获得最大的使用价值。与生存用水相比，发展用水能获得更大的经济利益，因而发展用水挤占生存用水便成为流域水资源开发的一种必然。由于人类生存用水的需求第一性特征，为了眼前利益，发展用水常常通过挤占维系流域自然环境的生态用水来实现自身的发展目标。然而，作为人类社会生存发展的物质基础，流域自然生态系统的基础地位无法改变。因此流域自然生态系统的退化与破坏便意味着人类生存与发展的物质基础衰退和消亡。

中国干旱半干旱区面积广阔，地表淡水资源十分有限，生存用水不足，发展用水增长空间有限。在这样的流域水资源条件下，如何解决生存用水与发展用水的冲突将是我们长期面临的挑战。

2. 河流多功能利用的相互冲突

流域淡水生态系统不仅为人类提供水源、承载航运和水力发电的功能，还具有稀释污染的自然净化功能、为水生生物提供生境的能力以及为休闲娱乐提供场所的功能。这些功能可以被开发并产生生态环境效应和社会经济效益，但同时也会在发挥不同功能之间产生矛盾与冲突，即一种功能的开发利用可能影响另一种功能作用发挥。

例如在水电站库坝进行引水用于供水或灌溉，就会影响水电站的发电量；而水电站下游的用水又会因水电站的运行放水而在数量上与时间分配上产生矛盾。在水库下游，无论水库用于供水还是发电，都会对航运、水生生物养殖、繁殖和洄游产生影响。在水库进行旅游项目开发会影响水库水质。因此必须协调水利水电工程开发与生态制约问题，实现水量最佳分配，用水综合效益最优，既维护良好的生态环境效益又满足经济效益。这就需要按照当地的自然和社会条件以及各方面对水资源功能的需求，分别考虑各种功能并进行综合，协调开发某几种功能并有所侧重，确保水资源的可持续利用，支持社会经济的可持续发展。

1.1.3 流域开发的过程特征

稳定的水土空间组合是人类文明生存和延续的基础所在。因此，有效控制流域的江河水源便成为能否实现人类对流域资源利用及其产出能力控制的先决条件。现代流域库坝工程之所以大行其道，原因就在于人文社会欲凭借大量体外工具的制造和使用扩展自身生存和发展的强烈意愿。然而，流域物质能量的交换以及地域自然生态系统却完全遵循其自身发育的法则。于是，流域人文与自然两大系统的发育冲突便在所难免。

1. 库坝工程开发与流域自然发育呈现逆向过程关系

水是地球表层物质能量交换的一个关键要素。流域则是陆地空间各类水形态转换（物质能量交换）的最佳地域和最集中场所。在地表水循环的作用下，流域的形成是一个从面到线再到面、从高到低与自上而下的自然发育过程。在这种流域自然发育过程中，高原山地为能量汇集之所；大江大河为能量输送通道；洪积冲积平原为能量宣泄之地（图1-2）。

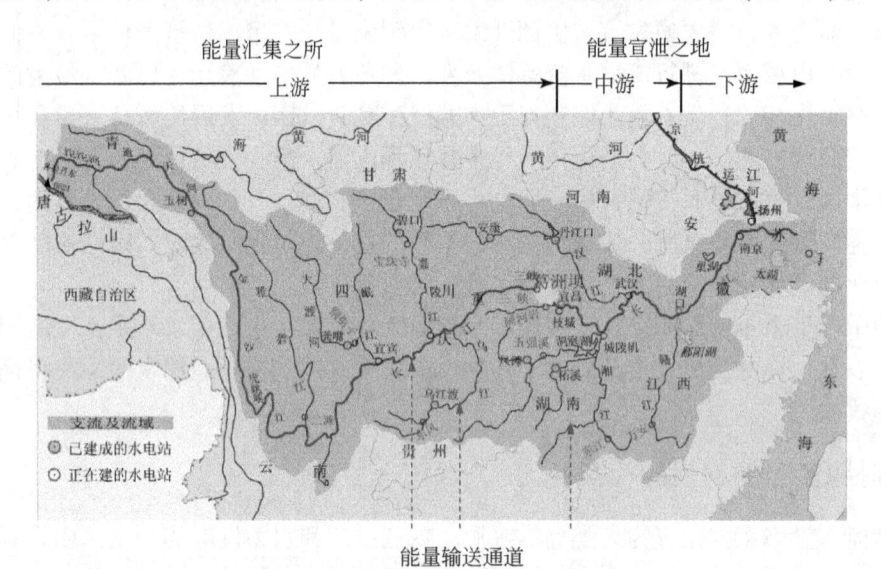

图1-2 流域自然功能区划示意

与之相比，人类的流域库坝工程建设则采取的是一种与流域自然发育过程完全对立的逆向开发方式，即为了确保中下游地区长期形成的人口与财富的集聚，通过从低（坝）到高（坝）和自下（游）而上（游）的梯级水工设施建设以减缓和节制流域水能运行的速率及方向，从而实现人为控制流域水资源的开发和利用。

在这种逆向开发过程中，包括库坝及相关水工设施在内的水利水电工程建设便成为了流域开发生态效应发生的起点及其扩展的动力来源。流域库坝工程开发的程度越高，这种生态效应发生的时间也就越长，发生的范围也就越广。这就是现代流域开发的基本特征。

2. 库坝开发过程取决于流域自然与人文两大生态系统的共同演进

流域开发过程主要受流域资源环境的本底特征以及自然与人文两大生态系统的发育状态的影响。通常，流域的开发过程主要取决于以下3个方面。

（1）开发区域的自然环境，如水资源蕴藏、地形地貌、地质环境、大气降水、土地覆被、水土流失和河道形态等；

（2）水工设施的建设和运行条件，如主体设施建设的地理位置、工程设计标准和施工环境、资金与人员投入、材料供应与设备保障、上下游工程联合管理运行可行性等；

（3）开发区域的人地关系演进状态及特征，如人口密度、社会经济发展水平和资源环境开发方式。

应当说，在流域库坝工程建设的设计阶段，人们对上述流域开发环境也曾给予很大的关注。但是，在所取得的认识方面却更多地注重现状特征的分析方面，而疏忽对未来工程建成后流域生态系统变化的判断，其中一个重要方面就是流域自然与人文两大生态系统相互作用（流域人地关系演进）方面。如此明于静态暗于动态的结果最终导致许多工程投产后不久，不得不因流域开发环境的变化而改变工程设计的初衷。

1.2 现代流域开发的生态效应

1.2.1 流域开发的生态效应

1. 库坝工程的生态效应概念

用于控制和调配自然界地表水和地下水，为达到除害兴利目的而修建的工程就是水利工程。通过水利工程才能控制水流，防止洪涝灾害，并进行水量的调节和分配，从而满足人类对生活和生产的水资源需求。

对水利工程可以有不同的分类，如按照工程功能分则有：①蓄水工程，指水库和塘坝；②引水工程，指从河道、湖泊等地表水体自流引水的工程；③提水工程，指利用扬水泵站从河道、湖泊等地表水体提水的工程；④调水工程，指水资源一级区或独立流域之间的跨流域调水工程，蓄、引、提工程中均不包括调水工程的配套工程；⑤地下水源工程，指利用地下水的水井工程。

无论如何分类，对地表河流水资源利用的水利工程主要是通过修建水库大坝，来达到防洪、灌溉、发电、航运等多种目标服务。如果按照国际大坝委员会规定，坝高超过15m，或者库容超过300万 m^3、坝高在5m以上的坝为大坝，则全球有约5万座大坝，另有10万多座超过10万 m^3 库容的小坝，几百万座小于10万 m^3 库容的更小的坝（贾金生，2004）。因此，世界范围内在河流上修建大坝工程已经对流域生态系统产生了深刻的影响。

截至2009年年底，中国已建成各类库坝工程87 151座，总库容7064亿 m^3，占全国河川径流量的25.2%。显然，这些库坝工程是真正影响中国河流生态系统安全的水利工程。

效应一般是指由某种动力或原因所产生的一种特定的科学现象，在物理学中应用的比较早。近几十年来，由于人类活动对自然的影响，在环境科学、生态学等学科中使用频率也逐渐增大，如温室效应、热岛效应、焚风效应以及生态效应等（姚维科，2006）。生态效应是指由人类活动和自然环境变化等对生态系统结构和功能所造成的影响（方子云，2005）。生态效应包含生态正效应和生态负效应，前者指利于生态系统中生物体生存和发展的变化，即良性的或有益的生态效应，后者是指不利于生态系统中生物体的生存和发展的变化，即不良生态效应（金岚，1992）。

水利工程的生态效应是指水利工程建成之后对自然界的生态破坏和生态修复两种效应的综合结果（孙宗凤等，2004）。生态破坏是指水利工程直接作用于水生态系统，造成水流紊乱之后而引起生态系统的生产能力显著减少和结构显著改变，从而引起的环境问题。

上述分类反映了水利工程生态效应既包括正面的、积极的生态影响及其响应，同时也包括负面的、消极的生态影响及其响应。但从水利工程生态效应概念产生的动因来看，关注水利工程的负生态效应，防止和避免流域因水利工程不合理开发引发生态问题或产生不良的生态后果，才是水利工程生态效应研究的关键。因此，库坝工程的生态效应就是库坝工程建设及其运行过程中产生的生态影响及其生态后果。

2. 生态效应的发生途径

长期的实践表明，现代流域库坝工程开发的生态效应主要通过物理和化学两种途径来实现（图1-3）。

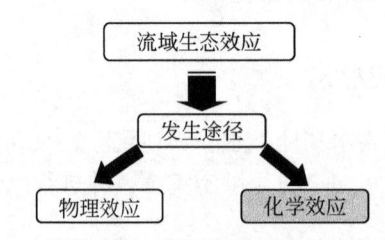

图1-3 流域库坝工程开发的生态效应发生途径

1）物理效应途径

水利水电库坝工程建成后，会对所在流域的生态系统产生巨大的物理效应。根据中国的实践，这种物理效应可以表现为直接物理效应、间接物理效应和诱发物理效应三类（图1-4）。

就直接的物理效应而言，主要表现在：①河流流速与流向变化。人为控制流域水能流动的变化是水利水电工程建设的一个基本目标，并以此提升工程的防洪、灌溉、供水、发电和航运等职能；②水体形态变化。大坝截流使流域水体面积大增，形成"高峡平湖"，从而使流域水量的人工调度需求得以实现。

就间接效应而言，主要表现在：①流域局地水文气象和河道径流的水文特性条件的变化，前者如降雨、蒸发、气温、风速、风向等，后者如洪峰流量、年径流量、季（日）径流量以及极值流量（最大、最小）等变化；②库区土地覆被变化。如库区居民点、耕田、林地和其他用地的淹没；③流域输沙特性的改变。如造成库区淤积和下游河道冲淤等；

```
                    ┌─直接物理效应─→ ①河流流速与流向变化；②水体形态变化
           物
           理                        ①流域局地水文气象和河道径流的水文特性条
           效  ─────间接物理效应─→    件变化；②库区土地覆被变化；③河流输沙
           应                        特性变化；④库区与河道水温变化；⑤流域
                                     水土空间组合结构的变化；⑥水土流失等
                    └─诱发物理效应─→ ①诱发地震；②物种变迁；③人为活动的加
                                     剧；④突发性灾难等
```

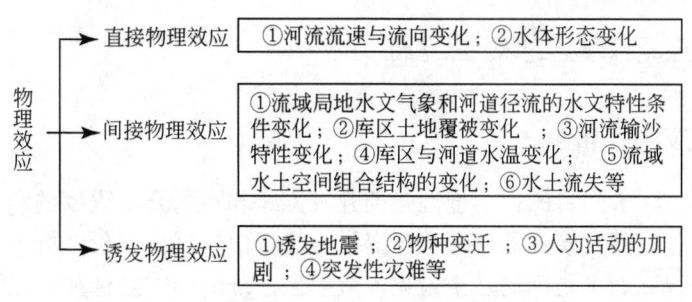

图 1-4　流域库坝工程开发的物理效应过程

④库区与河道水温变化；⑤流域水土空间组合结构的改变。如大坝的阻隔作用常使流域河流断流、下游地区湖泊与湿地萎缩乃至完全丧失其生态功能；⑥水土流失等。例如库区和河道水位的升降会影响到岸坡的稳定、河口岸线侵蚀和库区移民安置（包括居民点安置和荒地开垦）等所造成的水土再流失。

就诱发效应而言，主要表现在：①诱发地震。库区蓄水和弃水时引发断层移动所引发的库区及邻近地区地震；②物种变迁。随着生存环境的变化，如库区水温和河道变形等常常对水生和陆生原生物种种群的繁衍生息产生严重干扰影响，甚至造成一些物种的消亡；③人为活动的加剧。例如，水工设施建设所产生的自然景观变化常易诱发库区旅游和养殖业的发展，从而加速库区水体水质变化；④突发性灾难等。如因人为管理和维护不善、或其他自然外力因素造成的溃坝，殃及大坝下游所有生灵。

2）化学效应途径

客观地讲，这是流域库坝工程开发常见的一种生态效应，是大坝工程所产生的一种诱发结果。这种化学效应主要表现在：①流域水环境的变化。通常，在水流变缓与水温升高的物理效应作用下，库区水化学组成天然的结构、状态及时空变化特征等方面也会随之发生改变，产生相应的化学变化，从而对水质的稳定产生不良影响，造成水质污染。特别是在工程投产后引发库区及周边人为活动增强的情况下，这种化学变化的作用往往会得到明显放大。②流域土壤化学环境的变化。如大规模引水灌溉所引发的流域土壤盐碱化（图1-5）。

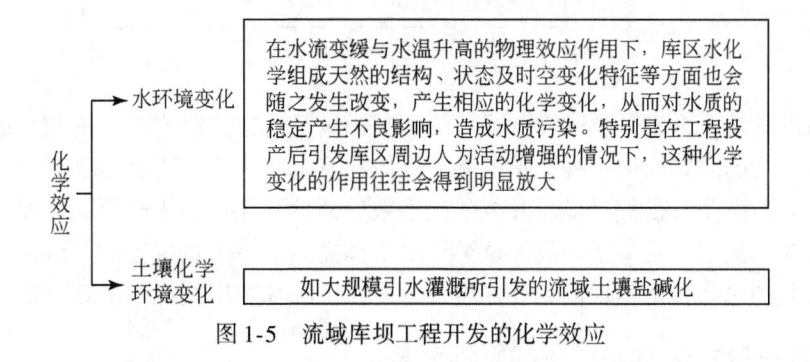

```
        ┌─水环境变化─→ 在水流变缓与水温升高的物理效应作用下，库区水化
   化                    学组成天然的结构、状态及时空变化特征等方面也会
   学                    随之发生改变，产生相应的化学变化，从而对水质的
   效                    稳定产生不良影响，造成水质污染。特别是在工程投
   应                    产后引发库区周边人为活动增强的情况下，这种化学
                         变化的作用往往会得到明显放大
        └─土壤化学
          环境变化 ─→ 如大规模引水灌溉所引发的流域土壤盐碱化
```

图 1-5　流域库坝工程开发的化学效应

1.2.2 生态效应的发生过程分析

1. 生态效应的评价

流域生态效应评价的目的在于把握各类开发方式和不同开发程度的利弊与得失，以便为流域库坝工程整体开发模式的理性选择提供可靠科学依据。评价的标准应是：各类开发方式是否有利于提高而不是削弱乃至毁灭流域生态系统的整体发育和承载能力。

一般而言，作为流域生态系统的重要组成部分，人类社会是流域开发的最大受益者。随着流域开发程度的提高，人类社会通过减少洪涝危害、增加灌溉面积、改善航运条件、扩展供水范围、提高水产能力和增大能量供应等极大地改善了自身的生存和发展环境，强化了人文系统在流域生态系统发育中的地位和影响力。这一发展无疑改变了流域生态系统的发育状态，总体上属于流域开发的正面生态效应（图1-6）。

然而，大规模的流域开发完全改变了河流的物质能量交换方式与运行节律，严重干扰和破坏了流域水土空间组合结构的稳定与整个生态系统的生存环境，以致流域最终失去生态多样性的发育能力。这种变化所产生的效果则属于流域开发的生态负效应。目前的关键问题在于：人类社会对现代流域开发的生态正效应已经形成了较为全面的认知，对其所做的评价往往预期很高。但是，对其负效应还缺乏深入和系统的了解，对其所做的评价常常不具有明确的针对性。

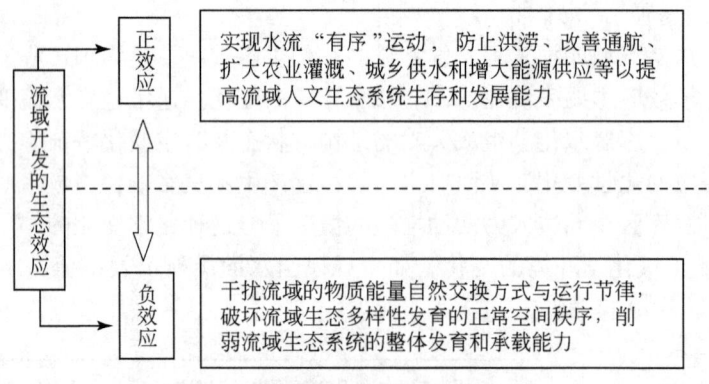

图1-6 现代流域开发的生态效应

应当指出的是，由于各类开发方式、特别是梯级开发方式所产生的流域生态效应通常需要一个大尺度的时空演进过程，特别是负效应的发生往往具有明显的时空滞后特征（图1-7）。这一效应发生特征使得流域开发的生态效应评价往往显得十分复杂和艰难。所幸的是，人类长期的流域开发实践为展开这类评价工作提供了一个良好基础。因此，重视对国内外以往经验的总结，是实现流域开发生态效应评价的基本出发点和基础所在。

2. 生态效应发生发展过程的案例分析

本书重点分析了海河水系的白洋淀流域和乌江一级支流猫跳河流域库坝工程开发及其

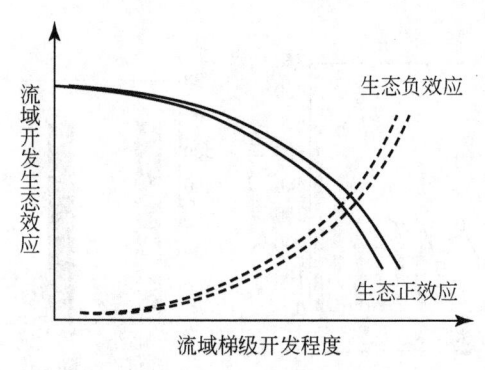

图1-7 流域开发生态效应的发生过程

生态效应发生发展的过程，同时还对黄河流域和汉江流域库坝工程开发的生态后果进行了简要的分析总结。白洋淀流域和猫跳河流域的研究有专门的章节，此处主要对黄河和汉江干流库坝工程开发的生态效应进行扼要分析，以此来阐述库坝工程的流域生态效应发生发展及其基本规律。

1）案例1：黄河流域开发

黄河全长5464km，是中国第二大河，流域面积75.2万km^2，在中国流域开发的历史中长期占居中心地位，是中华文明的摇篮。

1955年，全国人民代表大会一届二次会议批准通过了《关于根治黄河水害和开发黄河水利的综合规划的决议》。黄河流域从此进入现代开发阶段。

经过50年的大规模治理和开发利用，在黄河流域干支流上先后修建了约170座大中型水库，不仅初步形成了"上拦下排、两岸分滞"的防洪工程体系，取得了连续50年伏秋大汛不决口的伟大成就，而且，通过上千处取水调水工程，担负西北、华北地区约1.4亿人口、1600万hm^2耕地和五十多座大中城市及能源基地的供水和电力供应。黄河流域开发在防灾、供水、灌溉和发电等方面所发挥的巨大效益，使流域人文社会经济的发展有了根本变化。

然而，随着库坝工程开发的力度加剧，消费需求的快速增长最终突破了流域资源生态承载力的极限，并开始危及流域生态系统自身的生存发育。主要表现在以下3个方面。

（1）河流水体运行的节律发生显著变化。观测数据显示，从1972年到1999年，黄河出现了连续性断流。这条历史上曾被赞誉为"奔流到海不复还"的黄河已经开始直面成为一条间歇河的危机（图1-8）。根据相关分析，20世纪50~90年代，通过各类工程控制，人文系统的黄河水量使用从135亿m^3增至308亿m^3。与此同时，黄河入海流量则从近580亿m^3减少至187亿m^3（陈霁巍和穆兴民，2000；李有利等，2001；刘昌明和张学成，2004；李会安和张文鸽，2004）（图1-9）。

（2）水质污染加剧。据黄河水利委员会公报，2008年黄河Ⅴ类及劣Ⅴ类水质的河段长度较之1999年时增加了近13个百分点（图1-10）。

（3）流域生态系统退化明显。主要表现有河道淤积、河口岸线后退、局部河段鱼类灭绝及近海水域生物资源萎缩等（王颖和张永战，1998；崔树彬等，1999）。

严重的问题在于，这种情况不仅发生在中国北方的半干旱地区，而且同样发生在南方湿润地区。

图1-8 黄河断流变化过程

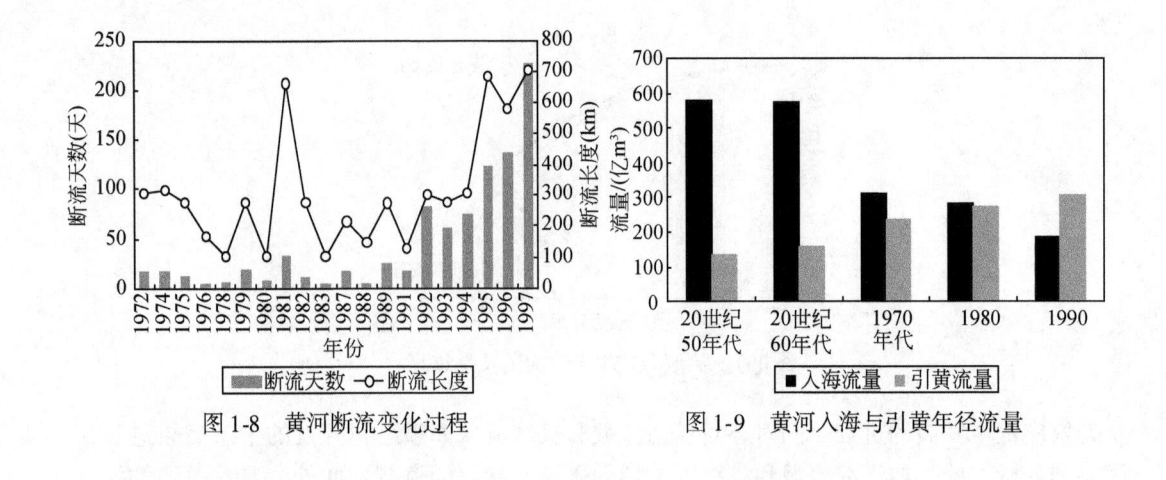

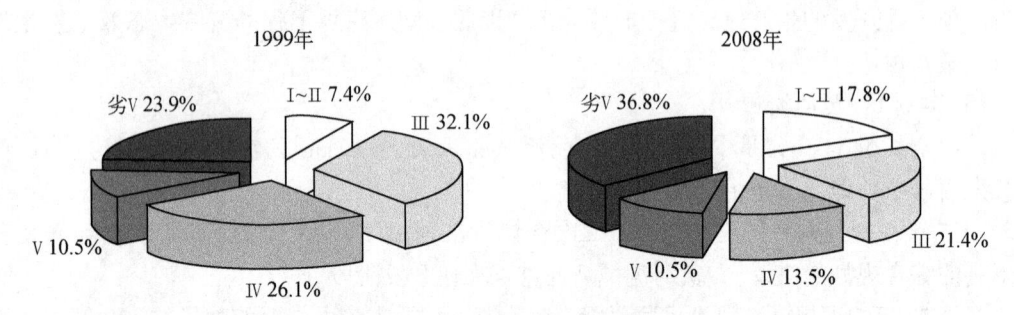

图1-9 黄河入海与引黄年径流量

图1-10 黄河流域水质污染加剧趋势

2）案例2：汉江河流域开发

汉江是长江的最长支流。发源于陕西省西南部宁强县北的米仓山，东南流经陕西南部、湖北西部和中部，在武汉市入长江。全长1577km，流域面积（陕西、河南和湖北三省）15.9万km²（图1-11，表1-1）。汉江流域降水丰富，多年平均年降水量约700~1100mm，流域多年平均径流量为539亿m³（碾盘山站），水量较为充沛。上游流经汉中

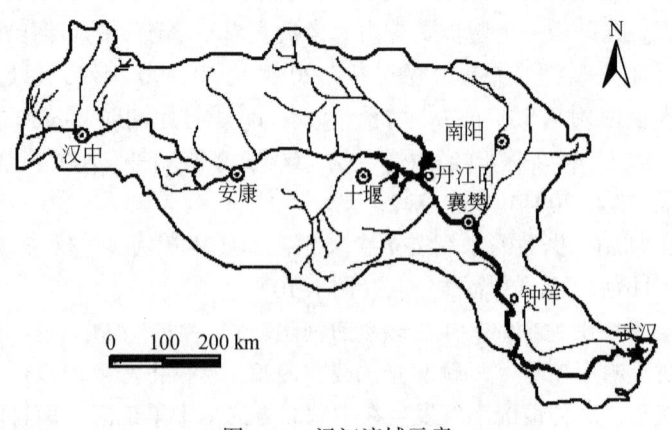

图1-11 汉江流域示意

盆地，水流湍急，水力资源丰富。中游丹江口以下进入平原，流速骤减，多沙洲和卵石滩。下游进入江汉平原，水流平缓，曲流发达，同长江之间河港湖泊纵横交错，汛期洪水常和长江洪峰相遇，宣泄不畅，易成涝灾。1949年前，每逢少雨季节，汉江上中游往往形成大旱，汛期短时间内即产生洪峰甚高的洪水。中游河床淤浅，下游河道狭窄，无法宣泄，加之受长江洪水顶托影响，经常溃堤泛滥成灾，达到"三年两溃"的严重程度。1935年7月大水，汉江中下游淹地42.6万hm²，灾民370万人，死亡8万人，钟祥以下一片汪洋（刘隽和纪洪盛，2006）。

表1-1 汉江干流上中下游概况

河段	起止	长度（km）	集水面积（万km²）
上游	河源至丹江口	925	9.52
中游	丹江口至钟祥黄庄	270	4.68
下游	黄庄至武汉汉江河口	382	0.17
合计		1577	15.90

1949年后，中国制定了汉江综合治理规划，全面整修堤防。修建杜家台分洪工程（1956），建成丹江口水利枢纽初期工程（1968年发电，电站装机容量90万kW，年均发电量38.3亿kW·h），初步解除洪水对中下游地区的严重威胁。与此同时，引汉灌溉鄂西北、豫西南，受益面积已达8.67万hm²；改善了汉江航道约700km。20世纪70年代在汉江干流上建成石泉水电站（1973年发电），80年代初建设安康水电站。目前全流域已建、正建水电站总装机容量220万kW，占可开发水能资源装机容量的35.8%。目前，全流域已建成大中型水库约150座及众多小型水库，灌溉事业也有很大发展。汉江已成为长江流域开发利用率最高的大支流。

流域水资源的开发大大促进了当地人文社会经济的发展。目前，汉江流域所辖陕西、湖北和河南三省的70市县，人口近5000万，工业化和城镇化发育达到较高水平。根据相关报道，仅汉江流域湖北段（流域面积6.25万km²）的GDP总量就达3021.7亿元（2005年，当年价），为该省重要的经济轴心区（张金鑫和张明，2008）。更为重要的是，作为邻近北方的优质水源地，南水北调工程的上马大大提高了汉江流域开发在全国经济社会发展总体战略中的地位。

然而，随着流域水体运动节律的变化和人文系统的发展，汉江流域生态系统也发生巨大变化。这种变化主要体现在以下5个方面。

(1) 流域水体物质能量输送与分配能力削弱。例如，1968年丹江口水库蓄水运用后，下泄水沙条件发生了较大变化。1960~2003年，全库157m下的总淤积量为16.18亿m³，占全库总库容的9.4%，其中汉江库区同期淤积量达13.89亿m³，占汉江库区库容的15.3%（章厚玉等，2007）。受此影响，汉江下游干流岸线及滩槽均发生不同程度后退（岳红艳等，2010）。与此同时，由于大坝等水工设施割裂了江湖水体之间的天然联系，阻断了流域中下游地区湿地生存所需的物质能量来源。使得湖泊水位明显降低，大片浅湖草地长年干涸，为大面积围垦提供了必要条件（魏显虎等，2007）。

(2) 流域水体自净能力下降。由于上游水库的巨大调节作用，中下游河流水流速度明显减缓，加之湿地萎缩，流域水体自净能力明显削弱，为水质变化提供了必要条件。例如，自20世纪90年代以来，汉江流域爆发7次"水华"事件，且有发生频率呈现明显加快河持续时间则明显延长的趋势（http：//www.hbnsbd.gov.cn/news/1/2009/2996.aspx）。在中国，像汉江这样的大型一级支流上发生"水华"事件还是鲜有所见。

(3) 河流生态系统发育遭到严重干扰。例如，根据相关研究，筑坝壅水不仅改变了汉江青、草、鲢、鳙四大家鱼产卵的水文生态条件，而且隔断了鱼苗洄游通道，破坏了汉江四大家鱼正常的种群繁殖（李修峰等，2006）。

(4) 人文活动加剧流域水土空间组合结构重组和水体污染。20世纪60年代至80年代末，由于开展大规模和高强度的围湖垦殖活动，汉江流域的上沉湖、三湖、白露湖、连通湖等湖泊消失；王家大湖、武湖、刁汊湖、排湖等湖泊萎缩；白水滩湖、鼓湖、重湖等湖泊被分割。相关研究（张毅等，2010）表明，江汉平原湖泊面积从50年代的7100 km^{2}减少到70年代的2990km^2，降幅高达58.1%（表1-2）。与此同时，由于化肥、农药使用量以及工业、生活废水和垃圾排放量的大幅增长，流域各类水体均受到不同程度污染，即使流域面积最大的丹江口水库也在所难免。检测结果表明，尽管目前丹江口库区水质总体上保持在国家地表水环境质量Ⅱ类标准，但其总磷和总氮两项指标却明显超标（兰书林，2009）。其中总磷浓度为0.02～0.05 mg/L（国家标准0.02mg/L），总氮浓度为1.46～1.60 mg/L（国家标准0.04 mg/L）。

表1-2　20世纪20年代以来江汉平原湖泊面积与数量变化

时间	面积（km^2）	面积变化（+、-，km^2）	面积变化幅度（+、-,%）	湖泊数量（个）	湖泊增加数量（个）
20世纪20年代	6801.1	932.0	—		
20世纪50年代	7141.9	+335.8	+4.93	1106	-174
20世纪70年代	2990.6	-4151.3	-58.13	990	-166
2000年	2438.6	-522.0	-18.46	958	-32

资料来源：魏显虎等，湖泊科学，2007，19（5）：530-536

(5) 水体职能的转变扩大了流域开发生态效应范围。由于比邻严重缺水的北方，汉水北调成为国家南水北调中线工程的关键。2003年12月30日中国现代最大人工运河——南水北调中线工程开工，意味着汉江流域开发从此跨入国家开发战略层面。然而，这一工程所产成的生态效应却大大跨出了汉江流域的范围。首先，南水北调工程加剧了汉江流域开发的地方博弈程度。陕西省以"引汉济渭"工程（年调水关中15亿 m^3）的黄金峡水电站为中心，全面推进汉江上游的梯级开发（7座水库）；湖北省则加大了对汉江中下游8座水利水电工程的建设力度。江河寸断、"割裂汉江"之声顿起。其次，为了减少调水对汉江中下游的社会经济发展及生态等用水产生的不利影响，国家批准湖北省兴建引江济汉工程。如此，将调水工程的生态效应从汉江流域扩展至长江干流。这种开发方式不仅完全破坏了流域水系物质能量输送的正常规律（支流为干流输水），而且将流域开发的生态效应变得更为复杂、人地（流域生态）关系更难协调，其中最大问题就是江河水质的未来走向。

目前，中国已开始进入流域全面开放阶段。除西藏外，全国各地几乎无河不建坝。作为水能资源禀赋和开发条件最佳的长江干流上游自然成为高水头建坝的集中区，坝坝相连。相关分析表明，随着建坝规划的逐步实施，长江流域上游地区各类水库控制的地表径流量将超过年径流量的70%，其中，金沙江流域规划的水库总库容就达径流量的83%（翁立达，2009；陈进等，2006）。受季风气候影响，长江来水集中于雨季（5~9月），高水头水库运行取决汛后蓄水状态，以致多处大坝尚未上马施工就已经开始担心水库的蓄水问题。显然，如按规划实施，长江干流的水体流动极有可能在旱季出现"停车"，而首先受到威胁的就可能是三峡库区及其下游的引江济汉工程，并最终导致枯水期整个流域人文与自然生态两者用水矛盾的不断加剧。

1.2.3 流域库坝工程开发的生态效应特征

1. 主要有三种生态效应表现形式

从前面案例分析可以看出，尽管流域开发的生态效应有多种表现形式，但总体来看，主要表现为三种形式：水文效应、污染生态效应和生物学效应（图1-12）。

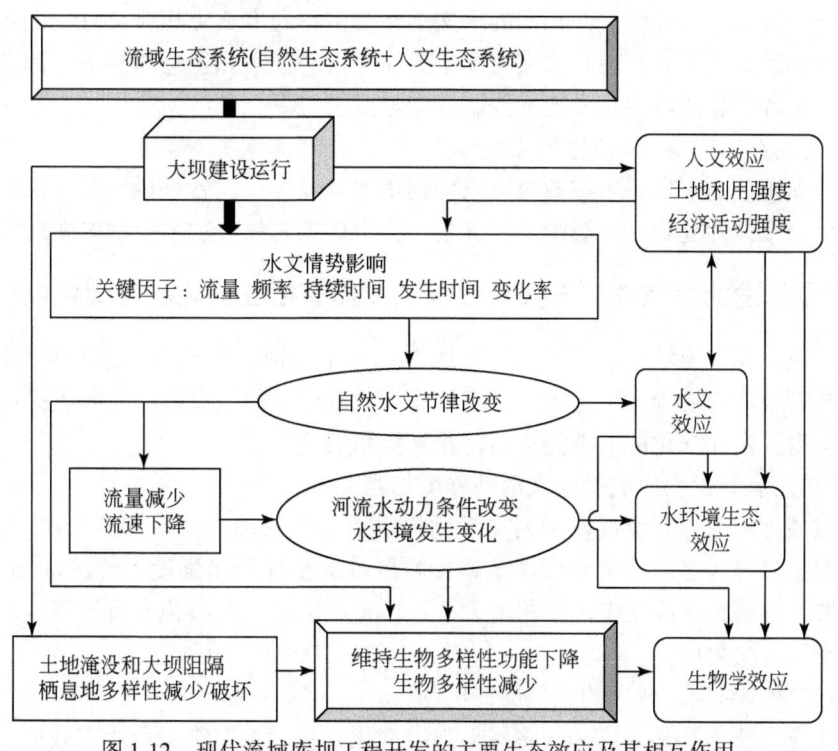

图1-12 现代流域库坝工程开发的主要生态效应及其相互作用

（1）水文效应。库坝工程建设和运行直接调节河流径流量，导致河流水文情势（流量、频率、持续时间、发生时间和变化率）发生改变，流域自然水文节律受到干扰，产生了显著的水文效应。并由此导致水环境和河流生境的变化。可以说，水文效应是所有生态效应的基础，流量及其变化频率、来水时间及其历时长短、流速变化都会显著影响流域生物的空间分布和种群规模。

（2）水环境生态效应。水文过程的变化一般表现为河道内流量减少，流速下降。库区则由原来的动态水环境变为静态水环境。由于河流水动力条件改变，河流的自净功能下降，水质恶化，由此产生污染生态效应。水环境质量是决定水生生物生存条件的重要指征，一旦水体中的污染物超过了水生生物的适应范围，就会导致水生生物的死亡或变异。水动力条件的改变同样引起了库区和下游河道水温的变化，而水温对流域水生生物会产生显著的影响。

（3）生物学效应。土地淹没和大坝阻隔是库坝工程开发对陆地生态系统和水生生态系统最为显著的影响。大坝的建设产生了阻隔作用，使河流连贯性遭到破坏，河道地形地貌条件变化使生境多样性减少，维持生物多样性的功能下降，生物种群规模和多样性受到损害。

2. 三种生态效应之间存在相互作用的关系

1）水文效应是生态效应的起点和根源

从库坝工程开发的水文效应、水环境生态效应和生物学效应的三种表现形式的关系来看，水文过程效应是所有生态效应的起点和根源，对所有生态效应具有驱动或胁迫作用。水文效应能导致水环境恶化。而长期的水文动态与生物的生长史相关，近期的水文事件对种群的组成和数量有影响，现状水文特征主要对生物的行为和生理有影响。因此，可以说水文情势是水环境和流域生态系统的控制性变量或主变量。

2）水环境生态效应可以加剧生物学效应

流域库坝工程的水环境生态效应可以加剧生态学效应。也就是说，除了库坝工程本身导致流域生物多样性受到严重影响或损害之外，水环境恶化会加剧生物多样性的损失。

3. 库坝开发的生态效应与人文效应之间具有相互强化的反馈机制

如前所述，现代流域生态系统已然不是单纯的自然生态系统，而是由自然生态要素与人文生态要素组成的复合系统。因此，流域库坝工程开发的生态效应实际上是库坝工程建设和运行本身及由此强化的人类经济活动相互作用的结果。

1）库坝工程开发引发流域人文活动强度加剧

由于流域库坝工程开发可以为人文活动提供更多的饮用水源、灌溉水源、水电能源、航运和旅游条件等，必然会引发库坝工程影响区域的土地利用强度、经济活动强度增大，例如，陡坡开垦耕种、灌溉土地面积增大，工厂企业聚集、城镇化发育等等，从而产生库坝工程开发的人文效应。

2）人文效应对生态效应的强化反馈机制

人文效应（土地利用强度和经济活动强度变化）反过来又会强化生态效应。例如，土地利用强度增大会导致森林生态系统或草地生态系统的退化或破坏，从而影响流域的水源涵养功能，使水文情势变化更具有复杂性和不确定性，即强化了水文效应。土地利用强度增大意味着施用更多的化肥农药，工业经济活动和城镇化的扩张意味着排放更多的工业污染物和生活污染。与此同时，水库建成后，由于河流自净功能下降，对水体的质量要求比河流更高，因此流域水环境污染的风险加剧，强化了污染生态效应。土地利用和经济活动强度的增大同时会对自然生境的干扰强度增大，使栖息地功能下降，加剧了生物学效应。

由此表明，库坝开发的生态效应与人文效应之间形成了一种相互强化的反馈作用机制。

一些水利水电工程领域的专家或管理人员经常有这样的观点：水库工程本身并不会带来生态环境影响及其生态后果，之所以产生生态效应，是因为库区周围人类社会经济活动加剧造成的。显然这是一个谬论，如果不为人类社会经济活动服务，水利水电工程还有什么存在价值？水利水电工程的建设必然会带动周边区域的土地利用强度和社会经济活动强度增大。所以，单纯强调水利水电工程自身的无污染或者生态环境影响小，并以此为依据无序地进行水利水电工程开发是极不负责任的表现。

参 考 文 献

陈霁巍，穆兴民.2000.黄河断流的态势、成因与科学对策.自然资源学报，15（1）：31-35.
陈进，黄薇，张卉.2006.长江上游水电开发对流域生态环境影响初探.水利发展研究，(8)：10-13.
崔树彬，高玉玲，张绍峰，等.1999.黄河断流的生态影响及对策措施.水资源保护，(4)：23-26.
方子云.2005.中国水利百科全书—环境水利分册.北京：中国水利水电出版社.
湖北南水北调网.2010.近十年湖北省的水环境变化与汉江"水华"现象［DB/OL］，［2010/11/16］，http：//www.hbnsbd.gov.cn/news/1/2009/2996.aspx
贾金生.2004.世界水电开发情况及对我国水电发展的认识.中国水利，(13)：9-12.
金岚.1992.环境生态学.北京：高等教育出版社.
兰书林.2009.丹江口库区水源地面源污染调查与研究.农业环境与发展，(3)：66-69.
李会安，张文鸽.2004.黄河水资源利用与水权管理.中国水利，(9)：12-13.
李修峰，黄道明，谢文星等.2006.汉江中游江段四大家鱼产卵场调查.江苏农业科学，(2)：145-147.
李有利，傅建利，杨景春等.2001.黄河水量明显减少对下游河流地貌的影响.水土保持研究，8（2）：7-12.
刘昌明，张学成.2004.黄河干流实际来水量不断减少的成因分析.地理学报，59（3）：323-330.
刘隽，纪洪盛.2006.汉江流域水环境综合管理.环境科学与技术，29（3）：64-66.
孙宗凤，董增川.2004.水利工程生态效应分析.水利水电技术，35（4）：5-8.
王颖，张永战.1998.人类活动与黄河断流及海岸环境影响.南京大学学报（自然科学），34（3）：257-271.
魏显虎，杜耘，蔡述明，等.2007.湖北省湖泊演变及治理对策.湖泊科学，19（5）：530-536.
翁立达.2009.长江水电无序开发—条大江能够承受多少大坝？［DB/OL］，［2009/07/15］，http：//kbs.cnki.net/forums/76841/ShowThread.aspx
姚维科，崔保山，刘杰，等.2006.大坝的生态效应：概念、研究热点及展望.生态学杂志，25（4）：428-434.
岳红艳，谷利华，张杰.2010.武汉汉江过江隧道河床演变及最大冲深预测.人民长江，41（6）：35-39.
张金鑫，张明.2008.湖北汉江流域环境管理探讨.环境科学与技术，31（5）：153-156.
张毅，孔祥德，邓宏兵，等.2010.近百年湖北省湖泊演变特征研究.湿地科学，8（1）：15-20.
章厚玉，胡家庆，郎理民，等.2007.丹江口水库泥沙淤积特点与问题，人民长江，36（1）：27-30.

第 2 章　库坝工程生态效应及其评估的研究进展

2.1　国外相关研究现状

大坝不可避免地引起了河流生态系统的深刻变化，改变了从河流源区到河口，甚至到海洋环境的泥沙运移、水体透明度、淡水系统本身的物种多样性和丰富度等。在世界范围内，大坝正成为影响淡水系统重要的因素（Dynesius and Nilsson 1994）（表2-1）。因此，大坝的生态效应引起了国际社会的广泛关注。

大坝对河流系统产生的生态效应主要是由于陆地淹没、流量控制和景观破碎而引起的。

淹没陆地生态系统，消除湍急河段，使习惯于生活在激流中的生物区系失去生境。同时在库区中可以导致缺氧，温室气体排放，淤积和营养物质富集（Chang et al., 2000；Rosa et al., 2004）。随淹没而进行的相关迁移安置可以导致不利于人类健康的影响以及土地利用方式的重要变化（Gillett et al., 2002；Indrabudi et al., 1998）。

流量控制阻碍了河道发育，排干泛滥平原湿地、减少泛滥平原生产力、降低三角洲活力可以引起水生生物群落的大规模改变（Tockner and Stanford, 2002；Prowse et al., 2002；Lemly et al., 2000）。大坝阻碍了生物的传播和迁移，这样或那样的影响与种群或整个淡水鱼类物种的损失直接相关（Arthington and Zalucki, 1995；Gehrke et al., 2002；Penczak et al., 2000）。

表 2-1　世界上 292 条河流受大坝影响的强度分析

项目	中北美洲 ($n=88$)	亚洲 ($n=78$)	欧洲 ($n=41$)	南美洲 ($n=38$)	非洲 ($n=24$)	澳洲 ($n=23$)
受影响流域数量	31/40/17	29/29/20	5/10/26	6/12/20	8/9/7	4/2/17
自然年均流量受影响程度（%）	51/29/21	38/16/46	12/21/67	11/7/82	29/8/63	6/7/87
流域面积受影响程度（%）	61/20/19	45/10/45	8/18/74	30/6/64	12/26/62	28/2/70

未受影响　　中等影响　　强烈影响

注：n 表示调查河流数量

资料来源：Nilsson, et al. Fragmentation and Flow Regulation of the World's Large River Systems. Geomorphology, 2006, 79：336-360

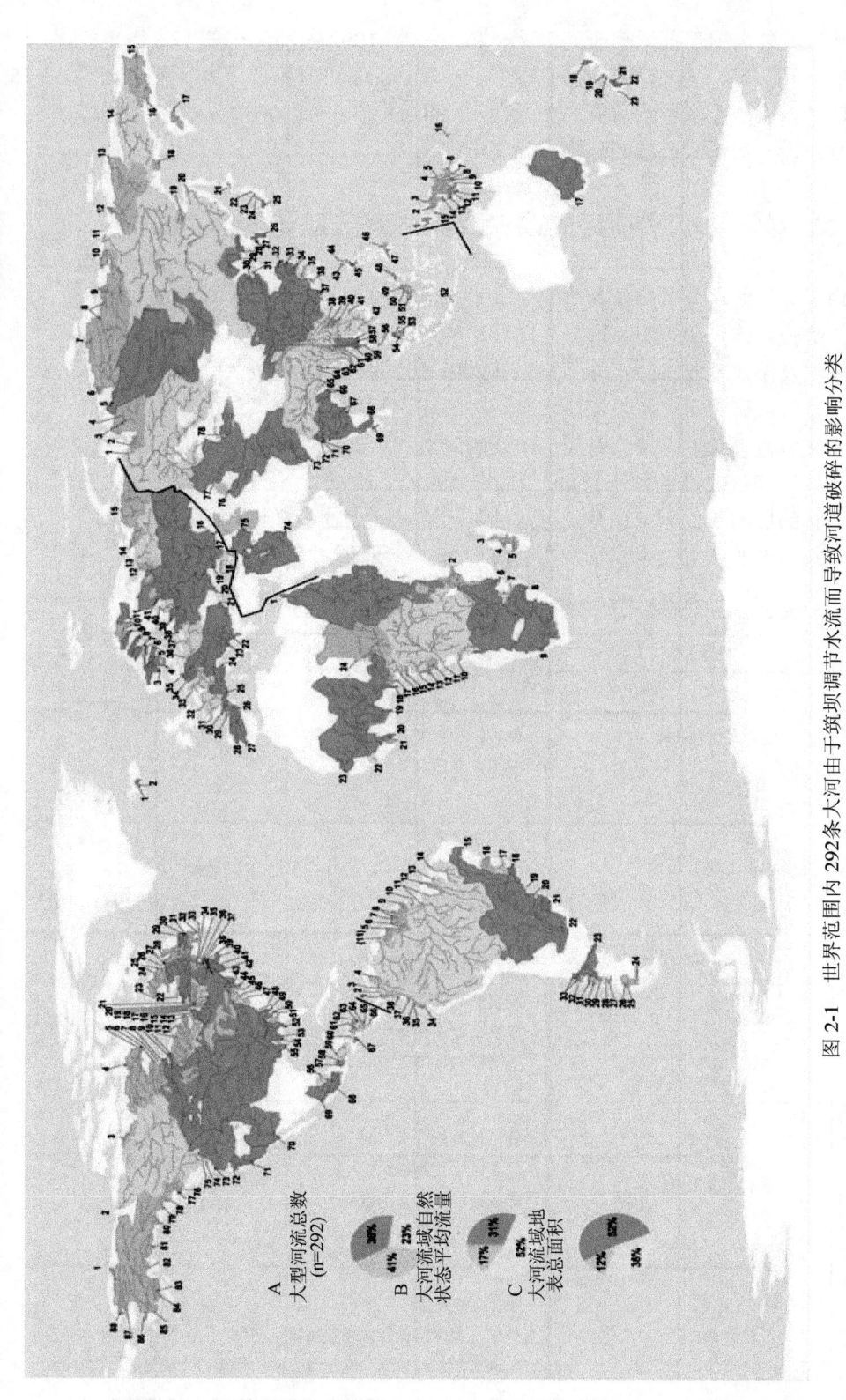

图 2-1 世界范围内 292 条大河由于筑坝调节水流而导致河道破碎的影响分类

注：流域作为整体由图上的集水区域代表。图中数字参考表2-1中的大河流域（LRSs）的相关数据。浅色、灰色和深浅灰色分别达标未受影响、中等影响和强烈影响的水系。白色区表示没有大型河流的区域。因缺少数据而未能纳入研究的大河用灰色表示

对全球292条大河流域的大坝工程影响研究表明，超过一半（292条河流中的172条）的河流受到大坝影响（图2-1）。这些受影响的流域均经历了高强度的灌溉压力，单位水资源量承载的经济活动是未受大坝影响河流的25倍多（Nilsson et al.，2006）。从表2-1可以看出，各大洲大坝建设及运行对流域的影响十分突出。

2.1.1 大坝对河流水文情势的改变及其生态效应研究

在世界范围内，大坝蓄水调节流量是改变河流水文情势的普遍现象。大坝建成后库区从激流水体变化为静流水体，从表面是形成了湖泊型的水体环境，但由于水库大坝发挥功能的方式与自然湖泊及湿地不同，并不能弥补因蓄水而导致的河流生境损失。因此，国际社会有关大坝的生态效应研究重点就是河流水文情势的变化及其对生态系统的影响。有关研究显示，河流水文流量、频率、持续时间、出现的时机和水文条件变率这五大要素是维持生态系统生物多样性和整体性的核心条件（Karr，1991）。水文状况的改变给河流生态系统带来了不可逆转的影响，如栖息地分割导致的基因隔离、生物多样性和洪泛平原渔业的衰退等。水文情势改变所产生的生物学生态效应如表2-2所示。

表2-2 大坝改变水文情势要素所产生的生态学生态效应

项目	具体变化	生态环境效应
流量和频率	流量变化频率增多	河道侵蚀或堆积 敏感物种丧失 破坏生命周期
	流量稳定	改变能量流动 外来种入侵或生存，导致本地物种受到威胁 生物群落改变
	水温变化	鱼类产卵期延迟 昆虫孵化模式遭到破坏 底栖生物现存量减少 水温敏感物种灭绝
出现时机	季节流量峰值丧失	扰乱鱼类的活动节律 改变水生食物链结构 降低河滨植物繁衍水平 植物生长速度减慢
	低流量延长	水生生物密集 植被覆盖度降低导致生物多样性降低 生理应激引起植物生长速度下降、形态改变或死亡

续表

项目	具体变化	生态环境效应
持续时间	基流"峰值部分"延长 洪水持续时间改变 洪水持续时间延长	下游漂流性卵的消失 改变植被覆盖类型 植被功能类型改变 树木死亡 水生生物失去浅滩栖息地
变化率	水位迅速改变 洪水退潮加快	水生生物被淘汰及搁浅 秧苗无法生存

所以许多研究把水文要素变化与生态系统要素变化联系起来进行大坝工程的生态效应研究。

大坝蓄水形成水库将引起河流水动力条件的改变（主要是流速减慢），导致颗粒物迁移、水团混合性质等显著变化（Dynesius and Wilsson, 1994），强水动力条件下的河流搬运作用，将逐渐演变成为弱水动力条件下的湖泊沉积作用（Hart and Poff, 2002）。水库的运行方式影响泄流模式，进而影响下游河道的水力、水文要素。研究发现，Grany 大坝水力发电产生的脉动泄流引起科罗拉多河流量明显波动，流量从自然状态下的 $0.57\text{m}^3/\text{s}$ 急剧上升到 $5\sim 9\text{m}^3/\text{s}$，泄流冲刷下游河道中淤积的泥沙和藻类；泄流对河流水位和水质的影响（主要是温度和浊度），远高于流量对河流生态系统的影响（Petts, 1984）。

河流径流变化会影响河流生态系统的完整性以及河流及其洪泛区的连续性（Babbitt, 2002）。不同河流径流变化的生态影响取决于该河流水文要素相对于河流自然状态下的变化程度，并且相同人类活动在不同地点，也会带来不同的生态影响。

Poff 等（1990）也提出河流、湿地、河滨生态系统的生命组成、结构和功能很大程度上依赖于水文特性。认识到水流调节后物理条件的变化是产生下游生态恶化的重要原因，因此围绕建坝前后河流物理条件的变化开展了大量的研究。

大坝水库常常会改变高水和低水发生的规模与频率，与建坝前相比，日或小时极值的变化会极大改变下游河流环境，由于高流量和低流量的频繁变化，很多水生生物遭受了致命的影响（Cushman, 1985）。

Graf（2006）对大坝引起的具体水文参数变化所产生的地貌与生态效应进行了较为详细的总结（表2-3），并对美国 36 对大坝上游未受影响河段和大坝下游受影响河段进行了水量记录分析和地貌分析，由此研究大坝所产生的水文效应和地貌景观效应。研究结果表明，就平均状况而言，巨型大坝每年消减洪峰流量达 67%（在一些个别案例中可以高达 90%），每年最大流量和平均流量的比率下降了 60%，每天下泄量减少了 64%，下泄流量中截流量增加了 34%，降低坡面日差率达 60%。大坝改变了河流高流量和低流量的时间分配，改变了年最大流量和最小流量的时间分配，在一些案例中的时间分配改变几乎可以达到半年。大坝河流的区域变化及其响应十分广泛：大平原区和 Ozark/Ouachita 地区的河流年最大流量和平均流量的比率比太平洋东北地区河流的比率高 7 倍。与此同时，河流大坝库容与平均每年下泄水量的比率在内陆西部地区、Ozark/Ouachita 地区和大平原地区是最大的，在太平洋东北地区最小。然而，在许多案例中，那些径流量年变率最大的河流，大坝的潜在影响亦最大，这是因为水工建筑物可以对下游水文过程发挥重要的调控作用。

由大坝引起的水文变化在受调控和未受调控的河段孕育了剧烈的地貌差异。地貌复杂性的最大差异性出现在内陆西部河流。与未受调控河流河段沿岸更宽广而复杂的生态系统相比，受调控河流河段其地貌形态的萎缩和简化已经直接影响了河岸生态，产生了空间上更小、多样性更少的河岸生态系统。

表 2-3　大坝及其运行所产生的潜在水文变化及伴随的地貌与生态效应

水文参数	地貌作用	生态作用
瞬时最大流量	河流形成、沉积和过程的可利用空间大小，洪积平原规模	水生和河岸生物的类型和斑块数量
日内最大流量	整体河床地貌，功能曲面的数量和大小	陆生动物在河岸生境中的水解作用
30日内最大流量	河床物质的优势粒度，洪积平原变化	陆生动物在河岸生境中的长期脱水作用，高温低氧的持续时间
最大流量的日期	侵蚀流量和稳定植被的相互作用	水生和河岸生物繁殖和生存行为的生境诱因
最大流量/平均流量	功能曲面的过程范围、频率和大小	水生和河岸生物的生境斑块大小、种类和贡献
平均日流量	一般有效枯水河道大小，河道类型及地貌复杂性	生境空间数量、斑块大小、生物可利用水量、食物和植被盖度、捕食者接近筑巢区的路径，河岸植被的土壤水分可利用性，栖息地的食物和植被覆盖情况及其可获得性
瞬时最低流量	对沉积物运移、河道维护的制约	对水生生物的制约
日最低流量	沉积物的积聚和运移性	维持相互竞争的耐胁迫生物之间的平衡
30日内最低流量	河床物质的粒度分布	鱼类生存的河道生境稳定性
最低流量的日期	植被和沉积过程的相互作用	水生生物和河岸生物繁殖和生存行为的生境诱因
最低流量的日期	侵入有效河道的河水流量和河岸植被相互作用	筑巢期间与捕食者的隔离、到达筑巢区的通道，生存及繁殖的生境
日流量变化幅度	功能曲面有效面积的空间范围	生境斑块大小
逆转数量	河道和河岸年稳定性	临界水生和河岸生境的变化频率
平均上升坡面斜率	河岸、沙坝和江心洲的侵蚀可能性	江心洲和洪积平原陆生生物的截留，植被以及低流动性侧流带生物的淹没胁迫
平均下降坡面斜率	河岸、沙坝和江心洲的侵蚀可能性	废弃水池和河道水生生物的截留、植被以及低流动性侧流带生物的干旱胁迫
高流量律动数量	河床和堤岸物质运动频率、功能曲面的变化频率	水鸟接近食物供给和筑巢地点的通道

续表

水文参数	地貌作用	生态作用
高流量律动的平均持续时间	堤岸和河道的侵蚀度，推移质运移、河道沉积物质地	生物水生生境的功用，特别是对生物繁殖的功用
低流量律动的数量	河道和堤岸稳定性持续时间，河道沉积作用状况的频率	土壤水分变化的频率和大小，或者植被厌氧胁迫，水生生物的洪积平原可利用性
低流量律动的平均持续时间	河道沉积过程的大小	河流和洪积平原之间的养分、有机质交换、土壤矿物质的稳定性

美国鱼类和野生动物保护协会对河道内水文情势变化与鱼类生长繁殖、产量等之间的关系进行了许多研究，强调了河川径流作为生态因子的重要性（Ward et al., 1979）。在20世纪70年代后，澳大利亚、南非、法国和加拿大等国家针对河流生态系统，比较系统地开展了关于鱼类生长繁殖、产量与河流流量关系的研究，同时，有关生态对象的研究也开始从单纯的鱼类扩展到其他水生生物类型（Petts, 1996）。

澳大利亚东南部墨累河下游的大坝把这条河流变成一连串的湖泊，湖泊生境代替河流生境，导致墨累河小龙虾已经接近灭绝（Walker, 1992）。

Levine等（2001）通过对河岸植被的研究指出，大坝和调水工程改变了河流的表面流速、洪水周期、泥沙和营养物的输移，水流变化阻碍了本土植物的扩充，这些损害了河岸植被的发育。

对美国内华达地区的14条河流进行的研究表明，水电开发引起的径流流速及流量变化的确导致了河岸植被的显著变化。对一条河流上受调控和未受调控的一对河段分析显示，其中7条河流的植被盖度、群落成分、或群落结构表现出显著的变化。在一些溪流，因为环境条件变化而不是流速及流量变化可能对植被差异产生作用（Richard, 1980）。

Bunn（2002）通过对大量研究成果的总结，提出水文情势对水生生物多样性影响的四个原则：①水流是河流自然生境的一个决定性因素，而自然生境又是生物群落构成的一个决定性因素；②水生物种的生活史是根据对自然水文情势的直接响应演化而来的；③纵向和横向自然连通模式的维持对于很多河流物种的种群生存能力至关重要；④水文情势的改变导致了河流中外来及引进物种的入侵和繁殖。

2.1.2 河流物理条件及水质变化对生态系统的影响研究

大坝工程往往把河流自然状态的湾流改变成渠道化的河床，据估计（Brookes, 1988），全世界有大约超过60%的河流经过了人工改造，包括筑坝、筑堤、自然河道渠道化、裁弯取直等。一方面，这些工程为人类带来了巨大的经济和社会效益，另一方面却极大地改变了河道的深潭与浅滩、急流和缓流交互分布的生境，河道断面呈现均一化和水流均匀化。渠道化改变了河流的物理特性，使河流的生命、生态系统受到威胁，一些水生生物面临种群灭绝的危险。Sullivan对比评估了稳定和非稳定河段生境条件和大型无脊椎动物群落组成的差异，并探讨地形地貌特征和河道改造过程（如退化、拓宽、平面形态改变等）潜在的生态学过程，结果表明地形地貌与生境因子高度相关，生境状况与生物群落高度相关。

径流条件的变化影响了生物栖息地的物理特征，包括水温、溶解氧、水化学特性、底层颗粒的大小，进而间接改变水生、水滨和湿地生态系统的组成结构和功能。

由于水库温跃层以下滞水层的水温较低，含氧量较少，从这一水层下泄的水流会给坝下河流水环境带来影响。因为水生生物常以日长及日水温作为繁殖信号，所以坝下水温的降低影响了鱼类产卵及无脊椎动物的生长周期。

在温带和热带由蒸发产生的水量损失巨大，水库通常会产生季节性水分层，尤其是在由涡轮机从贫氧层抽提水，可能导致鱼类死亡和其他不幸后果。相反，在寒带水库富氧层的发电抽提水可能把鱼类吸引到水库的尾闾。许多地方特有鱼类，如需要流速快、温度低、水清浅且空气充足的砾石河床的大马哈等鱼类，通常在水库中无法生存，最终可能被淘汰。

2.1.3 大坝工程生态效应分析方法

人类认识到需要设定河流自然水文节律改变程度的限制条件，以便在开发和管理水资源的同时，维持生态系统结构和功能的完整性，或者保持一种人们可以接受的退化程度。这种认识推动了流域生态流评价研究的发展。

一条河流的生态流评估可以简单地定义为：为了保持一条河流特有的、宝贵的生态系统特征，评估该河流的原有水流应该继续流向下游的流量（King，1999）。因此，生态需水量评估方法的发展始于20世纪40年代的美国西部，70年代取得巨大进展。80年代在欧洲和大洋洲才有较大发展。目前应用较为广泛的生态流评估方法可以归纳为4类。

1）水文学方法

利用水文学资料制定生态流建议，这些资料以历史逐月或者日流量资料的形式出现。这些方法被称为固定比例法，其中一个设定的流量比例，称为最小流量，代表预计的生态需水量，这种流量可保持流域的生态特征，通常按照年、季或者逐月表示。

应用最广泛的方法之一是美国人Tennant（1976）和美国渔业及野生动物委员会共同开发的Tennant方法。该方法包括一个表，将平均年径流（AAF）或中值年径流（MAF）的不同百分比和不同种类河流条件按季节划分联系在一起，从而提出建议的最低流量。与流量相关的条件范围从"不足或者最小"（10% AAF）一直到最佳（60%~100% AAF）。

目前已经出现了不同修改版本，例如，西班牙在监测数据有限的河流上应用10% MAF作为最小生态流量（Docampo and Bickuna 1993），而葡萄牙则把2.5%~5% MAF作为最低流量（Alves et al.，1994）。

流量曲线法（Gordon et al.，1992）：由流量曲线分析得到的各种超出百分数的流量值，表示流量和达到或超过的时间百分比（保值率）之间的关系。在一些国家记录中常常用作最小流量建议的百分位通常包括：Q95，Q90，常用作季尺度。7Q10则表示出现连续7天枯水流量，年重现期1∶10。

模糊流量法（Poff et al.，1997）：使自然水温节律的数量（流域不同功能）比例缩小，

并时刻维持建议的受控水文节律中流量变化和自然流量模式相类似的程度

变化范围法（Richter，1997）：提供与生态相关的水文节律特征综合统计特性，其中包括源于长期日流量资料的32种不同水文学指数，并利用这些指数描述水温变化的自然范围。这些指数称为IHA，按照水文节律特征和各自的流量管理指标归入五类。

2）水力学评估法

水力学方法经过发展，目前应用较为广泛。该方法首先认为河流或栖息地的完整性直接和湿周（wetted perimeter）的数量相关联，特别是在浅滩等各不相同、丰富的群落生境或者其他临界群落生境，其次是认为保护这种临界区域将确保整体栖息地得到保护。流域已建立的湿周和泄水之间的实验或水力学模型关系，可为鱼类养殖或者栖息地无脊椎动物的最高产量确定最低流量或维持流量（preservation flows）（Gipple and Stewardson，1998）。生态需水量一般由曲线断点附近的流量来确定，代表了最佳流量，若低于最佳流量，栖息地将迅速丧失。

利用适当水力模型与物理栖息地模拟模型（PHABSIM）预测河道内流量有效的天然径流深和流速场，通过研究发现流速分布即使在适中的坡降和砾石基底组成的河流情况下也极为复杂，对河道内生态流量的研究产生很大影响，并指出水深、流速和基底组成对评价河道内流量很重要，但水力学模型结果不能取代生物信息水文学方法，不能明确地将河道物理特性与河道流量或生物栖息地联系起来。

3）栖息地模拟法

栖息地模拟法是基于对不同水文节律下目标物种或族群可得到河道内自然栖息地数量和适用性的详细分析，综合、定期模拟的水文学和生物效应资料来评估生态需水量。

目前应用最广的方法之一是IFIM（instream flow incremental methodology）—河道内流量增量法。

该方法最初由美国渔业和野生动物委员会开发出来。主要针对某些特定的河流生物物种的保护，将大量的水文水化学现场数据，如水深、河流基底类型、流速等，与选定的水生生物种在不同生长阶段的生物信息相结合，采用一系列水力学模型和栖息地模型，模拟流量增加变化对栖息地目标物种的影响，其核心是将水力学模型与生物栖息地偏好特性相结合，模拟流量与栖息地之间定量关系，模拟的水生生物主要是鱼类，也可以模拟其他生物。产生的结果常常是有效栖息地时间序列和历时曲线，并用于建议生态需水量和其他流量调节状况。

Bragg（2005）基于文献调研探讨了河流生态质量（底栖生物、鱼类、浮游生物等生物群落）与流态变化之间的关联，并总结了利用水文流态信息进行生态评价的方法，包括旨在设定特定水量目标的IFIM以及PHABSIM方法、考虑流态变化的方法以及旨在改进生态质量的河流管理方法等。

4）整体评估方法

近年来，基于专家经验的综合法和整体法在国外发展较快。澳大利亚整体研究法（Arthington and Welemine，1995）及南非的BBM法等将河流视为一个综合的生态系统，在一定程度上克服了水文水力法、生境模拟法针对特定生物种保护的缺点，将专家意见量化于生物保护、栖息地维持、泥沙和污染控制、景观生态等功能，综合研究流量、泥沙运输、河床形状与河岸带群落之间的关系。

整体研究法的基本原则是保持河流流量的天然性、完整性、季节变化性。将水生生物生存繁衍、生物群落重新分布，河流生态结构破坏对应不同的流量。因此，该法的关键是要有天然实测的较精确的长系列水文与生物资料。BBM将水域生态系统的水质和水量按照从天然状态到人工状态划分为4个等级，依据一定的原则，对应的定义河流流量状态的组成成分，包括干旱年基本流量、正常年基本流量、干旱年高流量、正常年高流量。不同的专家对水文和水力参数提出具体要求，以水文学为基础最大限度地满足河流推荐流量，便于管理。

河道流量与鱼类生息环境关系的研究；河道流量、水生生物与溶解氧（DO）三者之间的关系的研究；水生生物指示物与流量之间的关系研究；水库调度考虑生态环境、河道物理形态等是国外生态环境研究的主要内容。其研究方向已不再局限于河流生态系统，更加注重生态系统的完整性，扩展到河流外生态系统。

2.2 水利工程生态效应及其评价的国内相关研究现状

水利工程的生态效应涉及水文水资源学、生态学、经济学、环境学和社会学等多学科。对于水利工程生态效应的研究，目前还没有相对较成熟和统一的认识与理解，水利工程的区域生态效应的发生机制、影响因素等还在不断探索和完善中，对如何进一步评价其生态效应也处于不断地研究和完善之中（蔡旭东，2007）。人们对水利工程建设与生态环境相互关系的研究经历了由点（工程）到线（河段、河流、梯级开发）到面（库区生态与环境研究）到体（流域、自然—社会—经济的复合生态系统研究）的发展演化，评价工作的研究思路、方法也不断趋于进步。从注重当前评价发展到当前评价与长远预测相结合，从质量评价发展到经济评价，从单纯评价发展到对对策、实施、反馈、再对策的完整过程评价，从对局限于坝区、库区的评价，到考虑中下游乃至河口和临近海域的评价（房春生等，2003；吴泽斌，2005）。

水利工程引起的自然环境问题和生态环境问题是制约水利工程建设的重要因素，通过今后对自然、社会、经济等因素的综合研究，完善水利工程生态效应的理论框架，构建水利工程生态效应的评价指标体系和方法，在保证生态安全的前提下，发挥水利工程的最大经济效益。

2.2.1 国内水利工程建设与开发

水利工程在中国的应用有着悠久的历史，但近几十年来才大规模的开发利用。截至2008年年底，中国水利工程全年总供水量达到5828亿m^3，全国水电装机容量17 090万kW，全年发电量5614亿$kW·h$。全国已建成各类水闸43 829座，各类水库86 353座，水库总库容6924亿m^3。全国农田有效灌溉面积达到58 472千hm^2，占全国耕地面积的48%。已建成江河堤防28.69万km，可保护人口5.7亿人，保护耕地4.6万千hm^2（水利部规划计划司，2009）。中国水利工程的建设先后经历了3个阶段（孙宗凤，2006）：

第一阶段，工程水利阶段（冯尚友，2000）。从 1949 年~1978 年，水利建设的特点是"以粮为纲"，水利是农业的命脉。从 1978 年~1996 年，水利建设的目标从重点为农业服务转向为国民经济所有部门服务。强调"加强经济管理，讲究经济效益"。这个阶段，水利是国民经济的基础设施和基础产业。

第二阶段：资源水利阶段。从 1997 年开始，即从"九五国民经济建设和社会发展计划"开始，从工程水利到资源水利的转变，是历史发展的必然过程，是以水资源可持续利用保障社会经济可持续发展的必然选择，具体可概括为水资源的开发、利用、治理、配置、节约和保护 6 个方面。以水资源统一管理为核心，实现水资源的合理配置、节约使用和科学保护（吴季松，2000）。

第三阶段：生态水利阶段。生态水利是人类文明发展到"生态文明"时代对水资源利用的一种途径和方式。这个阶段水利发展的特点是：以尊重和维护生态环境为主旨，以人口、资源、环境和经济协调为指导，应用生态经济学原理及系统科学综合方法，合理开发、科学管理水资源，保障当代人和后代人永续发展的用水需求，即可持续发展。其核心是研究水资源污染防治、水资源优化配置和可持续利用，通过生态规划设计、生态环境建设、生态监控与生态保护，实现生态修复、生态安全与生态灾难的防治。

生态水利的发展模式和途径，与传统水利发展途径和对水的利用方式有着本质的区别。传统的水资源开发利用方式是经济增长模式下的产物，往往只与经济价值密切关联，轻视生态环境价值和社会价值，缺乏可持续发展的科学观。生态水利的开发利用强调遵循人口、资源、环境和经济协调发展的战略原则，在保护生态环境（包括水环境）的同时，促进经济增长和社会繁荣，避免了单纯追求经济效益的弊端，保证可持续发展顺利进行。生态水利的实施，应遵循生态经济学原理和整体、协调、优化与良性循环思路，运用系统方法和高新技术，实现生态水利的公平与高效发展（傅春和冯尚友，2000）。

2.2.2 国内生态效应评价研究概述

由以上我国水利工程建设的发展阶段可以看出，水资源的利用一直是工程建设的重点，对其评价内容也多限于环境影响评价和经济评价。随着生态学在各学科中的应用不断深入，近些年水利工程的生态效应才开始受到广泛关注，相关的研究也逐渐增多，评价指标和方法逐渐完善，从单项因子评价到开始尝试综合运用多种方法构建生态效应评价指标体系对已建水利工程进行评价。但由于生态系统的复杂性，生态环境因子本身时空差异很大，变化不定，所以很难确定一套完整的适用于各类型工程的生态效应评价指标体系。近年来，国内对水利工程生态效应的研究有以下两个特点。

1. 从生态环境影响评价向生态效应研究发展

水利工程的生态环境影响评价是生态效应研究的基础。因此，不同的学者尝试用不同方法从生态环境不同角度进行分析评估。

郭乔羽（2003）等人在对拉西瓦水电站进行区域生态影响评价时，重点分析了工程可能对区域植物生产力和植物生物量、景观格局和生物多样性等产生的影响，并以定性定量相结合的分析得出了拉西瓦水电工程建设对区域生态产生的影响。相震等（2004）在评价直岗拉卡水电站工程生态环境影响时，利用了生物多样性、区域植被生产力等生态学理论来评价生态环境影响，开始了单项因子评价的定量探索。

在水利工程生态环境影响评价的基础上，对水利工程的生态效应开始有了认识。2004年，孙宗凤等（2004）明确提出了水利工程的生态效应分析是指水利工程建成之后对自然界的生态破坏和对生态修复两种效应的综合结果，并建立了包括对人居环境的影响、对野生动植物影响、对自然规律影响、对经济增长影响等四类因子的指标体系，利用层次分析法建立了分析层次结构，构造了判断矩阵，建立了水利工程生态效应分析模型，并用模糊数学综合评判的方法，对水利工程生态效应正负两个方面进行综合分析，初步提出改变水利工程生态效应的工程与非工程措施，并以江苏省连云港市为例进行了河道生态效应分析。

毛战坡等（2005）认为，大坝对区域生态效应的响应，是通过改变下游水流、泥沙和生源要素等的流动、运移模式，影响生物地球循环以及河流缓冲区域生态系统的结构和动态平衡；以及改变水流温度模式，影响河流生态系统中的生物能量和关键速率，对河流上下游的生物体和养分的运移产生障碍，阻止物质交换等而产生。罗庆忠（2007）则分析了水利工程带来的正面影响和负面影响，并提出了改变负面生态效应的措施。王伟（2007）从不同时段和不同生态环境类型角度分析了水利水电工程对区域可能产生的生态影响，从而提出了生态环境影响评价时段、范围、内容以及评价因子。

2. 对水利工程生态效应研究方法的探讨

在水利工程的生态效应评价指标体系方面，众多学者也进行了广泛而深入的研究。

房春生等（2002）通过大量的实例调研，综合分析了水利工程对水文、水质、生物资源、局部微气候、河口生态环境、景观资源的影响以及由工程引起的淹没土地、移民搬迁问题。并结合实例分析了如何在工程评价过程中确定评价指标。最后从全局观点建立了水利工程生态影响评价指标体系。

鲁春霞等（2003）从生态系统服务的视角出发，建立了水利工程的评价指标体系，针对水利工程产生的生态效应如生物多样性的变化和河流净化功能的变化等，确定了不同的测度指标，并建立了相应的数量化评价方法，弥补了常规水利工程环境影响评价往往忽略河流生态系统服务功能影响的不足，有助于对水利工程的生态环境效应进行深入的分析与评价。

常本春等（2006）从生态角度借鉴了压力-状态-响应（PSR）模式构建了水利水电工程生态效应状态-压力-效应（SPE）评价指标体系框架模型，综合选取了水利水电工程的生态效应评价指标集，制定了具体的评价指标的标准，并将所建立的评价指标体系应用于澜沧江大朝山水电站生态效应的评价中，结果表明，该水电站生态效应综合影响较小，生态负效应最大的是工程施工和水土流失，其次是移民和土地淹没；生态正效应为河流的水质、森林覆盖率和生物多样性等。因此，应该加强澜沧江流域的水土治理减少水电站的生态负效应。

侯锐等（2006，2007）对国内水利工程的生态效应评价研究进展进行了综述，讨论了生态效应的内涵，指出当前生态效应评价还处在探索阶段，在评价理论、内容、方法上还没有形成统一认识，缺乏科学、合理的指导性规范。提出了今后应在指标体系的建立、方法研究、评价标准制定等方面加强研究，并基于压力–状态–响应概念模型，构建了一套定量与定性相结合的评价指标体系。

蔡旭东（2007）也通过构建评价指标体系，确定评价标准，以广东省飞来峡水利枢纽工程为例进行了评价，结果表明该工程总体表现为生态正效应，但如果运行和管理不当，很容易导致负效应出现。

此外，吴泽斌（2005）、孙宗凤（2006）、侯锐（2006）、蔡旭东（2007）等所做的硕、博士论文分别对水利工程的生态效应或相关内容进行了系统性的专题研究，做了大量的基础工作。

可以看出，中国水利工程生态效应的评价起步较晚，还处在探索的阶段，其评价理论、方法和技术还没有形成统一的认识，有待进一步的研究。因此建立实施有效的评价指标体系和评价方法，评价水电工程对生态系统的影响，对于水电工程生态效应的研究具有重要的理论和现实意义。

长期以来，中国专门从事生态效应评价的学者较少，对于某个具体建设项目生态影响的评价，其具体研究的评价方法和指标体系，由于各种具体资源的开发性质、区域特征的不同，从评价指标、评价范围、评价时段和评价重点都有所不同，所以虽然这些成果往往有较好的可操作性，但是仍缺乏普遍实用性（高晶，2007）。

2.2.3 水利工程的生态效应分析

水利工程的生态效应表现为水利工程对生态环境造成的影响，这涉及生态系统的物理过程、化学过程、生物过程，甚至社会过程；要对其进行评价就要对这些影响进行分析，选择合适的评价因子，但评价因子具有时空差异大，变化不定等特点，很难就不同的项目确定一套固定的评价因子。一般在具体的评价工作中根据需要，有所侧重的选择，如孙宗凤等（2004）按照水利工程对周围环境因素的影响将水利工程生态效应评价因子分成四类：人居环境系统、动植物状态、自然环境系统和社会经济发展系统。蔡旭东（2007）根据水利工程生态效应的区域响应，将19个评价因子分为3个响应级，第一级为区域内的非生态变量对水利工程做出的响应，第二级为区域地貌、区域气候、下层地层构造、区域生产与生活环境，以及初级生产量等对第一级响应所产生的变化发生的响应，第三级响应为在更高的营养级上对生态系统产生的响应，并提供了各指标的计算公式。水利工程的生态效应主要体现在以下6个方面。

1. 水文效应

首先水库水位的变化与天然情况下大不相同，对于调蓄能力较大的水库，其水位的变化在季节上与天然河流是相反的，水位变幅较大；而对径流式电站如葛洲坝电站，水位的变幅不大，不会出现明显的季节性变化。

与天然河道相比，水库的流速变化也很明显，但是在不同库段，流速的变化也不一样,一般越靠近库尾,流速越接近天然河道,越近坝前,流速越小,在某些条件特殊的库湾,流速甚至接近于零。水库中央的流速大于库边的流速。水流速度减缓,泥沙沉淀,库水的含沙量减小,透明度增大。

水库修建后改变了下游河道的流量过程,从而对周围环境造成影响。水库不仅存蓄了汛期洪水,而且还截流了非汛期的基流,往往会使下游河道水位大幅度下降甚至断流,并引起周围地下水位下降,下游天然湖泊或池塘因无水而干涸;入海口因河水流量减少引起河口淤积,造成海水倒灌;因河流流量减少,使得河流自净能力降低;以发电为主的水库,多在电力系统中担任调峰角色,下泄流量的日变化幅度较大,致使下游河道水位变化较大,对航运、灌溉和养鱼等均有较大影响;当水库下游河道水位大幅度下降以至断流时,势必造成水质的恶化(曹永强等,2005)。

泥沙问题是水利工程中重要的环境问题之一。在河流上建坝,阻断了天然河道,导致河道的流态发生变化,改变河流的泥沙运动规律进而引发整条河流上下游和河口的水文特征发生改变,这是建坝带来的最大生态问题之一,应该特别注意慎重对待(侯锐,2006)。

由于河水流速减低,河水挟沙能力减弱,水体中的悬浮物质或多或少地沉积下来,不仅影响到航道的运用,而且减少水库的库容,影响水库的使用年限。

水利工程的建设减少了河流径流量和流速,改变了库区和下游泥沙的输移和沉积模式,大量的泥沙被拦截在坝内水库中,引起下游泥沙输送量的下降,并改变泥沙的粒级组成。输水、输沙条件的变化也导致其携带的营养物入海量的变化,改变了河口区的理化特性和生态平衡条件,影响鱼类种群的数量,导致渔业产量下降,破坏了三角洲湿地生态系统、减少了生物的多样性,引起水体自净能力的下降,可能导致河口区污染加剧。

此外,上游建坝蓄水以后会直接引起洪泛沼泽地淤泥和养分补给量的减少,使其逐渐贫瘠,加之断流时间增长,水分供应短缺,使原本水草丰美的沿河湿地因割断了与河水系的联系而疏干,人为的加剧了该地区的干旱化、盐渍化和风沙化程度。

2. 水环境效应

对水质可以产生正负两方面的影响(曹永强等,2005)。有利影响为:工程建成后坝址以上将形成一定容积的库存水体使坝址上游河段的水环境容量大大增加,特别是在枯水年和枯水季节,水体流速慢,滞留时间长,这有利于悬浮物的沉降,可使水体的浊度、色度降低;库内流速慢,藻类活动频繁,呼吸作用产生的CO_2与水中钙、镁离子结合产生$CaCO_3$和$MgCO_3$并沉淀下来,降低了水体硬度,水库内水环境的纳污能力得到提高.

不利影响为:当水库水长时间处于停滞状态,如数月甚至几年,库内水流流速很小,水、气界面交换的速率和污染物的迁移扩散能力显著降低,水体复氧能力减弱,此时水库水体自净能力大大低于河流水。藻类等将大量生长而导致水体富营养化;被淹没的植被和腐烂的有机物会大量消耗水中的氧气,并释放沼气和大量CO_2,同样导致温室效应;悬移质沉积于库底,长期累积不易迁移,若含有有毒物质或难降解的重金属,可形成次生污染源。

对水温的影响有:水温变化指水库的特殊水温结构使入流和出流产生温差的现象。水库工程引起水温变化,是水库建设中不可避免的现象(雷晓琴,2005)。水库流速从上游到坝址处逐渐减小,水体性质也发生了改变,长期滞留在库内的水与大气之间的热量产生变化引起水温和流态产生变化。水库水温与气候条件、热传播、水体流动特性、水库库容、水深、运行方式和水体交换的频繁程度、径流总量、洪水规模等具有密切的关系。

3. 生物学生态效应

生物资源是生态系统最重要的组成部分，水利工程的修建不可避免的会影响到区域内的生物群体，但在不同的地区、不同的河流上建坝，对生物物种的影响是不同的，要对具体的河流进行具体的分析，不能一概而论。对生物资源的影响可分为对陆生生物的影响和对水生生物的影响。

1）对陆生生物的影响

对陆生生物的影响主要是由于水利工程的修建将会淹没大片陆地，直接破坏陆生生物生存的生境，如水库蓄水淹没森林，涵洞引水使河床干涸，大规模工程建设对地表植被的破坏，新建城镇和道路系统对野生动物栖息地的分割与侵占，都会造成原始生态系统的改变，威胁生物多样性。现实的例子如贡嘎山南坡水坝的修建，将造成牛羚、马鹿等珍稀动物的高山湖滨栖息活动地的丧失以及大面积珍稀树种原始林的淹毁。另一方面的影响是间接的，如由水利工程引起的局部气候、土壤沼泽化、盐碱化等所造成的对动植物的种类、结构及生活环境等的影响（曹永强等，2005）。

2）对水生生物的影响

水库的兴建抬高了水位，改变了河流水生生态系统，破坏了水生生物的生长、产卵所必需的水文条件和生长环境。此外，水库淹没区和浸没区原有植被的死亡，以及土壤可溶盐都会增加水体中氮磷的含量，库区周围农田、森林和草原的营养物质随降雨径流进入水体，从而形成富营养化的有利条件。

在水生生物中最受关注的莫过于洄游性鱼类，水利工程会切断洄游性鱼类的洄游通道，使洄游性鱼类不能顺利完成其生活周期，造成严重的后果，而河流的梯级开发会加重这一影响。此外水库深孔下泄的水温较低，会影响下游鱼类的生长和繁殖；下泄清水也会影响下游鱼类的饵料和产量；高坝溢流泄洪时，高速水流造成水中氮氧含量过于饱和，致使鱼类产生气泡病（曹永强等，2005）。

值得一提的是水库建成蓄水后，将使库区蓄积一定数量的腐殖质以及无机盐类等外源营养物质，水质肥度有所提高，营养丰富，且年均径流量增加，水流变缓，有非常好的渔业潜力。

4. 对局部气候和大气的影响

气候条件是影响生态系统稳定性最重要因素，一般情况下，地区性气候状况受大气环流控制，但大中型水库和灌溉工程的修建，使原先的陆地变成了水体或湿地，对局部小气候产生了一定的影响，主要表现在对降雨、气温、风和雾等气象因子的影响。而对大气的影响在国际上也被看做是建坝对生态影响的首要问题。

1）对降雨的影响

对降雨量的影响主要体现在以下3方面：①降雨量有所增加。这是由于修建水库形成了大面积蓄水，在阳光辐射下，蒸发量增加引起的。②降雨地区分布发生改变：水库低温效应的影响可使降雨分布发生改变。一般库区蒸发量加大，空气变得湿润。实测资料表明，库区和邻近地区的降雨量有所减少，而一定距离的外围区降雨则有所增加，一般来说，地势高的迎风面降雨增加，而背风面降雨则减少。③降雨时间的分布发生改变。对于南方大型水库，夏季水面温度低于气温，气层稳定，大气对流减弱，降雨量减少；但冬季水面较暖，大气对流作用增强，降雨量增加。

2）对气温的影响

影响气温变化的因素主要是该研究区域净辐射的变化、下垫面性质改变引起的空气热量交换的变化以及水陆比例的变化。陆面反射率的平均值一般是0.2，而水面反射率的平均值是0.07，由此可导致水面净辐射显著大于与陆面净辐射。在水利工程兴建后，水域面积增加，水陆比例变化，又由于水体、陆面的热容量差别很大，所以水陆面积对总辐射的吸收量也会变化。另外，水库蓄水后，水位抬高，可蔽视角减少，这也使得水面接受的太阳辐射增加。从全年平均看，库区年平均气温略有升高（房春生等，2002）。

3）对风速的影响

影响风速变化的主要因素是下垫面的形状与性质，它们主要是通过对气流摩擦起作用。水库建成后，水域代替了原来陆面，平滑的水面使粗糙率减少，风速增加。水库蓄水后水位升高使河谷宽度增加，当风向与河谷走向接近平衡时，有使风速减慢的趋势。另外，风区长度增长又有使下风岸风速增强的趋势，两岸相对高度的差异使气流受阻碍减弱，也有使风速增强的趋势。风速变化的因素是许多的，受地形变化影响显著，所以在具体评价工程对风速的影响时，一定要进行实地监测、调查（房春生等，2002）。

4）对雾情的影响

水库蓄水后，水面增宽，水位抬高，蒸发量增加，空气水汽含量增加，相对湿度增加，有利于雾日的形成。而风速对雾的形成也有一定影响，风速大，对雾日的形成是不利的。但从总体上，水利工程对雾情的影响不是显著的，尤其是对于中、小型工程而言。

5）对大气的影响

国外在谈到大坝与生态问题时，首先谈到的最重要的问题就是大坝建设对大气和气候的影响。如在南美洲的阿根廷、巴西、委内瑞拉等国，在北美洲，以及俄罗斯的西伯利亚，一些大型水电站的水库淹没了大片森林，水库蓄水前，又没有能力大规模砍伐清库，林木便长期浸泡在水中。树木生长时吸收二氧化碳，释放氧气，有益于生态环境；但经水浸泡腐烂后便会产生一些有害气体，对大气造成污染。从世界范围看，这个问题十分突出。但是，这个问题在中国并不严重。原因有二：①中国的电站虽然很大，但多属高山狭谷型水库，与国外的水库相比，库容并不大；②中国有大面积森林的库区不多（汪恕诚，2004；侯锐，2006；李蓉等，2009）。

5. 对景观资源的影响

景观资源是指可供观赏、度假疗养、休憩娱乐、探险考察的壮丽山河、古迹胜地及现代建筑物等自然和社会文化景观。

水利工程一般都在峡谷区修建，这里常具有优美的自然环境。一般工程建设涉及的自然景观有河流、峡谷、特殊地貌（如喀斯特）、森林、草原等天然景色；文物古迹有古墓葬历史遗址、古建筑等。这些影响既有有利影响，又有不利影响。水库蓄水，水面增大，航道变宽，使感官性有所改善。如三峡工程施工后，长江沿岸开发出许多新的旅游资源。这些变化对于景观资源来说是有利的。但是水利工程也可能淹没一些名胜古迹、地下文物等。

水利工程对自然景观与文物古迹的影响研究越来越受到重视。世界上许多国家在环境影响评价中都将其作为重要内容。如埃及阿斯旺高坝水库虽淹没了一些古迹，但珍贵古迹和寺庙都得到了保存和重修。而中国葛洲坝水利枢纽和在建的位于著名风景名胜区的三峡水利枢纽，均对工程所在区自然景观与文物古迹保护进行了专门规划。

6. 对人类自身的影响

水利工程本来是人类为改善自己生存环境质量而建设，是促进社会经济发展的产物。然而，在为人类造福的同时，水利工程不可避免的也会产生一系列负面效应，如人群健康和移民的问题。在没有进行预测和采取必要的防治措施的情况下，水利工程会引发流行病，对人群健康产生严重影响。不少疾病如阿米巴痢疾、伤寒、疟疾、细菌性痢疾、霍乱、血吸虫病等直接或间接地都与水利工程有关。国际上有造成阔节裂头绦虫和猫后睾吸虫广泛流行的先例。中国丹江口水库、新安江水库等建成后，原有陆地变成了湿地，利于蚊虫孳生，都曾流行过疟疾病。

随着人类逐渐认识到这些问题。国内对一些已建水电工程采取了一系列防病措施，以减轻对人群健康的不利影响。如采取排水、填坑、平整土地等工程措施来改变不利的生态环境，以减少病媒体的滋生地；通过生物防治方法，放养以钉螺产卵的草、钉螺成虫和疟蚊幼虫为食物的鱼类来控制疟蚊和钉螺的繁殖；或利用化学试剂杀灭病媒生物等（侯锐，2006）。

水利工程的建设往往要淹没土地，这就必然会引起移民搬迁的问题，移民涉及众多领域，是一项庞大复杂的系统工程，关系到人的生存权和居住权的调整，是当今世界性的难题（汪恕诚，2004）。在中国，移民问题也是大坝建设带来的生态影响中最值得关注的问题。新中国成立以来，中国修建了八万多座水库，移民人数达1500多万，三峡水库移民总数甚至超过110万。移民问题不仅是社会问题，还是复杂的经济、环境问题。移民搬迁往往会造成植被破坏、水土流失、土壤贫瘠等许多环境问题。此外因新移民和原有居民的生活、生产方式及风俗习惯等许多方面都有差异，这些都是需要进一步研究的难题。

2.3 国内外大坝工程生态效应研究及对中国的启示

2.3.1 国外研究的特点

国外对大坝工程的生态效应研究已经从水库工程的生态影响评价转变为以生态保护目标为导向的流域生态流恢复和河流生态系统健康的研究。

国外大坝工程生态效应的研究特点为：①研究重点集中在大坝建设和运行对河流水文情势改变所产生的生态效应。目的是根据不同流域的生态效应后果及生态修复目标，提出制约大坝改变天然河流水流情况的限制性阈值。生态流是最有代表性的"约束性生态阈值"。②以水生生物为生态保护目标，研究大坝的阻隔作用，下泄水水温、水沙运移、水电调峰运行等对水生生物的影响，为制定生态保护和生态修复方案提出可持续流域阈值。美国、澳大利亚、加拿大等国家在不同的河流上进行了较多的实践探索。③国际社会普遍应用的河流生态流评估方法主要有五种即水文学方法、栖息地模拟法、综合评估法、水力学评估法和整体评估法。④河流健康计划已经纳入许多国家的河流管理体系。其核心仍然是河流水生生物等保护目标物种所需要的生态流量维持。

2.3.2 国内水利工程生态效应研究的特点

国内对生态效应评价研究具有以下特点：①单一工程的生态效应评估多，流域性影响涉及少；②评价指标从单项向多指标综合评价发展，但也导致重点问题不突出；③缺少约束性的指标：水利工程建设与运行过程中需要有保护关键生态要素的约束性指标，以确保河流生态过程的持续性和稳定性，但目标尚无约束性指标，如导致蓄水期间断流、缺少鱼道建设等措施，而产生致命的影响；④相关标准缺乏，尤其是生态标准的缺乏，使得在实际评价中缺乏充分的科学依据又不具统一性，从而影响了评价结果的科学性和可比性。因此，建立生态影响的量化评价标准具有十分重要的作用。

2.3.3 对中国未来水利工程生态效应研究的启示

中国流域水库大坝开发的生态影响评价侧重于工程影响的局地范围评价，对流域性影响的考量较少，尤其是缺少流域性的敏感性指标和生态标准，难以形成流域开发的约束性生态阈值或生态准则，导致流域开发的生态环境技术管理缺少切实可行的抓手。国外在分析流域水生生态系统保护目标生态需水量的基础上，提出约束流域开发的河流生态流标准，从根本上保障了流域的适度开发，具有较强的可操作性。鉴于此，国内的大坝工程生态效应评估应该以流域的生态基流为中心，围绕其变化产生的生态后果，制定流域开发或流域生态恢复的约束性阈值或生态准则。

参 考 文 献

蔡旭东.2007.水利工程的生态效应区域响应研究.河海大学硕士论文.
蔡旭东.2007.水利工程生态效应的区域响应评价体系.中国水利，12：16-19.
曹永强，倪广恒，胡和平.2005.水利水电工程建设对生态环境的影响分析.人民黄河，17（1）：56-58.
常本春，耿雷华，刘翠善，等.2006.水利水电工程的生态效应评价指标体系.水利水电科技进展，26（6）：11-15.
段昌群，杨雪清.2005.生态学的颠覆性和建设性.郑易生.2005.科学发展观与江河开发.北京：华夏出版社：24-37.
房春生，王菊，李伟峰，等.2002.水利工程生态价值评价指标体系研究.环境科学动态，1：5-10.
冯尚友.2000.水资源持续利用与管理导论.北京：科学出版社.
弗德.2002.水电站日峰荷调节对环境的影响.沙文彬译.水利水电快报，23（1）：1-2.
傅春，冯尚友.2002.水资源持续利用（生态水利）原理的探讨.水科学进展，11（4）：436-440.
郭乔羽，李春晖，崔保山，等.2003.拉西瓦水电工程对区域生态影响分析.自然资源学报，18（1）：

50-57.

侯锐, 陈静. 2006. 国内水利水电工程生态效应评价研究进展. 水利科技与经济, 12 (4): 214-215.

侯锐, 刘恒, 钟华平等. 2007. 水电工程生态效应评价指标体系研究. 人民黄河, 29 (1): 12-13.

侯锐. 2006. 水电工程生态效应评价研究. 南京水利科学研究院硕士论文.

雷晓琴. 2005. 水工程水环境安全问题浅析. 人民长江, (4): 58-59.

李蓉, 郑垂勇, 马骏, 等. 2009. 水利工程建设对生态环境的影响综述. 水利经济, 27 (2): 12-15.

鲁春霞, 谢高地, 成升魁等. 2003. 水利工程对河流生态系统服务功能的影响评价方法初探. 应用生态学报, 14 (5): 803-807.

罗庆忠. 2007. 水利工程的生态效应分析. 中国科技信息, 3: 36-37.

毛文永. 1998. 生态环境影响评价概论. 北京: 中国环境科学出版社.

毛战坡, 王雨春, 彭文启. 2005. 筑坝对河流生态系统影响研究进展. 水科学进展, 16 (1): 134-140.

水利部规划计划司. 2009. 2008 年全国水利发展统计公报. 水利发展研究, 9: 75-81.

水利建设项目经济评价规范. 1994. 北京: 中国水利水电出版社: SL72-94.

水利水电工程环境影响评价规范. 1989. 北京: 水利电力出版社: DSJ3O2-88.

孙宗凤, 董增川. 2004. 水利工程生态效应分析. 水利水电技术, 35 (4): 5-8.

孙宗凤. 2003. 国外生态水利研究状况分析与点评. 水利水电技术, 34 (11): 21-23.

汪恕诚. 2004a. 论大坝与生态. 水力发电, (4): 1-4.

汪恕诚. 2004b. 再谈人与自然和谐相处——兼论大坝与生态. 中国水利报, 5-23.

王伟. 2007. 简析水利水电工程生态环境影响及评价内容. 山西水利, 23 (3): 100-101.

吴泽斌. 2005. 水利工程生态环境影响评价研究, 武汉大学硕士论文.

相震, 吴相培, 王连军, 等. 2004. 直岗拉卡水电站工程生态环境的影响分析. 自然资源学报, 19 (5): 646-650.

Alves M H, Bernardo J M, Henriques A G. 1994. An approach for instream flow determination in Mediterraneam rivers. In: Leclerc M, et al., (eds). Ecohydraulics 2000.

Arthington A H, Welcomme. 1995. R. L. in Condition of the World's Aquatic Habitats, Armantrout, Wolotira Jr. Eds. Lebanon. Science Publishers.

Arthington A H, Zalucki J M. 1998. Comparative evaluation of environmental flow assessment techniques: review of holistic methodologies. Land and Water Resources Research and Development Corporation Occasional Paper No. 27/98. Canberra, Australia. 141 pp.

Bamruta L A, Lake P S. 1997. 澳大利亚河流的退化以及维多利亚河流保护和管理进展, 宁远、沈承珠、谭炳卿译, 河流保护与管理, 北京: 中国科学技术出版社: 44-54.

Bragg O M, Black A R, Duck R W, et al. 2005. Approaching the Physical biological interface in rivers: a review of methods for ecological evaluation of flow regimes. Progress in Physical Geography, 29 (4): 506-531.

Bunn S E, Arthington A H. 2002. Basic Principles and Ecological Consequences ofAltered Flow Regimes for Aquatic Biodiversity. Environmental Management, 30 (4): 492-507.

Docampo L, De Bikuna B G. 1993 (/1995). The basque method for determining instream flows in northern Spain. River4 (4): 292-311.

Dynesius M. Nilsson C. 1994. Fragmentation and flow regulation of river systems in the Northern Third of the World. Science, 266: 753–762.

Gehrke P C, Gilligan D M, Barwick M. 2002. River Res. Appl, 18: 265.

Gillett R M, Tobias P V. Am. J. Hum. 2002. Biol, 14: 50.

Gipple C J, Stewardson M J. 1998. Use of wetted perimeter in defining minimum environmental flows,

Regul. Rivers: Res Mngm., 14: 53-67.

Gordon N D, McMahon T A, Tinlayson B L. 1992. Stream hydrology. An introduction for ecologists. John Wiley & Sons, Chichester. 526.

HART D D, Poff N L. 2002. A special section on dam removal and river restoration. BioScience, 52 (8): 653-655.

Hirose Shin-ichi. 2001. Restoration of waterweeds in a remodeled channel. Bulletin of Toyama Prefectural University, 11: 65-75.

Humberg C V, Ittekkot A, Cociasu B. 1997. Von Bodungen. Nature, 386-385.

Indrabudi H. De Gier A. Fresco, L. O. 1998. Land Degrad. Dev. 9: 311.

Jansson R C, Nilsson B. 2002. Reno˙fa˙lt. Ecology, 81: 899.

King J M, Tharme R E, Brown C A. 1999. Definition and implementation of instream flows. Thematic report for the World Commission on Dams, Southerm Waters Ecological Research and Consulting, Cape Town, South Africa: 63.

Lemly A D, Kingsford R T, Thompson J R. 2000. Environ. Mana Gement, 25: 485.

Levine C M, Stromberg J C. 2001. Effects of flooding on native and exotic plant seedlings: implications for restoring south-western riparian forests by manipulating water and sediment flows. Journal of Arid Environments, 49 (1): 111-131.

Niehols S, Norris R, Maher W, et al. 2006. Ecological effects of serial impoundment on the Cotter River, Australia. Hydrobiologia, 572: 255-273.

Nilsson C, Berggren K. 2000. Bioscience, 50: 783.

Nilsson, et al. 2006. Fragmentation and Flow Regulation of the World's Large River Systems. Geomorphology, 79: 336 – 360

Petts G. 1984. Impounded rivers: perspectives for ecological management. NewYork: Wiley, Chichebster.

Poff N L, Allan J D, Bain M B, et al. 1997. The natural flow regime, a paradigm for river conservation and restoration. BioScience, 47: 769-784

Prowse T D, et al. 2002. Water Int. 27: 58.

Reiser D W, Wesche T A, Estes C. 1989. Status of instream flow legislation and practice in North America. Fisheries, 14 (2): 22-2

Richter B D, et al. 1997. How much water does a river need? Freshwater Biology, 37: 231-249

Shidl R J and Walker K F. 1984. Zooplankton of Regulated and Unregulated Streams: the Murrey-Parling River System, Australia.

Tennant D L. 1976. Instream flow Requirements for Fish, Wildlife, Recreation, and Related Environmental Resources Lake Tahoe Basin, Department of Fish and Game, Stream Evaluation Report 87.

Tockner K, Stanford J A. 2002. Environ. Conserv, 29: 308.

Tomos M C, Walker K F. 1984. Preliminary Observations of the Environmental Effects of Flow Regulation on the River Murray, South Australia.

Walker K F, Thoms M C, Sheldon M C. 1992. Effects of Weirs on the littoral environmenta of the River Murray, South Australia. //Boon P J, Calow P, Petts C E. River conservation and management. Chichester. John Wiley & Sons.

Waters B F. 1976. A methodology for evaluating the Effects of Different Stream Flows on Salmonoid Habitat, in Proceedings of a Symposium of Speedily Conference on Znstream Flow Needs, PP. American Fisheries Society, Bathesda, Mary Land, 254-256.

第3章　中国流域库坝工程开发的现状分析

3.1　中国流域库坝工程开发的资源生态基础分析

流域库坝工程建设旨在为人类提供更多的水利水能资源，以满足社会经济的发展和日常生活的需求。中国地域广阔，无论是在南北还是东西方向上均存在水利水能资源禀赋的空间差异。资源禀赋的地域差异使得流域水利水电资源开发特点及开发过程所面临的资源生态问题也存在显著的地域差异。在与社会经济要素空间差异的叠加中，资源生态要素与社会经济要素的空间错位使中国水利水电资源的工程开发不得不应对更艰巨的挑战。

3.1.1　流域水利水电资源地域禀赋与生产力要素布局呈现错位的空间关系

以长江流域为界，中国地表水资源的分布呈现南多北少的自然格局。水能资源西部多，东部少，相对集中在西南地区。从水利水电资源满足社会经济发展的区域需求格局来看，水利资源在南北方向上与中国土地资源利用格局呈现显著的错位关系，水能资源在东西方向上与中国生产力布局呈现显著的错位关系。已经建设的南水北调工程和西电东送工程是对这种错位关系的最好诠释。

水利水能资源禀赋与生产力要素布局的空间错位使中国流域水利水电资源开发面临巨大的资源环境压力：①北方地区土地资源丰富，流域水资源短缺，因而，北方地区普遍面临水资源高强度开发利用及其产生的资源生态问题；②西部地区尤其是西南地区水能资源丰富，但生态环境脆弱。西部地区尤其是西南地区不得不应对水能资源高强度开发利用及其产生的生态环境问题。

1. 流域水资源南多北少与土地资源北多南少的空间错位

中国水资源总量丰富，但人均水资源占有量仅为世界平均水平的1/4，每亩耕地占有的水资源量仅为世界平均值的4/5，是一个水资源相对比较缺乏的国家。全国水资源以地表水为主要构成，地表水占水资源总量的比重在96%以上。各大一级流域中，地表水在水资源总量中的比重除在海河流域为44%外，在其他流域均在72%以上，特别是在汇集了全国81%水资源总量的长江及其以南流域，地表水在水资源总量中的比重高达98%以上。

在空间分布上，中国河川径流资源时空分布很不均衡。如果以长江为界，长江及以南地区分布全国80%以上的地表水资源（图3-1）；如果以大兴安岭巫山—太行山—巫山—雪峰山一线为界，该线以西分布约3/5的水资源、近4/5的水能资源。因而水资源在空间上呈现出南多北少的地域格局。长江以北广大地区土地资源丰富，耕地面积占全国的65%，在地域分布上呈现北多南少的空间格特征。中国南方地区单位国土面积的水资源量是 671 000 m³/km²，北方地区是 87 000 m³/km²，相差 6.7 倍。

中国流域水资源南多北少与土地资源北多南少的空间错位关系使北方地区面临水资源高强度开发的巨大压力，以及由此产生的资源生态问题。

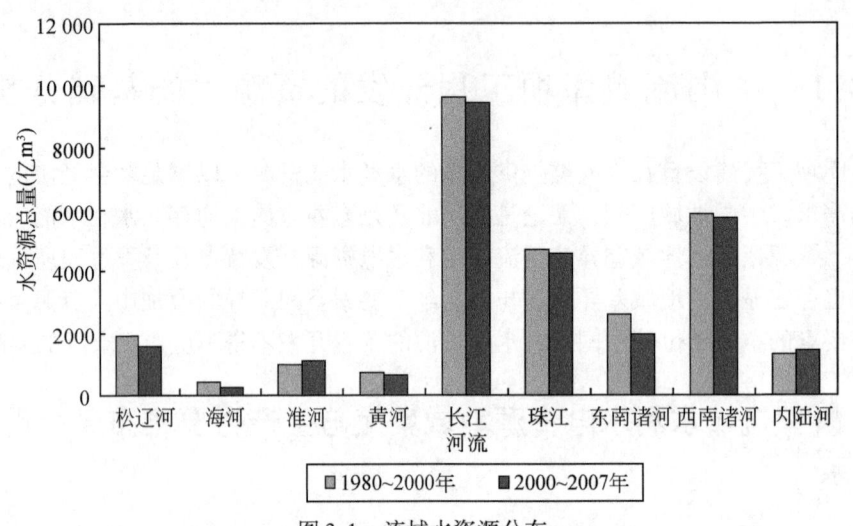

图 3-1 流域水资源分布
资料来源：1997~2008 年历年《中国水资源公报》

通过对南北方地区和西南西北地区的水资源、人口、耕地以及经济规模四要素空间匹配状况进行的对比分析表明（图 3-2），中国北方区（包括东北和华北）和西南区的水资源与人口、耕地以及经济的匹配性最差，华北区以占全国 9% 的淡水资源量，支撑了占全国 27% 的人口和 38% 的耕地，产出了占全国 33% 的 GDP；而水资源丰富的西南区则恰好相反，它的人口、耕地以及 GDP 占全国的比重远小于它的淡水资源占全国的比重。南方区（华东和华南）和西北区的匹配状况相对较好。

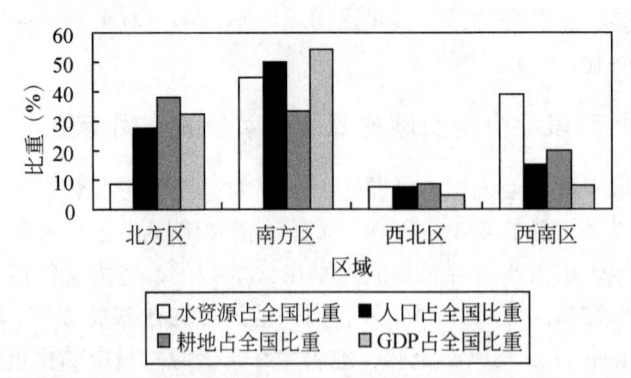

图 3-2 中国水资源区域分布与人口、耕地、经济发展匹配情况
资料来源：《中国水资源公报 1997—2008》；《中国统计年鉴 2008》

中国流域水资源分布与土地资源、经济社会资源分布的空间不匹配特点决定了中国流域水利工程的开发具有显著的地域性特征，即北方地区流域水资源开发利用强度普遍较大，甚至超过了流域水资源的承载能力。

未来随着城市化的快速发展以及全球气候变化带来的不确定性，中国水资源南北分布的空间不均衡性将会带来更大的供需矛盾。无疑，南水北调工程可以在一定程度上缓解北方的水资源压力，但北方地区在水资源短缺的巨大胁迫下，继续进行流域水资源的高强度开发利用不可避免，由水资源开发活动加剧的资源生态危机亦会随开发强度的增大而日益凸显出来。

2. 水能资源西多东少与人口经济规模西小东大的空间错位关系

全国可开发的水能资源按流域分，长江流域居于首位，理论蕴藏量为2.68亿kW，占全国的39.6%，但主要分布在长江上游地区；其次为雅鲁藏布江水系及西藏其他河流，理论蕴藏量为1.6亿kW，占全国的23.6%；居第三位的是西南国际诸河流，理论蕴藏量为9690kW，占全国的14.3%。水力资源相对集中在西南地区的金沙江、雅砻江、大渡河、澜沧江、乌江、长江上游、南盘江红水河、怒江、黄河中上游等流域。因此，1989年中国编制的"中国十二大水电基地"建设规划中，西部地区有7个完整的和2个各占一半的水电基地，总装机和年发电量约是全国的70%以上（表3-1）。

表3-1　中国12大水电基地规模及其比重

基地名称	规模（年发电量/亿kW·h）	占全国的比重（%）
金沙江（石鼓—宜宾）	2611	24.54
雅砻江（两河口—渡口）	1181	11.10
大渡河（含白龙江，双江口—渡口）	1109	10.42
乌江（洪家渡—涪陵）	418.38	3.93
长江上游（宜宾—宜昌，含清江）	1359.9	12.78
红水河（兴义—桂平，含黄泥河）	532.9	5.01
澜沧江（布衣—南腊河口）	1094	10.28
黄河上游	593	5.57
黄河中游（托克托—花园口）	193	1.81
闽浙赣（福建、浙江、江西三省）	416	3.91
东北基地	1131	10.63

资料来源：《中国能源五十年》

如图3-2所示，中国西部地区（西北地区和西南地区）人口和GDP占全国的比重相对较低。中国流域水能资源分布与人口经济发展格局的空间错位增加了西部地区水能资源开发利用的经济成本和生态成本。为了实现中国碳减排目标，切实可行的措施之一就是开发水电能源。因此，近年来，中国水电资源开发的力度和强度在持续增大，在西南地区的水能开发强度尤为突出，从而使原本脆弱的西部地区遭受生态系统不能承受之重。

3.2 流域库坝工程开发的区域特征

3.2.1 南方流域已建水库数量占多数，北方水库库容普遍较大

水库大坝工程是水利水电资源开发的主要工程类型，也是对流域生态环境产生影响最为显著的工程类型。中国的库坝工程大多数具有综合性功能，大都具有供水、防洪、发电和灌溉功能。

截至 2009 年年底，中国各流域已建成各类水库 87 148 座，水库总库容 7060.67 亿 m^3。各流域水库数量及总库容如图 3-3 所示。就数量而言，南方流域水库数量占全国总量的 79%，总库容占全国的 56%。其中，长江流域的水库数量及总库容居于首位，已建水库数量达 44 948 座，占全国水库数量的 52%，因而成为中国流域水库工程最为密集的流域区；其次为珠江流域，水库数量占全国总量的 17%。长江和珠江流域水库工程数量庞大，由于地表水量丰富，年际径流变化小，一般工程规模相对较小。从水资源开发程度来看，与可利用率相比，水资源开发利用程度仍然较低。

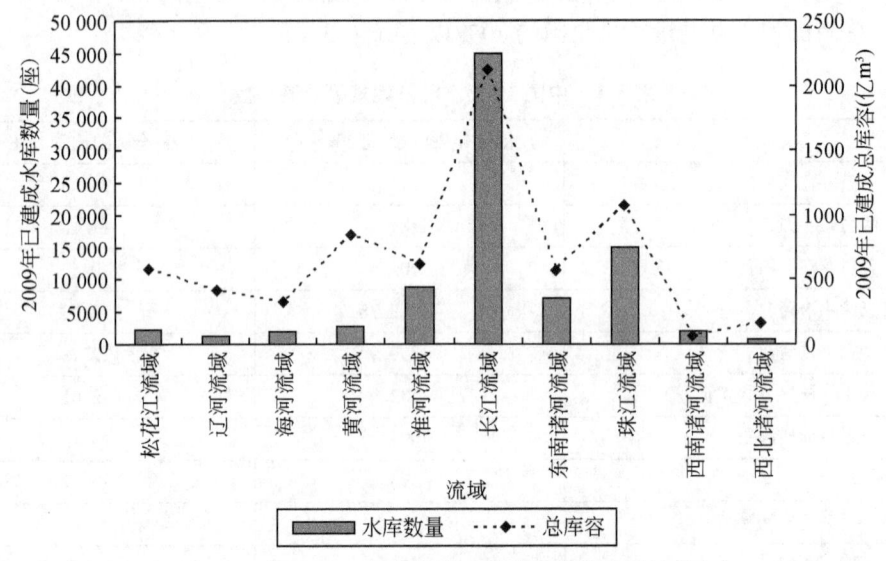

图 3-3　截至 2009 年各流域已建成水库数量及总库容
资料来源：《2010 年中国水利统计年鉴》

与已建成的水库数量相比，北方流域区的水库数量占全国的 21%，总库容却占全国的 44%，表明北方单个水库的库容普遍较大。黄河流域最为突出，已建成水库数量只占全国总数的 3%，库容总量占全国的约 13%，其库容占北方流域总库容的 1/3。北方流域库坝工程规模较大，能产生正负两方面的作用。一方面水库调节能力强，可以有效地调节水文过程，确保水资源的有效配置；另一方面，对河流水文过程的影响过大，使流域生态系统受到显著的不利影响。黄河流域从 20 世纪 70 年代开始 30 年内经常出现断流现象，固然与流域进入枯水期有关系，但水库对径流的拦截，无疑会进一步导致或加速黄河干流断流。

3.2.2 北方各流域总库容大都超过地表水资源可利用量

与流域地表水资源可利用量相比，北方各流域水库总库容均已超过了地表水资源可利用量（图3-4），也就是说北方水库总库容已经超过了流域地表水资源可利用量的上限。其中，海河流域水库总库容超过地表水资源可利用量193%，黄河流域超过167%，辽河流域占128%，淮河流域占88%，松花江流域水库总库容超过地表可利用水资源量的7%。显然，海河流域、黄河流域、辽河流域和淮河流域的水库总库容量已经远远超过地表水资源可利用量。

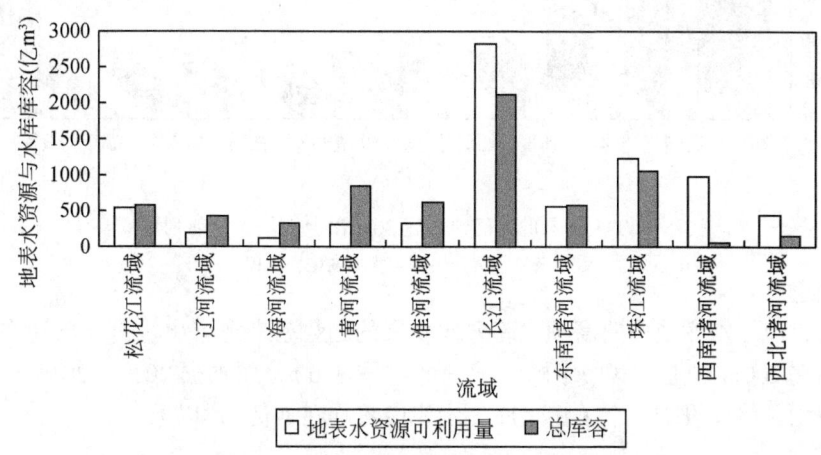

图3-4　流域地表水资源可利用量与2009年已建成水库总库容比较
资料来源：《2010年中国水利统计年鉴》

尽管水库库容并不等于水库实际蓄水量，在地表水资源短缺的北方地区尤其如此。但库容大小能够反映流域蓄水能力，意味着在降水有限的条件下，即使有降水并形成径流，有限的径流进入水库后可能全部蓄积起来，大坝下游河道并不会因降水而增加径流量。相反，随着水库供水、发电或灌溉等需求持续增大，大坝下游河道可能会长期干涸，这是北方诸多河流普遍存在的现象，并因此引起下游通河湖泊湿地萎缩，水生生态系统或湿生生态系统退化等问题。

3.3　流域库坝工程的开发趋势及其生态效应特征

3.3.1　向高坝大库方向发展导致生态效应范围不断扩大

国际上大型水坝的定义为：从地基算起水坝高度大于或等于15m，厚度在5m至15m之间，总储水量超过300万 m^3 的水坝。1973年中国有30m以上大坝共1644座，其中100m以上14座，分别占世界的25%和3.5%。2005年世界30m以上大坝数量排名前列的国家中，中国将近5000座，比第二名的美国多出三倍多（图3-5），占世界总数的40%。

39

其中100m以上142座，占世界18%左右。

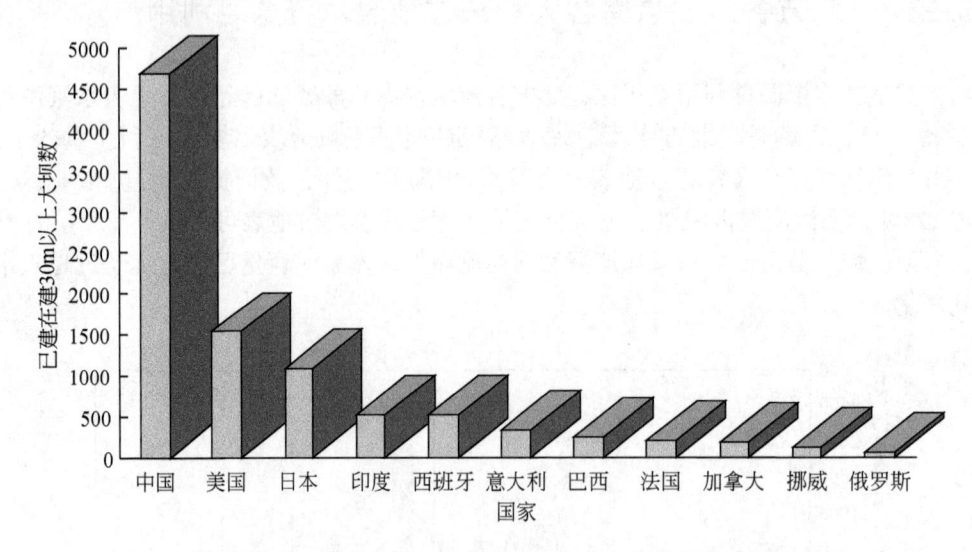

图 3-5　2005年末世界已建在建30m以上大坝数量前列国家
数据来源：贾金生等，水力发电，2010

近年来，流域水库建设向高坝大库方向发展的趋势愈来愈突出。世界已建在建前十位拱坝坝高均在200m以上，其中中国占了一半（图3-6）。而根据2010~2030年中国的水资源综合规划，将建设153个大型水库，水库库容均在1亿 m³ 以上。

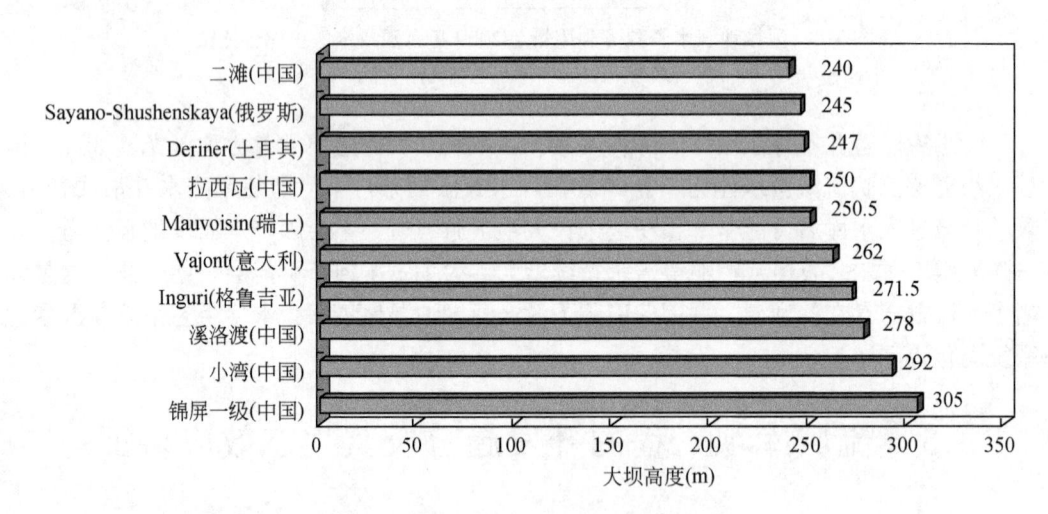

图 3-6　近年世界已建在建拱坝高度前十位
数据来源：贾金生等，水力发电，2010

建设高坝大库意味着库坝工程淹没的土地面积在增大，对河流的隔断作用、对河流水生生物的影响和对水库周围的生态环境影响增大，移民的规模增大也意味着水电工程的社会影响增大。

随着中国南水北调中线二期工程的启动,对作为该工程起点的丹江口水库进行了大坝加高改造工程。丹江口水库大坝坝顶高度将由原来的 162 m 加高到 176.6 m,正常蓄水位由原来的 157 m 提高到 170 m。大坝高度增加将近 15m,正常蓄水位升高 13m,淹没耕地面积比原来增加了近 50%,动迁移民人数与原来几乎相当,如表 3-2 所示(刘宁,2006)。

表 3-2 丹江口水库大坝加高前后淹没的耕地与影响的移民

大坝高度	淹没耕地	动迁移民
162 m(初期)	42.9 万亩	38.3 万人
176.6 m(加高后)	22.19 万亩	32.8 万人

注:1 亩 ≈ 666.7m^2

高坝的阻隔作用对生物多样性的影响十分显著。富春江高坝修建导致中国鲥鱼种群在流域内消失,长江葛洲坝建设导致中华鲟资源衰竭。历史上湖北省长江四大家鱼天然鱼苗产量达 200 亿尾,三峡水库蓄水后四大家鱼鱼苗资源为 2 亿尾左右(刘焕章,2010)。对广西境内红水河岩滩水库蓄水前后的水生生物动态监测表明,岩滩水库 1992 年开始蓄水,1997 年水库建成 5 年后鱼类种类减少 38.6%,底栖动物减少 77%,水生维管束植物减少 100%(周解和何安尤,2004)。

20 世纪 50 年代以来海河流域的干支流大都修建了水库大坝,以控制洪水,发展灌溉和为城市供水。其中,大清河水系的白洋淀流域上游陆续修建大型水库六座,其中大(Ⅰ)型水库有沙河上的王快水库和唐河上的西大洋水库,大(Ⅱ)型水库有磁河上的横山岭水库、郜河上的口头水库、漕河上的龙门水库和中易水上的安各庄水库,这些河流均汇入白洋淀湖泊型湿地生态系统。但随着水库上游用水量的增大,大部分河流在大坝以下断流,白洋淀湿地生态系统的萎缩速度加剧(白德斌和宁振平,2007)。

因此,根据大坝高低的生态影响,付雅琴(2009)把水电梯级开发模型分成三类,即低坝径流生态可持续型、龙头带径流生态可修复型和高坝蓄积生态难恢复型。可见高坝工程所带来的生态影响难以恢复已经是一种普遍认知。

3.3.2 向全流域开发方向发展导致生态效应全流域蔓延

在已建的 87 151 座水库中,大中型水库 3803 座,占水库总数的 4.36%。其中大型水库主要分布在干流和主要的支流上,其余 8 万余座(10 万 m^3 以上)小型水库分布在各级支流上。可以说,目前中国七大水系干流及其主要支流上均修建有数量不等的水库大坝,自然完整的河流生态系统仅限于小支流。

长江是中国水库大坝建设数量最多的流域,在干流和各级支流上均已建在建有大量的水电库坝工程,还有许多规划的梯级开发项目(表 3-3),全流域开发的状况可见一斑。

表 3-3　长江流域典型河流已建、拟建水利水电工程状况

流域	河流名称		各级流域的开发
长江上游	干流河段	葛洲坝和三峡大坝等 5 个梯级	
	金沙江	干流 20 个梯级	各支流已建、拟建 56 个梯级
	雅砻江	干流 21 个梯级	九龙河 6 级，木里河 1 库 6 级
	岷江	干流 17 个梯级	大渡河干流规划 24 个梯级 青衣江 8 个梯级
	沱江	干流 24 个梯级开发	
	嘉陵江	干流 32 个梯级	白龙江上游 8 级，涪江 31 级
	乌江	干流 11 个梯级	芙蓉江 10 个梯级 猫跳河 6 个梯级
长江中游	清江	干流 3 个梯级	
	汉江	干流 16 个梯级	
	洞庭湖水系	沅江干流 15 个梯级以上 湘江干流 9 个梯级	酉水 6 个梯级
	鄱阳湖水系	赣江 6 个梯级	
		修水 5 个梯级	
		信江 5 个梯级	
长江下游	青弋江干流	干流 3 级	支流已建级规划小水电 350 座
	水阳江		支流已建 200 余座小水电站

长江干流水资源丰沛，水质较好。但研究表明，由于三峡库区的水文条件突变，河流变湖库后的环境容量、自净能力大幅度下降。虽然目前三峡库区长江水质基本保持稳定，但库湾和支流已多次出现水华，水环境的安全隐患客观存在（魏复盛等，2009）。

目前，中国在所有大江大河的干流上均已修建具有控制性作用的特大型和大型水库工程，在各级支流上也修建了大量的中小型水库。全流域的库坝工程建设开发已经成为趋势，生态负效应的全流域蔓延也已经凸显出来。

3.3.3　向密集梯级开发方向发展导致生态累积效应愈加突出

梯级滚动开发已经成为中国流域水电开发的主要方式。根据水电发展规划，中国黄河上游龙羊峡—青铜峡开发河段全长 1023km，规划梯级开发 25 个梯级，目前已经开发将近 10 座水电站。近年来，西南地区梯级滚动开发的发展趋势最为突出。根据已有的规划，不少流域梯级开发的水电站密度较大。表 3-4 中典型流域规划河段的梯级电站之间距离均没有超过 100km（表 3-4）。金沙江梯级滚动开发的相关报道（2012 年 05 月 03 日东方早报：五大水电巨头瓜分金沙江 水库间距将不超百公里）引起了社会的广泛关注和争议。

表 3-4　典型流域规划梯级开发的密度

开发河段	河段长度（km）	梯级电站（个）	电站密度（个/km）
黄河上游（龙羊峡—青铜峡）	1023	25	40.92
金沙江干流	2308	25	92.32
大渡河（双江口—铜街子）	1062	22	48.27
雅砻江干流	1500	21	71.43
乌江干流	1037	11	94.27

水温是影响水域生态系统结构、过程和状态的重要因子。流域梯级开发对水温的影响会产生累积效应。以红水河流域为例，流域内天生桥一级库区河段多年平均水温为 19.8 ℃，龙滩水库河段多年平均水温为 21 ℃。天生桥和龙滩水库水温都具有稳定分层特性。天生桥水库下泄水流使龙滩水库入库年平均水温降低 3.9 ℃。龙滩水库不仅受本身建库的影响，还受天生桥下泄水水温的影响（李亚农，1997）。

3.3.4　从干流向支流调水颠覆了流域结构的自然从属关系

就流域结构而言，一般干流由若干支流汇聚而成，所谓涓涓小溪汇成大河。目前由于支流过度开发，不得不从干流调水进行补给的情况已经出现，"引江济汉"就是一个明显的例证。

汉江是长江的最长支流，丹江口以上河流是南水北调的供水区。为了减少南水北调中线工程调水对汉江中下游的社会经济发展及生态等用水产生的不利影响，国家批准湖北省兴建引江济汉工程从长江年均引水 $31.0 \times 10^8 \, m^3$，补给汉江。也就是从干流引水补给支流（图 3-7）。这种开发方式完全颠覆了流域结构的自然从属关系，不仅破坏了流域水系物质能量输送的正常规律，而且将流域开发的生态效应变得更为复杂，人地（流域生态）关系更难协调。

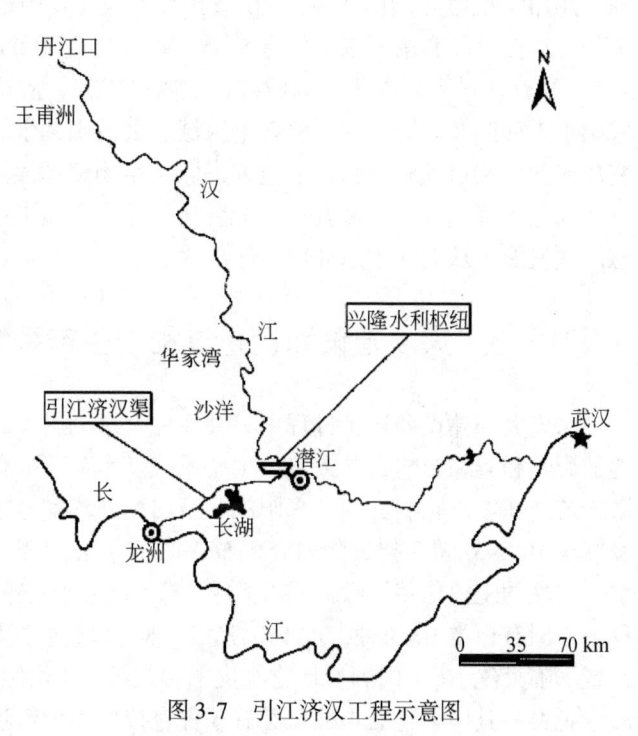

图 3-7　引江济汉工程示意图

3.3.5 跨流域调水工程不断增多使生态环境问题更为复杂

流域间水资源分布不均,跨流域调水是解决此问题的重要途径之一。因此,自从 20 世纪 60 年代以来,中国就开始进行跨流域调水工程建设,以此来调整流域间的水资源丰缺。中国已建成的跨流域调水工程如表 3-5 所示。海河流域有引滦及引黄工程,淮河流域有引江工程及引黄工程等,还有横跨长江流域、黄河流域、淮河流域和海河流域的南水北调工程。

表 3-5　1949 年以来建设的主要调水工程

工程	干渠长度（km）	引水方式	年调水量（$10^8 m^3$）	区域	调出河流	调入地区及目标	完工年份
引滦入津	234	重力	19.5	华北	滦河	天津、唐山/城市供水	1983
引黄济青	262	提水	6.9	山东	黄河	青岛/城市供水	1990
引青济秦	63	重力	1.7	河北	青龙河	秦皇岛/城市供水	1991
引碧济大	150	提水	1.3	辽宁	碧流河	大连/城市供水	1995
引大济秦	70	重力	4.4	甘肃	大通河	秦王川/工业供水	1994
东深引水	83	提水	6.2	广东	东江	深圳、香港/城市供水	1965

目前,中国在建跨流域调水工程有 6 个,预计年调水量 323 亿 m^3。根据水资源综合规划,2010~2030 年中国将建设 20 个调水工程,其中松花江流域和辽河流域共有 6 个调水工程,珠江流域和东南诸河共有 5 个,黄河、淮河和海河流域共有 4 个,西北诸河流域有 3 个,长江流域和西南诸河流域有 2 个调水工程。从这些调水工程的空间分布来看,跨流域调水工程遍及中国东南西北各个区域。大范围调水不但改变河流的结构体系,并由此改变河流的水文过程和生物化学过程,影响生物多样性的空间格局。

如此大范围的跨流域调水,无疑将使原来库坝工程开发引发的流域生态问题向区域生态问题发展,从而使生态环境问题更为复杂。

3.3.6　大坝建设和运行过程中生态系统保护措施缺失或者过于简单

水库大坝建设和运行过程中只关注一个水利工程的生态环境影响,忽略了梯级开发的叠加影响和累积影响,导致流域生态系统发生显著变化,生物多样性受到影响。长江中下游干流通江湖泊除洞庭湖、鄱阳湖和石臼湖外均实施了闸坝控制工程,中下游湖泊面积已经减少 10 593 km^2,损失湖泊容积 567 亿 m^3,相当于三峡水库防洪库容的 2.5 倍。

水坝的阻隔作用导致洄游鱼类种群减少甚至绝迹。据记载,全世界共有淡水鱼 9966 种,中国有鱼类 1043 种,占 10.47%,种类和数量都相当丰富。然而目前许多种类已经灭绝或濒临灭绝,《中国濒危动物红皮书·鱼类》(乐佩琦和陈宜瑜,1998)中记载了 92 种濒危鱼类,其中绝迹的 4 种鱼类有 3 种直接原因为筑坝,而"致危因素及现状"中明确将水利水电工程列入的有 24 种,占 27.9%。

长江葛洲坝建设导致中华鲟资源衰竭。20世纪70年代，长江鲥鱼年产量曾经达75万kg，近十余年长江鲥鱼已经难觅踪迹。涨渡湖50年代有鱼类80种左右，江湖阻隔后，80年代63种，1995~2003年52种；洪湖50年代有鱼类100多种，江湖阻隔后，1959年64种，1964年74种，1982年54种，1992~1993年57种，2004年42种，2009年49种；历史上湖北省长江四大家鱼天然鱼苗产量达200亿尾，三峡水库蓄水后四大家鱼鱼苗资源为2亿尾左右（刘焕章，2010）。

对广西境内红水河岩滩水库蓄水前后的水生生物动态监测表明，岩滩水库1992年开始蓄水，1997年水库建成5年后鱼类种类减少38.6%，底栖动物减少77%，水生维管束植物减少100%（周解和何安尤，2004）。

3.3.7 库区水水质污染问题突出

大坝建成后，坝后由激流水体转变为静流水体，水体的自净功能下降，易导致营养物质和污染物的累积，使水质恶化。

据2000年统计，在对93座水库进行营养化程度评价时，处于中营养化状态的水库65座，处于富营养化状态的水库14座。而在2002年对161座水库进行营养状态评价时，所有水库都处于营养化状态，其中105座水库为中营养，56座水库为富营养（高永胜等，2005）。

基于2001~2004年的水质监测数据和研究成果，对中国135座水库进行的水质调查表明，38座水库处于富营养状态，60座水库处于中营养状态，这些数据表明，中国水库的富营养化问题较为突出。

魏复盛等（2009）在综合分析了三峡地区的经济、社会和环境的现状及发展趋势后认为，三峡库区的水文条件突变，河流变湖库后的环境容量、自净能力大幅下降，虽然目前三峡库区长江水质基本保持稳定，但库湾和支流已多次出现水华，水环境的隐患是客观存在的。

三峡大坝自2008年三峡大坝建成以来，每年被大坝拦截住的垃圾有20万m^3，每年清理漂浮垃圾花费1000万元人民币。（http://zy.takungpao.com/news/jiaodian/2011/0526/32877.html）

参 考 文 献

白德斌，宁振平. 2007. 白洋淀干淀原因浅析. 中国防汛抗旱，(2)：46-48.
付雅琴. 2009. 基于复杂系统理论的梯级水电开发生态环境影响评价研究. 华中科技大学博士论文.
高永胜，王浩，王芳. 2005. 健康水库内涵及评价指标体系的建立. 水利发展研究，(9)：4-6
贾金生，袁玉兰，郑璀莹，等. 2010. 中国水库大坝统计和技术进展及关注的问题简论. 水力发电，36（1）：7-10.
乐佩琦，陈宜瑜. 1998. 中国濒危动物红皮书·鱼类. 北京：科学出版社.
李亚农. 1997. 流域梯级开发对环境的影响. 水电站设计，13（3）：19-24.
刘焕章. 2010. 影响长江生物多样性-大坝. 人与生物圈，(5)：18.

刘宁. 2006. 南水北调中线一期工程丹江口大坝加高方案的论证与决策. 水利学报, 37（8）：899-905.
魏复盛, 张建辉, 何立环, 等, 2009. 三峡库区水污染防治的关键在源头控制与削减. 中国工程科学, 11（2）:1-8.
中国能源研究会, 国家电力公司战略研究与规划部. 2002.《中国能源五十年》北京：中国电力出版社.
《中国能源年鉴》编委会. 2004. 中国能源年鉴北京：中国石化出版社, 2005.
周解, 何安尤. 2004. 大坝与救鱼的论争. 广西水产科技, （2）：161-164.

第4章 库坝工程生态效应评价的核心指标体系构建

4.1 流域库坝工程生态效应主要特征的认识

水利工程的生态效应主要是指工程建设及其运行对河流生态系统结构和功能的各种影响及其生态后果。水利工程尤其是库坝工程建设及其运行对流域生态系统产生的生态效应是一个涉及流域生态系统各要素的复杂过程。在时空尺度上有大小和长短差异、在作用特征上有直接和间接的差异、在效应结果上有累积性和连带性的差异,从而使水利工程生态效应呈现多层面的特征。对生态效应主要特征的认识有助于在库坝工程生态效应评估中抓住主导因素。

4.1.1 生态效应的复合性

水利工程的建设与运行使得流域自然生态系统变为一个由自然环境-生态要素-工程要素-社会要素组成的生态-社会复合系统。这个系统中自然生态要素与社会人文要素相互联系、相互制约、相互影响,组成一个具有整体功能和综合效益的集群。在这个集群中,人和工程对自然生态系统的作用与干扰大大加强,它对流域生态环境的影响性质、因素、后果都具有复合性特征。在这个复合系统中,若工程规划得当,实施得力,就能与自然相协调、相融合;反之,这个系统将是不稳定的,并最终造成灾难性的生态后果。

4.1.2 生态效应的滞后性

水利工程在供水、灌溉、发电等方面带给人们直接、有形的效益是即时的,而因水利工程改变河流形态多样性,破坏河流生态结构所产生的负面生态效应往往是一个缓慢的发展过程,同时又是多因素作用的结果,加上众多的不确定性,往往呈现出缓慢性和潜在性,在出现重大生态效应之前很难被人发觉,即生态效应具有滞后性。这是由生态系统的反应过程所决定的(段昌群和杨雪清,2005)。生态破坏和环境污染对生态环境的影响具有一定的积累效应,这种积累需要一定的时间;生态系统结构破坏和功能丧失是一个复杂的生态过程,这个过程在生态系统中的环境与生物之间、生物与生物之间发生的恶性循环需要经过多个环节、多个层次的食物链、食物网传递,在整个过程中因果关系转化需要一定的时间跨度;生态系统本身对外来的干扰具有一定的缓冲能力,这种能力也使后果在人类破坏一段时间之后才表现出来。同时,人类的认识有一定的局限性,只有酿成较大规模的不可逆转的后果时，才能确认所引起的破坏和污染。

4.1.3 生态效应的连带性

生态效应具有连带性特征。从水利工程的生态影响关系进行分析可知，水利工程建设和运行产生的直接影响如土地淹没、河流水文泥沙情势变化是源影响；而源影响可以导致水温、水质、局地气候和浮游动植物生境的变化，也可诱发塌岸、滑坡、地震等地质灾害。同时，水利工程建设导致的移民活动也会引起植被破坏、土地利用、人群健康、区域社会经济的变化。因此，水利工程的生态效应能够形成连带效应特征。连带性特征使生态效应的分析与评价需要进行直接效应和间接效应的分析。

4.1.4 生态效应的累积性

为了更好地开发利用水资源，在条件具备的河流上，人们往往要建立梯级电站，如中国西南地区的澜沧江和怒江分别做好了开发8级和13级的梯级电站规划。而一般认为，梯级开发对流域的经济资源结构、生态系统的冲突与平衡、社会结构的解体与重构都将产生重大影响，而且这种影响较单项工程而言具有群体性、系统性、累积性、潜在性等显著特征，因此也更加复杂和深远。同时，河流的不同梯级开发方式（如控制性大坝的布置、开发时序、开发项目的不同组合），对流域资源、社会和环境的影响是不同的。例如，高坝大库兴建在上游、中游或下游则会有不同的情况出现。

4.2 库坝工程生态效应评价的特点

健康的现代流域生态系统是河流自然功能和社会经济功能均衡发挥的表现状态。过去三十多年来，随着中国社会经济的快速发展和城市化水平的持续提高，对水利水电资源的消费需要不断扩大。在这样的背景下，对河流生态系统社会经济功能过度开发导致其自然功能的衰退，这种河流自然功能向社会经济功能倾斜的失衡，进而造成流域"有河皆干，有水皆污"的现状，从而引起了一系列的生态问题，最终又造成社会经济功能受损的恶性循环，严重制约了社会经济的可持续发展。因此，唯有合理地、适度地开发河流生态系统的自然服务功能，维持河流生态系统的健康，才能使其社会经济功能服务价值得到最佳体现，实现流域自然生态系统与人文生态系统的共同演进。这就需要对流域库坝工程开发的生态效应进行评价，以便从中汲取经验教训，科学地管理流域生态系统。

4.2.1 库坝工程生态效应评价是环境影响评价的时空延续

水利水电工程环境影响评价通过对兴建工程的环境影响识别，预测水利水电工程对自然环境和社会环境造成的影响，使不利影响得到减免或改善，为工程方案论证和部门决策提供科学依据。

显然，水利水电工程环境影响评价具有两个显著特点。

（1）属于预测性评价，即基于工程规模及设计方案进行工程的生态环境影响预测分析与评估。在全球气候变化条件下，降水具有较大的不确定性。同时社会经济活动强度和范围也会因为供水、供电条件的改变而变化，对水资源和能源的需求以及对库坝工程功能的需求也会有很大的不确定性，因此，预测评估结果与实际状况常常会有一定的差距。

（2）属于单个工程评价，即主要是针对兴建工程的环境影响评价，对流域其他库坝工程或开发活动对流域生态系统的综合影响考虑较少。对流域整体而言，评价结果具有一定的局限和偏差。

生态效应是发生在水利工程建设运行之后，是对流域生态系统长期影响的生态后果，其中已经体现了多个工程对流域生态系统的叠加影响或累积影响。也就是说，生态效应在时间尺度已有较为充足的过程曲线，在空间尺度上能够向流域范围扩展。因此，生态效应评估是环境影响评价在时空上的延续，更能反映水利工程对流域生态系统结构与功能影响及改变的真实状况。因而，其评价结果对水利工程长期胁迫下流域生态系统结构和功能的恢复与改善、基于生态保护目标的水库调度管理能提供切实可行的技术支撑。

4.2.2 生态效应评价从生态底线层面构建评价体系

迄今为止，中国相关管理部门已经陆续出台了一系列环境影响评价技术导则或技术规范（表4-1）。与水利水电建设项目相关的环境影响评价主要内容或指标如表4-1所示。这些为规范流域库坝工程的环境影响评价提供了技术支持，同时也为生态效应评价指标体系构建提供了重要的参考。

表4-1 相关环境影响评价技术导则/规范的评价内容及指标

技术导则/规范	适用范围	评价内容与选用的指标
江河流域规划环境影响评价规范中华人民共和国行业标准（SL45-2006），中华人民共和国水利部发布	本规范适用于江河流域综合规划阶段的环境影响评价	水资源指标：流域及分区水资源量，地表水资源开发利用程度，地下水开采率 水环境指标：水功能区水质达标率，下泄低温水恢复状况 生态指标：生物量，植被覆盖率，生物多样性指数，生态需水量，水土流失治理率 土地资源指标：土地资源量，土地资源开发利用程度，耕地占用量，防止土地退化面积
规划环境影响评价技术导则（试行）中华人民共和国环境保护行业标准（HJ/T130-2003），国家环境保护总局发布	流域开发规划，水利等自然资源开发等专项规划	生态指标：生物多样性达到国际/国家保护目标，生物多样性指数，野生生物资源保有量及其生境面积，自然保护区及其他具有特殊保护价值的土地面积比例 水环境指标：水质达标率，湖泊富营养化水平，水功能区水质达标率，单位土地面积污染物排放量 土壤指标：控制水土流失面积和流失量，单位面积农药化肥施用量，土壤表土中重金属及其他有毒物质含量

续表

技术导则/规范	适用范围	评价内容与选用的指标
环境影响评价技术导则生态影响 中华人民共和国环境保护行业标准（HJ19-2011）	适用于建设项目对生态系统及其组成因子所造成的影响评价	依据影响区域生态敏感性确定评价工作等级 生态系统现状评价：生态系统结构及功能状况，主要生态因子的评价 生态系统影响评价：受影响的范围、强度和持续时间，生态系统组成与服务功能的变化趋势，不利影响、不可逆影响和累积生态影响 对敏感生态保护目标影响评价：影响途径、影响方式、影响后果及潜在后果的评估，对已经存在生态问题的影响趋势评价
环境影响评价技术导则 水利水电工程 中华人民共和国环境保护行业标准（HJ/T88-2003），国家环境保护总局，中华人民共和国水利部联合发布	适用于水利行业的防洪、水电、灌溉、供水等大中型水利水电工程环境影响评价	水文影响评价：区域水资源时空影响，水文、泥沙情势，水温变化及其对农作物和鱼类的影响 水环境评价：水体稀释扩散能力，水质，富营养化，海水入侵 生态评价：生态完整性（自然生态系统生产力和稳定状况）；生态系统（植物类型及其分布；野生动物区系、种类及分布；珍稀动植物种类、种群规模、种群结构、生境条件及分布） 水生生态系统（浮游植物、浮游动物、底栖生物、高等水生植物、重要经济鱼类及其他水生动物、珍稀濒危、特有水生生物种类）；湿地生态系统（生态环境及物种多样性的影响）；对自然保护区结构和功能的影响；水土流失状况
建设项目竣工环境保护验收技术规范 生态影响类 中华人民共和国环境保护行业标准（HJ/T394-2007），国家环保总局发布	适用于包括水利水电开发项目的环境影响评价	水评价指标：水资源量与水资源的分配（包括生态用水量），水文情势，水生生态因子等 生态评价指标：野生动植物生境限制、种类、分布、数量、优势物种、国家或地方重点保护物种和地方特有物种的种类与分布等，重点评价生态敏感保护目标区的影响 土壤评价指标：类型、理化性质、性质、受外环境影响（淋溶、侵蚀）状况、污染水平及水土流
建设项目竣工环境保护验收技术规范 水利水电 中华人民共和国国家环境保护标准（HJ464-2009）	适用于防洪、水电、灌溉、供水等大中型水利水电工程竣工环境保护验收工作	生态验收标准可以生态环境和生态保护目标的背景值或本底值为参照标准 （生态调查指标见HJ/T394-2007）

纵观中国环境影响评价的相关技术导则或技术规范（表4-1），可以看到环境影响评价管理有3个方面的发展。第一，建设项目对生态系统结构与功能的影响愈来愈受到重视，从2011年新颁布的《环境影响评价技术导则 生态影响》中的评价内容可以充分反映出来。第二，重视项目竣工验收时的环境影响评价，也就是说，愈来愈重视开发活动的过程管理。2007年和2009年出台的建设项目竣工环境保护验收技术规范可以反映出来。第三，重视区域、流域的规划环境影响评价。对规划环境影响评价的重视意味着从源头、从宏观层面管控开发活动的环境影响，是环境管理的进步。但也要看到，目前这些技术导则或规范对开发活动的环境影响评价仍是指导性的，还需要继续开发真正具有约束性的评价指标

体系来细化环境影响评价。

生态效应是库坝工程长期影响流域生态系统的结果，透过生态效应研究可以充分认识流域库坝工程开发产生的终极生态问题，这些生态问题常常已经突破了流域生态系统保护的底线。例如，河流断流、水生生物灭绝等。因此，生态效应研究有助于从保护生态底线的层面出发构建库坝工程评价指标体系，从而达到真正阻断库坝工程对流域生态系统毁灭性破坏，也为未来的开发活动环境影响评价管理提供更加具体且可操作性强的评价指标。

4.3 库坝工程生态效应评价以河流系统健康为总标准

国际自然与自然资源保护联盟认为可持续的健康河流是维持环境流量，即保证足够的鱼类、水生生物和有益植物生长所需流量的河流。河流健康是河流与其组织结构相对应的维持其生态功能（活力和抵抗力等）的能力等的一种状态。进行大坝工程生态效应评价，其目的是维持河流生态系统的健康，可以说，河流系统健康是库坝工程生态效应评价的总目标和总标准，也是建立水库工程生态调度准则的基础。

4.3.1 河流生态系统健康的内涵特征

综合对河流系统健康进行的不同角度的诠释，可以把河流生态系统健康概况为以下3个方面的特征。

1. 河流健康就是维护河流的生态完整性

河流健康就是维护河流的生态完整性，保持河流的生态系统结构和功能的完整性，即使生态系统的完整性有所破坏，只要其当前与未来的使用价值不退化且不影响其他与之相联系系统的功能，也可认为此生态系统是健康的（Karr，1999）。

2. 河流健康就是维护河流的自然性

健康的河流就是没有受到人类干扰的自然河流。Schofield 等（1996）把健康定义为自然性，认为河流健康就是指与相同类型的未受干扰的（原始的）河流的相似程度，尤其是在生物完整性和生态功能方面的相似性。同样，Simpson 等（1999）也把河流受扰前的原始状态当做健康状态，认为河流健康是指河流生态系统支持与维持主要生态过程，以及具有一定种类组成、多样性和功能组织的生物群落尽可能接近受扰前状态的能力。

3. 河流健康就是维护河流的生态功能与社会服务功能

河流健康不仅仅是维护河流的自然生态完整性及其功能，还应该能满足人类的社会经济发展的需求。

健康河流除了要维持生态系统的结构与功能，还要考虑到人类社会、经济需求等。因此，河流健康与否必须依赖于社会系统的判断，对其判断应考虑生态功能与人类的福利要求，以社会期望为基础。

4.3.2 国内外有关河流健康的评价体系

迄今为止，河流健康监测计划已在很多国家展开（表4-2）。例如美国环保署（Environmental Protection Agency，EPA）流域评价与保护分部于1989年提出了旨在为全国水质管理提供基本水生生物数据的快速生物监测协议（Rapid Bioassessment Protocols，RBPs）。经过10年的发展与完善，EPA于1999年推出了新版的RBPs，其中一个重要的部分就是有关河流的快速生物监测协议。该协议提供了河流着生藻类、大型无脊椎动物、鱼类的监测及评价方法标准。

澳大利亚政府于1992年开展了国家河流健康计划（National River Health Program，NRHP），其目的也是监测和评价澳大利亚河流的生态状况，评价现行水管理政策及实践的有效性并为管理决策提供更全面的生态学及水文学数据。其中AusRivAS是评价澳大利亚河流健康状况的主要工具。

英国也建立了以RIVPACS为基础的河流生物监测系统。南非的水事务及森林部（Department of Water Affairs and Forestry，DWAF）于1994年发起了"河流健康计划（The River Health Programme，RHP）"，该计划选用河流无脊椎动物、鱼类、河岸植被带及河流生境状况作为河流健康的评价指标。

表4-2 国外河流健康评价内容及方法

国家	评价内容	评价方法
澳大利亚	水文地貌（栖息结构、水流状态、连续性）、物理化学参数、无脊椎动物和鱼类集合体、水质、生态毒理学	AusRivAS
	河流水文学、形态特征、河岸带状况、水质及水生生物	溪流状态指数（ISC）
	水文、河道栖息地、横断面、河岸带状况、水质及水生生物	河流状态调查（SRS）
美国	河流着生藻类、大型无脊椎动物、鱼类及栖息地。对于河道纵坡不同河段采用不同的参数设置，每一个监测河段登记数值范围为0~20，20代表栖息地质量最高	快速生物评价协议（RBPs）
	水文情势、水化学情势、栖息地条件、水的连续性及生物组成与交互作用	生物完整性指数（IBI）
	河岸土地利用方式、河岸宽度、河岸带完整性等16个特征值	河岸带、河道、环境目录（RCE）
英国	背景信息，河道数据、沉积物特征、植被类型、河岸侵蚀、河岸带特征以及土地利用	河流生态环境调查（RHS）
	利用区域特征预测河流自然状况下应存在的大型无脊椎动物，并将预测值与该河流大型无脊椎动物的实际监测值相比较，从而评价河流健康状况	河流无脊椎动物预测与分类计划（RIV2PACS）
	自然多样性、天然性、代表性、稀有性、物种丰富度以及特殊特征，采用了35个特征指标	英国河流保护评价系统（SERCON）
南非	河流无脊椎动物、鱼类、河岸植被带、生境完整性、水质、水文、形态等河流生境状况	河流健康计划（RHP）

国内对河流健康及其评价指标体系也开展了大量的研究，各大流域建立了河流健康评价体系。长江流域健康评价指标体系包括生态保护、防洪安全保障、水资源开发利用3个系统共14个单项指标；黄河流域健康保障就是维持黄河的生命功能，由8个自然属性的单项指标构成健康评价体系；珠江流域健康评价体系则有自然属性（8个指标）和社会属性（5个指标）共同构成。有学者综合国内外有关河流健康评价体系的成果，提出河流生态系统健康的关键指标（表4-3）（熊文等，2010）。这些成果是库坝工程生态效应评价的重要参考。

表4-3 河流生态系统健康评价关键指标

指标分类	指标名称	指标说明
水文水资源状况	地下水埋深	评价范围内地表至浅层地下水水位之间的平均垂线距离
	地下水开采率	年均地下水实际开采量与年均地下水可开采量之比
	生态基流	维持河流基本形态和基本生态功能，避免河流水生生物群落遭受到无法恢复破坏的河道内最小流量
水环境状况	生态用水保障程度	水资源配置中生态用水配置保障程度
	水功能区水质达标率	水功能区水质达到其水质目标的数量（河长、面积）占水功能区总数（总河长、总面积）的比例
	湖库富营养化指数	评价湖泊、水库水体富营养化程度
	饮用水源地水质指数	以国家地表水环境质量标准（GB3838-2002）、国家生活饮用水卫生标准（GB5749-2006）为基础，结合饮用水安全保障的要求，进行综合调整，提出的综合评价标准和水质分级指数，客观反映饮用水源地水质状况
水生生物及生境状况	纵向连通性	在河流系统内生态元素在空间结构上的纵向联系
	横向连通性	具有连通性的水面面积或滨岸带长度占评价水体的比值
	珍稀水生生物存活状况	珍稀水生生物或者特征水生生物物种存活质量与数量的状况
	湿地保留率	指某流域或区域湿地面积占土地面积（含水域面积）的比例。反映对河流湿地资源的保护状况，调蓄洪水能力，生态、景观和人类生存环境状况
	生态需水满足程度	指天然最小流量与维持河流水沙平衡、污染物稀释自净、水生生物生存和河口生态所需要的最小流量之比。反映河道内水资源量满足生态保护要求的状况
	涉水自然保护区状况	定性评价涉水自然保护区保护状况
	涉水景观保护程度	定性评价自然或人工形成的，因其独特性、多样性而具有景观价值并以水为主体的景观体系保护程度
	鱼类生境状况	国家重点保护的、珍稀濒危的、土著的、特有的、重要经济价值的鱼类种群生存繁衍的栖息地状况
水资源开发利用状况	水资源开发利用程度	指流域或区域已开发利用的水资源量与水资源总量之比。反映流域或区域内水资源开发利用程度以及经济社会发展与水资源开发利用的协调程度
	水能开发利用程度	指流域或区域已开发利用的水能资源量与水能资源技术可开发量之比。反映流域内水能资源的开发利用程度

资料来源：熊文，黄思平，杨轩. 河流生态系统健康评价关键指标研究，人民长江，2010，41（12）：7-12

4.4 流域库坝工程生态效应评价指标体系构建

河流生态系统是具有复杂结构和多种功能的统一体，由非生物环境和生物环境共同组成。人类库坝工程开发活动的影响主要是通过改变物理环境，进而影响或改变生物环境，最终导致生态系统结构和功能失调，甚至崩溃。

基于对已建水利工程的系统分析，在充分认识库坝工程产生的生态效应特征及其规律的基础上，进行水利工程与关键生态要素的作用—效应关系研究即研究工程与生态效应的因果关系，选择关键生态要素和核心指标，构建库坝工程的生态效应评价技术体系，以更好的管理水利工程，减少其负面生态效应，保障流域生态安全，实现水资源的可持续利用。

4.4.1 指标体系构建的基本原则

库坝工程的生态效应是涉及多个因素的复杂过程，很难靠单一指标进行阐述和度量，因此，需要构建评价指标体系，尽可能反应水利工程生态效应的核心问题。一个好的评价体系应具备的特征有：①把复杂的生态现象简单化并定量化；②具有科学的理由；③和一个适当的尺度相联系；④能够提供简单易解释的结果；⑤与管理目标相联系。

基于以上特征，在建立库坝工程生态效应指标体系我们遵循以下原则：

1）整体性原则：流域是一个关联度高、整体性强的生态系统体系，因而库坝开发的生态效应是流域性的，需要从流域整体来评价生态效应。

2）主导性原则：流域库坝工程开发引发的生态因子变化极其复杂，在评价过程中只有找出关键生态要素或主变量，才能选择具有代表性，能准确反应生态效应的关键特征的指标。

3）简洁实用性原则：目前已经有许多与生态效应相关的评价，本项目构建生态效应评价体系时的指标数量力求简洁，含义明确清晰，便于定量化，能客观真实地反映水利工程生态效应，实用性强。

4）地域性原则：不同尺度、不同区域的评价目标，在选择指标时要因地制宜，考量区域性和地带性的差异。

4.4.2 库坝工程生态效应评价指标体系构建

目前流域生态系统由于开发过度，造成了生态系统结构和功能失调，甚至崩溃。普遍突出的问题是水量减少、水质恶化、生物多样性尤其是鱼类多样性的减少以及生物栖息地质量的衰退。最严重的触及生态底线的问题是河流断流、水环境功能丧失和生物物种灭绝。引起这些问题的关键生态要素是水文情势、水环境质量和水生生物，也就是说，库坝工程对河道生态系统影响的结果就会产生水文效应、污染生态效应和水生生物学效应。

库坝工程生态效应评价指标体系构建的思路如图4-1所示。

第4章 库坝工程生态效应评价的核心指标体系构建

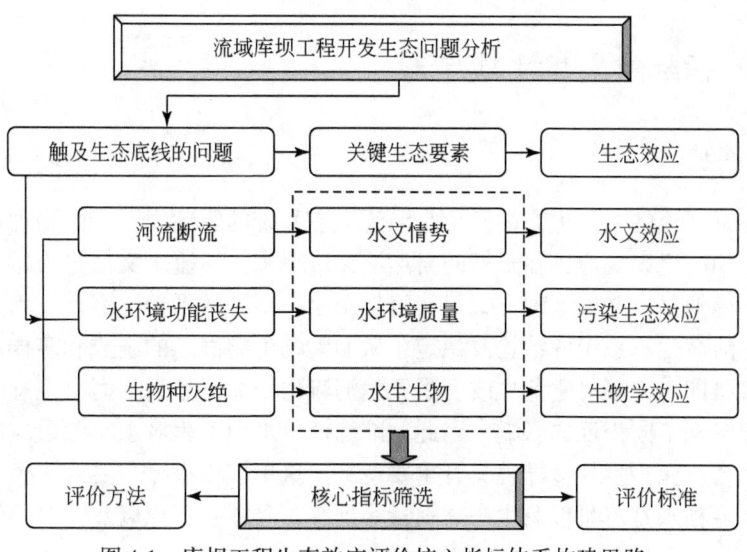

图 4-1 库坝工程生态效应评价核心指标体系构建思路

针对水文效应、污染生态效应和生物学效应，评价体系从水文情势、水环境质量和水生生物3个关键生态要素中选择了10个核心指标，以及13项备选指标（表4-4）。这里核心指标仅指相对重要，并非必选。水文情势的影响主要体现在年内径流量的变化、河流基流量以及生态需水量等方面，是保证健康河流资源可持续利用的重要方面。水环境质量则主要反映在水体理化性质的改变，是保证河流水生生物多样性以及水资源可利用程度的指标。水生生物是河流生态系统的重要组成部分，也是水利工程生态效应的直接受害者，主要体现在生物多样性以及种群组成结构等方面的变化。

表 4-4 库坝工程河道生态效应的评价指标体系

生态效应	关键要素	序号	核心指标	序号	备选指标
水文效应	水文情势	1	径流年内分配不均匀系数	1	径流量
		2	极端枯水月流量	2	库容调节系数
		3	生态需水量保证率	3	流速
				4	产卵期生态需水保障率
				5	相对干涸长度
				6	水资源利用率
				7	相对干涸天数
污染生态效应	水环境质量	4	溶解氧	8	化学需氧量
		5	总磷/总氮	9	五日生化需氧量
		6	高锰酸盐指数	10	氟化物
		7	水温	11	粪大肠菌群
				12	重金属元素含量
生物学效应	水生生物	8	鱼类完整性指数	13	特有（稀有）种存活率
		9	生物多样性指数		
		10	生物丰富度指数		

4.4.3 指标意义和计算方法

1. 水文情势

水文情势是河流的主要生态因素，是河流生态系统的驱动力。不同物种对水文情势的变化表现出不同的生态响应，在长期的自然演化过程中，河流水文情势为每一种生物提供了其相应的环境条件，并以这种方式保持着整个生态系统的平衡。因此，水文情势在很大程度上影响着河流生态系统的结构及稳定，从而影响生物群落的组成和多样性，而筑坝在防洪和农业灌溉同时，不可避免也改变了天然河流的水文情势，从而给生态环境及赖以生存的水生物种带来不同程度的影响，因此，准确评价水利工程对水文参数的影响对于维持生态系统的平衡，保护生物多样性具有重要意义。这里核心指标主要采用径流年内分配不均匀系数、极端枯水月流量以及生态需水量保证率3项核心指标以及河口径流量等8项备选指标来评价。

1) 核心指标

（1）径流年内分配不均匀系数

径流量是水生生态系统中最基本也是最重要的参数之一，是维持河流生态系统正常运转的基础，而水利工程的建设可能会在时间上改变其年内的分配情况，从而影响生态系统，特别是某些鱼类的生存。该项指标可以用径流年内分配不均匀系数来评估，其值越大，表明各月径流量相差悬殊，即年内分配很不均匀。计算公式为

$$C_{vy} = \sqrt{\frac{\sum_{i=1}^{12}(K_i/\bar{K}-1)^2}{12}}$$

式中，C_{vy} 为径流年内分配不均匀系数；K_i 为各月径流量占年径流量的百分比；$\bar{K}$ 为各月平均占全年百分比，即 $\bar{K}=100\%/12=8.33\%$；为了避免因天然来水情况不同造成的影响，可以用至少连续5年的平均值代表某一年，或者选取计算点附近的典型平水年进行分析。

（2）极端枯水月流量指数

极端枯水月流量指数主要用于评估水利工程对河流基流量的影响，用最枯月流量与多年平均流量的比值来表示，以此来分析最枯月与平时的差别。计算公式为

$$R = \frac{R_m}{R_a}$$

式中，R 为极端枯水月流量指数；R_m 最枯月流量，同样采用至少5年或者典型年进行分析；R_a 为多年平均月流量。

（3）生态需水量保证率

生态需水量保证率指河道内流量维持河道生态系统所需要的最小流量的满足程度，反映河道内水资源量满足生态系统需求的状况，与所确立的生态保护或建设目标直接相关，生态需水可利用Tennant法计算，而该指标采用生态需水保证率表示。公式为

$$W_t = \sum_{i=1}^{12} M_i N_i$$

$$E = \frac{W}{W_t} \times 100\%$$

式中，W_t 为生态需水量；M_i 为第 i 个月的多年天然平均流量，N_i 为第 i 月份的推荐基流百分比。E 为生态需水保证率（%），W 为分析年（水利工程建设后）径流量，同样为避免天然来水的不确定性，采用至少 5 年平均值或典型平水年流量值。

2）备选指标

备选指标主要考虑不同类型水利工程和不同区域的特点所建立，以便于针对不同情况灵活选择。这里主要选取以下指标。

（1）河口径流量：河口径流量是表征河流水循环和河口生态状况的一个重要指标，该指标以实际河口径流量占自然状态下河口径流量比值表示。

（2）库容调节系数：用于表征水利工程对水资源的调节能力，以水库总调节库容与总流量的比值来表示。

（3）河流流速：河流流速变缓使足够深的河段形成分层，减少水体内部交换，加速浮游植物局部生长，同时可能导致附近缺氧。且不同水生生物适应不同的流速，流速的改变会导致水生生物群落结构的变化。该指标可通过比较水利工程运行前后的差别来评价。

（4）水资源利用率：该指标直接体现水利工程对水资源系统的影响程度，用实际用水量与水资源总量的比值来表示。

（5）产卵期生态需水保障率：如果存在重要水生生物的某个需水阶段，如产卵期或生长期，可以用该指标来衡量对其的影响。

（6）相对干涸长度和相对干涸天数：考虑到华北地区和西北地区会出现因水利工程的建设而发生的河流断流现象；同时如果只单纯根据现状断流、干涸天数也不能客观反映水利工程建设对河流的影响（有些河流本身存在断流现象），因此设立相对干涸长度和相对干涸天数两项指标来评估，计算时同样采用评估年至少 5 年平均值或典型年与水利工程建设前的比值来确定。

2. 水环境质量

水环境质量是表征水环境对水生生物生存繁衍适宜程度的重要指标，主要以水体的物理化学性质来评价。各参数及其测定方法和评价标准可参考中华人民共和国地表水环境质量标准（GB3838-2002）。

3. 水生生物

水生生物是河流生态系统的主体部分，包括鱼类、浮游植物、浮游动物、底栖生物以及大型水生植物等。鉴于鱼类对水利工程有着极强的敏感性，因此，直接选择鱼类对其进行完整性评价，充分反应鱼类受水利工程的影响程度。同时选用研究非常成熟的生物多样性指数和丰富度指数作为核心指标。特有种存活状况作为备选指标。

1）鱼类完整性指数

鱼类是水利工程开发影响最大的水生生物，尤其是洄游性鱼类，往往因此而绝迹。鉴于鱼类在区域水生生物中的重要性，为全面反映鱼类种群在水利工程建设前后数量、种类、组成、营养结构以及健康状况等变化，对鱼类进行综合指标的完整性评价，方法参考 Karr（1981）提出的鱼类完整性指数，该指数经二十多年的应用发展，已建立了适合不同水域的具体指标，因此，研究相对比较成熟，得到广泛的应用。首先得到备选指标（表4-5）；然后在实际计算中根据实际情况对指标进行筛选；根据与历史背景值的差异，将各指标赋值为3个层次，与背景值最为接近为5分，3分为中等，1分则表示相差巨大；最后综合所选指标的分值并根据下式计算消除指标数量造成的差异，最终得出鱼类完整性指数，介于0~60之间，所得分值对应等级及特征如表4-6所示。鱼类完整性指数计算公式为

$$IBI = T/N \times 12$$

式中，IBI 为鱼类完整性指数；T 为所得总分值；N 为指标个数。

表4-5 鱼类完整性指数备选指标

指标	内容	常用指标
种类组成和丰度	总种类数量	*
	土著鱼类种数	
	底栖类种数	*
	优势科（代表类）种类数	
	洄游性鱼类种数	
	Shannon-wiener 多样性指数	
营养结构	植食性鱼类百分比	*
	昆虫食性鱼类百分比	
	杂食性鱼类百分比	
	鱼食性鱼类百分比	*
	顶级鱼食性百分比	
鱼类数量和健康状况	采样获得鱼类个体总数	*
	单位面积捕捞量	*
	体长组成	
	外表病变或畸变个体的数量	*
	杂交个体数量百分比	
繁殖共位群	产黏性卵鱼类种数百分比	
	产漂流性卵鱼类种数百分比	
耐受性	敏感性鱼类百分比	*
	耐受性鱼类百分比	*

注：*表示一般必选指标

表4-6 鱼类完整性指数分值、特征及等级

IBI 值	特征	等级
58~60	相对而言没有干扰，依地理区系、河流大小和生境特点，所有背景曾出现的种类，包括耐受性极差的种类都存在，并具有完整的年龄级；平衡的营养结构、极少天然杂交和感染疾病的个体；极少或没有引进种	极好

续表

IBI 值	特征	等级
48~52	由于耐受性极差的种类的消失，种类丰度略低于背景值；某些种类的数量、年龄结构和大小分布低于背景标准；营养结构显示出某种压力讯号，但仍极少天然杂交和感染疾病的个体；引进种个体的数量比例通常很低	好
40~44	环境恶化的讯号增加，包括：耐受性差的种类丧失、较少的种类和通常的数量下降；杂食物性和耐受力强种类的频度增加使营养结构偏斜；高年龄级个体和顶级食肉者可能罕见、天然杂交和感染疾病的个体的出现高于一般水平；引进种个体的数量比例升	一般
28~34	少数种类，主要是杂食性种类、耐受性强的种类、适应多种栖息地的种类或引进种类等，占据优势；极少顶级肉食者；年龄级缺失，数量、生长和体质等指标下降；天然杂交和感染疾病个体出现较多	差
12~22	除引进种和耐受性强的杂食性种类外，鱼类较少；天然杂交个体很普遍，感染疾病和寄生虫、鳍损坏和其他外形异常的个体的比例很高	极差
	重复采样，没有发现鱼	没有鱼

2）生物多样性指数

这里主要针对水生生物，主要包括鱼类、浮游植物、浮游动物、底栖生物以及大型水生植物等，该指标采用 Shannon-Wiener 指数评价，该指标包含两个因素，种类数目和种类中个体分配的均匀性；种类数目越多，种类之间个体分配越均匀，多样性越高。计算公式如下

$$H = -\sum_{i=1}^{s} \frac{n_i}{N} \log_2 \frac{n_i}{N}$$

式中，H 为 Shannon-Wiener 指数，N 为调查生物总个体数，n_i 为第 i 种的个体数，s 为物种总数。

3）生物丰富度指数

由于多样性指数是丰富度和均匀度的综合指标，因此，具有低丰富度和高均匀度的生态系统与具高丰富度与低均匀度的生态系统，可能计算得到相同的多样性指数，因此增加一个生物丰富度指数指标来衡量区域内的物种数。在此，用 Margalef 指数表示，计算公式为

$$D = \frac{S-1}{\ln N}$$

式中，D 为 Margalef 丰富度指数；S 为总种数，N 为观察到的个体总数（随样本大小而增减）。

4）备选指标

对于拥有特有（稀有）种的流域，设立特有种存活率的指标，以衡量水利工程建设对特有种的影响程度。

4.5 评价标准

生态效应评价标准是生态效应评价的前提,也是确定生态效应影响大小的重要基础。在评价研究中,各个指标的实际值均需与标准值比较才可以标准化或者规格化,因此,评价标准的确定是评价过程中重要一环。评价标准的科学与否,将直接影响最终评价结果。然而目前由于生态效应评价尚没有统一的标准,因此在实际运用中,具体的生态效应评价标准参考以下原则:①国家、行业和地方规定的标准。国家已发布的环境质量标准如地面水环境质量标准、地下水质量标准等。行业标准指行业发布的环境评价规范、规定、设计要求等。地方政府颁布的标准和规划区目标,河流水系保护要求,特别区域的保护要求等均是可选择的评价标准。如水环境质量大部分指标已有通用的国家标准,属于此类情况。②背景和本底标准。以评价区域内生态环境的背景值和本底值作为评价标准,如水文情势部分的年径流量变化率等均属此类情况。③已有成熟的科学研究成果。对于某些指标已有比较成熟的研究成果,且得到广泛应用,亦可作为评价的标准或参考标准应用,如鱼类完整性指数等。④数理统计的方法,对于某些指标,可以结合研究区的实际情况采用数理统计的方法进行量化分级,如景观多样性指数等。⑤其他指标还可以采用的方法有专家经验法、国家地方的发展规划以及国外标准等。

由于指标体系中的各项评价指标的类型复杂,单位也有很大差异,因此首先根据以上标准和已有成果为参考值,结合专家咨询,确定各指标的划分标准,然后对各指标的实际数值进行无量纲处理,根据各指标对生态效应影响的大小,得到各指标的评价结果。

4.6 评价结果

评价结果分为单项评价结果和综合评价结果两部分,单项评价结果主要对每一指标的评价结果进行分析说明,旨在评价单一指标受水利工程影响的程度。而综合评价结果则根据单一指标结果进行综合分析,得出评价结论。

参 考 文 献

段昌群,杨雪清.2005.生态学的颠覆性和建设性.郑易生,科学发展观与江河开发.北京:华夏出版社,24-37.
熊文,黄思平,杨轩.2010.河流生态系统健康评价关键指标研究,人民长江,41(12):7-12.
Karr J R. 1999. Defining and measuring river health. Freshwater Biology, 41: 221-234.
Schofield N J, Davies PE. 1996. Measuringthehealthofourrivers. Water, 5/6: 39-43.
Scrimgeour G J, Wieklmu D. 1996. Aquatic ecosystem health and integrity: problem and potential solution. Journal of North American Benthlogical Society, 15 (2): 254-261.
Simpson J, et al.. 1999. AusRivas-National river health program: user manual website version.

第5章 白洋淀流域库坝工程的生态效应评估

5.1 案例区概况

5.1.1 案例区选择依据

案例区选择主要基于两方面的考虑。一是已经完成或大体完成了流域水利工程的开发建设，且水利工程的生态效应已经在流域尺度上显现出来。二是具有地域代表性。

基于上述考虑，在水资源短缺的华北地区选择了海河流域大清河水系的白洋淀支流。该研究区主要位于河北省境内，白洋淀上游补给河流均已经完成了水利工程的开发建设，建成了较大规模的水库工程。水利工程建成后导致白洋淀湖泊型湿地迅速萎缩，产生了一系列生态环境问题。因此该流域在研究中国北方缺水地区水利工程开发及其流域生态环境影响方面具有较好的代表性。

5.1.2 白洋淀流域概况

1. 自然概况

白洋淀位于河北省中部（38°43′~39°02′N，115°38′~116°07′E），海河流域大清河水系中游，是中国北方最具典型性和代表性的淡水湖泊湿地，总面积366 km²，由143个大小不等的淀泊和3700多条沟壕组成，是华北平原上最大的天然淀泊，具有缓洪滞沥、蓄水灌溉、调节局地气候、改善生态环境、补充地下水、保护生物多样性等多种生态功能，被誉为"华北之肾"。白洋淀流域位于113°39′~116°12′E，38°3′~40°4′N之间，跨河北省（占流域面积80.4%）、山西省（占流域面积12.3%）和北京市（占流域面积7.3%）。白洋淀流域面积为31 205km²，占整个大清河面积的69.1%，由潴龙河、孝义河、唐河、府河、漕河、萍河、白沟引河等8条河流组成并汇入白洋淀，经白洋淀调蓄后由赵北口溢流堰和枣林庄枢纽控制下泄，经赵王新河、独流减河，穿北大港入渤海（图5-1）。

白洋淀流域地势自西北向东南倾斜，地貌分为山区和平原两大类，西北部为太行山区，海拔在100~2500 m；中部为平原，海拔在10~100 m；东部为低洼地区和白洋淀，海拔在7~10 m。以黄海高程100 m等高线划分，山区面积16 536 km²，占总面积的53%，平原面积14 664 km²，占总面积的47%。这一区域属暖温带季风性气候，四季分明，冬季寒冷干燥，夏季炎热多雨，多年平均气温在7.3~12.7℃，平均年积温在2993~4409℃。流域内多年平均降水量为546.2mm，多年平均水面蒸发量为1000~1200 mm，蒸发量远大

图 5-1 白洋淀流域位置图

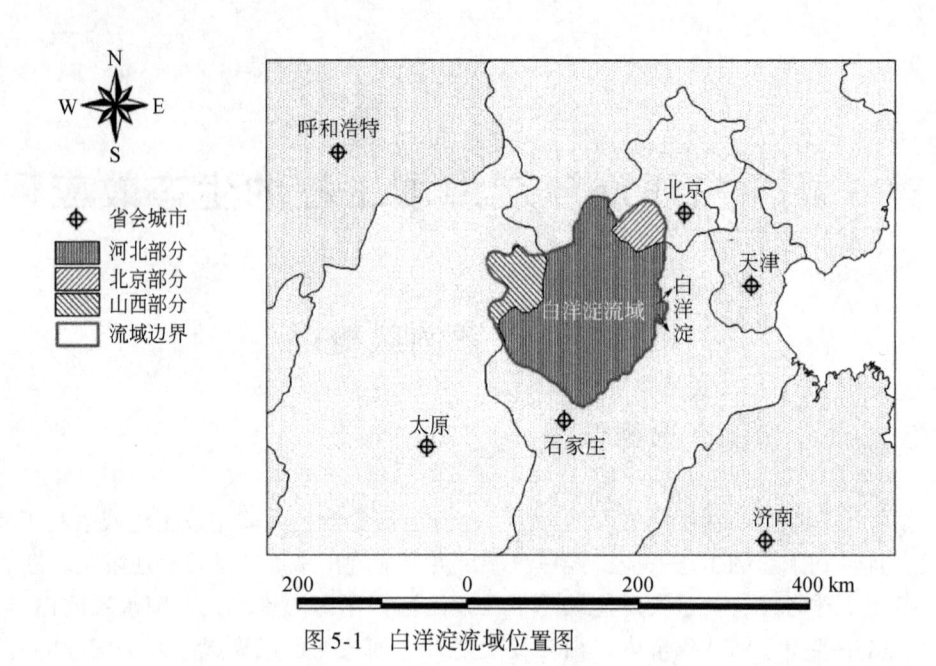

于降水量（王立明等，2010）。流域地带性土壤为棕壤和褐土，地带性植被为落叶阔叶林。

白洋淀流域土地利用类型分为耕地、林地、草地、水域、城乡工矿和居民用地、未利用土地等 6 大类型（图 5-2）。根据 2000 年 TM 影像分类结果，耕地面积为 12 914km^2，占流域面积的 41.26%；草地面积为 8016.9 km^2，占 25.61%；林地面积为 7276.7 km^2，占 23.25%；城乡工矿和居民用地、水域、未利用土地面积分别为 2322.6 km^2、758.7 km^2、20.2 km^2，分别占 7.42%、2.42%、0.06%。

历史上白洋淀水域辽阔，生物繁茂，然而，在多种因素作用下，近二十多年来，白洋淀生态环境发生了显著的变化，基本上已无天然径流入淀，导致湿地生态系统严重受损，生态功能急剧退化。目前，为了维持白洋淀的生态环境，在白洋淀即将出现干淀危机的时候，只有靠上游水库放水或者外流域调水，如"引黄济淀""引岳济淀"，来缓解淀区的生态压力（吕彩霞等，2009）。

2. 水利工程建设情况

海河流域历史上是一个水患多发的地区。中华人民共和国成立以来，特别是 1963 年特大洪水后，在"上蓄、中疏、下排、适当地滞"的防洪原则指导下，白洋淀流域上游山区陆续修建了大量水利工程，影响较大的有两个阶段（王焕榜和刘克岩，1991）。第一阶段是 1958～1963 年，在以蓄为主的方针指导下，在山区修建了一大批大、中、小型水库，总库容 36.19 亿 m^3，而白洋淀流域多年平均水资源总量为 31.1 亿 m^3，即将全流域的水资源全都放在水库里还不能将水库都蓄满；第二阶段为 20 世纪 60 年代中期到 70 年代，平原区以发展灌溉为中心的大规模机井建设，使机井保有量及地下水开采量迅速增加，1987 年，年开采量已达 26 亿 m^3，比 50 年代增加十几亿立方米。目前白洋淀流域上游山区已经建成王快、西大洋、安格庄、龙门、横山岭、口头 6 座大型水库（图 5-3）和 10 座中

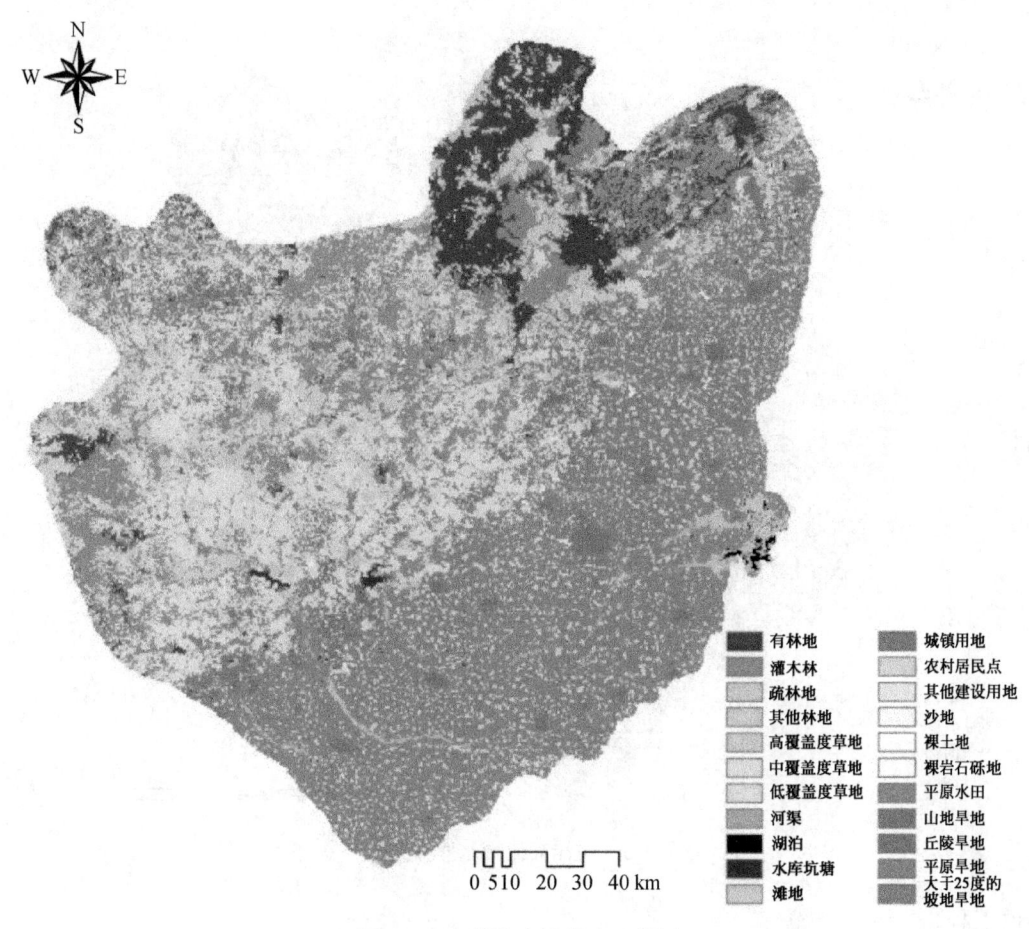

图 5-2 白洋淀流域的土地利用

型水库，118座小型水库，总库容36.19亿 m³。全流域已建成万亩（1亩≈666.7m²）以上灌区35处，其中30万亩以上大型灌区四处（沙河、唐河、易水、房涞涿），中型灌区（1万亩以上30万亩以下）31处。除上述工程外，流域内还进行了大量的山区水土保持以及饮水工程、基本农田建设等。同时，对平原河道也进行了大规模治理，开辟赵王新河和赵王新渠增加白洋淀水体下泄通道。兴建了枣林庄水利枢纽，使白洋淀的水体自泄基本得到控制，从天然湖泊转变为水库型湖泊。至此，水利工程已经完全改变了白洋淀流域水文水资源的空间分布格局，使得天然径流完全处于人工调配之下，由白洋淀自然调节改由山区水库调配。

1）主要大型水库概况

王快水库位于河北省曲阳县郑家庄村西大清河南支沙河上，是一座以防洪为主，兼灌溉、发电的大型枢纽工程。建筑物有拦河坝、溢洪道、泄洪洞和水电站。水库于1958年6月动工兴建，1960年6月竣工。水库按一千年一遇洪水作为校核标准进行设计，可抗3日点雨量1420mm。1960年开始拦洪蓄水，1969年又进行了续建，大坝加高7.5m、泄洪洞加固与进水塔加高及电站工程后又进行坝基防渗和加固上游坝坡等工程。1971年续建了溢

图 5-3　白洋淀流域水库分布图

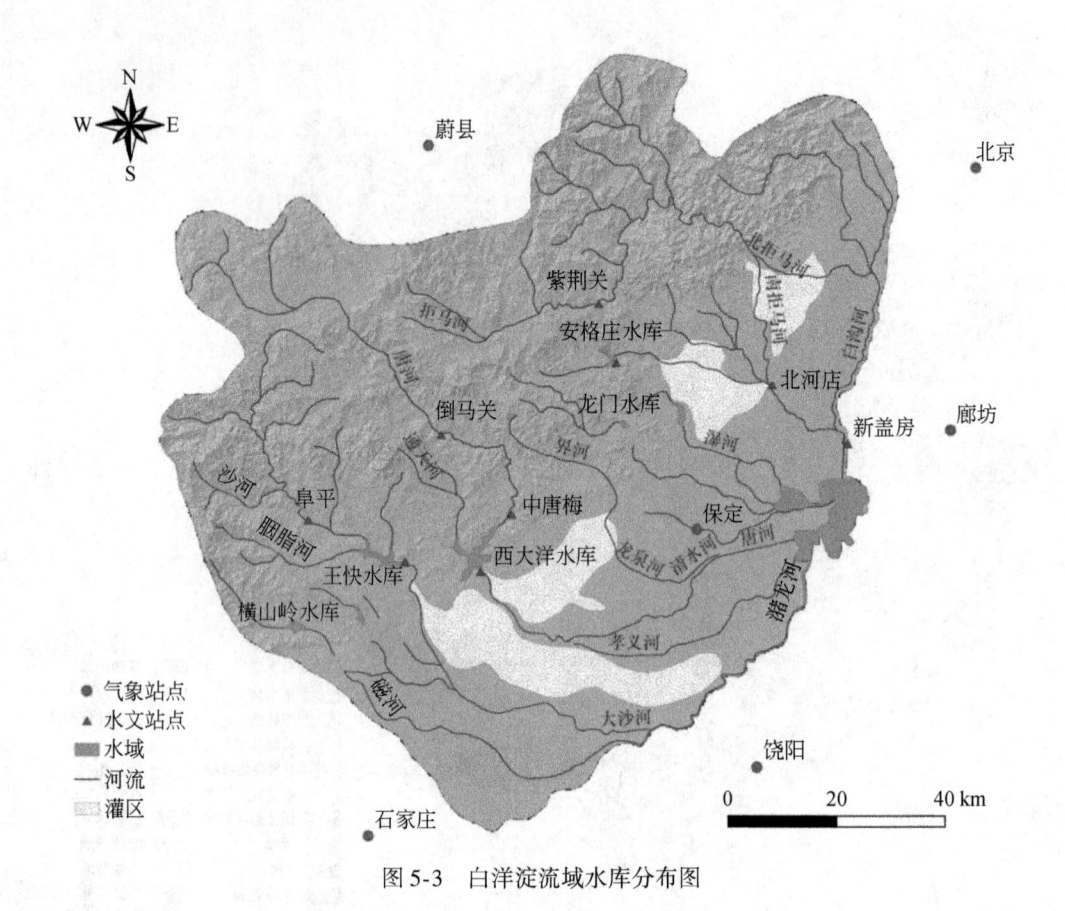

洪道工程。

西大洋水库位于大清河系唐河出山口唐县境内的西大洋村下游 1km 处，是一座以防洪为主，兼顾城市供水、灌溉、发电等综合利用的大（Ⅰ）型水库。由河北省水利厅设计院设计，始建于 1958 年 1 月，1960 年 1 月完工。此后历年又经多次续建和加修等工程，目前水库防洪标准为不足 2000 年一遇。经过三十多年的运用，在防洪、灌溉、供水、发电方面均发挥了较大作用，现在承担着为保定市区提供生活用水的职责，同时也是北京市应急用水储备地之一。

安各庄水库系海河流域大清河系中易水的控制工程，位于河北省保定市易县境内安各庄村西，是一座以防洪灌溉为主、结合发电养殖等综合利用的大（Ⅱ）型水利枢纽工程。水库工程于 1958 年动工兴建，1960 年 6 月完成土坝主体工程、泄洪洞及溢洪道一期工程后投入运用。然而枢纽并不完善和配套，一些工程项目遗留相当大的尾工，因此从 1960 年以后，水库长期处于边运用边施工中。经过续建、加固后，工程日趋完善，大坝防洪安全标准为 1500 年一遇。主要建筑物有：大坝、溢洪道、输水洞兼泄洪洞、水电站、八里沟副坝。另外，水库还有易水灌区和紫荆关引水工程。

龙门水库位于河北省保定市满城县境内，座落在大清河水系漕河中游，是一座以防洪为主结合灌溉等综合利用的大（Ⅱ）水利枢纽工程，由河北省保定专区水利局设计，始建于 1958 年 2 月，后因库容小，防洪标准低，在中型水库的基础上扩建为大型水库，经过 40 多年的运用，在防洪、灌溉等均发挥了较大作用。然而，由于各种原因使得该水库产水汇水条件日趋恶劣，目前龙门水库已经无水可蓄，变为耕地。

上述四大水库的集水区及基本情况如图 5-4 和表 5-1 所示。

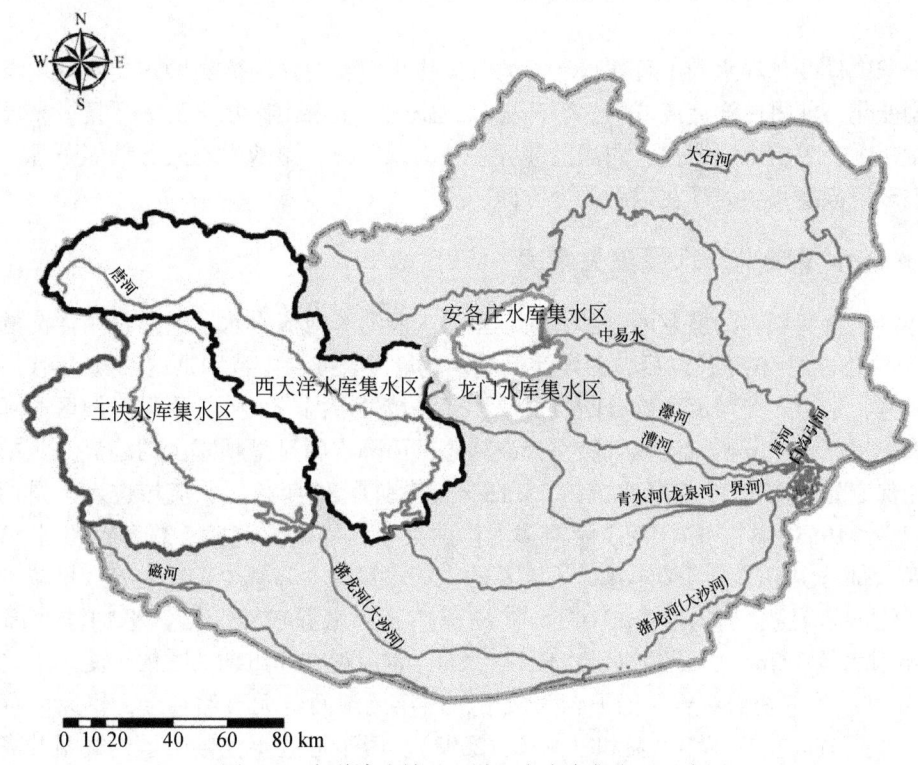

图 5-4 白洋淀流域及上游四大水库集水区示意图

表 5-1 保定市四个水库基本情况

水库名称	所在地点	所在河流	集水面积（km²）	总库容（亿 m³）	灌溉面积（万亩）	移民（万人）	淹地（万亩）
安各庄水库	河北省易县	中易水	476	3.09	36.00	0.45	0.74
龙门水库	河北省满城县	漕河	470	1.29	6.70	0.54	1.18
西大洋水库	河北省唐县	唐河	4420	12.58	60.00	3.22	4.27
王快水库	河北省曲阳县	沙河	3770	13.89	133.50	1.41	1.37

2) 主要灌区概况

在大规模建设山区水库的同时，农田水利工程也有了大规模的发展，先后在南支水系修建了沙河、唐河大型灌区，北支水系修建了易水灌区，扩建了南、北拒马河的房沫琢灌区及从淀区直接引水的白洋淀灌区（图 5-3）。到 60 年代末期，新建灌区总面积达到 438.8 万亩，约占流域农田总面积的 30%，有效灌溉面积达到了 268.2 万亩。1956～1988

年,流域内农业引用地表水量201.7亿 m³,平均年引用水量6.1亿 m³,70年代以后年均引水量达6.1亿 m³(王立明等,2009)。地表农业用水引用的快速增加也使得农田蒸发蒸腾量也迅速上升,加剧了流域后期水资源的极度匮乏。

5.1.3 白洋淀流域出现的生态环境问题

在全球气候变化和水利工程建设运行的共同作用下,白洋淀流域的水文水环境条件发生了急剧变化,使得白洋淀流域的生态环境日趋恶化。上游山区水土流失严重,平原区地下水严重超采,下游水质恶化、白洋淀淀区湿地面积锐减,湿地生态服务功能下降。整个流域生态环境问题集中表现在以下4个方面。

1. 入淀水量减少,水量损失增大

白洋淀承接流域内的潴龙河、孝义河、唐河、府河等河流来水,它们是白洋淀的重要补给水源。20 世纪50 年代以后,白洋淀流域径流量显著减少,特别是进入80 年代后,入淀水量锐减,上游入淀河流大部分断流。白洋淀流域处于温带大陆性季风气候区,降雨年际变化大。根据上述分析,流域气温呈升高趋势,而降水明显呈现减少的趋势,其中位于流域中的保定站平均每10 年降水减少27.1mm。特别是80 年代后,流域进入干旱期,枯水年份较多。1958 年后,白洋淀上游河道上修建大小水库一百余座,总库容超过 36×10^8 m³,拦蓄大部分上游来水,使本来就不充足的入淀水量又大为减少。在入淀水量减少的同时,白洋淀的水量损失却在增加。白洋淀湖面广阔,水深较浅,淀区平均注底高程为6.3m,汛限水位8.3m,汛后最高蓄水位为8.8m,也就说在非汛期的时候,淀区平均水位约3m。这种结构的湖泊对蒸发损失较为敏感,白洋淀湖面若无自然补给,每天因蒸发损失,水位降低1cm左右(李书友和冯亚辉,2008)。由于近些年气候干旱,气温升高,白洋淀湖面的蒸散发量呈增加趋势,蒸散发损失加剧了白洋淀水域萎缩和水位下降。由于流域地下水超采严重,白洋淀湖水通过湖底垂直渗漏、侧渗的方式补给地下水。据1979 年调查显示,白洋淀仅通过侧渗一项对安新县地下水的补充量就为3771.3m³(温志广,2003)。同时气候干旱造成入淀河道干涸,多次调水补淀工程,也因沿途渗漏损失严重,实际入淀水量较少,各次补水的水量损失率在30%~70%之间。入淀水量锐减,水量损失增加,致使白洋淀干淀越来越频繁。最为严重的是1984~1986 年,几乎无水入淀,白洋淀连续5 年干淀(1983~1988 年),给白洋淀及其周边的生态环境带来沉重打击,水生动物难以生存,苇田面积减少,产量和质量都有下降。90 年代后,流域仍持续干旱,靠上游水库补水和跨流域调水来维持白洋淀水位,然而这种一次性的大量补水不能从根本上解决白洋淀缺水问题,干淀现象还时有发生。

2. 水体污染严重

由于上游来水量锐减,一些白洋淀入淀河道变成了纯排污河道,代替净水流入白洋淀的是大量工业污水、生活废水。工业发展带来经济效益同时也带来了大量工业污水的排放,保定市是主要的工业污水源头。保定市每年仅经府河进入白洋淀的污水量达6000 ~

7000万吨（龙丽明等，2006）。随着人口的增加和旅游业的兴盛，生活污水成为白洋淀又一重要的污染源。生活污水以有机污染物为主，其大多数未经处理，直接排入白洋淀内污染水体，目前淀内每天排入淀区的生活污水量为320~800t（张芸等，1999）。农业退水和网箱养鱼加快了水体富营养化进程，不合理的使用化肥和农药，导致大量农药化肥随地表径流汇入白洋淀，网箱养鱼大面积的投放饵料，污染水体，实验证明，网箱养鱼区总氮、有机氮、高锰酸盐指数的含量都明显高于其他水区（张芸等，1999）。工业和生活污水、农业退水、网箱养鱼等污染使白洋淀水质恶化。白洋淀水质与淀内水量有关，丰水年水量充足的时候，水质基本可以达到Ⅲ类；枯水年来水少的情况下，水质为Ⅴ类甚至劣Ⅴ类。近来，缺乏天然水补给的白洋淀，自净能力几乎丧失，污染物滞留湖中，淀内水体富营养化严重，无法满足周边人民生产生活用水需求。白洋淀设置的14处水质监测断面显示，仅一处为Ⅲ类水，其余为Ⅳ类、Ⅴ类，甚至出现了5处劣Ⅴ类水质，主要超标物为氨氮、总磷、硫化物、DOC、高锰酸盐指数（宋中海，2005）。白洋淀底泥污染更为严重，重金属含量超标，氮、磷等有机质含量远远超过水体中的浓度，并不断向水中释放，造成水体的二次污染。水体污染破坏了水生生物赖以生存的水环境，已经严重影响渔业产量和珍贵野生物种的生存。20世纪80年代以后，白洋淀每年都有大量鱼类因水体污染死亡，2000年和2006年发生了两次十分严重的"死鱼事件"，水中几乎没有一尾活鱼，当地渔民遭受巨大经济损失，流域生态结构失衡。水体污染严重威胁白洋淀及其周边地区生态环境，危及人民的生产生活、安全。

3. 白洋淀湖泊型湿地生态系统萎缩

白洋淀流域西北部山区水土流失严重，泥沙随洪水流入白洋淀，淤积在入淀口。白沟引河在1970~1980年总淤积量$320×10^4 m^3$；潴龙河在1966~1983年总淤积量$134×104 m^3$；其他各河入淀口都有程度不同的淤积（白德斌和宁振平，2007）。由于白洋淀属平原浅水湖泊，泥沙淤积使得白洋淀面积迅速减少，蓄水能力下降。围淀造田是使白洋淀面积减少的另外一个重要原因。由于人口增长快，耕地资源相对短缺，白洋淀人均耕地不足$0.033hm^2$（梁宝成等，2002），人们"向洼地要粮"，原来的淀底、苇田都变成了耕地。泥沙淤积和围淀造田使得如今的白洋淀总库容减少17.4%，降低了其缓洪滞沥的能力（李英华等，2004），白洋淀总面积也由20世纪50年代的$561.6km^2$减少到现在的$366.0km^2$，缩小了原来的35%之多（刘真和刘素芳，2008）。

4. 生物多样性维持功能下降

白洋淀属于湿地生态系统，湿地特殊的水文条件决定了湿地生态系统易受自然及人类活动干扰，生态平衡极易受到破坏，且破坏后难以恢复。白洋淀原本水草丰美，水域辽阔，生物物种多样，是许多珍贵物种的栖息地，有国家一级保护动物3种，国家二级保护动物26种（张素珍和李宝贵，2005）。近几十年，受水源不足、水质污染等多重影响，野生动植物栖息环境屡屡遭到破坏。赵翔等人计算得到白洋淀的最低生态水位为7.3m，即白洋淀的水位至少要达到7.3m才能正常发挥其生态服务功能（赵翔等，2005）。刘立华等人的分析显示，近些年的天然入淀水量已经不能满足白洋淀生态环境需水要求（刘立华等，2005）。特别是1983~1988年连续5年彻底干淀使得白洋淀的生态系统遭受重创。20世纪80年代以来，除干淀年份以外，白洋淀每年破冰后都会有死鱼漂于水面，2000年和2006年发生两次最为严重的死鱼事件，大批珍贵鱼种灭绝。据1965年中国科学院动物研究所调查，白洋淀有鱼类17科54种，鸟类192种，而1992年调查结果显示鸟类仅剩52种，2000年调查结果显示鱼类减少到11科18种（翟广恒，2007）。其他浮游植物浮游动物种类也都大量减少，代表湖泊富营养化的蓝藻、绿藻的数量增加迅速，抑制其他水生生物生长。马静等（2008）的研究表明，白洋淀蓄水量的多少直接影响水资源和水环境的承载力，总体上看白洋淀生态承载力降低，生态系统愈发脆弱。白洋淀是华北地区唯一的大型平原湖泊，能够起到调节流域小气候，改善温湿状况的作用。白洋淀特殊的自然地理条件适合水生动植物的生存繁衍，大量野鸭、鸟类都栖息于此，在保护生物多样性方面发挥着重要作用。白洋淀的水文生态问题是整个流域生态环境问题的集中体现，保护白洋淀的生态环境是恢复整个流域生态平衡的关键。

5.2 白洋淀流域水文气象要素演变特征分析

5.2.1 气象要素变化分析

1. 气温变化

白洋淀流域处于温带大陆性季风气候区，四季分明，春季干旱少雨，夏季炎热多雨，秋季晴朗，冷暖适中，冬季寒冷少雨。年平均气温6.8~12.7℃，最高气温43.3℃，最低气温-30.6℃。根据白洋淀流域内保定站及周边石家庄、五台山、蔚县、怀来气象站1954~2008年55年的逐日气温观测数据统计表明（图5-5）：保定站年平均气温变化率为0.4℃/10年，年最高气温变化率为1.8℃/10年，年最低气温变化率为-0.4℃/10年，而自20世纪90年代以来，年最高气温的变化率骤然增大，为2.9℃/10年，年最低温度的变率为-1.8℃/10年；石家庄站年平均气温变化率为0.4℃/10年，年最高气温变化率为1.8℃/10年，年最低气温变化不大，而且90年代以来，石家庄站年最高气温和年最低气温的变化率分别达到2.5℃/10年和-0.5℃/10年；蔚县站年平均气温变化率为0.5℃/10年，年最高气温变化率为2.2℃/10年，年最低气温变化率为-0.6℃/10年，而90年代以来的年最高气温和年最低气温变化率分别达3.0℃/10年和-1.3℃/10年；五台山站年平均气温变化率为1.2℃/10年，年最高气温变化率为2.4℃/10年，年最低气温变化率为0.8℃/10年，而90年代以来的年平均气温和年最高、最低气温变化率分别增至3.9℃/10年、5.7℃/10年和2.8℃/10年；怀来站年平均气温变化率为0.4℃/10年，年最高气温变化率为2.1℃/10年，年最低气温变化率为0.3℃/10年，而90年代以来的年最高气温和年最低气温变化率分别为3.0℃/10年和-1.7℃/10年。

综上所述，白洋淀流域1954~2008年间，流域年平均气温一直保持平稳上升趋势，平均每10年气温上升约0.4~1.2℃。然而在自1990年以来的近20年间，年最高和最低气温的变率骤然增加，有极端发展趋势。在全球气候变暖背景下，白洋淀流域气温亦呈现

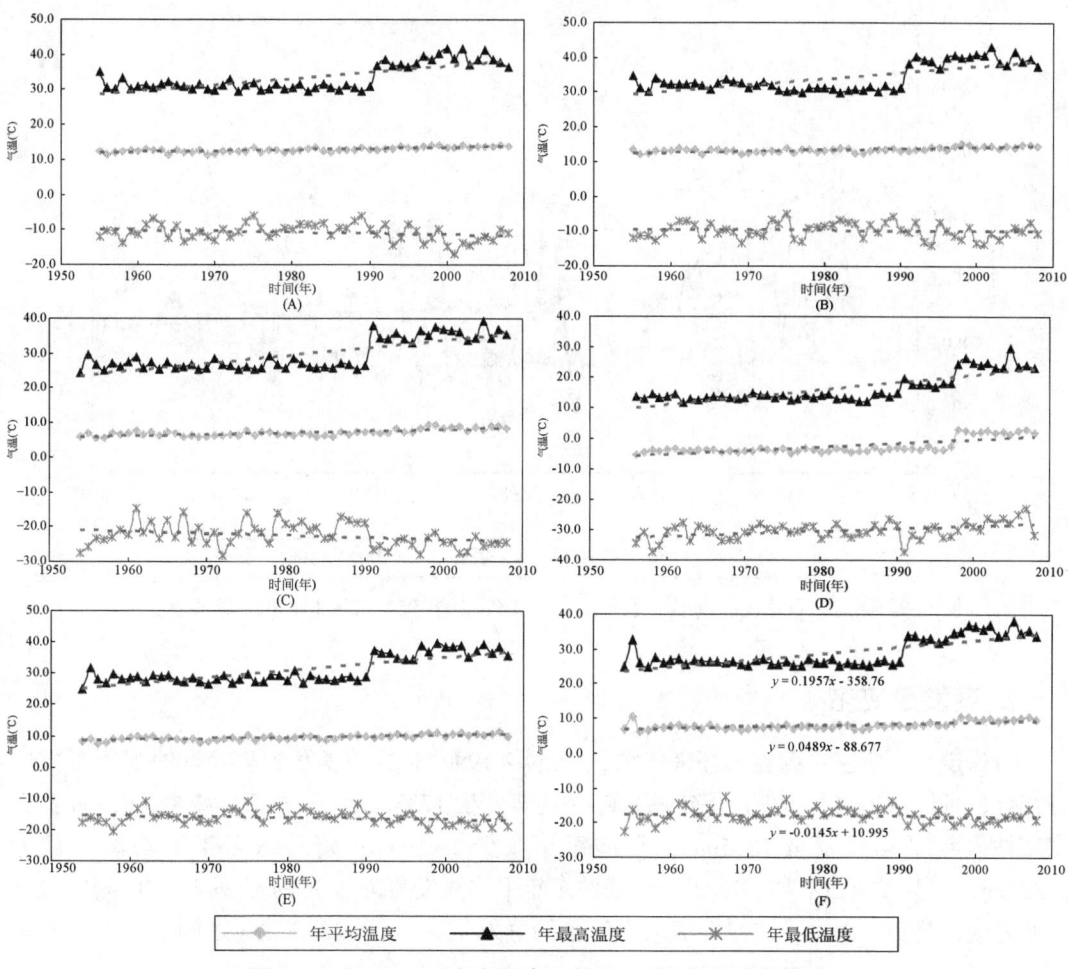

图 5-5　1954~2008 年年最高、最低、平均气温变化情况
A：保定；B：石家庄；C：蔚县；D：五台山；E：怀来；F：五站均值

出明显的上升趋势，这将导致流域降雨、径流、蒸发等水文要素的改变。

2. 降水变化

根据白洋淀流域内保定站及周边石家庄、蔚县、五台山、怀来气象站 1954~2008 年 55 年的逐日降水观测数据统计表明（图 5-6）：各站多年平均降水分别为 531.9mm、524.4mm、408.8mm、763.8mm、372.1mm。经过插值加权平均后，白洋淀流域多年平均降水量约 548mm，并呈整体下降趋势。保定、石家庄、五台山、蔚县和怀来站平均每 10 年降水减少 27.1mm、14.3mm、70.7mm、10.5mm 和 10.9mm；且降水呈现周期性特征。20 世纪 50 年代至 1964 年为丰水期，流域平均降水约为 661mm；1964~1980 年为平水期，平均降水约为 516.4mm；1981~1996 年，枯水年份较多，特别是自 1997 年以来，降水进一步减少，加剧了干旱形势。

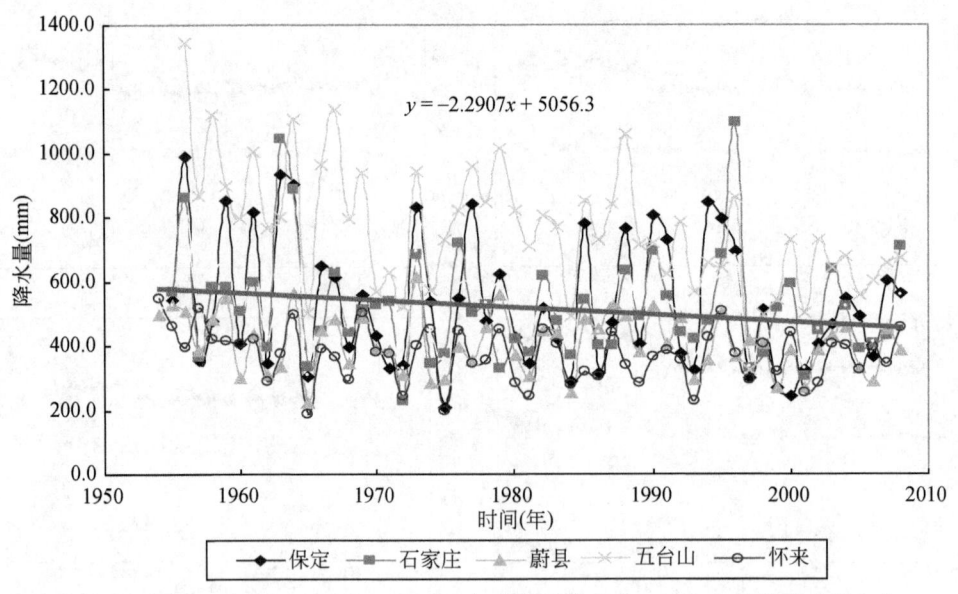

图 5-6 保定、石家庄、蔚县、五台山、怀来气象站 1954~2008 年平均降水量变化

3. 蒸发量变化

对保定、石家庄、蔚县和怀来气象站 1954~1990 年逐日蒸发皿蒸发量的观测资料进行统计,可以看出(图 5-7)保定站多年平均蒸发量 1733mm,平均每年减少 7.8 mm;石家庄站多年平均蒸发量 1615mm,平均每年减少 14.9mm;蔚县站多年平均蒸发量为 1582mm,年蒸发量没有明显变化;怀来站多年平均蒸发量为 2075mm,多年平均蒸发量没有明显变化趋势。综上,白洋淀流域多年平均蒸发量在 1500~2000mm 之间,东部平原地

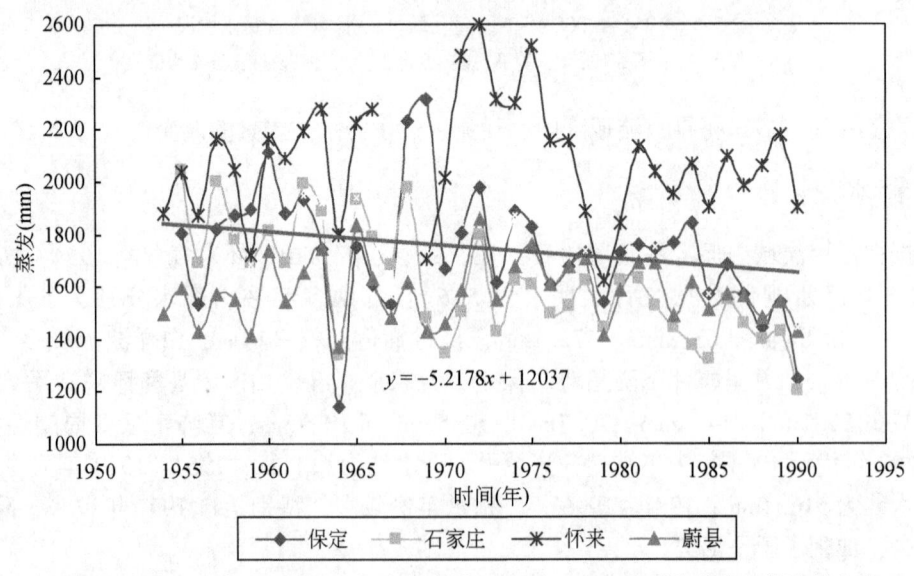

图 5-7 保定、石家庄、蔚县、怀来气象站 1954~1990 年年平均蒸发皿蒸发量变化

区蒸发量呈明显下降趋势。水面蒸发量可以反映特定区域辐射、气温、风速、相对湿度等气象要素对陆面实际蒸发的综合影响，但陆面实际蒸发除了受控于气象条件外，还与下垫面状况、土壤水分、地形等因素密切相关。白洋淀流域气温升高会提高蒸发能力，但是由于降水减少、河湖干涸，下垫面供水不足，所以流域蒸散发量并无明显变化趋势，甚至有下降趋势。总体上，流域的水资源缺口还是越来越大的。

5.2.2 水文要素变化分析

1. 径流量变化

根据白洋淀流域阜平、倒马关、中唐梅、紫荆关、北河店5个水文站1955~2006年52年的年平均流量数据进行统计，得出各站的平均径流量变率（图5-8）：阜平站-2.32m³/（s·10年），倒马关站-2.02m³/（s·10年），中唐梅站-1.99m³/（s·10年），紫荆关站-2.20m³/（s·10年），北河店站-4.83m³/（s·10年）。阜平、倒马关、中唐梅、紫荆关和北河店这5个水文站点都位于流域上游，其上游没有大型水库，亦不经过灌区，人类活动的影响很小，所以径流量的变化是流域气象和水文等自然要素变化的综合影响结果，尤其与降水关系密切，呈正相关关系，丰水年径流量大，枯水年径流量小。总体上看，白洋淀流域的径流量减少趋势明显，在1955~2006年52年间，白洋淀流域的5个水文站点年平均径流量的平均变率为-3.50m³/（s·10年）。进入80年代，枯水年份增多，年均径流量锐减，除1988、1996和1997年丰水年年均径流量较大外，其余年份各站测得年均径流量均小于10m³/s。

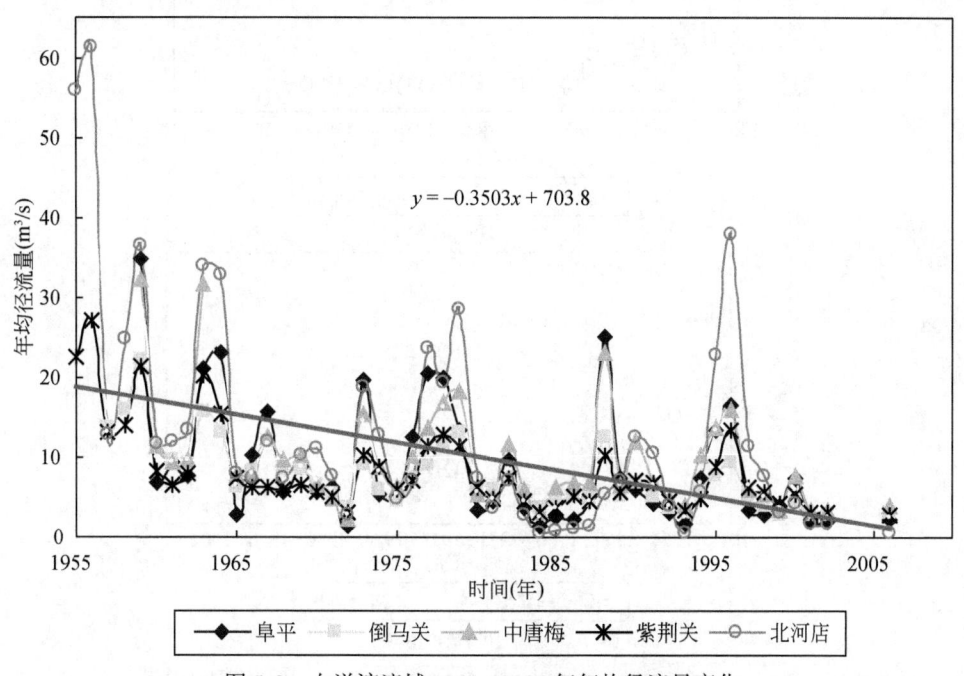

图5-8 白洋淀流域1955~2006年年均径流量变化

1）年径流量长期变化趋势分析

首先分析白洋淀流域内各水文站年径流量变化趋势。图 5-9 表示阜平、倒马关、紫荆关 3 个典型水文站径流量年际变化曲线和 5 年滑动平均值。可以看出 3 个站点年径流量逐渐趋于减少，进入 80 年代后枯水年份增多，年径流量锐减；除 1988、1996 年处于丰水年年径流量较大外，其余年份年径流量均小于 2.5 亿 m^3。3 个水文站点分别位于白洋淀流域

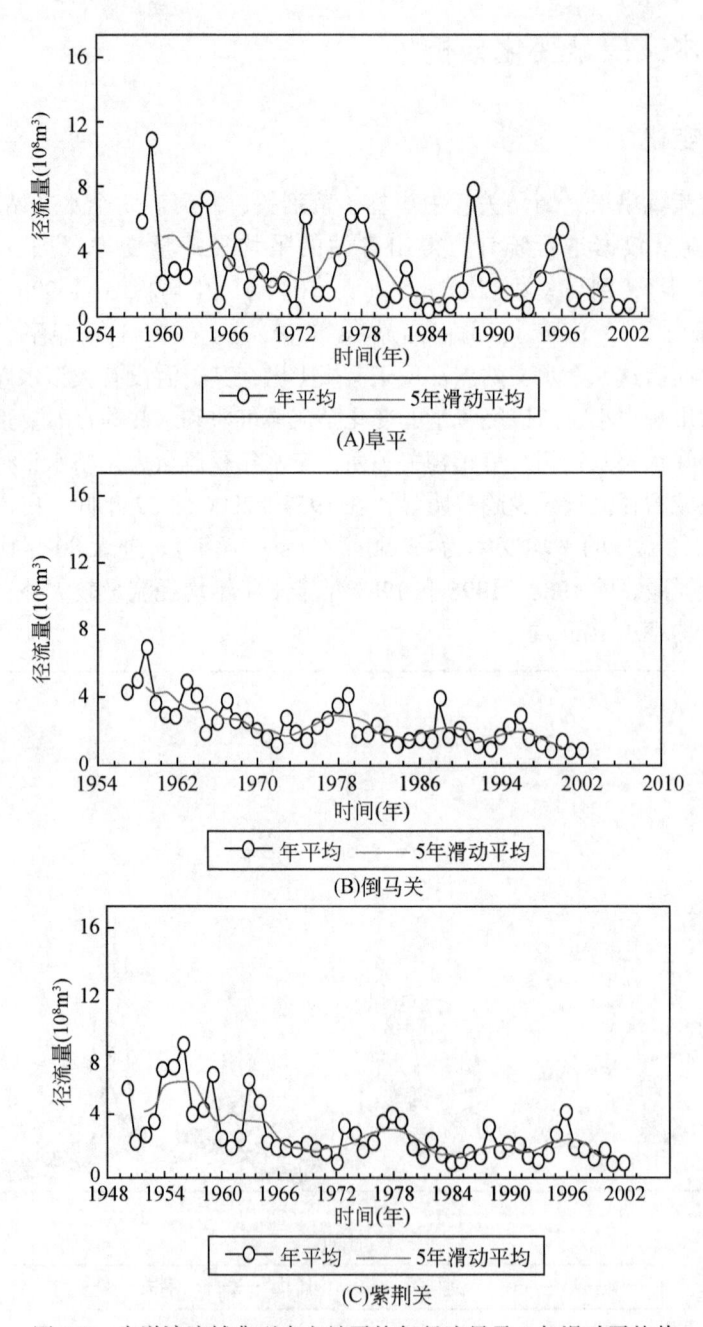

(A)阜平

(B)倒马关

(C)紫荆关

图 5-9　白洋淀流域典型水文站平均年径流量及 5 年滑动平均值

南支的沙河、唐河、北支的拒马河上游，不经过灌区且不受大型水库调度控制，相比中下游流域，此3个水文站点径流量受气候变化等自然因素影响较大，因此近几十年气候等自然因素的变化趋势不利于增加白洋淀流域径流量。

利用 Mann-Kendall 非参数法检验白洋淀流域典型水文站点的年径流长期变化趋势。表5-2中流域内各站点趋势分析统计量 Z 均为负值，表明年径流量总体呈下降趋势。除新盖房接受原假设外，其他站点均通过不同程度的显著性水平检验。其中，位于唐河水系的倒马关、西大洋水库水文站点均满足 $\alpha=0.001$ 的显著性水平，表明年径流量具有强烈的减少趋势，平均年径流量降低值 β 分别为 0.06 亿 m^3、0.08 亿 m^3，倒马关水文站位于水系上游，受人为因素干扰相对较小，其减少趋势可能主要体现为气候变化因素的影响。西大洋水库水文站位于水库下游而受水库调节如枯季蓄水等人类活动因素影响较大。中唐梅水文站达到 $\alpha=0.01$ 的显著性水平，相比倒马关和西大洋水库水文站年径流量递减趋势相对较缓，年均径流降低值 β 为 0.05 亿 m^3，亦低于倒马关和西大洋水文站。

实地考察唐河流域发现，唐河中下游已经断流并被耕地作物类型代替，因此唐河水系年径流整体上呈现急剧降低的趋势且中下游部分处于断流状态。南支的沙河水系阜平、王快水库水文站分别满足 $\alpha=0.01$ 和 $\alpha=0.05$ 的显著性水平，相比唐河水系径流减少趋势较缓，且位于上游的阜平水文站显著性水平（置信度水平）低于（高于）高于位于中游的王快水库水文站，下降趋势更为显著。拒马河水系紫荆关、北河店水文站均满足 $\alpha=0.001$ 的显著性水平，且位于上游的紫荆关水文站下降趋势更为明显，但是北河店平均年径流量降低值 β 显著高于紫荆关，原因可能是北河店站位于中游，年径流量高于紫荆关站，因此尽管减少趋势相对较小，整体减少量仍然高于紫荆关站。新盖房水文站点位于拒马河水系下游段的白沟引河上，相比其他水文站集水面积最大，因此受人为因素影响最大。尽管年径流量不满足置信度检验，β 值仍高达 0.09 亿 m^3，仅次于北河店。根据对3个水系流域的分析结果可以看出，流域上游水文站点满足更高的置信度因而年径流量减少趋势更为显著；中下游水文站点相比上游尽管递减趋势较缓，但由于整体径流量更大，径流降低 β 一般亦高于上游水文站点（图5-10）。

表5-2 白洋淀流域各站年径流量趋势分析和突变点检测统计结果

水文站	Mann-Kendall 趋势统计		Pettitt 突变点检测	
	Z	显著性水平	年份	显著性水平
阜平	−2.93	∗∗∗	1979	<0.05
王快水库	−2.50	∗∗	1980	<0.05
倒马关	−5.22	∗∗∗∗	1979	<0.01
中唐梅	−2.61	∗∗∗	1979	>0.05
西大洋水库	−5.51	∗∗∗∗	1988	<0.01
紫荆关	−4.86	∗∗∗∗	1965	<0.01
北河店	−4.02	∗∗∗∗	1979	<0.01
新盖房	−1.64	R	1979	>0.05

注：∗∗、∗∗∗、∗∗∗∗ 分别代表 $\alpha=0.05, 0.01, 0.001$ 的显著性水平，R 代表拒绝原假设

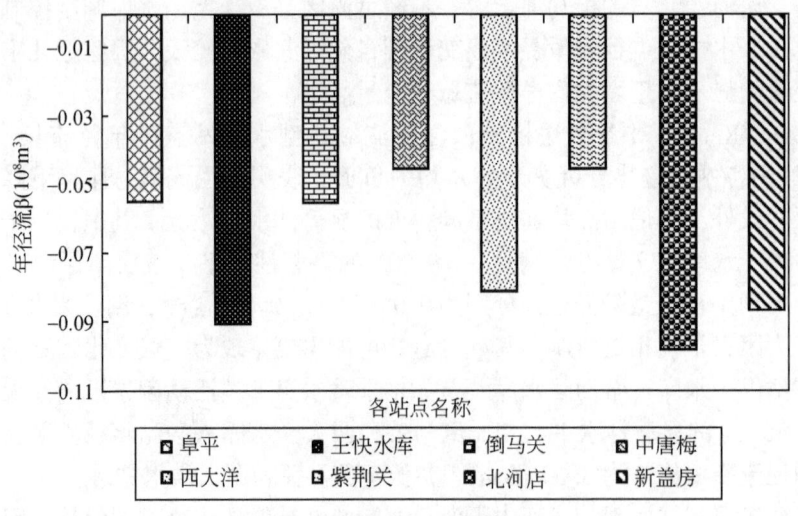

图 5-10 白洋淀流域水文站年径流系列 β 值

2) 年径流变化趋势持续性分析

根据 Hurst 指数法分析白洋淀年径流变化趋势的持续性。图 5-11 显示各站点的 H 值均大于 0.6，表明年径流变化趋势均具有较强的持续性。Mann-Kendall 分析结果已经表明流域年径流量逐渐降低，因此，未来一段时间内各站点年径流变化和过去保持一致呈减少趋势。流域不同位置的年径流量递减趋势持续性强度亦不同，其中位于流域上游的倒马关、紫荆关水文站 H 值均达到 0.8，具有很强的趋势持续性。位于中游的西大洋水库、北河店水文站 Hurst 指数均为 0.75，亦有较强的持续性，但小于流域上游。阜平、王快水库水文站均为沙河水系站点，Hurst 指数最低，为 0.64，因此沙河水系相比唐河水系、拒马河水系径流量变化趋势的持续性相对较弱。

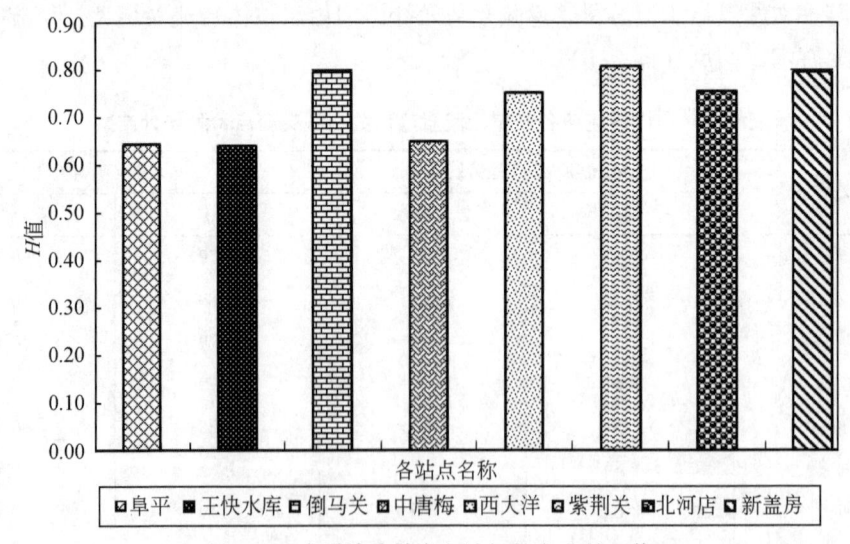

图 5-11 白洋淀流域水文站年径流系列 H 值

3) 年径流突变年份分析

利用 Pettitt 方法分析白洋淀流域年径流序列的突变年份。图 5-12 直观表达了各站点分别相对于显著性水平 $\alpha=0.05$ 和 $\alpha=0.01$ 的可能突变年份。如表 5-3 所示，沙河水系阜平、王快水库水文站突变年份分别为 1979 和 1980 年，年份非常接近且均满足 $\alpha=0.05$ 的显著

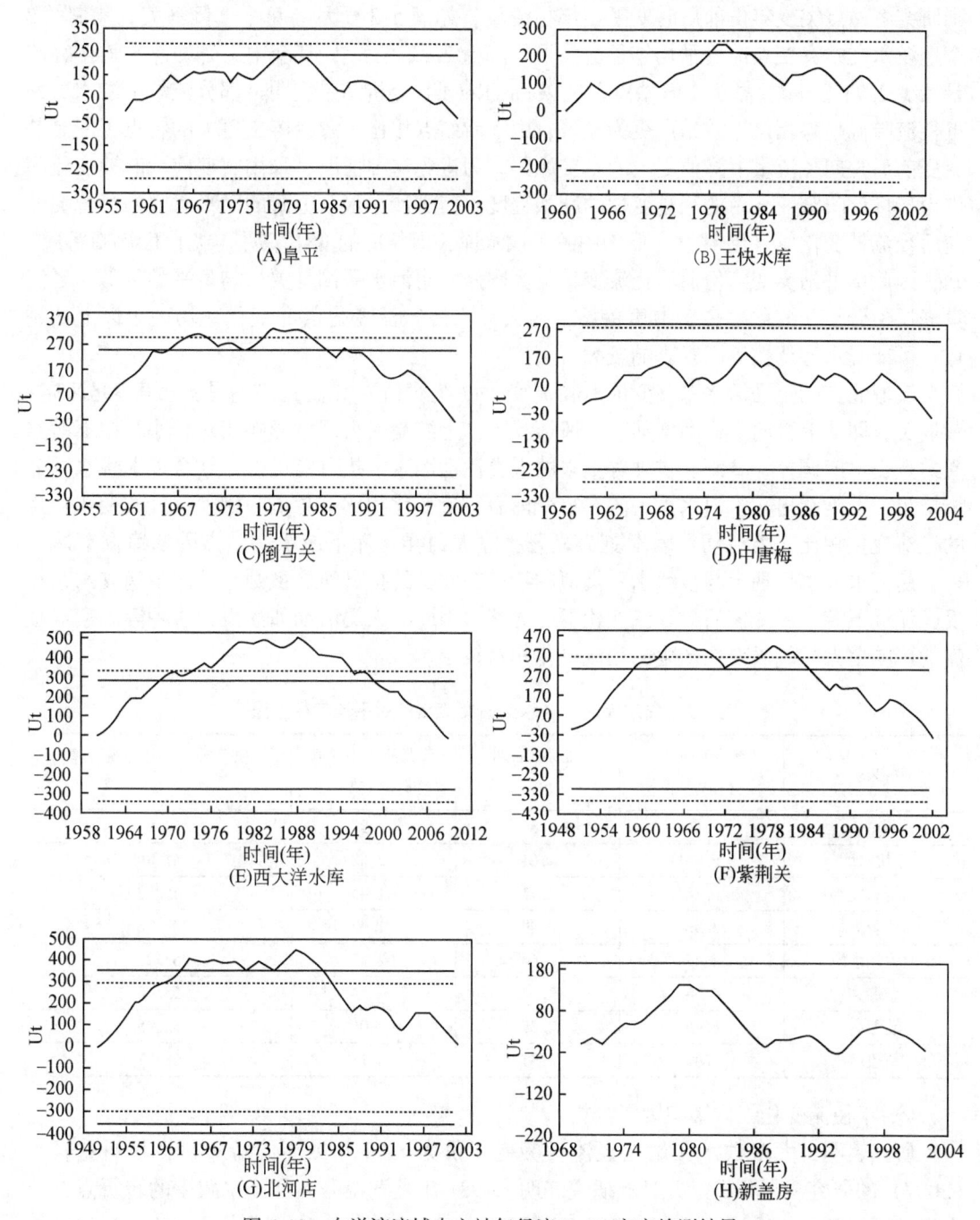

图 5-12 白洋淀流域水文站年径流 Pettitt 突变检测结果

性水平。唐河水系倒马关、中唐梅水文站突变年份均在1979年且倒马关满足$\alpha=0.01$显著水平要求，唐河中下游西大洋水库站点突变年份与上游两站不同，可能由站点位于西大洋水库下游而受水库调节影响较大的原因所致。拒马河水系上游紫荆关水文站突变年份为1965年，中下游北河店和新盖房两站均为1979年，但新盖房未满足显著性水平检验。分别研究各站点突变年份前后时期平均年径流量，如表5-3所示。阜平、倒马关、紫荆关3个上游水文站突变点前后平均年径流量平均降低2.32亿m^3，其余中下游站点平均年径流量减少2.73亿m^3，高于上游站点。但Mann-Kendall分析结果表明，部分流域上游水文点径流降低趋势相比下游站点更为显著，中下游站点相比上游径流量更大的特点可能是其突变前后时期径流量下降值更大的主要原因。为避免这种情况，采用突变前后时期变化率作为指标反映突变前后的径流变化的剧烈程度。南支沙河水系上游的阜平水文站尽管突变前后径流量变化值（绝对值）低于中游王快水库，但相应的变化率明显高于王快水库水文站，因此阜平站突变年份前后径流变化更为剧烈。唐河水系倒马关站与阜平站类似，径流量降低值低于而变化率高于中唐梅站，西大洋水库径流变化值和变化率均大于以上两站点，可能受水库调控等因素影响较大。

流域北支的拒马河水系突变前后径流变化（绝对值）和变化率均是新盖房>北河店>紫荆关，即从上游向下逐渐增加。一般情况下，上游受人为因素影响相对较小，中下游水文站点受水库调控、灌溉、耕种等更多的人类活动因素干扰可能更多。结合以上各水系分析结果，不难看出，沙河水系上游在突变前后径流变化相比下游更为剧烈，气候变化产生的径流变化相比人类活动等因素更为显著；除大西洋水库下游水文站点受水库调节影响外，唐河水系也呈现出与沙河水系类似的特点；北支的拒马河水系则与前两个南支水系相反，流域下游于突变前后的径流变化更为显著，因此受人类活动如灌溉、耕种等因素对径流的影响更大，气候变化产生的径流变化相对较小。

表5-3 白洋淀流域各水文站突变点前后平均年径流量

水文站	突变点前期 ($10^8 m^3$)	突变点后期 ($10^8 m^3$)	突变前后年径流变化 ($10^8 m^3$)	突变前后年径流变化率 (%)
阜平	3.86	1.89	−1.97	51.04
王快水库	6.89	4.01	−2.88	41.80
倒马关	3.16	1.71	−1.45	45.89
中唐梅	3.96	2.44	−1.52	38.38
西大洋水库	4.46	1.64	−2.82	63.23
紫荆关	4.58	2.04	−2.54	55.46
北河店	6.45	2.39	−4.06	62.95
新盖房	7.42	2.31	−5.11	68.87

4) 年径流变化气候影响因子分析

研究表明，大多数水文站点径流量突变年份为1979年或者附近年份，与刘克岩等（2007）的研究成果相符。并且有研究表明，1981年是气温升高和降水减少的转折点，与本研究所得到的年径流转折点1979年相近，因此气温和降水变化所体现的气候变化可能是年径流突变的主要原因之一。以1979年作为白洋淀流域年径流量的突变年份，突变年份前作为基准期（1957~1979年），突变年份后作为变化期（1980~2006年）。选取白洋淀流域内或周边气象站点以研究气象要素如气温、降水对流域径流量的影响。如表5-4所示，变化期平均气温高于基准期，其中北京站涨幅最大，为1.4℃，饶阳最小也达到0.5℃，平均涨幅为1.0℃左右。气温升高增加流域整体蒸发能力，长时期条件下可能增加流域的蒸散发量相比降水量的比重，从而减少年径流量。变化期平均年降水量相比基准期降低约56.6mm，北京站降幅最大，达105.0mm。降水是地表径流的主要来源，降水量的大幅度降低是流域径流不断减少的重要原因之一，也进一步加剧白洋淀流域的干旱形势。目前天然入淀区水量已经不能满足白洋淀生态环境需水要求。

表5-4 白洋淀流域各站点突变年份前后气温及降水量

水文站	突变前（1957~1979年）		突变后（1980~2006年）	
	平均气温（℃）	降水（mm）	平均气温（℃）	降水（mm）
北京	11.48	637.65	12.84	532.66
石家庄	12.91	547.38	13.78	508.34
保定	12.30	563.98	13.23	493.09
饶阳	12.19	540.28	12.71	504.84
廊坊	11.50	537.87	12.66	464.59
蔚县	6.29	414.41	7.51	398.26

2. 地下水水位变化

根据涞水县、涿州市、定兴县、清苑县、定州市、高阳县地下水水位观测井1998~2007年逐月地下水埋深数据统计表明（见图5-13），10年来涞水、涿州、定兴-1、定兴-

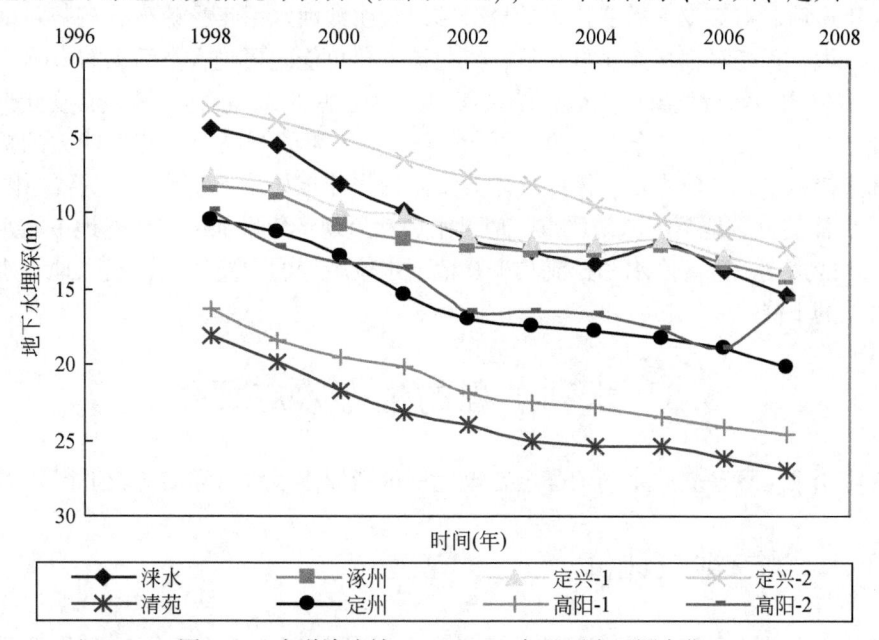

图5-13 白洋淀流域1998~2007年地下水埋深变化

2、清苑、定州、高阳-1、高阳-2 等 8 个观测井地下水埋深依次增加了 10.69m、6.01m、6.29m、9.11m、8.75m、9.80m、8.29m、5.83m。白洋淀流域地下水超采严重，地下水埋深呈现逐年增加的趋势，地下水水位大约以每年 1m 的速度下降。两方面的原因造成白洋淀流域地下水水位快速下降：降水和径流的减少使得流域地下水补给量减少；同时，由于气候变暖、降水量的减少，使农业灌溉需水量增加，这加剧了地下水的超采。

5.2.3 主要结论

研究采用 Mann-Kendall 非参数检验方法分析了位于白洋淀流域内 3 个水系的 8 个水文站点的年径流量变化趋势，并借助 Hurst 指数法进一步分析变化趋势在未来的持续性特征；利用 Pettitt 方法检测各站点年径流量突变年份，并比较突变前后时期平均年径流量的大小；最后分析影响白洋淀流域年径流量变化的可能因素。主要结论如下：

（1）白洋淀流域各站点年径流量均呈现下降趋势，除新盖房水文站点外，其余站点均至少满足 $\alpha=0.05$ 的显著性水平；上游站点递减趋势更为显著，但中下游站点相比上游本身径流量更大，因此径流量降低值 β 反而高于上游站点；沙河水系相比唐河、拒马河水系年径流降低趋势相对较缓；年径流量平均降幅达到 0.7 亿 m^3。Hurst 指数分析结果显示大部分站点 H 指数在 0.75 以上，说明这种递减趋势总体上具有较强的持续性，因此未来白洋淀流域内径流可能进一步减少，淀区湖面萎缩、"干淀"等问题可能愈发严重；沙河水系相比另两个水系 H 指数较低因而持续性较弱。

（2）流域内大部分站点年径流量存在突变年份且均发生在 1979 年，因此 1979 年可以作为白洋淀流域径流量发生突变的年份。各水文站点在突变年份前的平均年径流量均显著低于突变年份后；对突变前后变化率的分析结果表明沙河水系年径流变化趋势可能受气候变化影响较大，而拒马河水系正好相反，年径流变化可能主要受人类活动的影响。

（3）流域内和邻近气象站点分析结果表明，相比基准期，白洋淀流域在变化期内年平均气温升高约1℃，年平均降水量约降低 56.6mm。气温的升高导致蒸发能力的提高，降水量降低直接减少了产流水量。因此气象要素是白洋淀年径流不断减少的重要原因之一。

（4）白洋淀流域地下水超采严重，地下水埋深呈现逐年增加的趋势，地下水水位大约以每年 1 米的速度下降。降水和径流减少是地下水位减少的主要原因，超采地下水，加剧了地下水位的下降。

5.3 水利工程的生态效应评价

研究应用第 4 章建立的库坝工程生态效应评价指标体系对白洋淀流域进行评估。

5.3.1 水文效应评价

河流的水文情势是河流生态系统的驱动力，是维持河流生态系统健康的重要环境要素，也是水文效应的主控变量。这里采用径流量、径流年内分配不均匀系数以及极端枯水月流量3个指标来评价近几十年来白洋淀流域水文情势的改变程度,以此来测度水文效应状况。

1. 径流量变化

径流量是表征流域水量多少最直接的指标,这里采用入淀水量来表示,并采用反推法对其进行还原,考虑了出淀水量、蓄变量、周边用水、蒸发损失量、渗漏损失量以及淀内用水等多个要素,综合得到1954~2000年的入淀水量。为剔除气候变化的影响,还需用到流域的年降雨量数据,这里采用流域内保定站以及周边石家庄、蔚县、五台山和怀来共5个气象站1954~2000年的平均值作为流域年均降雨量。

双累积曲线法(double mass analysis)是检验两个参数间关系一致性及其变化的常用方法。可用于水文气象要素一致性的检验、缺值的插补或资料校正,以及水文气象要素的趋势性变化及其强度的分析。所谓双累积曲线就是在直角坐标系中绘制的同期内一个变量的连续累积值与另一个变量的连续累积值的关系线,其拐点可作为分析变量阶段性变化的依据,当只有降水的变化而无其他因素影响时,双累积曲线应为一直线,当受到人类活动等其他因素影响时,曲线将会发生偏移,偏移的程度反映了人类活动影响的剧烈程度。因此降水与径流的双累积曲线可以揭示人类活动对径流影响的阶段性变化。

利用双累积曲线法揭示白洋淀流域入淀水量是否存在阶段性变化以及从何时开始;然后建立模型分别得到气候变化和人类影响对流域径流的影响比重。从图5-14和图5-15可以看出,白洋淀的入淀水量和流域年降雨量都呈下降趋势,入淀水量表现尤为明显。

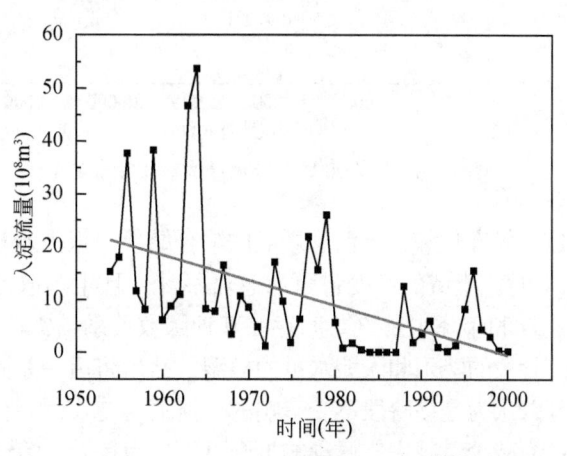

图5-14 白洋淀入淀流量变化趋势

由图5-16的双累积曲线的结果可以看出,在1979年出现拐点,曲线发生偏移,斜率由0.018 77下降为0.006 82,人类影响逐渐显著,这同前述水文要素分析中的利用Pettitt突变点检测法对径流量突变年份的研究结果是一致的。因此,以1979年为界限,可以将整个入淀水量—降雨系列划分为两个阶段:1954~1979年和1980~2000年。由于在建设初期,水库功能还不够完善,蓄水功能较差,作用尚不明显,因此,前一阶段可以看做是上游水库发生调蓄作用前的阶段,后一阶段则是水库调蓄、灌溉工程等人为影响显著的阶段。

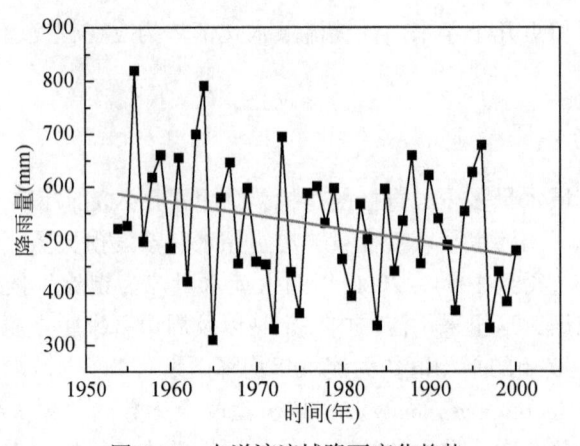

图 5-15　白洋淀流域降雨变化趋势

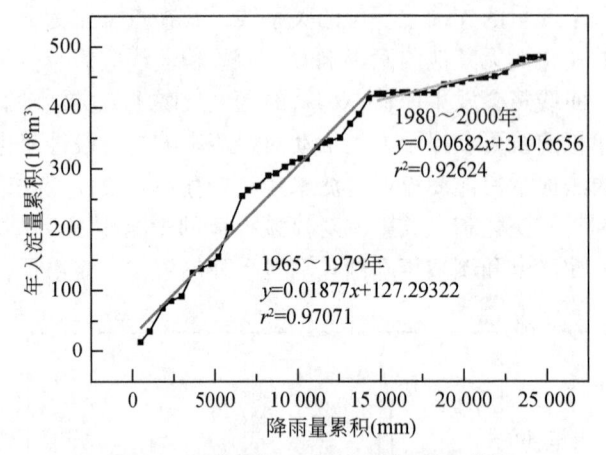

图 5-16　年降水与入淀水量的双累积曲线

入淀水量的减少是气候变化和人类活动影响的综合结果。根据水量平衡方程，当资料时间系列尺度在 10 年以上时，流域的蓄变量可以忽略不计，且年蒸散也可以看做比较可靠的参量，此时，年径流量 Q 和年降水量 P 之间存在某种函数关系：$Q=f(P)$。基于这个原理，建立水库调蓄作用前一阶段的降雨和入淀水量的模型，然后将后一系列的降雨带入该模型中得到一组径流值，即可以认为是该阶段不受影响的径流值，与实际径流值之差则可以认为是气候影响量，而总的径流减少量减去气候影响量则可以认为是人为活动的影响量。

对 1979 年前后两个阶段的降雨量和年入淀量分别进行模型拟合，结果如图 5-17 所示，以 $y=C+A\times\exp(B\times x)$ 形式进行模型拟合，结果见表 5-5，两模型 p 值都小于 0.001，且 r^2 都在 0.6 以上，说明模型模拟效果较好。

表 5-5　1979 年前后两阶段降雨量–入淀水量模型拟合参数

时间阶段	C	A	B	r^2	p
1954～1979 年	-2.52706	1.46651	0.00432	0.6045	<0.001
1980～2000 年	1.35714	1.3552×10^{-6}	0.02389	0.7485	<0.001

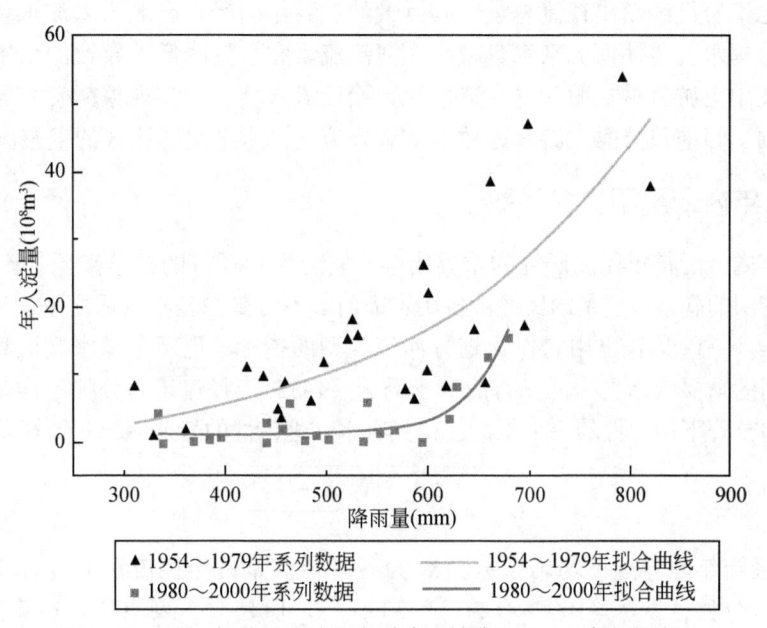

图 5-17　1979 年前后两阶段白洋淀流域降雨量–入淀水量关系

将气候变化和人类影响对白洋淀入淀水量的影响进行分离的结果如表 5-6 所示。可以看出，在水库蓄水发生作用前的 1954~1979 年阶段，年均降雨量为 551.34mm，实际年均入淀水量为 15.98 亿 m³；而在水库蓄水等人为活动发生作用后的 1980~2000 年阶段，年均降雨量为 498.59mm，与前一阶段相比，减少了约 10%，而实际入淀水量却减少了 80%，共减少了约 12.79 亿 m³。将后一阶段各年的降雨量代入前一阶段的模型，得到后一阶段的模拟年均入淀水量为 11.37 亿 m³，则可以认为气候变化的影响减少的入淀水量为 4.61 亿 m³，约占减少总量的 36%；而人为活动的影响则为 8.18 亿 m³，约占总减少量的 64%。

表 5-6　气候变化和人类活动对白洋淀年入淀水量的影响

阶段	降雨量(mm)	入淀水量（10⁸m³）实际值	入淀水量（10⁸m³）模拟值	减少总量（10⁸m³）	气候影响 影响量（10⁸m³）	气候影响 比率%	人类影响 影响量（10⁸m³）	人类影响 比率%
1954~1979 年	551.34	15.98	15.99	—	—	—	—	—
1980~2000 年	498.59	3.19	11.37	12.79	4.61	36.04	8.18	63.96

综合以上评价结果及分析，可以看出气候变化的影响是一个缓慢的过程，体现为累积效应；而人类活动则使之加速，综合导致了降雨在减少 10% 的情况下，入淀水量减少了 80%。水利工程的建设势必会改变流域产汇流条件，各种水利工程的拦蓄水作用延缓径流开始的时刻而加大初渗值，使流域总蒸发和入渗增加，径流对降水的响应变得迟缓，减少流域的总径流，进而减少入淀水量。而从白洋淀流域水利工程建设的情况来看，上游大大

小小的水库总库容已经超出径流总量，其巨大的拦蓄作用严重影响了入淀水量，加之众多灌溉渠系通过提水，更使河流来水量减少，河流流量和水位降低。导致的结果就是白洋淀的水源补给在中上游就被拦截殆尽，造成无天然径流入淀，干淀现象频发，导致湿地生态系统严重受损，目前只能靠上游水库放水或者外流域调水来缓解淀区的生态压力。

2. 径流年内分配不均匀系数

径流的年内分配是年径流研究的重要内容，它与河川径流的补给来源、流域自然地理因素等有着密切的联系。它是国民经济各用水部门必不可少的基本数据之一，还是水资源评价的重要标准。一些学者也用它作为划分河流类型的指标，也经常是水文区划、水利化区划、农业区划的重要指标之一（汤奇成和李秀云，1982）。径流年内分配不均匀系数是反映河川径流年内分配不均匀性的一个指标，是具有水文地带性的特征值，其计算公式为

$$C_{vy} = \sqrt{\frac{\sum (K_i/K - 1)^2}{12}}$$

式中，C_{vy} 为径流年内分配不均匀系数；K_i 为各月径流量占年径流量的百分比；K 为各月平均占全年百分比，即 $K = 100\%/12 = 8.33\%$。C_{vy} 值越大，表明各月径流量相差悬殊，即径流年内分配越不均匀。为反映不同子流域径流年内分配的变化趋势，利用流域内9个水文站点的逐月径流实测数据分别计算其径流年内分配不均匀系数。

从图 5-18 可以看出，在整个研究阶段，除北河店和新盖房外，流域内各站点径流年内分配不均匀系数（C_{vy}）都呈下降趋势，即年内分配不均匀性下降，其中西大洋水库下降最为明显。对 1979 年前后各站点的平均 C_{vy} 值进行统计（表 5-7），各水系上游的山区站点（紫荆关、倒马关、中唐梅和阜平）都下降明显；水库站点中安各庄水库和西大洋水库的 C_{vy} 值下降非常明显，说明其调蓄功能在完全发挥后影响显著，而王快水库则相对变化不大，南拒马河的北河店站和大清河北支的新盖房站的不均匀性反而有所增加。

表 5-7　白洋淀流域 1979 年前后各站点 C_{vy} 值

河名	站点	起始年	C_{vy} 1979 年前	C_{vy} 1979 年后
拒马河	紫荆关	1950	0.9	0.54
中易水	安各庄水库	1963	1.53	1.19
南拒马河	北河店	1952	0.97	1.31
大清河北支	新盖房	1971	1.18	1.85
唐河	倒马关	1957	0.70	0.54
唐河	中唐梅	1959	1.05	0.90
唐河	西大洋水库	1963	2.00	1.10
沙河	阜平	1959	1.27	1.02
沙河	王快水库	1961	1.17	1.15

为进一步了解各站点径流的年内分布情况，对两个阶段各月的径流量平均值进行统计，结果如图 5-18 所示。从各月的分配情况来看，上游山区站点呈现单峰趋势，各站都以 8 月份径流量最高，丰水期（7~9 月）径流量占全年比例均在 50% 以上，且在 1979 年

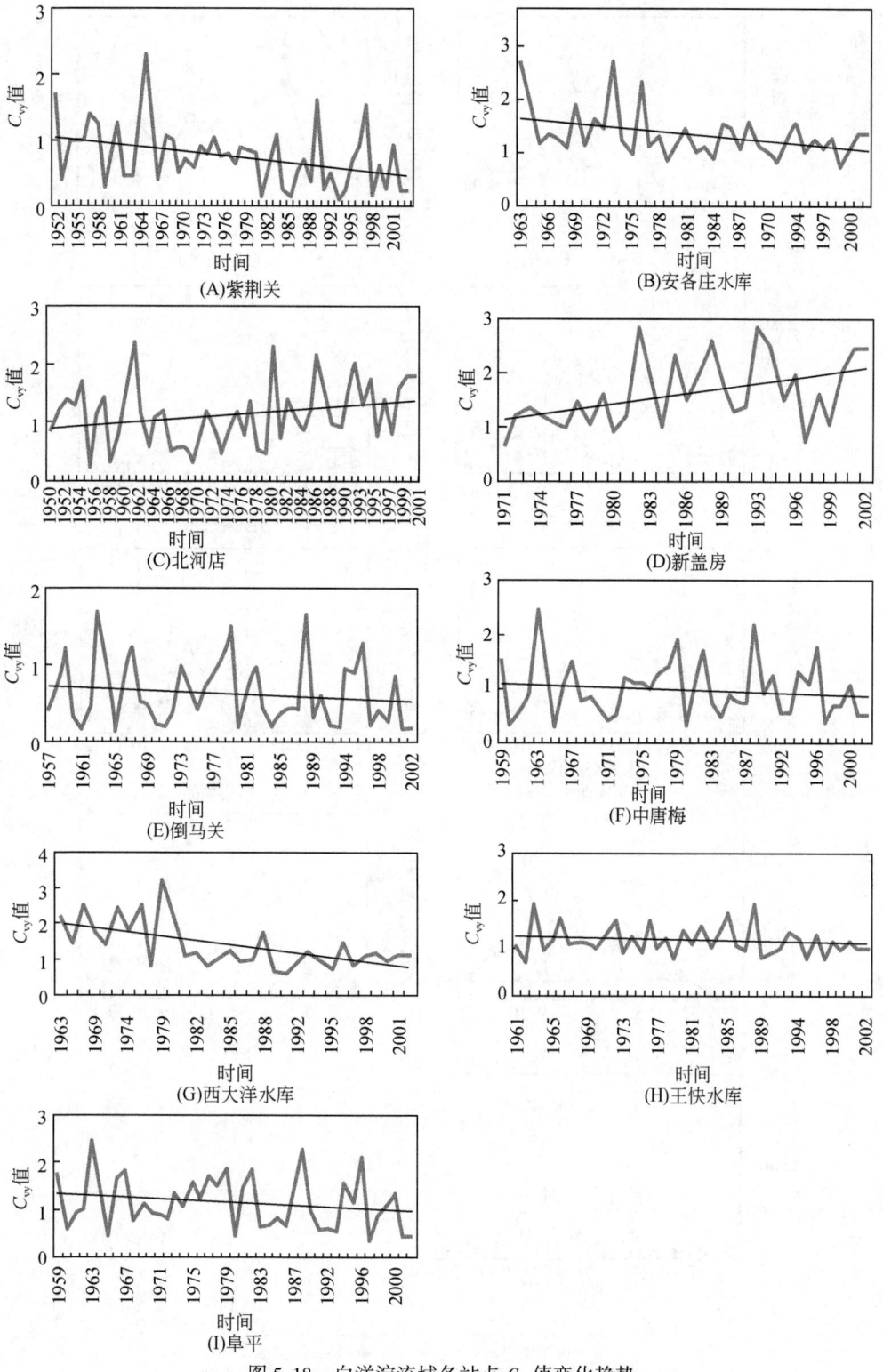

图 5-18 白洋淀流域各站点 C_{vy} 值变化趋势

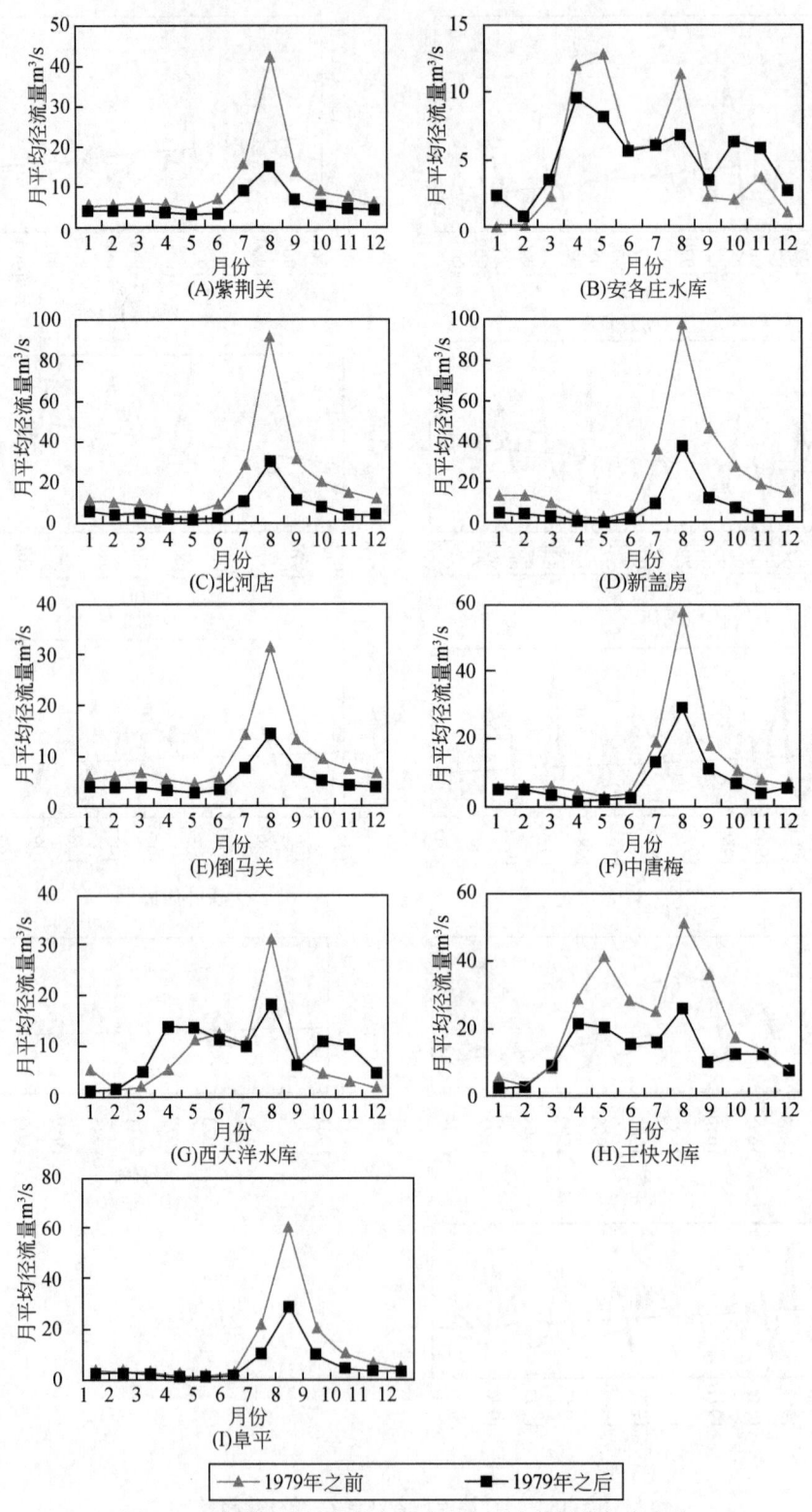

图 5-19 白洋淀流域各站点径流量在两个阶段的年内变化

后都呈明显下降趋势，个别站点在枯水期径流甚至接近于0。水库站点则由于调蓄作用而变化复杂，径流年内分配更趋于均匀。

3. 极端枯水月流量

极端枯水月流量是维持河流生命和河道两岸自然生态的基础流量，是用于评价河流基流量的一个指标，通过对比现阶段与历史阶段最枯月流量的差别，从而评价该流域基流量的改变对水生态系统的影响，根据前文结果，这里同样以1979年为界限，分别统计之前和之后的最枯月流量的平均值进行对比，评价白洋淀流域的大规模水利工程在调蓄作用发生前后对基流的影响。

对比结果如图5-20所示，除水库外的其他站点最枯月流量都呈下降趋势（6.17%~88.37%不等），总体来说，下游站点受水库调蓄、灌溉等人为干扰较大，其降幅也大；而上游受影响相对较小，其降幅也较小。如新盖房和北河店降幅都超过80%以上，拒马河上游的紫荆关则仅仅下降6.17%，阜平、倒马关和中唐梅降幅居中，在40%左右。对水库来说，西大洋水库大多数年份最枯月流量为0，在最枯月基本处于不放水状态；而安各庄水库在1979年后发挥调节作用，最枯月流量呈上升趋势；王快水库虽然呈下降趋势，但1979年之前不同年份之间最枯月流量变化剧烈，而1979年水库调蓄作用充分发挥后，每年最枯月流量则较为均匀，变化不大。

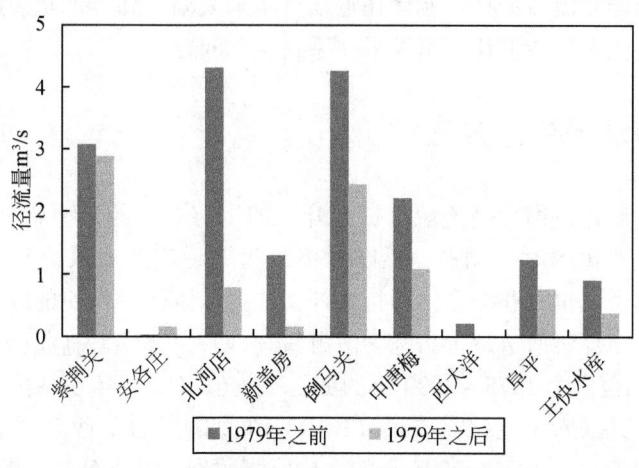

图5-20 白洋淀流域两个阶段最枯月流量对比

最枯月流量对维持河流生物群落的结构和数量具有重要意义，维持着河道生态系统的平衡，也被部分学者认为是生态需水的一种算法，是维持生态系统健康运行的"最低流量"，而从以上比较结果来看，白洋淀流域最枯月流量在近几十年来大幅下降，严重影响了水生态系统的稳定，导致目前生态功能退化，引发了一系列生态问题。

4. 评估结果及结论

水利工程建设运行在白洋淀流域的水文效应评估获得以下结果和结论：
（1）在降水量减少的背景下，水库工程开发加剧了白洋淀入淀水量的减少基于入淀水量和降水量的模型分析表明，1954~2000 年期间，在气候变化和人类活动共同作用下，白洋淀流域降水量和入淀水量呈现下降趋势，但入淀水量的减少幅度更大。降水量和入淀水量变化趋势在 1979 年出现拐点，即 1979 年以后，人类活动的影响更为显著。根据模型模拟计算，白洋淀流域因气候变化影响而减少的入淀水量为 4.61 亿 m^3，约占减少总量的 36%；因人为活动的影响而减少的入淀水量则为 8.18 亿 m^3，约占总减少量的 64%。

由评估结果可以推断气候变化的影响是一个缓慢过程，体现为累积效应；而人类活动则使之加速，综合导致了降雨在减少 10% 的情况下，入淀水量减少了 80%。人类活动主要表现为水库的建设运行。白洋淀上游大大小小水库总库容已经超出径流总量，其巨大的拦蓄作用严重影响了入淀水量，加之众多灌溉渠系通过提水，更使河流来水量减少，河流流量和水位降低。导致的结果就是白洋淀的水源补给在中上游就被拦截殆尽，造成无天然径流入淀，干淀现象频发，导致湿地生态系统严重受损。

（2）1954、1979 和 1980、2000 年白洋淀流域的极端枯水月流量均呈下降趋势，但 1979 年以后下降趋势更为突出。

极端枯水月流量是维持河流生命和河道两岸自然生态的基础流量。在两个阶段内，除水库外的其他站点最枯月流量都呈不同程度（6.17%~88.37%）的下降趋势。但水库的功能不同，其极端枯水月流量的变化有所差异。

总体来看，白洋淀流域最枯月流量在近几十年来大幅下降，严重影响了水生生态系统的稳定，导致目前生态功能退化，引发了一系列生态问题。

5.3.2 水环境生态效应评价

水环境质量的变化是衡量是流域水资源开发的生态效应的重要指征。通过水质评价，可以了解掌握水质变化的时空动态，反映水体的污染程度，为保护和利用水资源提供依据。本文结合单因子评价法和综合污染指数评价法揭示该区域水质的时空变化。由于数据所限，时间序列分布评价所选评价指标为溶解氧（DO）、高锰酸盐指数（COD_{Mn}）和总氮（TP），所评价时间范围为 1975~2009 年的淀区平均值（个别年份缺失）；在 1986 年后采用 5 项评价指标，又加入了生化需氧量（BOD）和总磷（TP）两项指标。空间分布评价则基于淀区 8 个国控站点 1996~2005 年的水质监测数据，站点分布如图 5-21 所示。

1. 水环境质量时间序列变化

1）单因子评价法

单因子评价法，即将各参数浓度代表值与评价标准逐项对比，以单项评价最差项目的类别作为水质类别。该方法简单明了，是目前使用较多的水质评价法，可直接了解所评价对象的水质状况与标准的关系。这里标准采用环保局颁布的地表水环境质量标准（GB3838—2002）（表 5-8）。

单因子评价结果见图 5-22，可以得知，除 1975~1976 年外，白洋淀淀区水质总体呈恶化趋势，20 世纪 70~80 年代，水质还能维持在Ⅱ~Ⅳ类水，进入 90 年代后已经恶化为

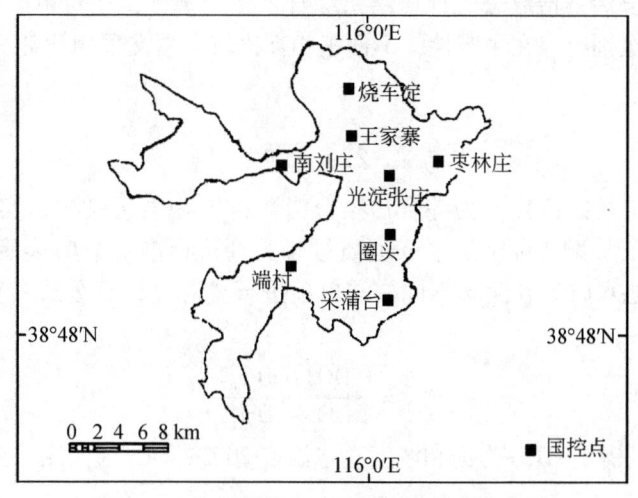

图 5-21 白洋淀淀区水质监测国控点分布图

劣V类。采用 5 项指标的趋势与 3 项指标大致相同。

表 5-8 国家 GB3838—2002 水质等级分类标准 （单位：mg/L）

指标		I 类	II 类	III 类	IV 类	V 类
DO	>	7.5	6	5	3	2
COD_{Mn}	<	2	4	6	10	15
BOD	<	3	3	4	6	10
TP	<	0.01	0.025	0.05	0.1	0.2
TN	<	0.2	0.5	1	1.5	2

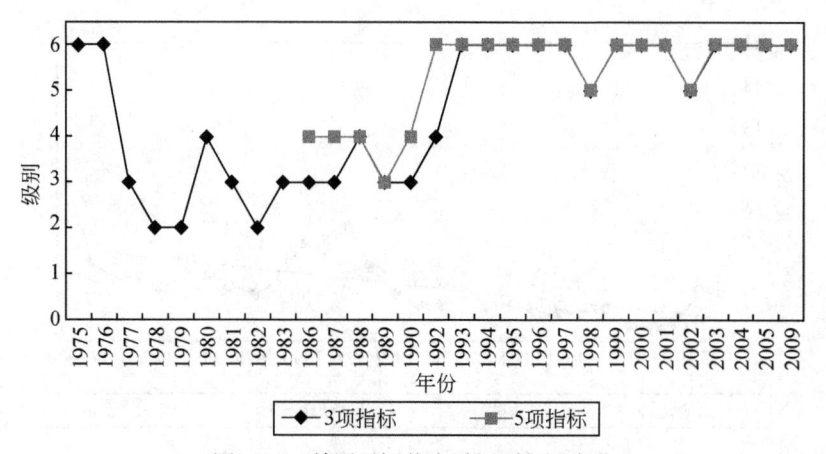

图 5-22 单因子评价水质级别年际变化

2）综合污染指数法

综合污染指数法就是对各污染分指标经过不同方法的数学运算得到一个综合指数，以此来对水环境污染状况进行综合评价的方法，计算方法主要有代数叠加法、加权平均法和综合加权法等。综合污染指数法的计算结果综合了多个指标，相对单因子评价法更全面，但也存在划分污染级别时存在主观性，不便于相互比较。本文采用代数叠加法评价，计算公式为

$$P = \sum_{j=1}^{n} \sum_{i}^{n}, \quad P_i = C_i/C_0$$

式中，P 为综合污染指数；$\sum P_i$ 为综合污染分指数；C_i 为某污染物的实测浓度；C_0 为某污染物 GB3838-2002 标准所规定的水环境质量Ⅲ类评价标准；$\sum P_j$ 表示某类污染物分指数。由于 DO 与其他水质参数性质不同，需单独进行计算，计算公式（薛巧英和刘建明，2004），如下

$$P_{DO} = \frac{|DO_f - DO_j|}{DO_f - DO_s}$$

式中，P_{DO} 为 DO 分指数；DO_f 为饱和浓度；水温取 20℃；DO_j 为实测浓度；DO_s 为Ⅲ类水标准。

由图 5-23 可以看出，水质年际变化趋势与单因子评价基本一致。3 项指标的评价结果呈缓慢加剧趋势，而 1986 年采用 5 项指标后，总体也成加剧趋势，但变化较为剧烈，在 90 年代污染非常严重，并在 1994 年出现一个高峰，之后有所下降，1998 年后又呈显著加剧趋势。

为了更进一步掌握各指标的污染负荷随年际变化的趋势，对其进行统计作图（图 5-24）。可以看出，1986 年之前的 3 项指标评估结果中，主要的污染物是 COD_{Mn}，而 DO 和 TN 污染负荷都很低，基本都满足Ⅱ类水标准。采用 5 项标准后，污染负荷最大的污染物为 TP，且变化较为剧烈；而 TN 浓度上升剧烈，在 1990 年后污染负荷已经超过 COD_{Mn}，仅次于 TP；而 COD_{Mn}、DO 和 BOD 趋势较为平缓，整体变化不大，因此，TP 和 TN 浓度的极速上升是 90 年代后水质变差的主要原因。

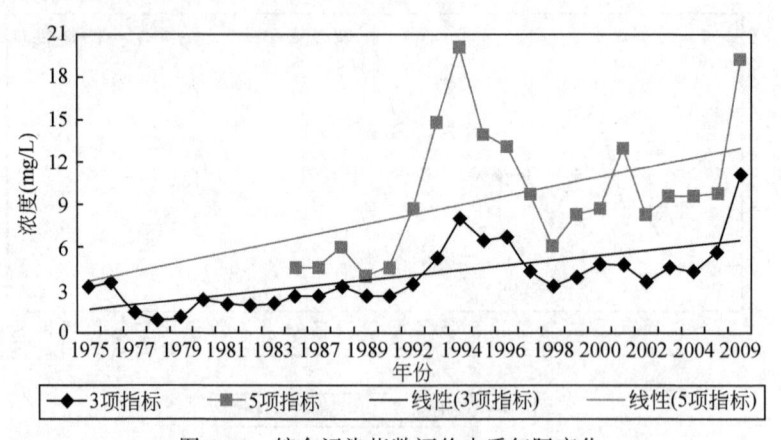

图 5-23 综合污染指数评价水质年际变化

2. 水环境质量空间分布变化

白洋淀水质评价的空间分布同样采用单因子法和综合污染指数进行评价，1996～2005

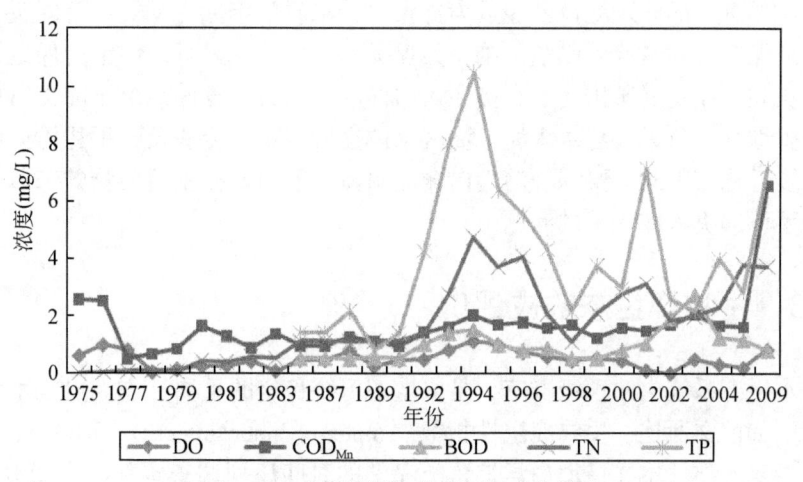

图 5-24 分指标污染负荷年际变化趋势

年的综合评价结果如表 5-9 所示。可以看出，淀区南部的圈头、采蒲台，北部的烧车淀和东部的枣林庄整体水质可以维持在Ⅳ类水，综合污染指数在 3~5；而淀区中部的光淀张庄和王家寨，西南部端村的水质整体评价为Ⅴ类水，综合污染指数在 6~9；而南刘庄位于入淀口，保定市大量生活污水和工业废水通过府河排到白洋淀，导致该站点综合污染指数高达 50 以上，远远超过其他站点，综合评价为劣Ⅴ类。就白洋淀淀区整体来看，东部区域要远远好于西部区域。

表 5-9 白洋淀淀区各站点水质综合评价

年份	圈头 A	圈头 B	采蒲台 A	采蒲台 B	光淀张庄 A	光淀张庄 B	南刘庄 A	南刘庄 B	烧车淀 A	烧车淀 B	王家寨 A	王家寨 B	枣林庄 A	枣林庄 B	端村 A	端村 B
1996	7.86	4	2.41	3	3.61	4	37.64	6	2.74	5	5.08	5	2.45	3	2.78	3
1997	5.73	5	2.85	4	5.78	5	34.49	6	3.20	5	4.86	5	7.91	6	5.01	5
1998	3.43	4	3.54	4	5.87	4	36.39	6	3.02	5	8.67	6	3.13	4	7.67	5
1999	3.31	4	2.71	4	5.14	5	92.64	6	3.66	5	10.05	6	3.68	4	5.76	5
2000	4.42	4	5.48	5	10.03	6	73.43	6	5.29	6	17.14	6	7.51	5	9.99	6
2001	4.07	4	3.96	4	8.48	6	62.30	6	4.53	4	7.88	5	6.16	5	7.82	5
2003	5.34	5	6.18	5	6.07	5	37.07	6	4.64	4	5.78	5	6.81	5	4.81	5
2004	5.44	5	3.27	4	4.63	4	41.81	6	4.45	4	8.21	6	3.73	4	7.24	6
2005	4.44	4	3.71	4	6.90	5	42.25	6	4.03	4	6.29	6	4.40	5	7.24	6
综合	4.89	4	3.79	4	6.28	5	50.89	6	3.95	4	8.22	6	5.09	4	6.34	5

注：A 为综合污染指数法；B 为单因子评价法

由以上评价结果可以看出，白洋淀水体自 20 世纪 70 年代至今呈现逐渐恶化的趋势，其中 TP 和 TN 浓度的快速增长是主要原因，TP 和 TN 过高将会导致浮游植物繁殖旺盛，微生物大量繁殖，消耗水中的溶解氧，出现富营养化状态，使水体质量恶化。从淀区整体来看，水质污染严重，部分入淀口已经成为排污口，水质常年为劣Ⅴ类；仅圈头、采蒲台和烧车淀等远离保定市的站点可以勉强维持为Ⅳ类水。主要原因可以归结为保定市以及安新县的人口增长和工业发展所排污水直接注入白洋淀，而另一方面，由于前文所述的水利工程和降雨减少综合导致无天然水入淀，淀区水体交换困难，无法及时稀释污染物，从而导致水质进一步恶化。因此，要综合治理白洋淀水体，不但要控制污染物的来源，还要通过引水入淀等手段解决入淀水量的问题。

5.3.3 生物学生态效应评价

鱼类是水生态系统中的顶级群落，是水生态系统稳定的重要标志，也是水利工程最直接的受害者。如前文所述，生物完整性指数（index of biotic integrity，IBI）经多年的应用发展，已经相当成熟，本文借助白洋淀鱼类完整的时间序列调查资料，应用IBI法评价该区域鱼类的生存及健康状况的变化趋势。

首先根据IBI法的常用指标，选择了5个大类28项候选指标，相关数据的搜集情况如表5-10所示，数据来源为（郑葆珊等，1960；王所安和顾景龄，1981；曹玉萍，1991；韩希福，1991；曹玉萍等，2003；赵春龙等，2007；谢松和贺华东，2010），形成了近50年的鱼类完整调查资料。然后根据数据获取情况、指标的重要性以及避免重复性的原则，最终选取了12项指标，以1959年调查成果为背景，根据以往的研究经验以及白洋淀实际情况确定评价标准（表5-11），采用1，3，5赋值法进行赋值，即与背景资料接近为5分，3分为中等，1分则表示相差巨大，最后对所有指标的得分进行加和得到综合评分，分值所对应的等级及其特征如表4-6所示，表征鱼类的生存状况随时间序列的变化趋势。

表 5-10 IBI 候选指标及数据获取情况

指标	内容	1958年	1976年	1989年	1991年	2001年	2007年	2009年
种类组成和丰度	总种数	54	35	22	24	33	26	25
	土著种数	48	31	20	23	29	24	23
	鲤形目鱼类种数	37	23	15	15	20	18	15
	上层鱼类种数	5	3	3	3	3	2	2
	中上层鱼类种数	16	9	4	5	6	6	6
	中下层鱼类种数	15	10	8	6	11	8	7
	底层鱼类种数	18	14	7	10	13	10	10
	鲤科种类数	33	19	13	12	17	15	13
	洄游性鱼类种数	12	2	2	3	2	2	2
营养结构	植食性鱼类种数	9	5	4	3	5	3	3
	杂食性鱼类种数	26	18	14	14	18	15	14
	肉食性鱼类种数	19	12	4	7	10	8	8

续表

指标	内容	1958年	1976年	1989年	1991年	2001年	2007年	2009年
鱼类数量和健康状况	鲤鱼肥满度	-	2.95	2.45	-	-	-	-
	鲫鱼肥满度	-	3.27	3.6	-	3.17	-	-
	鲤鱼平均体重（g）	-	-	118.3	-	-	-	-
	鲫鱼平均体重（g）	-	-	47.22	-	27.25	-	-
	鲤鱼平均体长（cm）	-	-	16.94	-	-	-	-
	鲫鱼平均体长（cm）	-	-	10.59	-	9.51	-	-
	鲤鱼生长指标	-	5.6	2.86	-	-	-	-
	鲫鱼生长指标	-	4.4	2.88	-	1.96	-	-
	鱼龄组成	-	-	-	-	-	-	-
	渔获量	-	-	-	-	-	-	-
繁殖共位群	产黏性卵鱼类种数	22	20	11	13	18	14	13
	产漂性卵鱼类种数	24	9	6	5	8	7	6
	产沉性卵鱼类种数	4	3	3	4	3	3	3
	特殊产卵方式鱼类种数	4	3	2	2	3	2	3
耐受性	敏感性鱼类种数	19	4	3	3	4	2	2
	耐受性鱼类种数	29	25	16	15	23	18	17

表5-11 白洋淀IBI评分标准

指标	内容	分值		
		5	3	1
种类组成和丰度	总种类数量	>38	16~38	<16
	中上层鱼类百分比(%)	>30	20~30	<20
	底层鱼类百分比(%)	<35	35~45	>45
	洄游性鱼类种数	>8	4~8	<4
营养结构	杂食性鱼类百分比(%)	<60	60~70	>70
	肉食性鱼类百分比(%)	>30	20~30	<20
鱼类数量和健康状况	鲫鱼平均体重（g）	>33.05	14.17~33.05	<14.17
	鲫鱼生长指标	>3.08	1.32~3.08	<1.32
繁殖共位群	产黏性卵鱼类种数百分比(%)	<40	40~50	>50
	产漂性卵鱼类种数百分比(%)	>35	25~35	<25
耐受性	敏感性鱼类百分比(%)	>30	10~30	<10
	耐受性鱼类百分比(%)	<55	55~65	>65

评价结果表明IBI评分值逐年下降（表5-12）。以1958年鱼类状况为背景值，1958年，水利工程尚未开始大规模兴建，白洋淀有数条支流，入淀水量极为丰富，又以大清河作为出口，与海河相通，淀内水生植物、浮游生物和底栖动物繁茂，尚存在洄游性的鱼类，如鲻科（Mullet）、鳗鲡科（Anguillidae）等，反映了上游水库兴建之前的情况，鱼的种类和数量丰富、营养结构平衡、健康状况良好，各项指标都接近自然状况，可以作为该

区域的背景值。在1960年后上游相继修建了多座大型水库后，洄游性鱼类受到毁灭性打击，在1976年的调查中，沿海河溯水入淀和上游河流产卵入淀的鱼类，如鳗鲡、梭鱼、银鱼、鳡、赤眼鳟和青鱼等都已消失，鱼的种类下降，营养结构也有所失衡，IBI评分为36分，评价介于差和一般之间，说明鱼类的生存环境已经恶化，敏感性的鱼类丧失，耐受性强和杂食性鱼类比例开始上升。20世纪80年代后，上游又修建了大量引水灌溉工程，加上人口剧增导致生活用水迅速增加，入淀水量持续下降，甚至在1983~1988年连续干淀，导致环境进一步恶化，鱼类资源遭到严重破坏，1989~1991年的调查IBI等级为差，杂食性种类和耐受性强的种类占据优势，鱼类生长体质等指标下降。进入21世纪后，几乎已无天然水入淀，水质恶劣，栖息地受到严重破坏，鱼类勉强维持在差的等级，到2009年的得分已经介于极差和差之间，说明目前白洋淀的鱼类完整性已经遭到了彻底的破坏。

表5-12 白洋淀IBI评价结果

指标	参数	1958年	1976年	1989年	1991年	2001年	2007年	2009年
种类组成和丰度	总种数数量	54	35	22	24	33	26	25
	得分	5	3	3	3	3	3	3
	中上层鱼类百分比(%)	29.63	25.71	18.18	20.83	18.18	23.08	24.00
	得分	5	3	1	3	1	3	3
	底层鱼类百分比(%)	33.33	40.00	31.82	41.67	39.39	38.46	40.00
	得分	5	3	5	3	3	3	3
	洄游性鱼类种数	12	2	2	3	2	2	2
	得分	5	1	1	1	1	1	1
营养结构	杂食性鱼类百分比(%)	48.15	51.43	63.64	58.33	54.55	57.69	56.00
	得分	5	5	3	3	5	3	3
	肉食性鱼类百分比(%)	35.19	34.29	18.18	29.17	30.30	30.77	32.00
	得分	5	3	1	3	3	3	3
鱼类数量和健康状况	鲫鱼平均体重*	47.22	47.22	47.22	27.25	27.25	27.25	27.25
	得分	5	5	5	3	3	3	3
	鲫鱼生长指标*	4.4	4.4	2.88	1.96	1.96	1.96	1.96
	得分	5	5	5	3	3	3	3
繁殖共位群	产黏性卵鱼种数百分比(%)	40.74	57.14	50.00	54.17	54.55	53.85	52.00
	得分	5	1	3	1	1	1	1
	产漂性卵鱼种数百分比(%)	44.44	25.71	27.27	20.83	24.24	26.92	24.00
	得分	5	3	3	1	1	3	1
耐受性	敏感性鱼类百分比(%)	35.19	11.43	13.64	12.50	12.12	7.69	8.00
	得分	5	3	3	3	3	1	1
	耐受性鱼类百分比(%)	53.70	71.43	72.73	62.50	69.70	69.23	68.00
	得分	5	1	1	3	1	1	1
	总分	60	36	34	30	28	28	26

注：*部分年份缺少数据用相邻值替代

5.3.4 小结

从以上评价结果可以看出，人类活动尤其是水利工程已经极大地改变了白洋淀流域的水文、水质和水生生物状况。

(1) 水库蓄水发生作用后的二十多年，年均降雨量减少了约10%，入淀水量却减少了80%，共减少了约12.79亿 m^3。这其中气候影响的作用仅占36%，而人类活动的影响占64%。流域各站点丰水期流量显著下降，受水库调蓄作用的影响，径流年内分配更趋于均匀化。对维持生态系统健康具有重要意义的最枯月流量也大幅下降，引发了严重的生态问题。

(2) 水环境质量在近几十年来呈现逐年恶化的趋势，近些年来已沦为劣Ⅴ类水，以TP和TN污染负荷最重。在空间上，靠近保定市的入淀口水质远远差于其他站点，淀区东部水质整体要好于西部区域。

(3) 由于入淀水量的逐年减少和生存水环境质量的恶化，鱼类无论从种类数量和健康状况，或是营养结构组成与1958年相比都大幅下降，鱼类资源已经遭到了严重破坏。

5.4 库坝工程对流域生态影响的机制分析

5.4.1 库区上游径流效应及其影响因子作用机制分析

如前所述，径流量是库坝工程水文效应的关键指标。本部分主要以径流量为研究对象，分析库坝工程建设运行对径流的影响及其作用机制，以此揭示库坝工程水文效应的作用机制。

1. 白洋淀流域4个大型水库上游支流的径流效应差异分析

径流的形成是一个极为复杂的物理过程，从时间先后顺序上来说，径流的形成可以分为流域蓄渗、坡地汇流和河网汇流3个阶段。对于地理空间上相邻，且流域面积相近的流域，通常情况下，流域的径流量应该相差不大。白洋淀流域4个大型水库王快水库、西大洋水库、龙门水库和安各庄水库地理空间上相邻，但目前水库所在支流上游集水区和水库下游径流状况却存在较大差异。例如，唐河西大洋水库下游大部分河道已经断流，目前已经成为农田。龙门水库近十年来来水量严重不足，近年来更是呈现几乎干涸的状态；而与龙门水库相邻的安各庄水库，上游来水量虽呈减少趋势，却一直能保证水库的正常运转。对此，本研究试图探讨造成这种径流效应差异的因素及其作用机制。

由于安各庄水库和龙门水库上游河道并无流量监测站，故而难以通过4个大型水库的入库径流量进行对比。因此在本研究中，拟通过出库流量来反映四大水库上游的来水量，同时也反映水库运行状况。

根据地理位置的接近程度和流域面积大小相近程度（表5-13）把4个水库上游集水区分为两组即王快水库和西大洋水库为一组，龙门水库和安各庄水库为另一组，分别进行径流变化对比分析。

表5-13 4个水库主要参数对比

水库名称	集水区面积（km²）	水库库容（亿m³）	2009年汛期入库水量（万m³）
王快水库	3770	13.89	2070
西大洋水库	4420	12.58	1430
龙门水库	470	1.29	0
安各庄水库	476	3.09	912

资料来源：保定市水利局

研究利用的数据包括：①利用1980年和2000年流域土地利用图进行土地覆被变化研究，数据来源为中国科学院资源环境数据中心；②1961年至2009年以来的流域径流数据，数据来源为海河水利委员会编纂的1961年至2009年大清河水文年鉴；③利用人口、耕地等数据进行流域人口承载量的比较，数据来源为保定市统计局；④运用90m分辨率的DEM进行流域提取。

本文以ArcInfo中的Desktop为工作平台，以其中的Hydrology分析模块为依托，利用90m分辨率的DEM数据，对两个水库集水区域进行数字化提取。

1）龙门水库和安各庄水库的出库水量变化分析

由于两个水库上游河道并无水文监测站，故而只能通过水库的出库径流量来对比分析上游的来水情况的差异。同时，由于安各庄水库有通过人工渠道从拒马河引水，实际比较中需要从水库的出库流量中减去人工引水量。这造成了部分年份安各庄水库的出库流量为负值的情况，说明当年安各庄水库的出库水量小于拒马河引水量，并不影响实际对比。

图5-25显示龙门水库和安各庄水库1961~2008年的出库径流变化，表明两个水库虽然空间上相邻，但是径流量及其年变化却差别很大。对龙门水库和安各庄水库1961~2008年的水库出库流量线性回归表明：两个水库的出库流量均呈现减少趋势。同时通过计算这48年的出库流量得出，龙门水库出库流量的多年平均值为$1.562m^3/s$，安各庄水库出库流量的多年平均值为$2.003m^3/s$。这表明两个流域的水库出库流量有一定的差异，其本质是上游河道来水量的差异。这种差异到了2000年之后变得更为显著。2000年之后，龙门水库上游的产流、汇流变得十分困难，很多年份全年的出库流量为零（河道入库径流量也几乎为零）。

对两个水库上游集水区的径流模数计算结果表明，安各庄水库和龙门水库分别为$4.20m^3/(s·km^2)$和$3.25m^3/(s·km^2)$，有较大的差异。这意味着安各庄水库上游集水区单位面积单位时间的产水量比龙门水库多29.20%，差异十分显著。

2）王快水库和西大洋水库上游的来水量变化

从年际变化来看，两个水库的出库流量均呈现减少的趋势。通过计算两个水库的多年出库平均流量来进行水资源的对比，其中西大洋水库多年平均出库流量为$11.49m^3/s$，王快水库出库多年平均出库流量为$16.12m^3/s$（图5-26）。计算两个水库上游集水区的径流模数，王快水库上游集水区的径流模数为$4.27m^3/(s·km^2)$，西大洋水库集水区的径流模数为$2.60m^3/(s·km^2)$，也就是说王快水库集水区单位面积单位时间内的产水量比西大洋水库多64.20%，差异更为显著。

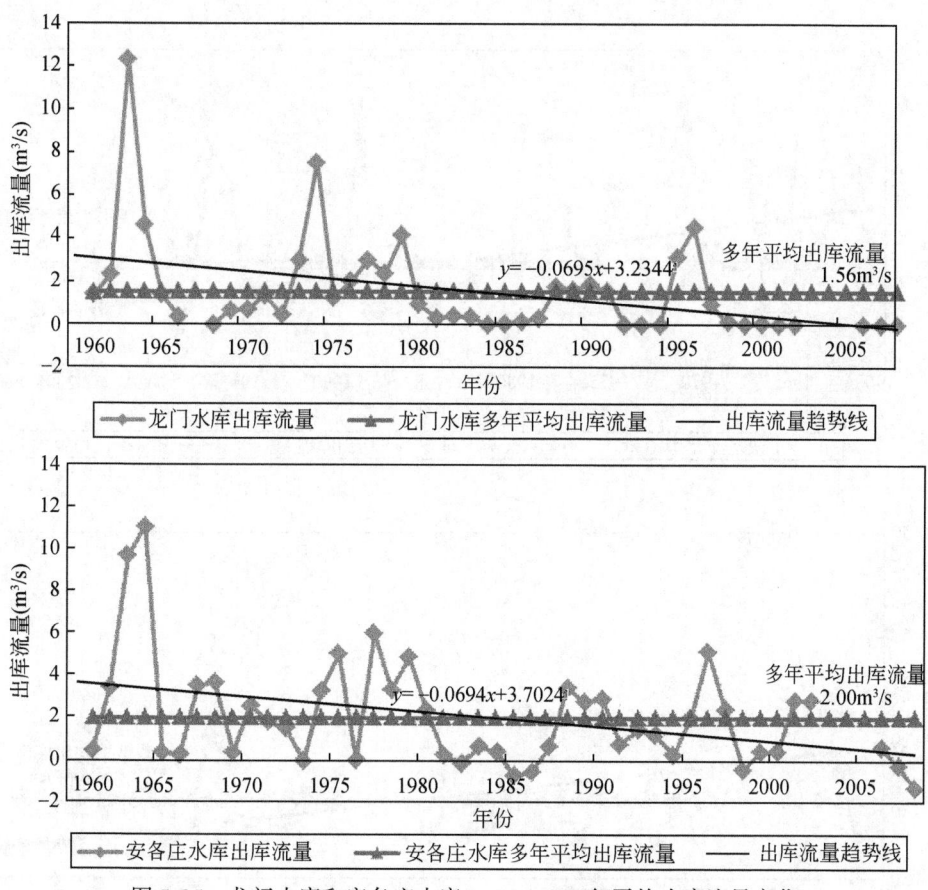

图 5-25　龙门水库和安各庄水库 1961~2008 年平均出库流量变化

3) 4 个大型水库出库流量的对比分析

上述对比分析结果表明，两组水库尽管在规模和地理位置上十分相近，但库区集水区的来水量差异明显。从时间尺度上看，4 个大型水库的出库流量均有着明显地减少趋势。龙门水库 48 年的平均出库流量为 1.562m³/s，安各庄水库为 2.003m³/s，与安格庄水库集水区的径流模数相比，龙门水库集水区的径流模数约少 29.20%，说明龙门水库汇水能力较差。与王快水库集水区的径流模数相比，西大洋水库集水区的径流模数约少 64.20%。且西大洋水库集水区的径流模数最小。近年来白洋淀流域的径流量急剧下降，导致白洋淀上游的几个大型水库对水资源的分配方式出现了显著的转变：从防洪、灌溉为主到优先保证城市生活生产用水，忽视下游通河湿地的生态用水。这是在水资源短缺情势下，人类为保障基本生存用水的两难选择，其结果却造成流域生态系统的严重破坏。

2. 影响白洋淀流域径流量的自然因子分析

影响径流量的自然因子主要包括气象条件、地形条件和植被条件。

1) 气象条件

龙门水库上游流域多年平均降水量 646.0mm，安各庄水库上游流域多年平均降雨 640.5mm，两者之间差异很小，显然不是造成径流量差异的关键因素。王快水库流域内多

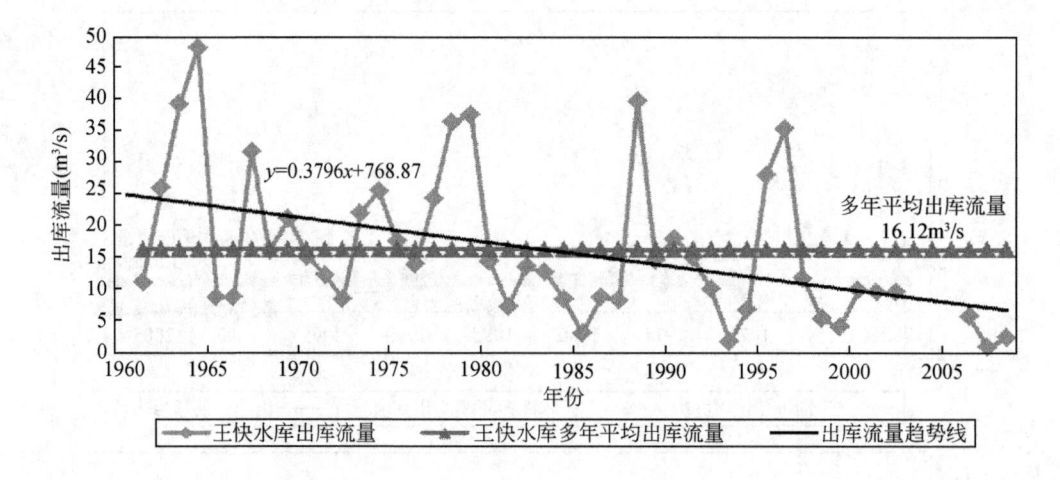

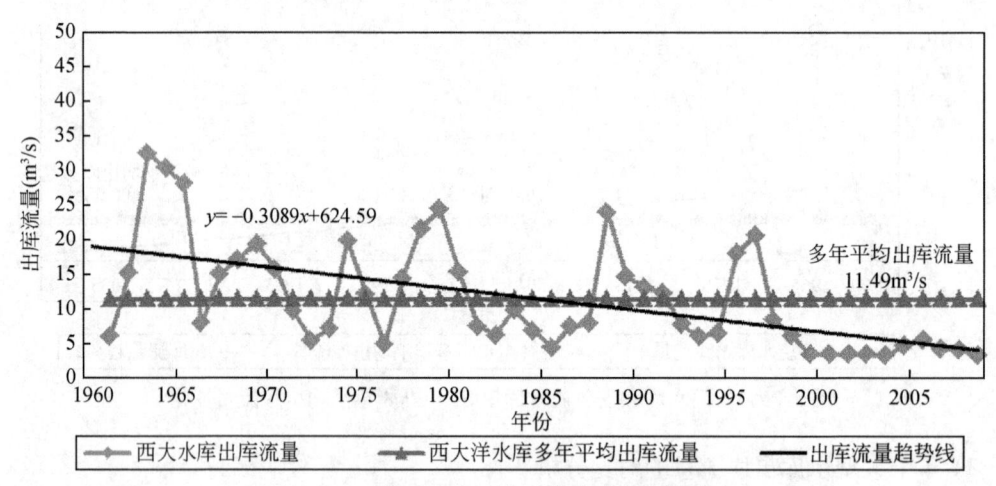

图 5-26 王快水库和西大洋水库出库流量对比

年平均降雨量 626.4mm，西大洋水库流域内多年平均降雨量 611mm，差异也并不显著。

2）地形条件

A. 坡度及其分布状况

流域内坡度越大，坡面汇流流速就会越快，坡面汇流时间则越少，蒸发、下渗的水量损失就会越少。说明在降水量一定的条件下，径流量和平均坡度有着正相关关系。分析流域的平均坡度情况，其中，龙门水库集水区平均坡度为 13.65°，安各庄水库集水区平均坡度为 13.73°（图 5-27），王快水库为 14.60°，西大洋水库为 12.06°，四大水库集水区的平均坡度差异并不显著。

地形坡度空间分布差异直接影响坡面产流情况。地势较低的区域在降雨后由于流动不畅，容易形成滞水区，径流产生相对困难，同时会因为更多的蒸发、下渗时间，而成为潜在的水量耗损地带。本研究将坡度小于 3.5° 的面积单独统计，四大水库集水区地表坡度小于 3.5° 的流域面积分别为：得出龙门水库集水区占 12.48%，安各庄水库集水区占 9.32%，王快水库集水区则分别有 8.08%，西大洋水库集水区占 16.68%。

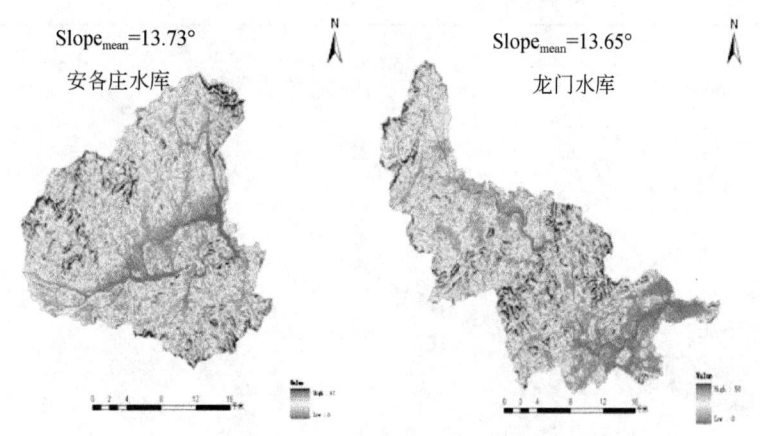

图 5-27　龙门水库、安各庄水库流域坡度分布图

B. 沟壑密度

沟壑密度是指一定区域内沟壑总长度与区域面积的比值。一般来说，区域沟壑密度值越大，说明河网分布越密集，雨滴从接触地面到到达河网的平均距离就越短，降雨的平均坡面汇流时间也就越短，产流、汇流过程中的蒸发、渗漏耗损就越少。计算结果表明，龙门水库、安各庄水库、王快水库和西大洋水库集水区的沟壑密度分别为 0.31km/km²、0.32 km/km²、0.28 km/km²、0.29 km/km²。沟壑密度值相差不大。

C. 河道坡降和集水区域形状

河道坡降对于流域径流产生的影响机理是：当一个流域河道坡降越缓，水流在河道中的流速就越慢，在更长的汇流时间内，就会产生更多的蒸散发和渗漏损耗，从而使得河流实测径流量降低。本项对比的研究方法为：分别确定4个水库上游河道的入库口，然后往上游追溯，每隔2km取一个高程点，并获取相应位置的高程值，可以得到水库上游河道坡降的比较图（图5-28）。计算得知龙门水库上游主河道平均坡降为6.34‰，安各庄水库为8.60‰，王快水库为7.07‰，西大洋水库为5.28‰。对比坡降数据可知，西大洋水库的平均坡降为5.28‰，是4个大型水库中最小的，就坡降而言，最不利于形成径流。

考虑到集水区形状特征对产流的影响，建立流域形状系数。以流域的形状系数 ke 作为指标（1<ke<正无穷），流域形状系数 ke 是流域分水线的实际长度与流域同面积圆的周长之比。ke 值越大，流域形状与圆的形状相差越大，流域形状越狭长，流域径流变化越平缓；ke 值接近于1时，说明流域的形状接近于圆形，这样的流域利于山区坡面流快速汇入下游河道，同时也易造成大的洪水。计算得知龙门水库、安各庄水库、王快水库、西大洋水库的 ke 值分别为1.92、1.40、1.52、1.97。可见西大洋水库和龙门水库上游集水区的流域形状最为狭长，这意味着上游河水流到水库的汇流距离相对较长，径流形成过程较慢。

3）植被因素

植被覆盖情况的差异和径流变化之间的关系虽然在世界范围内依然存在争议，但是从中国的情况看，具有代表性的观点是在北方地区森林植被覆盖率增加，流域产水量减少，在南方亚热带地区森林植被覆盖率增加，流域产水量增加（马雪华，1987）。如徐丽梅等

图 5-28 河道坡降图（单位：‰）

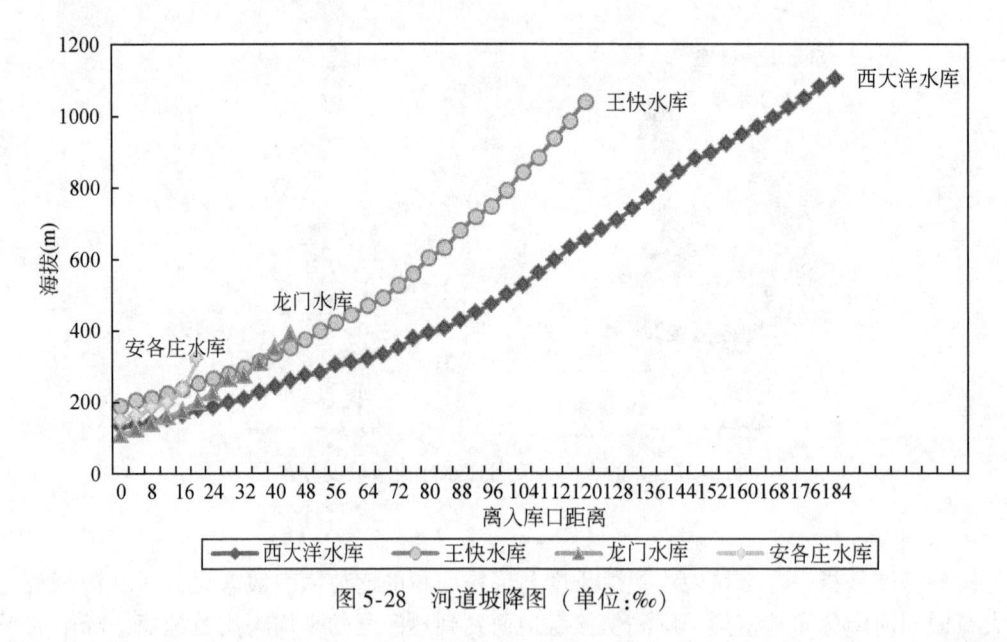

认为石家庄市的黄壁庄水库上游径流系数呈波动下降趋势，且趋势显著。降雨是影响径流变化的主要因素，同时气温升高和植被指数增加对径流存在负相关关系影响（徐丽梅等，2010）。

由于植被覆盖的高低与径流大小存在一定程度的相关性。我们分析了四个流域的植被覆盖情况。由于归一化植被指数 NDVI（Normalized Difference Vegetation Index）可以很好地反映地表植被状况。研究利用 2009 年 8 月 12 日的 Landsat TM 可见光和近红外两个波段，影像分辨率为 30m 的数据获得 NDVI 指标，以此来分析四个流域内的植被覆盖情况。

计算结果表明，龙门水库和安各庄水库上游集水区平均 NDVI 值分别为 0.543 和 0.542；王快水库和西大洋水库分别为 0.482 和 0.459。两两对比可知，NDVI 数值非常接近，故而可以忽略植被因素差异造成的径流效应差异。

3. 影响径流量的人类活动因素分析

1）耕地面积比重

农业用水一直是中国第一用水大户。流域耕地面积比重可以直接反映流域农业发展对水资源的需求强度。对四个流域的耕地面积比重进行统计的结果表明，龙门水库和安各庄水库的耕地面积占流域土地面积的比重分别为为 18% 和 12%，显然龙门水库集水区的耕地面积比重高于安各庄水库上游六个百分点。

王快水库和西大洋水库集水区的耕地面积所占比重分别为 7% 和 22%，西大洋水库集水区耕地比重高于王快水库十四个百分点，在四个流域中耕地比重最大。

2）人口密度

人口密度除了决定生活用水的多少之外，还意味着更多的人类活动强度，例如，近年来在四大水库上游河道不断增多的河道采砂活动就会使得水库入库径流减少。因此人口密度的大小直接影响着流域的径流量大小。

对四个水库上游流域的人口密度进行统计的结果表明,龙门水库、安各庄水库、王快水库和西大洋水库集水区的人口密度分别为 139 人/km², 87 人/km², 63 人/km², 118 人/km²。龙门水库和西大洋水库上游集水区的人口密度显著高于其他两个水库集水区。

3) 土地利用综合程度指数

土地利用/土地覆被(LUCC)变化是反映人类活动对生态系统影响程度的重要指标。一定区域土地利用程度变化是多种土地利用类型变化的综合结果,一般来说,土地利用程度愈高,对下垫面的改变程度愈大,对地表径流的影响也愈加突出。

根据土地利用程度的综合分析方法,可以将土地利用程度按照土地自然综合体在社会因素影响下的自然平衡状态分为若干级,赋予分级指数(徐岚,1993)。未利用地土地利用程度赋值为 1,林草水为 2,农用地为 3,工矿建筑用地为 4,将土地利用的综合指标在上述基础上进行数学综合,形成一个 100~400 之间连续分布的综合指数,其数值大小反映了某一地区土地利用的程度,计算公式如下

$$L_a = 100 \times \sum_{i=1}^{n}(A_i \times C_i)$$

式中,L_a 的范围是 100~400,表示土地利用程度综合指数;A_i 为第 i 级的土地利用程度分级指数;C_i 为第 i 级土地利用程度分级面积百分比。运用土地利用综合程度指数模型对四个流域进行评估。评估结果如图 5-29 所示。龙门水库和安各庄水库集水区的土地利用综合程度指数分别为 219.91 和 212.49,王快水库和西大洋水库集水区的土地利用综合程度指数分别为 207.37 和 224.49。这一结果显示,西大洋水库和龙门水库集水区的土地利用综合程度指数相对较高,也就是说西大洋水库和龙门水库集水区内的人类活动强度较大,可能对流域的径流效应。

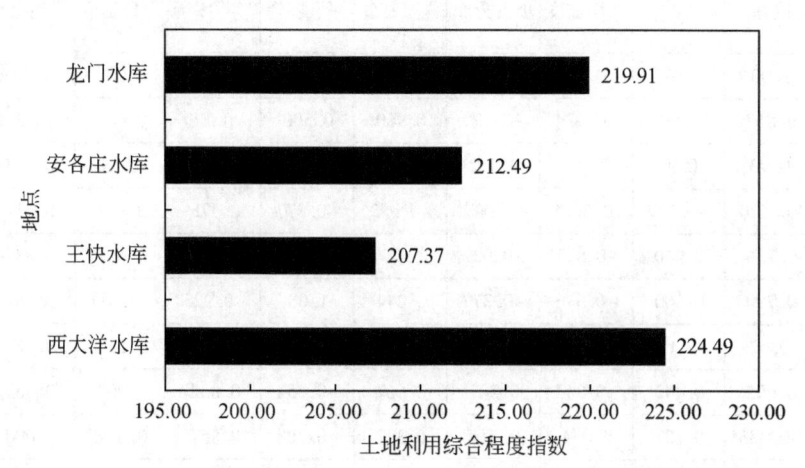

图 5-29 4 个大型水库集水区的土地利用综合程度指数模型计算结果

4. 径流效应影响因子的主成分分析

如前所述,在地理位置邻近,降雨量相差不大的条件下,4 个水库上游集水区的产流量存在差距,其影响因素既有自然因子,也有人文因子。为了进一步确定影响径流量的主

要因子，通过统计分析软件 SPSS 进行主成分分析。

表 5-14 影响径流量的主要因子

项目	龙门水库	安各庄水库	王快水库	西大洋水库
降水（mm）	646.00	640.50	626.4	611.00
NDVI 均值	0.57	0.57	0.49	0.46
平均坡度（°）	13.73	13.65	14.60	12.06
坡度分布	0.1248	0.0932	0.0808	0.1668
沟壑密度（km/km^2）	0.31	0.32	0.28	0.29
河道坡降（‰）	8.60	6.34	7.07	5.28
形状因子	1.40	1.92	1.52	1.97
人口密度（人/km^2）	87.3	139.4	62.9	117.6
耕地比重（%）	12.00	18.00	7.00	22.00
土地利用综合指数	212.49	219.91	207.37	224.49

采用 SPSS 软件对表 5-14 中的因子进行主成分分析，得到了各个因子的相关系数矩阵（表 5-15）。可以看出水库流域内平均坡度与降水、NDVI 均值、土地利用综合指数、沟壑密度相关性比较比较强，河道坡降与形状因子之间是相关性较强，变量之间相关性强，证明他们存在信息上的重叠。

表 5-15 各因子之间的相关系数

项目	降水	NDVI 均值	平均坡度	坡度分布	沟壑密度	河道坡降	形状因子	人口密度	耕地比重	土地利用综合指数
降水	1.00	0.867	−0.935	−0.520	0.736	0.790	−0.521	0.002	−0.386	−0.407
NDVI 均值	0.867	1.00	−0.984	−0.129	0.960	0.500	−0.129	0.442	0.121	0.096
平均坡度	−0.935	−0.984	1.00	0.302	−0.927	−0.576	0.223	−0.342	0.034	0.056
坡度分布	−0.520	−0.129	0.302	1.00	−0.082	−0.377	0.378	0.307	0.714	0.701
沟壑密度	0.736	0.960	−0.927	−0.082	1.00	0.244	0.147	0.667	0.332	0.313
河道坡降	0.790	0.500	−0.576	−0.377	0.244	1.00	−0.923	−0.554	−0.708	−0.733
形状因子	−0.521	−0.129	0.223	0.378	0.147	−0.923	1.00	0.832	0.867	0.884
人口密度	0.002	0.442	−0.342	0.307	0.667	−0.554	0.832	1.000	0.869	0.869
耕地比重	−0.386	0.121	0.034	0.714	0.332	−0.708	0.867	0.869	1.000	0.999
土地利用综合指数	−0.407	0.096	0.056	0.701	0.313	−0.733	0.884	0.869	0.999	1.000

根据表 5-16 方差分解主成分提取分析表，我们可以提取两个主成分。主成分个数提取原则为主成分对应的特征值大于 1 的前若干个主成分，表 5-16 表明前两个对应特征值大于 1，所以可以提取两个主成分。

第5章 白洋淀流域库坝工程的生态效应评估

表5-16 方差分解主成分提取分析表

Comp-onent	InitialEigenvalues			Extraction Sums of Squared Loadings		
	Total	% of Variance	Cumulative%	Total	% of Variance	Cumulative%
1	5.092	50.925	50.925	5.092	50.925	50.925
2	4.054	40.536	91.461	4.054	40.536	91.461
3	0.854	8.539	100.000			
4	4.092E−16	4.092E−15	100.000			
5	2.264E−16	2.264E−15	100.000			
6	2.016E−16	2.016E−15	100.000			
7	9.411E−17	9.411E−16	100.000			
8	−7.889E−17	−7.889E−16	100.000			
9	−1.246E−16	−1.246E−15	100.000			
10	−4.219E−16	−4.219E−15	100.000			

注：特征值在某种程度上可以被看成是表示主成分影响力度大小的指标，如果特征值小于1，说明该主成分的解释力度还不如直接引入一个原变量的平均解释力度大，因此一般可以用特征值大于1作为纳入标准。

从表5-17初始因子载荷矩阵可知河道坡降、形状因子、耕地密度、土地利用综合指数在第一主成分上有较高载荷，说明第一主成分基本反映了这些指标的信息；NDVI均值、平均坡度、沟壑密度在第二主成分上有较高载荷，说明第二主成分基本这几个指标的信息。所以提取两个主成分可以基本反映全部指标的信息，因而可以用两个新变量来代替原来的10个变量。

表5-17 初始因子载荷矩阵

项目	主成分	
	1	2
降水	−0.760	0.649
NDVI均值	−0.353	0.929
平均坡度	0.482	−0.876
坡度分布	0.671	0.027
沟壑密度	−0.120	0.992
河道坡降	−0.932	0.145
形状因子	0.913	0.247
人口密度	0.641	0.742
耕地密度	0.882	0.447
土地利用综合指数	0.895	0.429

通过表5-17可以看出第一主成分中地形因子和人类活动因子（土地利用指数），占有很大分量，是影响流域径流量的主要因素；沟壑密度、NDVI均值在第二主成分中占很大比例，是影响径流量的次要因素。综合以上信息可以推断，库坝工程上游径流量变化是地

形因素和土地利用因素综合作用的结果。

建立第一主成分（F_1）和第二主成分（F_2）的定量计算模型，在此基础上，以每个主成分所对应的特征值占所提取主成分总的特征值之和的比例作为权重计算主成分综合模型 F，获得主成分分值。根据主成分分值对白洋淀流域四个水库进行排序，其结果见表5-18。

表5-18 四个水库径流影响因子主成分分值及排序

水库	F_1值	排序	F_2值	排序	F值	排序
龙门水库	0.33866	2	3.964759	1	1.959134	1
西大洋水库	2.52868	1	-1.34358	3	0.812837	2
安各庄水库	-1.71043	4	1.767362	2	-0.16472	3
王快水库	-1.15692	3	-4.38854	4	-2.60725	4

从第一主成分（F_1）分值排序来看，西大洋水库分值远高于其他三个水库，也就是说，地形因子（河道坡降）和人文因子（土地利用综合指数）共同作用对西大洋水库的影响最大，其次是龙门水库。第二主成分（F_2）的主要载荷因子是地形因子（沟壑密度）和植被因子（NDVI值），根据分值排序，龙门水库受影响最为突出。根据第一主成分（F_1）和第二主成分（F_2）的综合分值（F）排序来看，龙门水库径流量受影响最大，据此可以解释在降雨量相差不大的情况下，主要由于沟壑密度以及植被状况的变化，加之上游人口增多对水资源的需求量增大，使龙门水库上游河道产流量大大减少，库区几近干涸。

5.4.2 对大坝下游平原区生态要素的影响及其机制分析——以唐河为例

1. 西大洋水库大坝下游唐河流域平原区概况

唐河自西大洋水库后经定州，穿京广铁路大桥，向东过望都县，然后流入清苑县境内，最终在安新县注入白洋淀，如图5-30所示。唐河在下游平原区总长109.5km。西大洋水库大坝下游的唐河河床以中粗、细沙为主，坡降为1/300～1/1200，河床宽度一般为400～1470m，最宽处达到5500m。河道自1992年迄今已经干枯20年。河道内的渔业生产已彻底消失，同时水生植物莲藕、芦苇等也逐年减少。如今，唐河河道内大部分土地常年耕种为农田。

2. 西大洋水库下游的径流效应特征

库坝工程建设会改变流域产汇流条件，从而影响流域的径流量。灌溉渠系通过提水，使河流来水量减少，河流流量和水位降低（刘红玉和李兆富，2005）。各种水利工程的拦蓄水作用，延缓径流开始的时刻而加大初渗值，使流域总蒸发和入渗增加，径流对降水的响应变得迟缓减少流域的总径流（高迎春等，2002）。前面部分对四大水库上游支流的径流变化表明，修建水库工程后灌溉取水量的增大使大坝下游河道的径流受到显著影响，尤

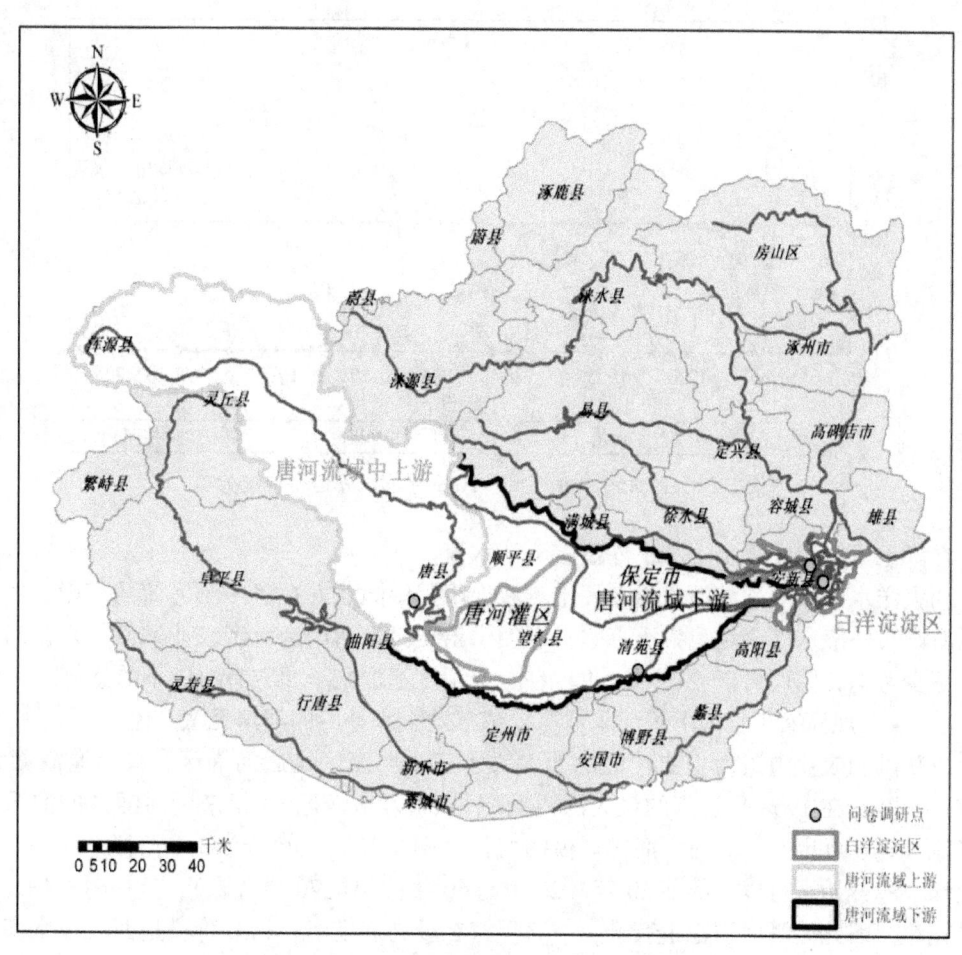

图 5-30　西大洋水库所在的唐河流域概况图

其在降水量减少的情况下，为了保障水库蓄水，大坝下游断流就成为常态。

1）西大洋水库出库水量减少且生态用水无法保障

分析近 60 年来的西大洋水库运行情况可知（图 5-31），尽管水库多年平均出库水量为 4.68 亿 m^3，但出库水量的年际变化较大，并具有有明显的下降趋势。尤其是近 10 年来，出库水量基本稳定在 1.0~1.5 亿 m^3，仅为多年平均出库水量的 1/4~1/3。因此，唐河下游常年断流，生态用水难以保障，更无法持续对白洋淀提供水源。

由于水库蓄水量的减少，水库水资源的利用方向也发生了显著的变化，自此意味着水库功能已经发生变化。首先是灌溉用水量显著减少。近 10 年来，唐河灌区的水资源分配份额明显下降，有效灌溉面积不断萎缩。其次，自从 2000 年以来西大洋水库开始向保定市和定州电厂供水，即向城市生活生产供水已经成为西大洋水库的首要功能。因此，西大洋水库的水量分配形成了城市生活生产用水、农业灌溉用水、天然河道用水三者之间的重新分配。从 2002 年西大洋水库最后一次向下游生态调水之后，城市生活生产用水和农业灌区用水的比例基本上呈现各占 50%的局面，河道生态用水只是在降水量较大时才会存

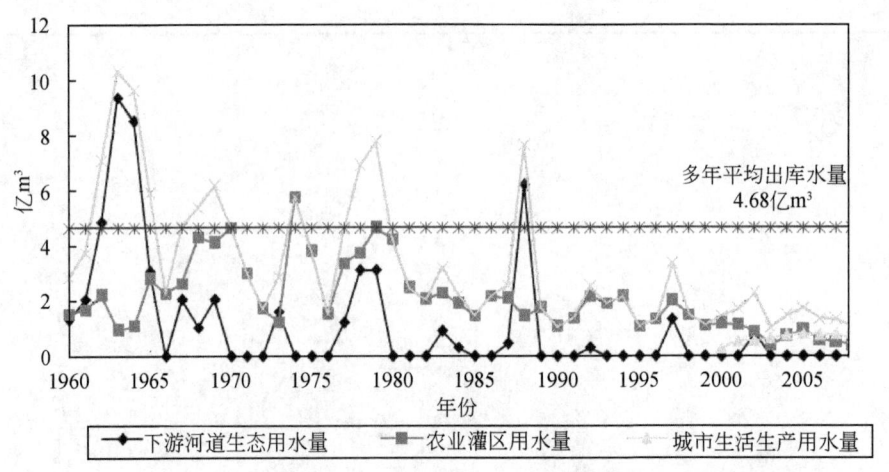

图 5-31　西大洋水库 1960~2009 年的水库运行情况分析

在，在降水量较小的情况下，水库没有下泄水流。

西大洋水库大坝下游河道生态用水难以保障是中国北方众多中小河流的缩影。由于降水量有限，一般水库会尽量拦蓄降水，以便供给居民生活用水或者农业灌溉用水，对生态用水很少考虑，因而可以说，水库工程在一定程度上加剧了北方有河皆干的态势。

2）灌区规模缩小且地下水超采严重，依靠地下水补给的河道无法产流

以防洪和农业灌溉为主要功能的西大洋水库主要灌区是唐河灌区，设计灌溉面积 97 万亩，实际上在 1968 年达到的最大灌溉面积为 60 万亩。近 10 年来唐河灌区的灌溉面积已经减少到 6 万亩左右。唐河灌区规模的变化（图 5-32）大致分为 3 个阶段。第一阶段是西大洋水库开始运行以来的前 20 年（20 世纪 60 年代初至 70 年代末），这一时期华北地区雨量充沛，因此灌溉面积稳中有升，一直保持在较高规模上。第二阶段是西大洋水库运行的中间 20 年（80 年代初到 90 年代末），这一阶段随着降水枯水期的持续，灌溉面积呈现逐年递减趋势。第三阶段是进入 21 世纪的十多年，此时唐河灌区灌溉面积已经萎缩至 6 万亩左右，同时进入了一个灌溉规模的相对稳定期。

灌溉面积急剧萎缩背后的真相是：大量原本依靠西大洋水库地表水灌溉的耕地已经没有足够的地表水资源来满足灌溉耕地需求。过去 60 年来，唐河灌区多年平均农业灌溉用水量为 2.06 亿 m^3。随着河道径流量的减少，水库供给的农业灌溉水量变化幅度大，近 10 年来，农业灌区用水量则大约在 0.5 亿~1.0 亿 m^3，而西大洋水库出水量在 1.0 亿~1.5 亿 m^3，主要以保障保定市生活用水为主，用于农业灌溉的水量份额还在减少，所以不得不依靠超采地下水来实现耕地灌溉。因此，唐河灌区灌溉水源的结构发生了变化，由原来单一的水库供水变为农业灌溉所需用水的差额部分则由逐年增多的农业灌溉机井补充。甚至在更多的地方完全依靠机井开采地下水灌溉耕地。亩均耗水量的增加也反映了唐河灌区水文生态的变化（图 5-32）。20 世纪 60 年代初到 70 年代末，唐河灌区亩均灌溉用水保持在较低的水平，究其原因是因为这个时期天然降水比较充足，地下水也处于较高水位，因此每亩耕地不需要太多的灌溉水量。但只从 80 年代以来，气候持续干旱，降水量有限，同时上游地区人类活动强度增大，使得枯水期主要依靠地下水补给的天然河道产生补给障

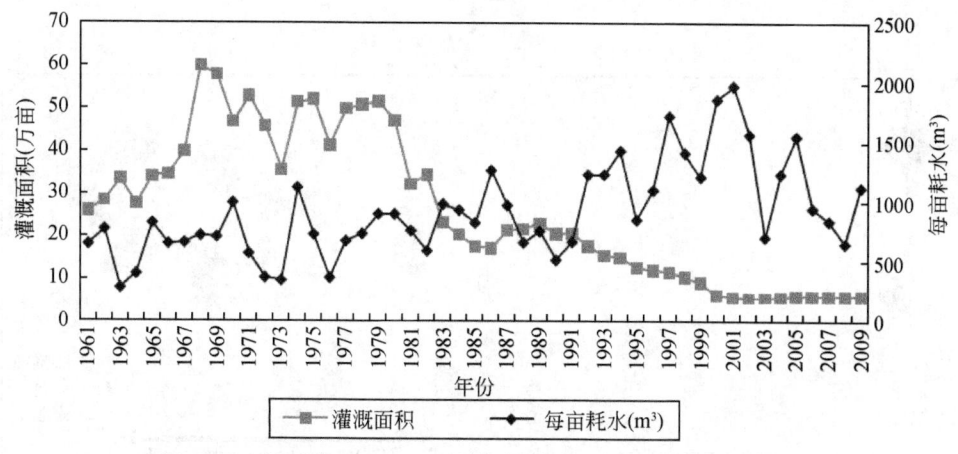

图 5-32 唐河灌区 1960~2009 年的灌溉面积及亩均耗水量变化

碍，造成了唐河平原区河道也几乎没有区间产流。而地下水超采既加剧了河道断流的问题，同时也导致地下水位的快速下降。为保障耕地的正常生产，人工灌溉水量不得不长期处于较高水平（>1000m³/亩）。

3. 大坝下游唐河流域自然生态要素演变

1）唐河流域平原区天然河道景观构成发生变化

实地调查表明，西大洋水库下游唐河天然河道景观已经改变为农田。显然，长期的断流使河道已经无水可流，闲置的河道被农民作为农田耕种，原来的河道景观也发生了巨大变化。为了评估大坝下游天然河道的景观构成变化，通过对白洋淀淀区及其上游河道 1979 年 8 月的 MSS 影像和 2009 年 8 月的白洋淀淀区的 TM 遥感影像进行的处理分析，获得了 1979 和 2009 年遥感影像图（图 5-33）及相关数据。

由于 TM 和 MSS 影响本身分辨率的局限，导致在 ENVI4.7 中采用监督分类的时候无法将耕地和林草地两种景观类型有效的区分出来，因此只能将两种地类合并。但通过参考上世纪 70 年代的地形图，可以得知 1979 年的遥感影像中耕地所占比例极小，绝大多数的绿色覆被为林草地。同时通过最新 2010 年的 Google Earth 的遥感影像观察得知，目前唐河河道内林草地所占的比例也十分微小，绝大多数绿色覆被为耕地。如图 5-34 所示，在 1979 年，水面、裸地、林草地以及耕地分别占河道地类的 12.85%、77.93% 和 9.22%，而到了 2009 年，水面、裸地、林草地以及耕地则分别占 2.51%、30.80% 和 66.69%。

30 年间，唐河河道内，增长面积最大的地类是林草地以及耕地，从 1979 年的 9.22%（几乎全为林草地）增长到了 2009 年的 66.69%（几乎全为耕地），相当于在河道内新增耕地 51.03km²。30 年间，水体面积则由 12.85% 锐减到了 2.51%，减少湿地面积为 8.18 km²。需要说明的是，2009 年的水域面积，大部分集中在距离入淀口不远处的唐河污水库。该污水库为上世纪末所建，多年来一直为附近工矿企业以及生活污水的排放之地，并非通常意义的湿地。

2）唐河流域平原区地下水变化

清苑县属于唐河流域内的平原县，地势平坦，适合机耕，农业比较发达。在唐河流

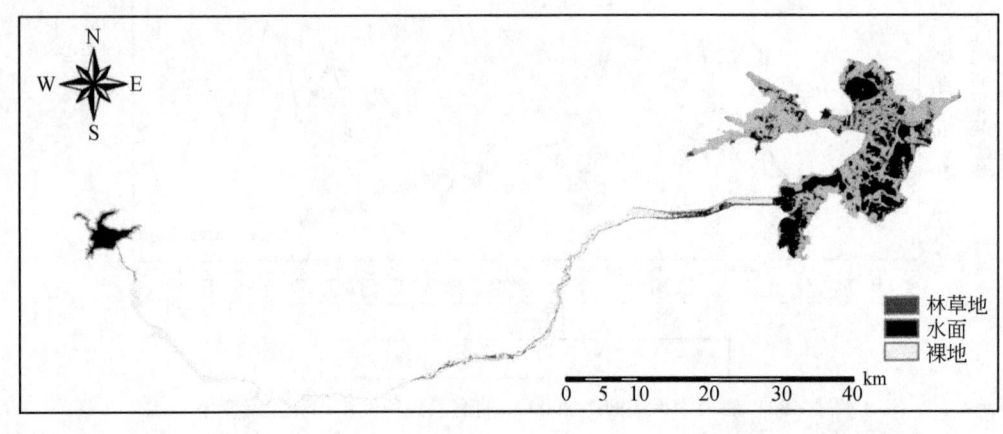

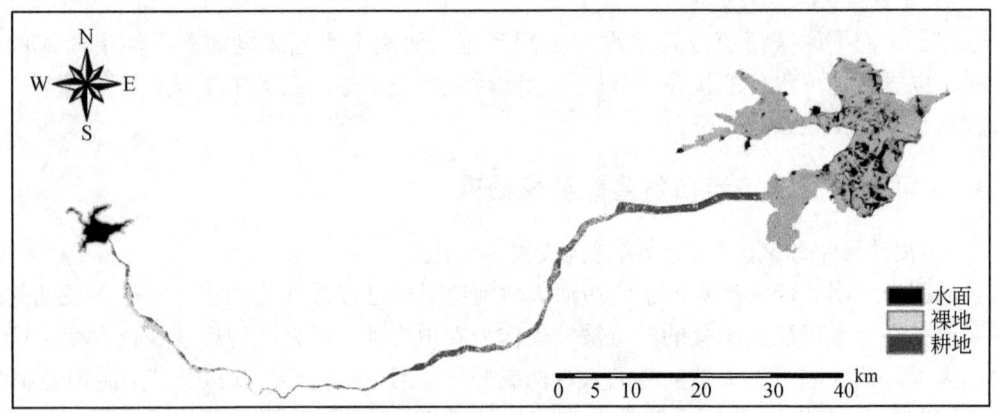

图 5-33　1979 年（上）和 2009 年（下）唐河下游河道景观类型变化比较

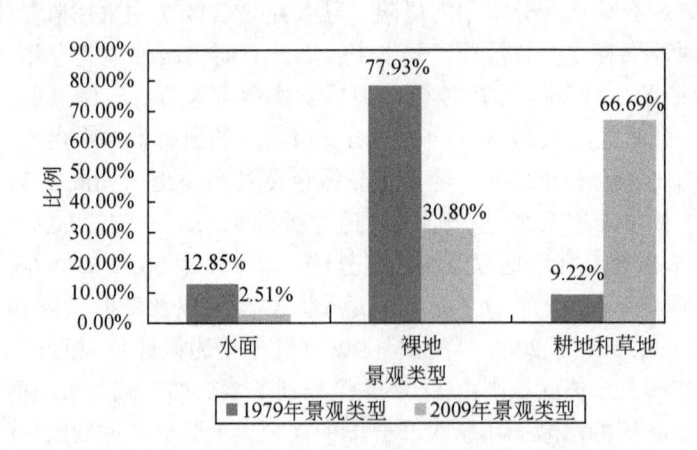

图 5-34　1979 年和 2009 年景观类型对比图

域，和上游山区和下游白洋淀相比，经济水平更好。当地的生活用水本来可以集体供水，但是由于集体供水时常限时供水，十分不方便，因而当地越来越多的农户开始自家打井，农户自有机井比例在局地超过50%，这必定造成水资源利用的浪费。在1958年水库修建前，当地的地下水位约为5~6m，而现在的水井深度基本都在70m以上，局地水井深度在200m以上。

清苑县的地下水资源来源由降水入渗、河道入渗、井灌回归水、侧向径流4个部分组成，具体构成见表5-19，在唐河断流之前，河道入渗补给占地下水补给的22.3%。在唐河断流之后的近20年以来，河道入渗补给量十分微弱。导致地下水下降迅速。地下水的迅速下降，又使得河流枯水期地下水向天然河道的补给产生困难。因此，可以认为河道和地下水的相互补给关系，近年来已经十分微弱。

表 5-19　清苑县地下水资源构成表　　　　　　　　（单位：万 m³）

不同代表年	降水入渗补给量	河道入渗补给量	井灌回归补给量	侧向径流补给量
50%代表年	11 201	2326	3618	1977
75%代表年	7651	1292	4518	1977
多年平均值	11 915	4213	2035	775

数据来源：清苑县志

4. 人文生态要素演变分析

1）唐河流域平原区用水方式和土地利用变化

通过查阅相关资料可知，自1964年以后，多数年份的天然降水不能满足农作物生产的需要，造成平原区人民对地下水资源的掠夺性超量开采，地下水位下降，河道成为季节性河流，渔业生产受到限制，水生植物莲藕芦苇等也逐年减少（《清苑县志》）。从1988年之后的二十多年间，由于上游水库不再向坝下天然河道放水，河内就再无自然径流。唐河河道内最后一次短暂性有流水，是2002年西大洋水库给白洋淀补水期间，下游河道曾短暂有水。

调研当地农业灌溉用水得知，在上游西大洋水库修建之前，当地农民浇地是直接利用灌渠，从唐河引水灌溉，浇地费用低廉，现在则采用集体机井灌溉，灌溉方便性大不如前，且随着地下水水位逐年下降，取水用电量也不断攀升。

调研当地生活用水方式得知，当地百姓生活用水的取水方式也经历了从水井，到压井，再到机井的转变。虽然目前基本都是靠机井保证供水，但是当地也有供水保障率不足的问题，在干旱年份，村中供生活用水的机井出水慢出水少，有时难以满足全村的生活用水需求。

调研当地的土地利用变化情况得知，在过去二十年里，连年的干旱使得唐河河床逐渐裸露，为了谋取更多的收入，温仁镇大约10%的农户，以类似于开荒的方式，在原本干涸的河床上密密麻麻地种上了庄稼，现在的唐河河床几乎全被庄稼覆盖。唐河中游地区问题的特殊性在于，在失去上游水库补给的缺水情况下，要养活比以前更多的庄稼，这势必导致地下水位的加速下降。现如今，清苑县的地下水漏斗已经发展到和保定市的地下水漏斗连成一片。

2）断流对唐河生态功能影响的问卷调查

唐河经西大洋水库后经定州、穿京广铁路大桥，向东过望都县，然后流入清苑县境内,最终在安新县注入白洋淀。唐河在清苑县境内总长40km,位于唐河下游流经各县的居中位置。本研究选取了紧邻唐河的清苑县温仁镇作为唐河流域平原区的代表区域,以此来反映唐河上游水库修建后,引起的河流水文变化给下游平原地区人民带来的影响。本研究区中,共做了87户农户调查,收回有效问卷85份,有效问卷回收率为98%。

如前所述,唐河中游沿河地区问题的特殊性在于,在缺水的同时,耕地面积却有所增加。针对这一状况,我们的问卷设计这样一个问题:"唐河断流对于你来说,给你的生活带来了哪些不便和损失"。37.3%的人明确表示没有什么损失。这部分人或者觉得由于河床裸露耕地的增加给自己带来的是好处,或者觉得河流断流使得交通变得更便利。另外62.3%的人表示确实有一些损失,具体包括:生活支出的增加(例如以前鱼虾蟹等水产品更为便宜),生态环境的恶化等。唐河的干枯造成了下游河道生态功能的萎缩,关于天然河道的生态功能,问卷设计中包含了"灌溉供水""补给地下水""休闲娱乐""养鱼航运"和"美化环境"5项功能。问题设置是"唐河断流对于你来说,最重要的,是失去了河流的什么作用?"最终的统计结果如图5-35所示。

从图5-35中可见,唐河下游地区人民最为关注的是唐河断流之后的地下水补给问题。因为当地居民能强烈感受到唐河断流,地下水位迅速下降已经给自己生产和生活带来显著的不利影响。

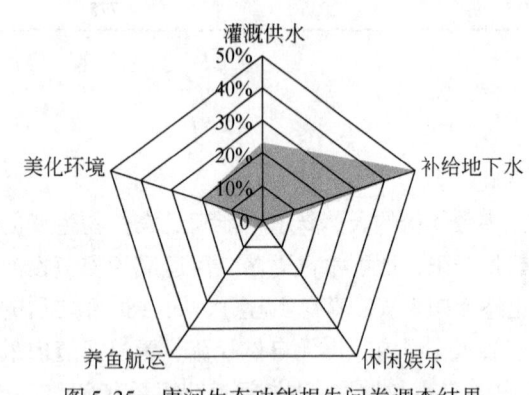

图5-35 唐河生态功能损失问卷调查结果

5. 小结

(1) 随着西大洋水库来水量的减少,唐河下游常年断流,生态用水难以保障,更无法持续对白洋淀提供水源。与此同时,西大洋水库的主要功能也从以农业灌溉为主转变为对保定市城市供水为主。唐河灌区面积持续萎缩,灌溉水源结构从以水库的地表水为主转变为以机井为主的地下水为主,因此,地下水超采严重,依靠地下水补给为主的河道也无法产流,形成了水文生态的恶性循环。

(2) 基于1979年和2009年两期遥感影像的解译结果分析表明,西大洋水库大坝下游唐河平原区天然河道自然生态景观发生了显著的变化。与1979年相比,2009年天然河道内的水体规模减少了10%左右,干涸的河道内66.69%已经被耕种为农田。30年间,由于西大洋水库的截断,导致湿地面积减少了8.18km^2,河道内新增加耕地51.03km^2。

(3) 人文生态要素主要表现在失去上游河水补给方面,水利工程建设运行使得唐河下游地区人民感觉到地下水下降的速度越来越快。唐河下游地区问题的特殊性在于,在失去上游水库补给的缺水情况下,要养活比以前更多的庄稼,这势必导致地下水位的加速下降。现如今,清苑县的地下水漏斗已经发展到和保定市的地下水漏斗连成一片。以清苑县为例,在唐河断流前,河道入渗补给占地下水总补给量的22.3%。在唐河断流以来,河道入渗补给量十分微弱。导致地下水下降迅速。地下水的迅速下降,又使得河流枯水期地下水向天然河道的补给产生困难。因此,可以认为河道和地下水的相互补给关系,在近年来已经十分微弱。

5.4.3 对通河湿地白洋淀生态要素的影响

1. 白洋淀湿地生态系统面积缩小生态功能退化

1) 白洋淀湿地上游来水量减少

1949~1959年，由于降水偏多，加之上游无拦蓄工程，下游又缺少宣泄出路，白洋淀经常水涝成灾，其中1954年和1956年为大清河20世纪50年代最重的水灾年份。从20世纪五六十年代以来，由于流域内工农业的发展需要，白洋淀上游各河陆续修建了大、中、小型水库100余座，总库容36.19亿m^3。而且自60年代以来，随着上游水利工程的建设和投入运行，上游用水量大增，白洋淀流域气候趋于干旱，水库拦蓄了大部分径流，入淀水量急剧减少。1996年以后，海河流域进入持续干旱期，淀区水位持续下降。为了解决干淀问题，上游水库多次补水入淀，2004~2011年实施了跨流域的"引岳济淀"和"引黄济淀"跨流域调水工程，但入淀水量也仅为50年代的8.8%。

按照年代统计，20世纪五六十年代年均入淀水量为19.2亿m^3，80年代减少为2.77亿m^3，本世纪初又减少为1.35亿m^3，如表5-20所示（杨春宵，2010）。目前，白洋淀上游9条入淀河流中，仅府河常年有少量的生活污水进入白洋淀，潴龙河、白沟引河、漕河、孝义河、瀑河等仅在部分季节有水，大部分时间基本处于断流状态（梁宝成，2005）。

表5-20 白洋淀不同年代入淀水量 （单位：$10^8 m^3$）

年份	年均入淀总量	天然年均入淀量	年均补淀量	年均弃水量
1956~1969	19.2	19.2	0	18.8
1970~1979	11.4	11.4	0	7.75
1980~1989	2.77	2.70	0.07	0.94
1990~1999	5.77	5.65	0.12	3.39
2000~2008	1.35	0.52	0.83	0
多年平均	9.08	8.74	0.34	7.25

入淀水量的减少使得淀区干淀次数不断增加。白洋淀以十方院水文站水位6.5m为干淀水位。自1919年十方院站有水文记载以来，白洋淀先后经历了1920~1940年代的枯水期、1950~1970年代的丰水期和1980~1990年代的枯水期3次大的生态水文周期。在此期间，季节性或全年出现"干淀"现象共有19次，其中20年代1次（1922年）；60年代1次（1966年）；70年代4次（1971~1973，1976年），80年代8次（1981~1988）；90年代（1994年）1次；2001~2007年5次。尤其是在1983~1987年干淀连续5年出现，给当地生态环境造成毁灭性的破坏（赵彦红等，2005）。

2) 白洋淀湿地生态功能的退化

湿地具有很强的调节地下水的功能，有涵养水源、净化水质、调蓄洪水、控制土壤侵蚀、补充地下水、美化环境、调节气候、维持碳循环和保护海岸等极为重要的生态功能，是生物多样性的重要发源地之一，因此也被誉为"地球之肾""天然水库"和"天然物种库"。据联合国环境署2002年的权威研究数据显示，1hm² 湿地生态系统每年创造的价值高达1.4亿美元，是热带雨林的7倍，是农田生态系统的160倍。湿地还是许多珍稀野生动植物赖以生存的基础，对维护生态平衡、保护生物多样性具有特殊的意义。白洋淀淀区地处京津石腹地之间，独特的地理位置使得白洋淀湿地在维护生态平衡方面发挥着积极重要的作用，因此被称作"华北之肾""京津石的绿色屏障"。但随着白洋淀湿地生态系统的萎缩，其结构和功能均出现了显著的退化。第一，调节小气候和减少京津地区风沙的功能减退。白洋淀所处的地区为中国东部暖温带季风气候区，干燥少雨，年平均降水量534.9mm，年平均蒸发量达1773.4mm，加上向地下水渗漏部分，在一般年份，白洋淀年吞吐水量可达3亿 m³，这对于缓解华北地区干燥气候，改善温室效应有着重要意义，尤其是在夏季南风主导风向的时候，对首都北京的温湿度调节以及减少风沙有着一定的作用。但是近些年来，白洋淀的年吞吐水量缩减为1亿 m³ 以内，对区域小气候的调节作用和预防风沙的作用显著减弱。第二，缓洪滞沥，含蓄水源的功能减弱。白洋淀上游承接九河，下游注往渤海，是海河流域重要的滞洪区，是大清河水系重要的水利调节枢纽。丰水期，白洋淀承担着保卫京九、京沪铁路、华北油田以及下游地区人民生命财产安全的重任；枯水期，白洋淀补给地下水，提高地下水位，解决冀中平原地区严重缺水的问题。近年来，白洋淀虽然通过生态补水，保持了多年的不干淀，但是由于水资源的匮乏，淀区水位长期位于较低水平，整个湖泊生态系统蓄水量也常年维持在历史较低水平，这对于周边地区地下水的补给十分不利。第三，降解污染物，净化环境的功能减弱。白洋淀芦苇、蒲草等水生植物和微生物是天然的"净化剂"，水生植物和微生物通过集聚作用、淤积作用、脱氮作用、吸收、固定、转化和降解水中重金属等有毒物质，净化水体，改善水质，从而保证白洋淀湿地良好的生态环境。白洋淀的湿地生态系统以"芦苇–水体"生态系统为主，包含各种挺水植物，浮游生物和沉水植物等。近年来，白洋淀淀区的修路高峰和围垦高峰，导致大面积的水体和芦苇退化为耕地和居民地，因此整个生态系统的净化环境与降解污染物大大降低。第四，维持生物多样性的功能减弱。经野外调查和现有资料表明。白洋淀湿地生物多样性十分丰富。白洋淀常见的大型水生植物有47种，包括21种挺水植物，7种浮叶植物，4种漂浮植物，15种沉水植物。野生鱼类有17科54种，主要有鲤鱼、黑鱼、黄颡等，其中以鲤科最多。哺乳动物14种，其中国家保护动物5种。浮游植物9门11纲26目55科142属406种。浮游动物41属，包括原生动物13属，轮虫21属26种，支角类7属，桡虫类8属。底栖动物38种。鸟类共198种，其中国家以及重点保护鸟类有丹顶鹤、白鹤、大鸨、东方白鹳4种。因此，白洋淀也被誉为"华北地区天然的物种博物馆"。以鱼类为例，白洋淀淀区鱼类属于江河平原区系复合体为主，其中共含有11目18科55属63种。有学者对过去50年内白洋淀内鱼类物种的统计发现，鱼类动物现存物种39种，消失物种24种，占总种数的38.1%，其中洄游类的鱼几乎全部消失（陈龙，2011）。可见，水利工程修建之后，导致下游湿地萎缩，并最终使得对于生境范围要求较大的鱼类受影响最为严重。需要指出的是，白洋淀淀区鱼类物种为"局地消失"，和"物种消失"有着本质的区别。《中国濒危动物红皮书·鱼类》指出，中国现在的92种濒危鱼类，主要集中在南方地区，华北地区并无濒危鱼类。因此，白洋淀淀区鱼类的物种消失，是一种"局地消失"，使得当地的生物多样性被破坏严重，并未上升到"物种灭绝"的程度。"局地消失"的物种，将来可以通过物种引进的方式恢复其原有的生物多样性程度。

2. 淀区自然生态要素演变分析

白洋淀湿地生态景观的演变

作为通河湖泊型湿地，白洋淀上游河流断流，淀区失去补给水源，湿地生态系统发生了显著的变化。研究对1979年和2009年白洋淀淀区两期遥感影像进行解译。通过对淀区目前景观现状的样点调查和综合考虑像素实际情况以及可分离性特征，把白洋淀生态景观类型分为耕地、水体、芦苇、居民点四类地物，对照比较了1979年和2009年白洋淀湿地生态景观的空间变化（图5-36和图5-37）。结果表明，白洋淀湿地景观明显的变化特征：水域景观规模缩减幅度最大，占淀区的比例从1979年的36.57%降低到2009年的5.28%，面积减少了31个百分点。湿生植物芦苇占淀区的面积比例从1979年的58.96%降低到47.38%，减少了近12个百分点；芦苇和水体构成的"芦苇—水体"湿地生态系统总共减少了42.87%。与此同时，居民地占淀区面积比例从3.59%增加到14.06%，增长了10.47个百分点；耕地面积比例从1979年的0.88%增加到33.28%，增加了32.40个百分点。"耕地—居民地"构成的人文生态系统规模增加了42.87个百分点（图5-38）。

从1979年到2009年这30年间，有36.47 km²的水体面积转化为芦苇面积，更有多达41.22 km²的水体面积转化为耕地，同时有15.49 km²的水体面积转化为了居民地（表5-21）。与此同时，芦苇转化为耕地和居民地的面积也分别达到了54.1 km²和17.96 km²。由此可见，白洋淀流域"淡水—芦苇"为主体的湿地生态系统在过去30年，遭受了巨大的变化。随着白洋淀蓄水量的大幅降低，大量水域面积退化为芦苇地和耕地。

表5-21 1979~2009年景观类型转移矩阵

单位（km²）	水体（2009）	芦苇（2009）	耕地（2009）	居民地（2009）
水体（1979）	14.80	36.47	41.22	15.49
芦苇（1979）	0.78	100.31	54.51	17.96
耕地（1979）	0.0008	1.48	0.79	0.32
居民地（1979）	0.02	1.38	1.64	7.43

进一步分析，将水体和芦苇划分为"湿地景观"，耕地和居民地划分为"非湿地景观"，可以计算过去30年间湿地景观的净损失量，结果如表5-22。30年内有129.48km²湿地景观转化为非湿地景观，只有2.89km²的非湿地景观转化为湿地景观。湿地景观净损失量为126.59 km²。

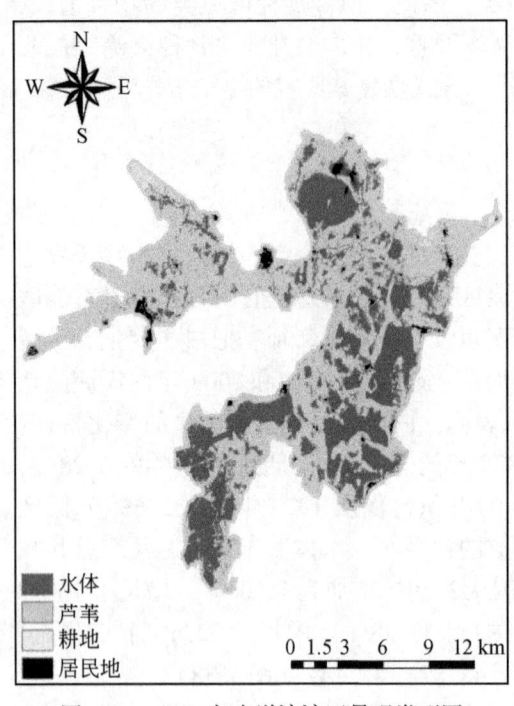

图 5-36 1979年白洋淀淀区景观类型图 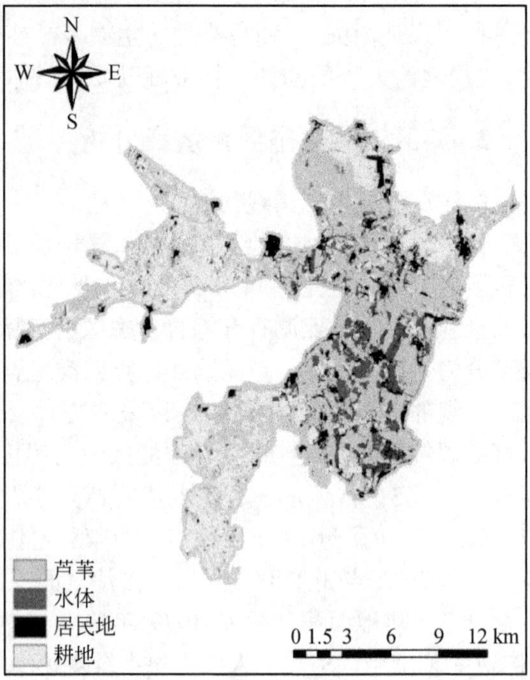　　图 5-37 2009年白洋淀淀区景观类型图

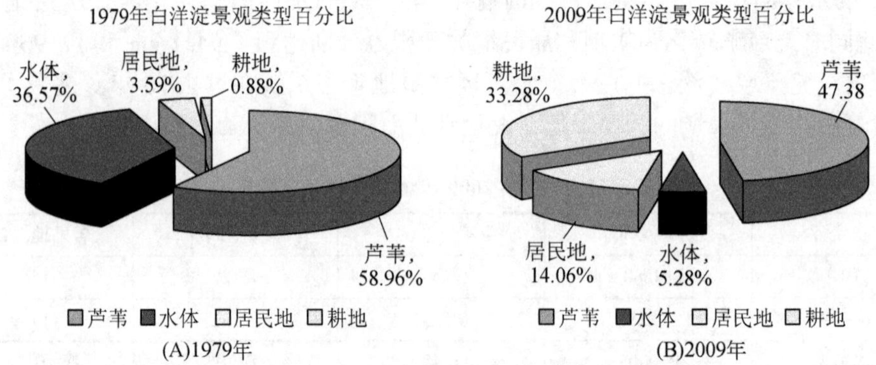

图 5-38 白洋淀1979年和2009年景观类型分布图

表 5-22 1979～2009年湿地景观损失量和增加量

	30年间湿地景观损失量（km²）			30年间湿地景观增加量（km²）			
	耕地	居民地	湿地景观损失量		水体	芦苇	湿地景观增加量
水体	41.22	15.49	57.01	耕地	0.008	1.48	1.49
芦苇	54.51	17.96	72.47	居民地	0.02	1.38	1.40

3. 淀区人文生态要素演变分析

白洋淀淀区的村落可按照是否完全被水包围区分为纯水村与半水村，白洋淀有纯水村

39个,半水村89个,纯水村和半水村分别居住了约10万和12万村民。本研究中,为了更真实客观的反映白洋淀淀区的情况,从纯水村和半水村中各选取了一个典型村庄进行调研,以期望得出更为客观的白洋淀淀区的信息。调查研究遵循了典型性和对比性原则,在提前了解了候选各村落基本情况之后,选取典型代表性村落完成农户抽样。

纯水村我们选取的是圈头镇的大田庄村,该村位于白洋淀淀区的中心位置,全村位于面积 $18hm^2$ 的大淀之中,为典型的全水村(即四面环水)。全村的主要经济来源为淡水养殖业、芦苇蒲草加工业、旅游业等。该村之前多年均以船只为唯一交通工具,最近两年已通公路。半水村我们选取的是位于白洋淀大堤西侧的东堤村,该村半面临水,为典型的半水村。全村的主要经济来源是农业种植、水产捕捞、水产养殖等。由于仅有半面临水,村民有部分耕地,所以耕地收入是该村收入的主要构成部分之一。两村的基本社会经济数据如表5-23所示,共调查了农户82户,回收问卷81份,得到有效问卷81份,回收率100%,有效问卷率99%,问卷回收率和有效问卷率较高。

表 5-23 纯水村和半水村基本情况对比

性质	村名	户数 (户)	人口 (人)	耕地 (亩)	苇田 (亩)	人均收入 (元)
纯水村	圈头镇大田庄	1240	4030	227	1345	1132
半水村	端村镇东堤村	682	2187	1306	600	2810

资料来源:安新县统计局

频繁的干淀使得白洋淀淀区人民赖以生存的经济作物芦苇的面积大大面积减少,其中纯水村代表大田庄有75.50%的农户家里的芦苇面积明显减少,而半水村代表东堤村则有59.40%的农户芦苇面积明显减少(图5-39),可见芦苇经济作物的减少对于纯水村的影响更为严重,这对于本身经济条件、生态环境更为敏感的纯水村影响重大。而芦苇面积的减少,很大一部分原因是由于白洋淀水位的下降,以前的淀底如今成为裸土。这部分裸土一部分被开垦为耕地,一部分被用来修路。如今,多条公路在淀内四通八达,船只曾经作为淀内纯水村唯一的交通工具,已经变得不再不可替代。多条公路将白洋淀分割成四分五裂的碎斑块,使得以前利用船只进行的芦苇收割方式,受到了极大的影响,对比纯水村和半水村的情况(图5-40)可以得知,纯水村所受到的影响更为强烈。

4. 小结

白洋淀淀区在上游来水量急剧减少甚至没有水源补给之后,白洋淀湿地生态系统萎缩,结构和功能发生了显著的变化。

(1)从2000年到2008年,白洋淀的年平均天然入淀水量为0.52亿 m^3,与以往年代数据相比,处于历史最低值,甚至远远低于曾连续多年干淀(1983~1988年)的80年代(2.70亿 m^3)。上游天然河流补给的缺失,加速了白洋淀的湖泊退化过程,湖泊生态系统的破碎化,导致湿地生物生境的连通性大为降低,物种种群内部缺乏持续稳定的基因交流,导致物种消失的风险极大提升。以鱼类为例,白洋淀63种鱼类,消失物种为24种,消失比例为38.1%。生物多样性保护变得十分重要。

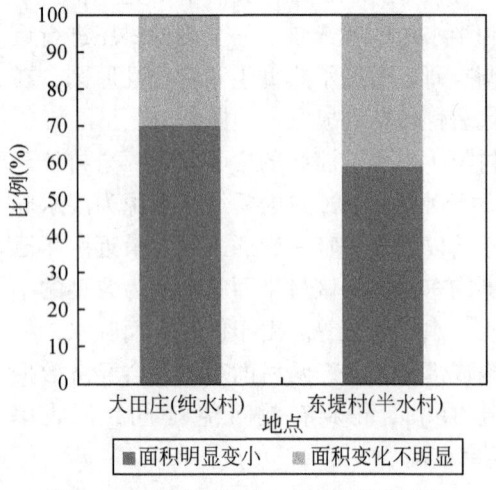

图 5-39　白洋淀芦苇生产功能受影响图

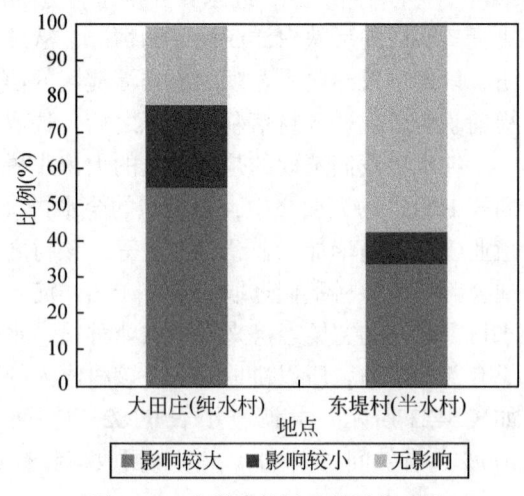

图 5-40　白洋淀航运功能受影响图

（2）湿地景观净损失量为 126.59 km²。白洋淀流域"淡水—芦苇"为主体的湿地生态系统在过去 30 年，遭受了巨大的变化。随着白洋淀蓄水量的大幅降低，大量水域面积退化为芦苇地，或被直接围垦为耕地。

（3）湿地生态系统萎缩对湿地结构与功能产生了显著的影响。主要表现白洋淀芦苇种植面积减少和航运功能衰退。对不同村落的影响范围和影响程度差异性明显，对白洋淀淀区纯水村农民的影响要远远大于对半水村村民的影响。白洋淀水域面积萎缩严重，使得近年来白洋淀淀区公路建设快速发展。公路将各村落连接起来，本身对于村落之间（尤其是纯水村）的交通改善有着积极作用，但是却对传统的芦苇收获方式产生了不利影响。

5.5　对策建议

随着气候向暖干化方向发展，白洋淀流域降水量和径流量明显减少。而上游水库的截流、水利工程的建设及水资源的开发利用等人类活动加剧了白洋淀湿地生态系统的退化。上游山区水土流失严重，水库坝下河流断流，平原区地下水水位快速下降，下游淀区水质恶化，白洋淀天然入淀水量逐年减少，至 21 世纪，除淀区直接降水外，几乎无水入淀。因此，白洋淀流域生态环境问题的核心是水。解决水源补给的水量问题和控制水污染的水质问题是保护白洋淀流域生态平衡的首要任务。

（1）加强生态环境建设，保障生态用水。白洋淀流域水量减少的人为原因主要包括土地利用变化、水利工程建设以及地下水资源的超采等。其中，各种工程的拦蓄作用以及用于农业的引水灌溉和长期地下水的超采而导致的基流量下降等影响重大。因此，针对这些情况，一方面在上游实施节水措施，另一方面节水引水并举，保障生态用水是关键。

（2）白洋淀流域生态保护的首要目标是白洋淀湿地生态系统。需要根据白洋淀流域各个支流的水文规律，合理地确定不同水平年的生态流量，明确流域内不同水平年河道外耗水的控制水平或控制标准。把这些控制标准纳入到流域水资源开发利用的综合规划中,并建立相应政策法规,保障水资源配置决策中白洋淀湿地生态用水的优先地位。在本地水资源短缺的情况下,采取跨流域调水等措施,补给白洋淀水量,稳定水位,缓解白洋淀水资源压力,以保证白洋淀生态功能的正常发挥。

(3) 加强污染源头管理,减少水体污染。由于大量排放的污染物和不合理的开发活动,造成白洋淀的严重污染和富营养化,使水体的自我调节能力下降,使其生态系统处于恶性循环状态。其主要原因包括农业化肥产生的氮磷污染、上游生活污水和工业废水的大量排放、淀区水产养殖的排泄物以及旅游业所产生的垃圾等,间接原因还包括入淀水量的锐减使得白洋淀水体稀释污染的能力大幅下降。针对上述因素,建议采取的措施包括:合理灌溉、施肥,控制化肥施用量,减少汛期入淀的氮、磷污染物含量,同时加强上游流域的水土保持工作,减少水土流失;调整产业结构,限制高污染企业,对污染严重的厂矿企业进行关停,控制排污总量的同时注重污水管网建设,提高污水处理能力,并实行达标排放,加大对上游有关市县的污染源治理及监督检查工作,减少淀外污染源的排入量;加强淀区人类活动的引导和管理,规范生活垃圾排放和加强旅游管理;科学合理地引导淀区养殖业,开发清洁生产技术和循环经济模式,减少淀内网箱养鱼面积,鼓励放养食草鱼类。此外,充分利用上游水库和跨流域的调水,使淀区达到稀释污染物所必需的最小水量。

(4) 采取生态治理措施,促进生物多样性的恢复。水量和水质在很大程度上决定着鱼类生存状况。水利工程的大量修建致使洄游性鱼类几乎消亡,而白洋淀近年来的频繁干淀、水质恶化以及过度捕捞等更是导致鱼类资源枯竭,鱼类的种类和数量都大幅下降。因此,为了尽快恢复白洋淀鱼类的生物多样性,有效的保护渔业资源,在通过上述措施保证水量和水质的基础上,强化白洋淀渔业管理,完善淀区水产养殖、渔业捕捞、资源增殖放流的规划,除重点增殖鲢、鳙、草鱼、鲤鱼外,还应保护和增殖原有的能自行繁殖濒临灭绝的名贵经济鱼类,如鳜鱼、青鱼、黄鳝、鳊等。加强渔业管理执法力度,提高现有鱼类资源的再生能力。确保白洋淀渔业生态环境向着健康有序的方向发展。

总之,白洋淀流域的生态环境问题已经极大地影响了区域可持续发展。要解决这个日益突出的矛盾,实现流域水资源的综合管理,必须从流域系统出发,围绕水质和水量这两个核心问题,综合考虑人口、社会、经济、生态环境等各方面因素,在准确评估流域水资源承载能力的基础上,统筹分配流域水资源,并提高水资源利用率,建立节水型流域,努力提高流域水资源综合管理水平,以实现白洋淀流域水资源的可持续发展。

参 考 文 献

白德斌, 宁振平. 2007. 白洋淀干淀原因浅析. 中国防汛抗旱, (2): 46-62.
曹玉萍, 王伟, 张永兵. 2003. 白洋淀鱼类组成现状. 动物学杂志, 38 (3): 65-69.
曹玉萍. 1991. 白洋淀重新蓄水后鱼类资源状况初报. 淡水渔业, 5: 20-22.
陈龙, 谢高地, 鲁春霞, 等. 2011. 水利工程对鱼类生存环境的影响——以近50年白洋淀鱼类变化为例. 资料科学, 33 (8): 1475-1480.
高迎春, 姚治君, 刘宝勤, 等. 2002. 密云水库入库径流变化趋势及动因分析. 地理科学进展, (6): 89-92.
韩希福, 王所安. 1991. 白洋淀重新蓄水后鱼类组成的生态学分析. 河北渔业, 6: 8-11.

李书友, 冯亚辉. 2008. 白洋淀生态环境的现状与治理保护. 东北水利水电, 26 (10): 54-56.
李英华, 崔保山, 杨志峰. 2004, 白洋淀水文特征变化对湿地生态环境的影响. 自然资源学报, 19 (1): 62-68.
梁宝成. 2002. 白洋淀水资源可持续发展探讨. 河北水利水电技术, (2): 20-21.
梁宝成, 孙雪峰. 2007. 白洋淀水生态系统危机及其预警. 南水北调与水利科技, 5 (4): 57-60.
刘红玉, 李兆富. 三江平原典型湿地流域水文情势变化过程及其影响因素分析. 自然资源学报, 2005, (04).
刘克岩, 张橹, 张光辉, 等. 人类活动对华北白洋淀流域径流影响的识别研究. 水文, 2007, 27 (6): 6-10
刘立华, 程伍群, 刘春光. 2005. 白洋淀当前水量供需状况的研究. 南水北调与水利科技, 3 (3): 22-23.
刘真, 刘素芳. 2008. 刘平贵. 白洋淀湿地面临的生态危机及对策. 中国水土保持, (8): 28-30.
龙丽明, 赵红杰, 武建双. 2006. 白洋淀水资源问题及保护对策. 安徽农业科学, 34 (6): 1188-1189.
吕彩霞, 牛存稳, 贾仰文. 2009. 气候变化和人类活动对白洋淀入淀水量影响分析. 变化环境下的水资源响应与可持续利用——中国水利学会水资源专业委员会2009学术年会论文集.
马静等. 2008. 白洋淀生态承载力研究. 南水北调与水利科技, 6 (5): 94-97.
水利电力部水文局, 河北省水利厅. 群众性水利工程对径流影响的分析. 北京: 水利电力出版社, 1958.
宋中海. 2005. 白洋淀流域水文特性分析. 河北水利 (9): 10-11.
汤奇成, 李秀云. 1982. 径流年内分配不均匀系数的计算和讨论. 资源科学, (3). 59-65.
王焕榜, 刘克岩. 1991. 气候变化和人类活动对白洋淀蓄水的影响. 水文, 6; 25-29.
王立明, 朱晓春, 韩东辉. 2010. 白洋淀流域生态水文过程演变及其生态系统退化驱动机制研究. 中国工程科学, 47 (6): 36-40.
王立明, 张辉. 2009. 白洋淀流域生态水文过程演变与生态保护对策研究//中国环境科学学会. 中国环境科学学会2009年学术年会论文集. 湖北武汉: 353-357.
王所安, 顾景龄. 1981. 白洋淀环境变化对鱼类组成和生态的影响. 动物学杂志, 4: 8-11.
温志广. 2003. 白洋淀湿地的生态功能及其保护. 邢台学院学报, 18 (4): 30-32.
谢松, 贺华东. 2010. "引黄济淀"后河北白洋淀鱼类资源组成现状分析. 科技信息, 491 (9): 433.
徐丽梅, 刘艳丽, 沈彦俊. 2010. 黄壁庄水库入库径流变化及原因分析. 南水北调与水利科技, 8 (5): 46-49.
薛巧英, 刘建明 2004. 水污染综合指数评价方法与应用分析。环境工程, 22 (1): 64-69
杨春宵. 2010. 白洋淀入淀水量变化及影响因素分析. 地下水, 32 (2): 110-112
翟广恒. 2007. 白洋淀湿地生态调水分析与保护措施. 河北工程技术高等专科学校学报, (2): 24-27.
张芸, 王秀兰, 李兵. 1999. 张芸, 白洋淀污染机理及防治探讨. 水资源保护, (4): 29-32.
张素珍, 李贵宝. 2005. 白洋淀湿地生态服务功能及价值估算. 南水北调与水利科技, 3 (4): 22-25.
赵春龙, 肖国华, 罗念涛, 等. 2007. 白洋淀鱼类组成现状分析. 河北渔业, 11: 49-50.
赵翔, 崔保山, 杨志峰. 2005. 白洋淀最低生态水位研究. 生态学报, 25 (5): 1033-1040.
赵彦红, 连进元, 赵秀平. 2005. 白洋淀自然保护区湿地生物生境安全保护. 石家庄职业技术学院学报, 17 (2): 1-4.
郑葆珊, 范勤德, 戴定远. 1960. 白洋淀鱼类. 天津: 河北人民出版社.

第6章 猫跳河流域梯级开发的生态效应评估

6.1 案例区概况

猫跳河流域位于贵州省境内,是乌江流域的一级支流,也是中国西南地区最早完成梯级开发的支流流域。最早建设的红枫水电站已经运行了48年,最晚建成的李官水电站也已经运行了17年。随着水利水电工程的运行,流域产生的生态与环境问题也十分突出。因此,该流域对研究中国水力资源最丰富的西南地区流域梯级开发及其生态环境影响具有典型性和代表性。

6.1.1 自然概况

猫跳河流域位于贵州省中部,地理坐标范围为106°00′~106°41′E,26°9′~26°57′N,属长江流域乌江水系,是乌江的一级支流,地处长江与珠江分水岭地带北侧,自西南向东北依次流经安顺市的西秀区、平坝县,贵阳市的清镇市、白云区以及修文县,最后在黔西县的三岔河处注入鸭池河,河流总长约181km,流域面积3195 km^2,平均海拔1290 m(图6-1)。流域内有较多的耕地资源、铝土矿、煤、重晶石、硅石、风景资源与林地资源等,梯级电站的开发,带动了当地工农业的快速发展。

1. 水文气象

猫跳河流域属于典型的亚热带高原季风气候区,冬无严寒,夏无酷暑,四季分明,受西南季风和东南季风的共同影响,其气候较之单纯的东南季风控制区和西南季风控制区更加复杂。就多年平均状况而言,猫跳河流域多年平均气温相对稳定,为14~15℃,年降雨量为1200~1300 mm(朱文孝,1994),空间分布南部多于北部,属亚热带湿润季风气候。年际之间雨量变化比较稳定,而年内变化较大。全年将近70%以上的雨量集中在汛期(6~8月),尤其是6、7两月暴雨频繁,持续时间多在1~2天内。由于河岸山区岩石裸露,土层薄,坡度陡,汇流快,加上降雨强度大而集中,因而洪水峰型一般呈瘦尖尾长。

2. 河流水系

猫跳河流域地处长江与珠江分水岭地带北侧,地面水系多为短小的溪流,受大气降水的控制影响明显。流域主干流猫跳河属长江水系,乌江中上游南岸的最大支流,全长181 km,多年平均流量55.9m^3/s,天然总落差548.6 m,平均水力比降3.04‰。流域大致可分为两

图 6-1 猫跳河流域位置图

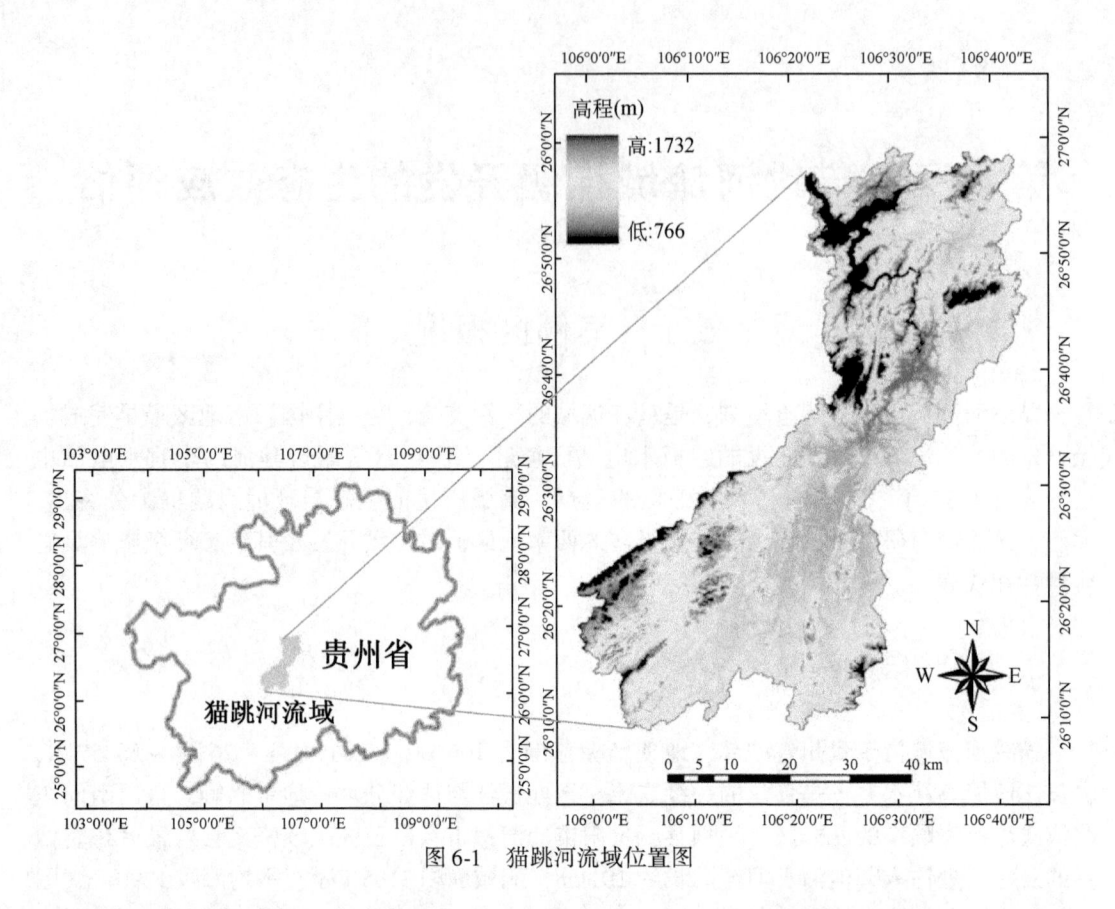

个部分,即红枫湖以上的高原区和以下的峡谷区。中、上游因溯源侵蚀的裂点尚未后退,保持着高原面上浅切割的谷中谷地貌,地形起伏相对和缓,河网密布,水流缓慢;河流下游适应局部侵蚀基准面—乌江下切亦成为深切峡谷,水流湍急。除猫跳河干流外,还有桃花园河、羊昌河、麻线河、后六河(汇入红枫湖)、李官河、修文河、猫洞河及暗流河等支流。流域河网密度平均为 0.245 km/km^2(朱文孝,1994)。

3. 地质地貌

猫跳河流域地质构造十分复杂,碳酸盐岩出露面积大于流域总面积的 80%,厚度约占地层总厚度的 90%,喀斯特地貌发育。落水洞、竖井、岩溶洼地广泛分布,类型多样,大型溶洞多见,暗河发育。地下河及各种形态的喀斯特洞穴,对水资源、煤、铝等矿产资源的开发和农业生态环境有很大影响,对流域内重大基础设施、城镇交通建设、污染源治理等方面构成隐患,导致严重的地质环境危害。

发育在碳酸盐岩上的黑色石灰土和褐色石灰土是流域内的主要土壤,多分布在峰林、峰丛表面的溶沟之中,土层浅薄,保水能力很低。地带性土壤为黄壤,分布在地形起伏相对和缓的缓丘地区和非喀斯特山地。强烈岩溶化的自然环境,致使生态环境十分脆弱,土地贫瘠,石漠化、荒漠化的现象比较突出。仅 1961~1985 年,清镇市就有 1000 hm^2 土地形成裸岩荒漠化。全流域水土流失面积达 600 km^2,占整个流域面积近 19%,制约着流域经济的发展（杨汉奎，1997）。

4. 植被

猫跳河流域的地带性植被是亚热带常绿阔叶林。但由于人类活动的长期影响和破坏，流域内原生植被早已破坏殆尽。为了保护并改善喀斯特地区的生态环境，除了原有的长江防护林工程、天然林保护工程外，贵州省于2002年全面启动了退耕还林还草工程。现在流域内的森林绝大部分为次生林地，树种单一，有林地几乎均由马尾松和油杉松组成。

6.1.2 社会经济概况

猫跳河流域位于黔中腹地，在行政区划上涉及息烽县、修文县、清镇市、平坝县、长顺县、白云区、西秀区、乌当区和花溪区9个县（市、区）。其中，西秀区、平坝县、清镇市、白云区、修文县属于猫跳河的干流域范围。

1. 人口增长

1950年猫跳河流域只有约34万人口，农业人口占94.0%，文盲率达70.0%以上，人口密度107人/km^2。1973年全流域人口达到65万，自1973年以来人口数以44.82‰速度增长，大大超过全省11.6‰的速率。1991年人口增至96万多人，其中文盲率下降到21.2%，大专以上文化程度达1.4%，农业人口下降到72.9%，非农业人口总人的27.1%，主要是工矿企业人口，人口密度达到303人/km^2，比当时全国平均数178人/km^{2}高出70.2%。到2002年，增加到112万，平均人口密度约374人/km^2。2008年流域人口近129万、人口城镇化率约为46.9%，较之1950年时分别提高了2.2倍和32.1个百分点（图6-2）。

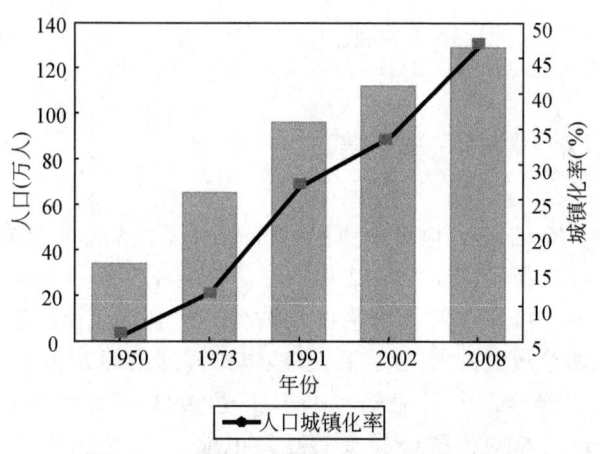

图6-2 猫跳河流域人口及城镇化率变化

2. 经济发展

猫跳河流域开发前几乎没有现代工业，基本上是个贫穷的喀斯特山区。自 1960 年红枫湖水电站发电以来，围绕梯级水电站，兴建了采煤、采冶铝、有机化工、化肥、纺织、磨料、建材等工业；拥有电灌保证率 50% 的发达农业，水产养殖业、旅游业，从单一的小农经济，发展成为以矿业为主导、多种产业结构的综合经济。从 1960 年到 1990 年，产业结构发生了巨大变化（图 6-3）。1960 年以前的国民经济总产值 GNP 以农业为主（依据清镇、平坝估算），占 80%，工业占小于 10%。1980 年 GNP 值大致增长 8.0 倍，其中工业占 68%，农业下降到 22%。1990 年 GNP 值（以 1980 年为 1.0）又增长 2.5 倍，工业占 70%，农业只占 12%。2008 年流域 GDP 约在 20.0 亿元（1952 年不变价），较之 1950 年时提高了 61 倍，流域已经从一个落后的半自然农业生态经济系统转变为较发达的现代经济生态系统。

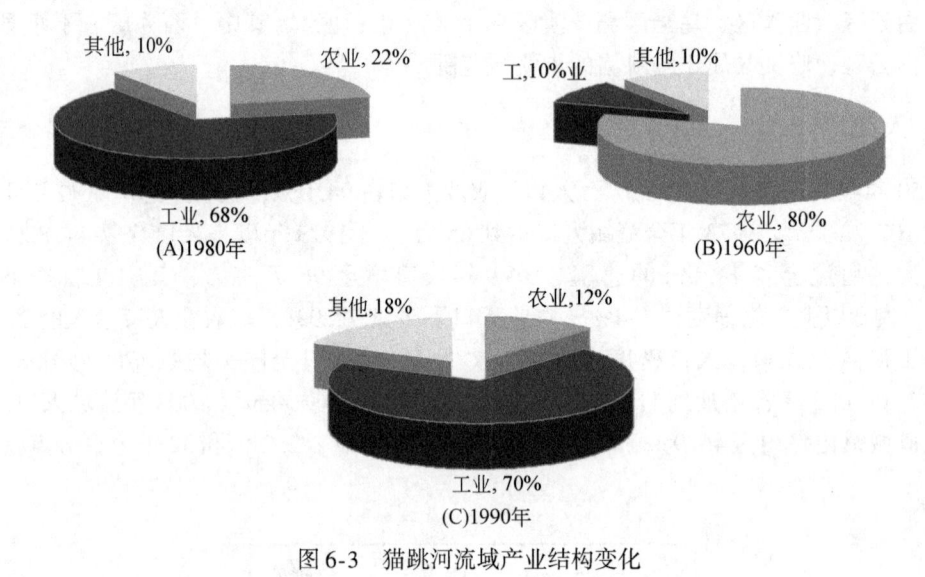

图 6-3 猫跳河流域产业结构变化

6.1.3 流域水利工程建设情况

流域年产水量为 176 亿 m^3，地表河流可蓄能 27.1 万 kW，水能资源丰富。为了开发猫跳河蕴藏的丰富水能资源，1958～1992 年，先后修建了 7 个梯级电站，即红枫湖电站、百花湖电站、李官电站、修文电站、窄巷口电站、红林电站以及红岩电站（图 6-4）。形成了红枫湖、百花湖两个较大的人工湖泊，各级电站详细指标如表 6-1 所示。其中猫跳河干流 25.2 万 kW，并已经全部开发完毕（1991 年至 1993 年又将一至三级电站中的 5 台 10MW 机组增容改造为 12MW，整个梯级实际发电能力达到 26.2 万 kW）。年发电量为 9.62 亿 kW·h，猫跳河干流达到 9.58 亿 kW·h。

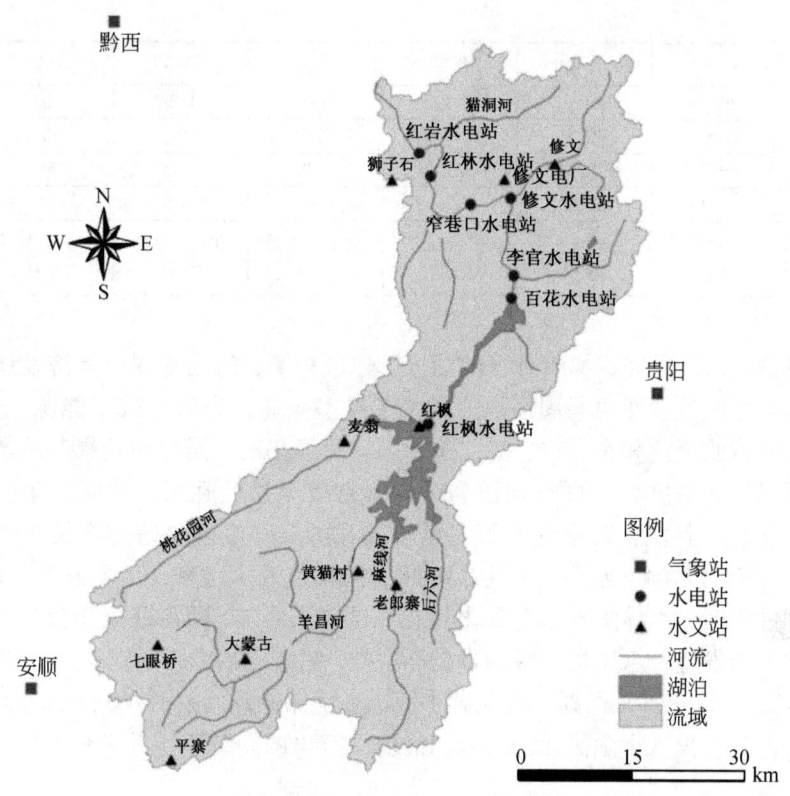

图 6-4 猫跳河流域水电站以及气象水文站点位置图

表 6-1 猫跳河各梯级水电站技术经济指标

电站名称	红枫	百花	李官	修文	窄巷口	红林	红岩
控制流域面积（km²）	1596	1895	2095	2145	2424	2442	2792
多年平均流量（m³/s）	30.2	36.0	39.7	41.2	44.9	44.9	49.4
正常蓄水位（m）	1240	1195	1151.5	1131	1092	1030	884
利用落差（m）	45	43.5	18.5	39	63.5	144.5	49
开发方式	堤坝式	堤坝式	河床式	堤坝式	混合式	引水式	堤坝式
坝型	木斜墙面板堆石坝	钢筋混凝土斜墙堆石坝	浆砌石重力坝	厂顶溢流单拱坝	溢流式双拱坝	混凝土重力坝	中孔泄洪双曲拱坝
最大坝高（m）	54.28	48.7	34	49	54.77	27.6	60
总库容亿（m³）	7.5288	2.2082	0.05	0.156	0.094	0.0206	0.446
水库调节特性	不完全多年	年调节	日调节	日调节	日调节	日调节	日调节
保证出力（MW）	4.9	5.56	4.5	5.56	10.7	25.7	9.45
年电量（亿 kW·h）	0.689	0.804	0.445	0.819	1.612	3.83	1.43
装机容量（MW）	20	22	13	20	45	102	30

续表

电站名称	红枫	百花	李官	修文	窄巷口	红林	红岩
淹没耕地(hm²)	2204.6	911.7	2.57	2.7	1.3	0	11.2
迁移人口(人)	15182	7975	0	2	0	0	73
土石方(万 m³)	49.2	73.3	7.5	3.78	18.5	35.4	41.4
混凝土(万 m³)	5.54	6.67	3.81	4.97	10.5	14	9.5
发电日期	1960年5月29日	1966年6月30日	1992年1月15日	1961年6月18日	1970年9月30日	1979年12月26日	1974年7月25日

资料来源：刘义洲，1996

猫跳河是中国最早完成梯级开发的河流，建成初期，对当地国民经济发展有很大的带动作用。水电站的效应使两湖周边迅速集结了许多企业，先后建成了能源、化工、机械、冶金、轻纺等行业企业和农、牧、渔、茶、果、蔬等基地。同时两湖兴起旅游业，红枫湖被列为国家级风景名胜区，百花湖被列为贵州省级风景名胜区。然而工业废水、生活污水、旅游业、水产养殖、农业废水等大量排放和污染，使得电站建成仅30年，红枫湖、百花湖水库简称"两湖"水质就发生了变化。尤其是近十年来，水质发生了剧烈的演化，水库污染事件不断，水体呈现富营养化状态，导致黑藻、"网箱缺氧死鱼""藻华"等水质恶化事件不断发生，水质类别降到Ⅲ类至Ⅴ类。针对"两湖"严重污染，贵州省虽然于1996年制定了《贵州省红枫湖、百花湖水资源环境保护条例》，并编制"两湖"环境保护规划，各部门先后投入十多亿元进行分期治理，但"两湖"水质并未根本好转。

6.1.4 主要大型水库概况

1）红枫水电站

位于贵州省清镇市，距贵阳市30km，电站水库系猫跳河梯级电站的龙头水库（表6-2）。工程枢纽等级为Ⅱ等，由木斜墙堆石坝（主坝），浆砌石斜墙堆石坝（付坝）、左岸溢洪道、右岸引水发电隧洞（兼放空洞）、厂房等建筑物组成。1958年动工兴建，1959年下闸蓄水，1960年5月建成发电。1983年扩建两孔溢洪道，1986年改建放空洞，1989年改建坝体防渗结构，以堆石坝体灌浆帷幕代替斜墙防渗，1991年11月大坝灌浆结束。1994年进行大坝直接戴帽加高。

红枫水电站是以发电为主，兼有防洪、灌溉、供水、旅游养殖等综合利用的大型水利水电枢纽。红枫大坝建成后，形成了面积57km² 的红枫湖，（26°24′~26°34′N，106°20′~106°26′E），最大水深为45m，平均水深10.52m，由猫跳河上游羊昌河、麻线河、后六河和桃源河四源汇成，为国家4A级风景名胜区及省会贵阳的重要饮用水源地。近年来多次暴发规模大、持续时间长的蓝藻（任启飞等，2010）。

2）百花水电站

百花水电站位于贵阳市乌当区朱昌乡沙土平桥，距贵阳市城区26km。是长江流域乌江支流猫跳河上的第二个梯级，枢纽包括大坝、溢洪道、放空底孔、发电引水系统及厂房等主要建筑物。大坝始建于1960年，于1965年12月开始蓄水，1965年12月水库开始蓄水，机组试运行，1966年6月建成。为提高水电站的防洪标准，于1989年，大坝及副坝加高了 1.52m，同时扩建了两条开敞式溢洪道。

该电站以发电为主，兼顾防洪、灌溉、供水、养殖、旅游等综合效益。大坝建成后，形成了百花湖（26°35′~26°42′N，106°27′~106°34′E），是红枫湖的下一级水库，以红枫湖的下泄水为主要补给，蓄水面积 14.5km^2，水体滞留时间为 37 天，湖水平均深度为 12.55m，最大深度为 45 m（任启飞等，2010），为黔中地区仅次于红枫湖、乌江水库的第三大喀斯特人工水库，为贵州省级风景名胜区。近年来也多次发生大面积水华，束丝藻水华污染以及死鱼事件。

6.2 猫跳河流域生态环境要素分析

流域生态环境变化是人类活动和自然因素共同作用的结果。温室气体排放致气温上升，有可能导致流域实际蒸散发量的增大，河流径流量的减小。而降雨的变化亦有可能改变径流量的大小（邓慧平等，1996；李林等，2004）。猫跳河流域在气候变化背景下主要气象水文要素有无变化？可能的变化在多大程度上影响流域的水资源量？通过对猫跳河流域降雨、气温、日照、相对湿度、风速和参考作物蒸发的基本情况及其变化趋势的系统分析，为进一步研究库坝工程建设运行的生态效应提供依据。

本研究采用中国气象科学数据共享服务网提供的中国地面气候资料日值数据集贵阳站、安顺站和黔西站的气象观测数据进行分析。三气象站以顺时针方向紧邻猫跳河流域，分布在流域的东部，西南部和西北部（图6-4），可在一定程度上反映流域内的气象要素基本情况和变化趋势，以填补由于流域内数据严重匮乏造成的研究空白。本研究所使用的气象要素包括逐日降雨、平均气温、最高气温、最低气温、日照时数、相对湿度和风速。贵阳站和安顺站气象要素时间序列为 1951~2010 年，黔西站时间序列为 1957~2010 年。年降雨量和年日照时数由逐日观测量累加得到；年最高和最低气温由年内日最高和最低气温时间序列取最大值和最小值得到；年平均气温和年平均相对湿度由对应的观测量时间序列取平均得到；气象要素多年平均值由相应的年平均观测值取平均得到。

本研究采用线性回归和 Mann-Kendall 非参数检验方法对降水、气温等气象要素时间序列进行趋势检测和分析，利用 FAO56 方法计算参考作物蒸散发。

6.2.1 气象要素分析

1. 降水和气温

研究结果表明（图6-5），贵阳站、安顺站和黔西站的多年平均降水量分别为 1125.6 mm、1326.9 mm 和 971.4 mm。线性回归趋势表明，三站降水量大致以 23.6 mm/10a、14.3 mm/10a 和 14.7 mm/10a 的速率在下降。Mann-Kendall 非参数方法对降水时间序列趋势分析表明：贵阳站、安顺站、黔西站的 Z 值分别为 -1.54，-1.03，-0.76，且均小于显著水平 $\alpha=0.05$ 和 $\alpha=0.1$ 下的 Z 值，即没有显著的趋势性。

对气温时间序列的分析表明（图6-6），贵阳站、安顺站、黔西站的多年平均气温分

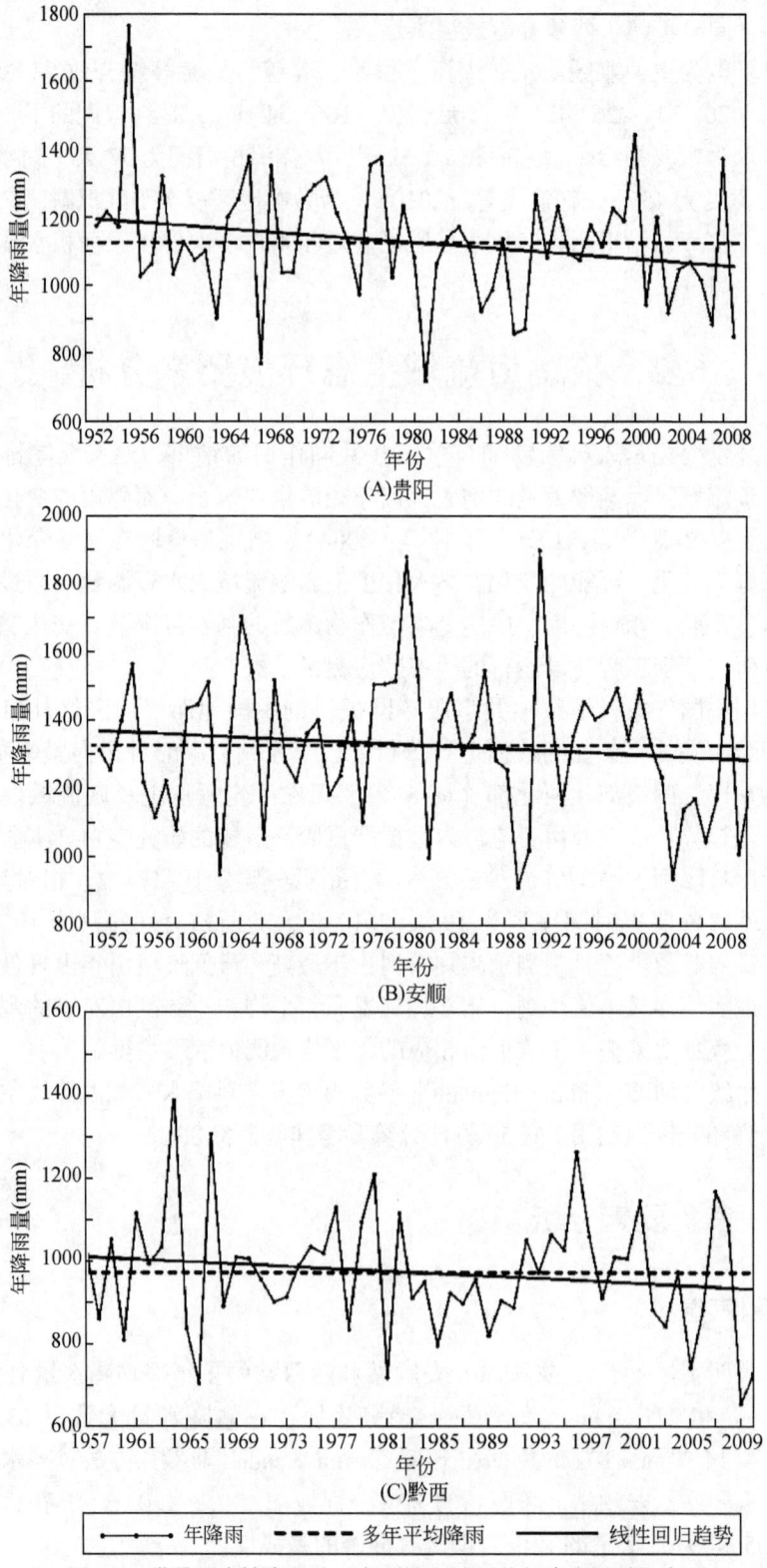

图6-5 猫跳河流域贵阳站、安顺站和黔西站年降水量时间序列

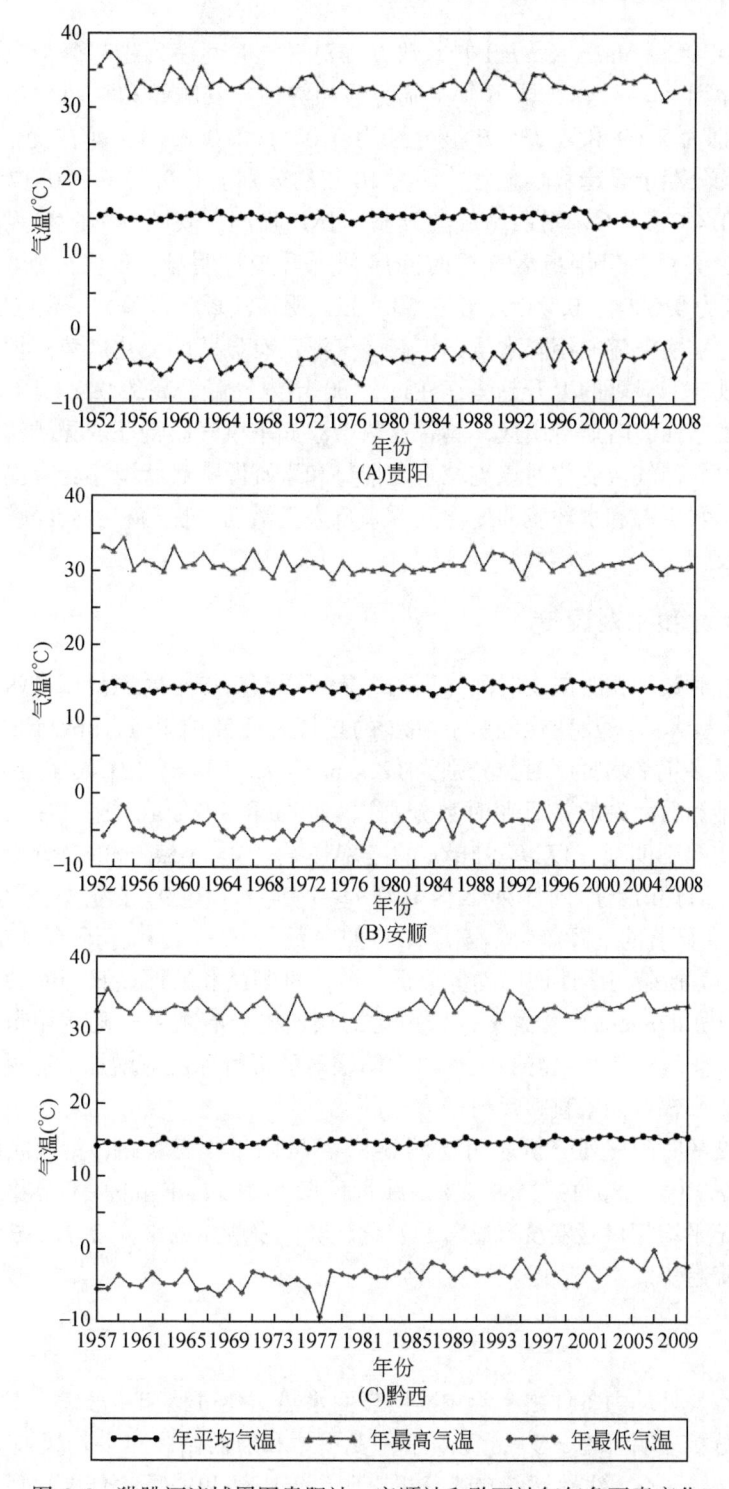

图 6-6 猫跳河流域周围贵阳站、安顺站和黔西站年气象要素变化

别为 15.2℃，14.1℃，14.1℃。在研究时段内贵阳站日最高和最低气温分别为 37.5 ℃ 和 -7.8 ℃；安顺站最高和最低气温分别为 34.3℃和-7.6℃；黔西站日最高和最低气温分别

为35.4℃和-10.4℃。Mann-Kendall非参数方法对气温时间序列趋势分析表明：贵阳站年平均气温时间序列$Z=-1.48$，即不存在显著的趋势性。安顺站和黔西站年平均气温时间序列的Z值分别为2.09和4.33，β值分别为0.0071和0.0179，即在置信水平$\alpha=0.05$下，二站年平均气温上升趋势性显著，即每10年约分别上升0.07℃和0.17℃，在过去60年内累计上升0.4℃和1℃，黔西站气温升高明显。贵阳，安顺，黔西3观测站年最高气温均无明显的趋势性，但年最低气温时间序列上升趋势明显，Z值分别为2.83，3.35，4.42；β值分别为0.0304，0.0375，0.0550，亦证明该流域气候呈现一定的暖化趋势。

综上所述，猫跳河流域年降水量，年最高气温没有显著的变化趋势。但年平均气温和年最低气温呈现较为显著的上升趋势，在过去60年内气温升高约0.4~1℃。在气候变化的大背景下，处于西南喀斯特山区，具有亚热带湿润季风气候特征的猫跳河流域呈现一定程度的暖化趋势，但气候变化对该流域水文情势和水资源本底状况不会有显著的影响。流域内的水资源、水生态和水环境的变化主要来自人类活动的扰动和社会经济发展所导致的正向或逆向的反馈。

2. 日照时数和相对湿度

对流域日照时数和相对湿度时间序列的分析可以对流域辐射能量以及水文循环的主要变量-蒸散发的基本状况及变化趋势有初步的把握。研究结果（图6-7）表明，贵阳站、安顺站、黔西站多年平均日照时数分别为1214 h/a、1273 h/a、1213h/a。线性回归趋势分析表明：贵阳站和黔西站的年日照时数分别以10h/a和8.2h/a的速率递减，而安顺站的年日照时数的增幅不明显，仅以1.3h/a的速率递减。Mann-Kendall趋势检验表明，贵阳站和黔西站的年日照时数时间序列Z值分别为-7.04和-5.09，β值分别为-10.187 5和-8.106 5，即存在显著的下降趋势。安顺站日照时数的$Z=-1.16$，即不存在明显的趋势。Mann-Kendall趋势检验与线性回归趋势分析一致。贵阳站和黔西站日照时数的减小可能和全球变暗（Global dimming）背景下，城市化的快速发展有关系。随着城市化的进程，大气中的悬浮物，尘埃的增加可导致大气对太阳辐射的折射和反射增加、能见度降低、云量增多，更多的太阳辐射能量直接反射回大气层。

对相对湿度的时间序列分析表明（图6-8），贵阳站，安顺站，黔西站的多年平均相对湿度分别为77.3%，80.2%，81.2%。线性回归和Mann-Kendall趋势检验表明，贵阳站和黔西站的年平均相对湿度没有显著的变化趋势。安顺站的$Z=-2.76$，$\beta=-0.0408$，即存在显著的下降趋势。

3. 风速

风速作为空气外动力条件之一影响陆层表面水热交换过程和蒸散发。对三站年平均风速时间序列的分析表明（图6-9），贵阳站、安顺站和黔西站多年平均风速分别为2.2 m/s，2.5 m/s和1.4 m/s。线性回归趋势分析表明，贵阳站和安顺站年平均风速存在微弱的上升趋势，但黔西站存在较明显的下降趋势。Mann-Kendall趋势检验表明：贵阳和安顺站在显著水平为$\alpha=0.05$和$\alpha=0.1$下均不存在显著的趋势性。黔西站的年平均风速时间序列$Z=-5.84$，$\beta=-0.029$，即存在显著的下降趋势。由此可以初步判断，风速波动对猫跳河

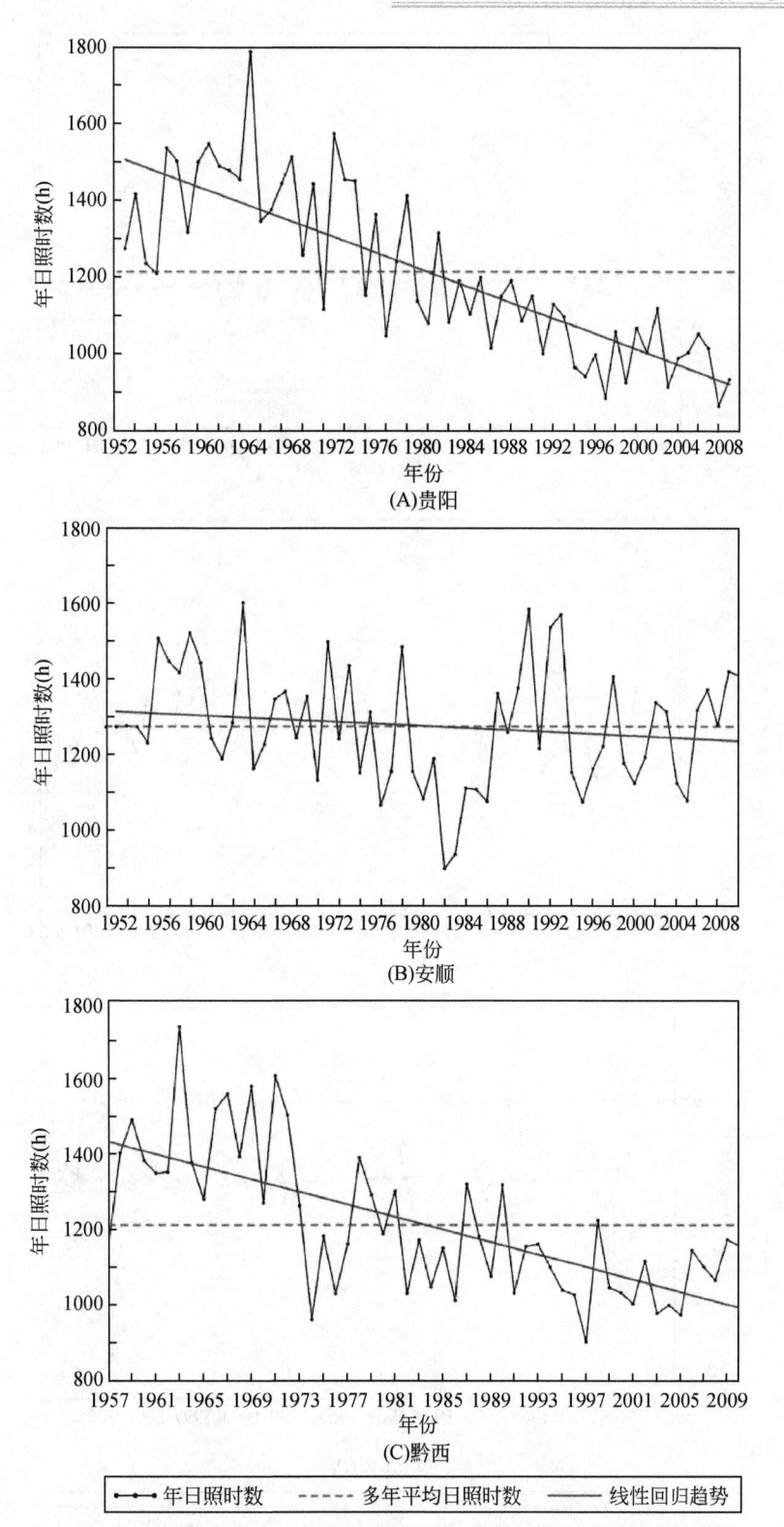

图 6-7 猫跳河流域贵阳站、安顺站和黔西站年日照时数时间序列

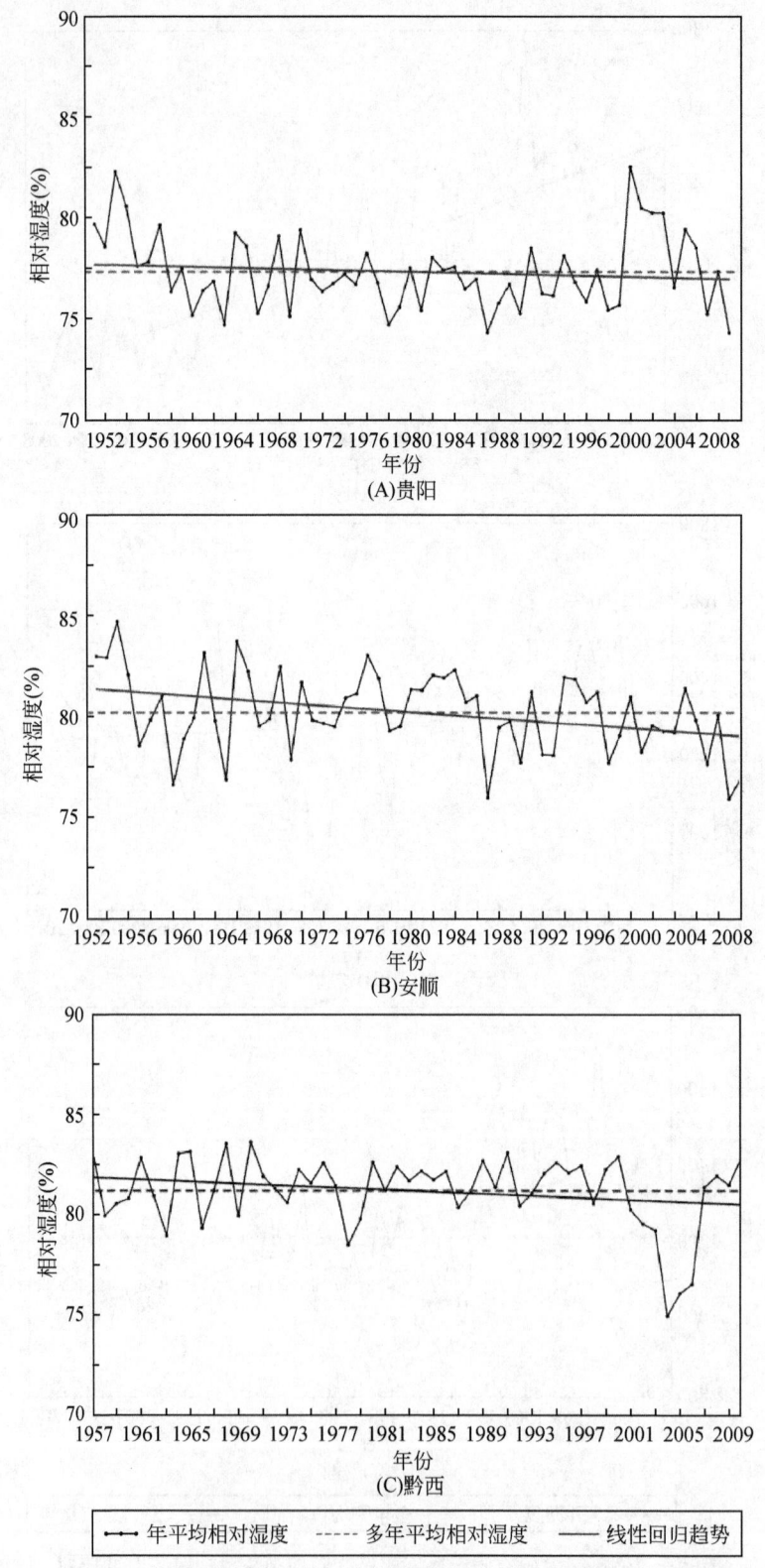

图 6-8 猫跳河流域贵阳站、安顺站和黔西站年相对湿度时间序列

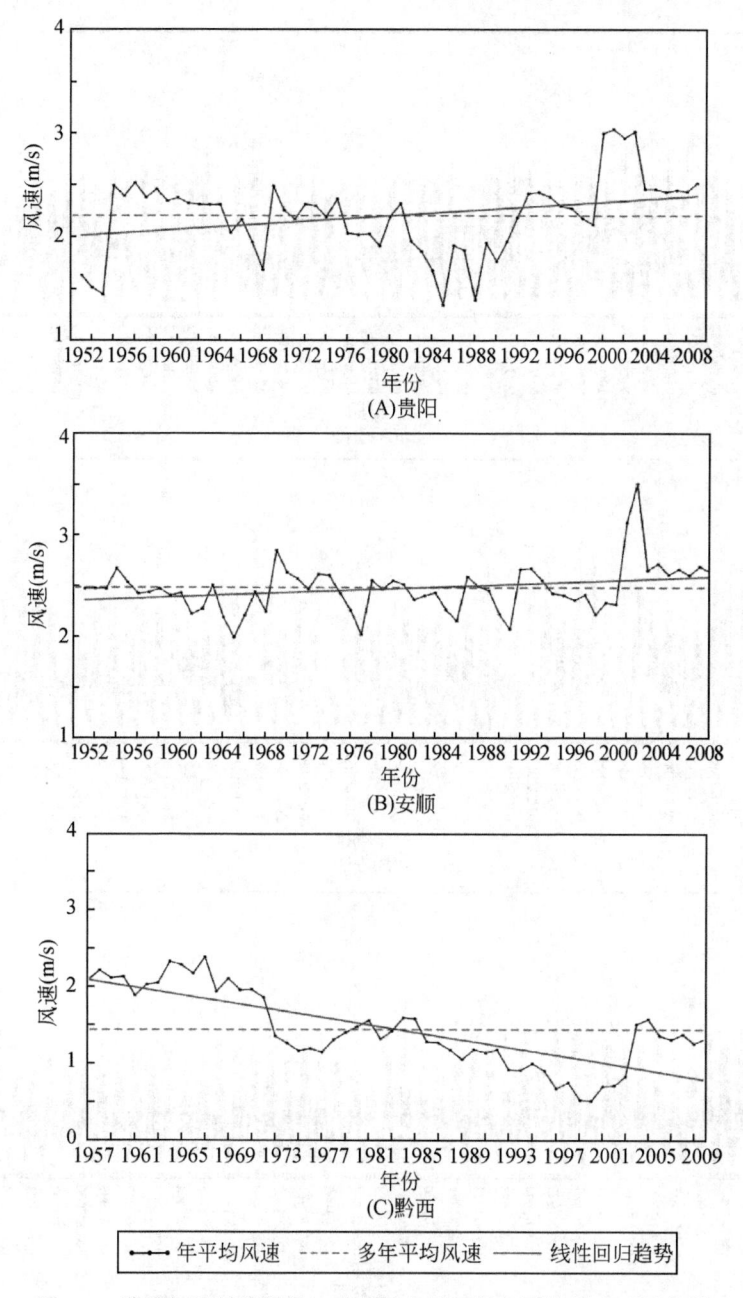

图 6-9 猫跳河流域贵阳站、安顺站和黔西站年平均风速时间序列

流域的水文生态过程不会造成显著的影响。

综上所述，相关研究表明，日照时数和相对湿度是流域潜在蒸散发的主要控制变量。猫跳河流域日照时数的持续下降（贵阳站和黔西站）有可能减小地表直接辐射能量，从而减小地表的蒸发潜力，即潜在蒸散发。而相对湿度的持续减小（安顺站）则是空气干燥力增大的体现，地表潜在蒸散发则有可能增大。风速的年际变化没有明显的趋势性（贵阳站和安顺站），即不会对潜在蒸散发和实际蒸散发的变化发挥主要作用。

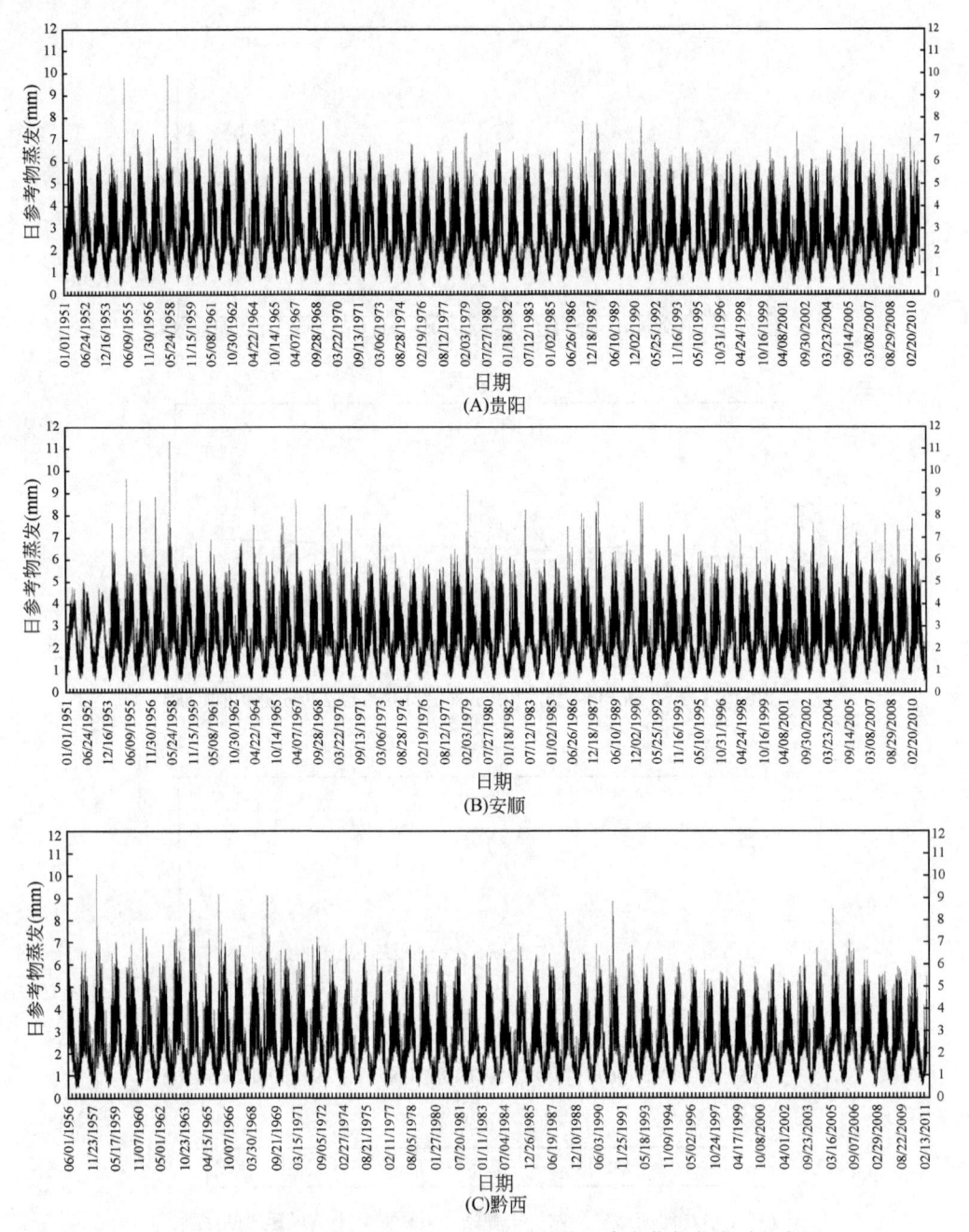

图 6-10 猫跳河流域贵阳站、安顺站和黔西站日参考作物蒸发时间序列

4. 参考作物蒸发

对贵阳、安顺和黔西三站近 60 年的日参考作物蒸发时间序列进行计算，其结果如图 6-10 所示。结果表明，贵阳站，安顺站和黔西站的日平均参考作物蒸发分别为 2.7 mm/d、2.6 mm/d 和 2.5 mm/d。日参考作物蒸发时间序列随月份呈周期性变化规律。其高值出现在每年夏季（5~7 月），而冬季（11 月至次年 1 月）参考作物蒸发量较小，这与相应季节

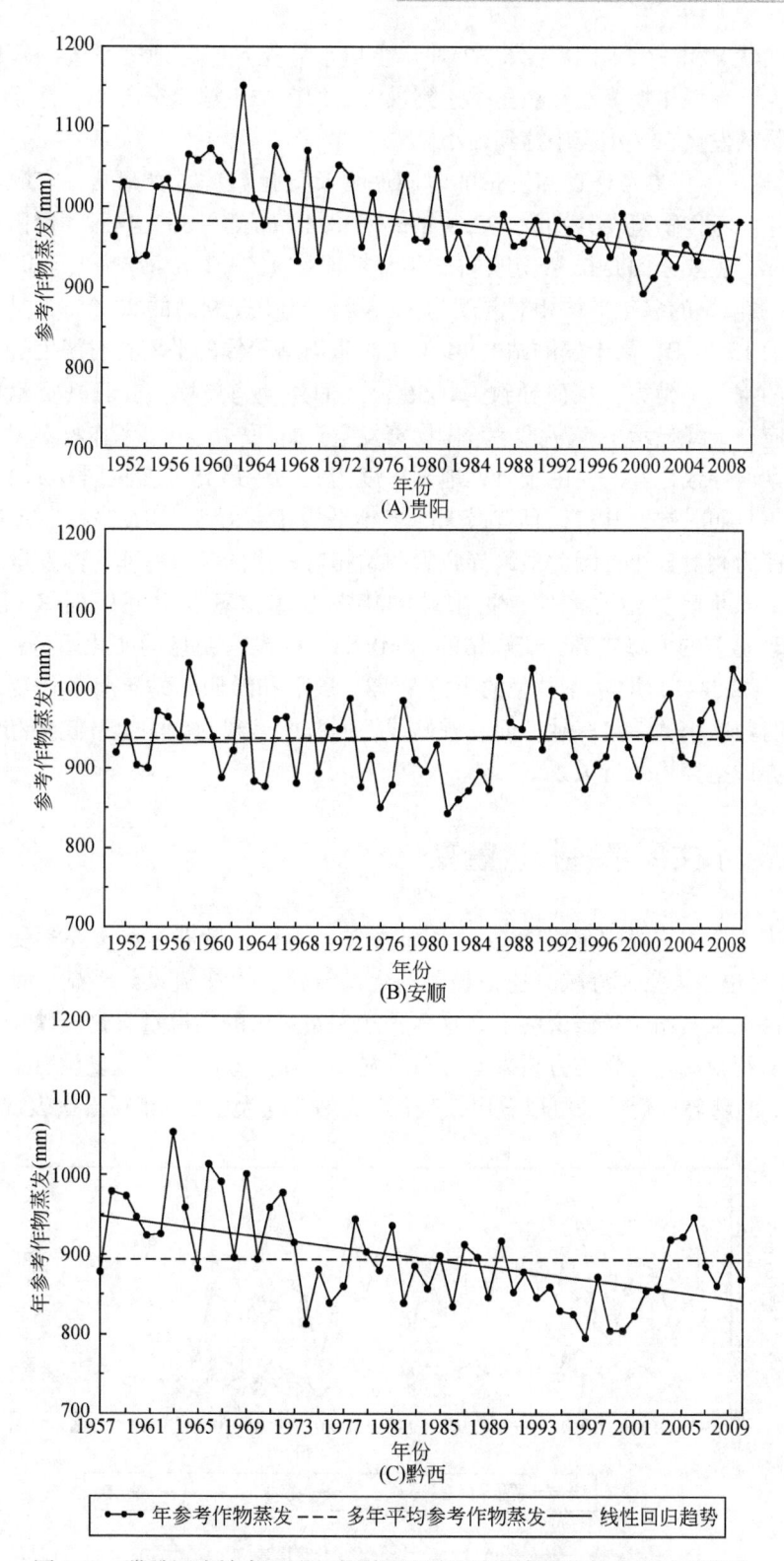

图 6-11　猫跳河流域贵阳站、安顺站和黔西站年参考作物蒸发时间序列

的辐射和水热状况相一致。雨季（6、7月）土壤水分充足，且地气系统净辐射通量在一年中达到最大，参考作物蒸发量在夏季达到最大。而冬季土壤水分较小，净辐射能量亦较小，参考作物蒸发量在一年当中达到最小。

图6-11显示了年参考作物蒸发量的时间序列及变化趋势。贵阳站，安顺站和黔西站的多年平均年参考作物蒸发分别为982.9 mm，938.4 mm，和895.4mm。贵阳站略高于安顺站约45 mm。主要原因是虽然安顺站的年日照时数1273.1 h/a，略大于贵阳站1213.9 h/a，但是，贵阳站的多年平均相对湿度为77.3%，低于安顺站的80.2%，且贵阳站的多年平均气温为15.2 ℃，高于安顺站的14.1 ℃。贵阳站较低的平均相对湿度和较高的气温导致了较大的空气干燥力，从而导致FAO56公式的外动力项增大，且其贡献抵消掉辐射项略小的效应，最终显示了略高的参考作物蒸发量。黔西站的年参考作物蒸发量最小，主要由2个因素所导致，其一，由于所处地理纬度为三站中最高（参见图6-11），因此使其具有较少的年日照时数；其二，具有最大的多年平均相对湿度（81.2%），反映了外动力导致的蒸发能力相对较小，因此最终导致黔西站相对较小的年参考作物蒸发量。

Mann-Kendall趋势检验表明，贵阳站的年参考作物蒸发时间序列 $Z = -3.66$，$\beta = -1.6364$，呈现显著的下降趋势；安顺站的 $Z = 0.68$，即没有明显的变化趋势；黔西站的 $Z = -3.88$，$\beta = -2.0441$，即存在显著的下降趋势。贵阳和黔西2站年参考作物蒸发减小的趋势和日照时数减小的趋势一致。而安顺站线性回归所呈现的微弱上升趋势和该站相对湿度的减小，亦即空气干化有关系。

6.2.2 水文要素—径流量变化

对流域内3个水文站（黄猫村、麦翁和修文）的径流量进行水文要素变化分析（图6-12）。黄猫村位于羊昌河流域，这是猫跳河上游支流，直接流入红枫湖。麦翁站位于桃花园河上，修文水文站位于修文河上。这3个水文站记录的径流量只是反映了支流河流水量的变化。从年径流量变化的分析来看，黄猫村站和修文站的年径流量没有显著的变化趋势。从表6-2的趋势分析结果可以看出，3个水文站 β 均大于0，年径流量表现出上升的趋

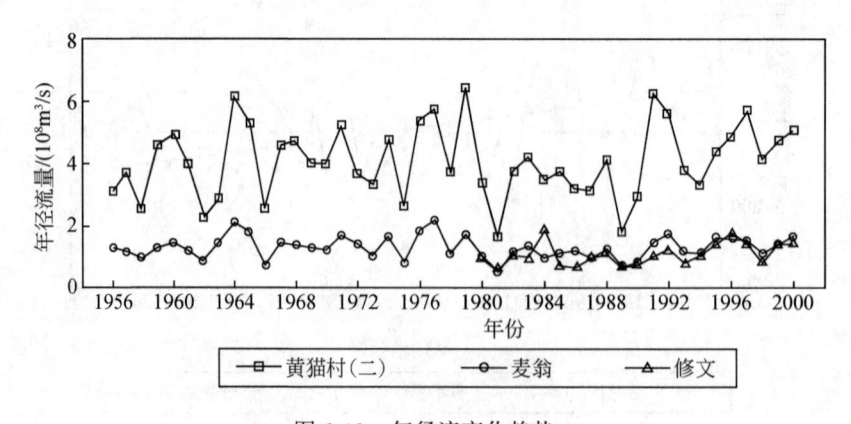

图6-12 年径流变化趋势

势，但黄猫村（二）、麦翁两站均拒绝原假设，则趋势不明显。修文水文站满足一定的显著性要求，说明具有较明显的上升趋势，但可能与年径流序列相对较短有关。

表 6-2 Mann-Kendall 趋势分析统计结果

水文站	年径流量			实测径流量		
	β	Z	显著性水平	β	Z	显著性水平
黄猫村（二）	0.010	0.690	R	0.013	1.057	R
麦翁	0.002	0.169	R	1.69×10^{-4}	0.010	R
修文	0.045	2.701	***	0.027	2.174	**

注：**、*** 分别代表 $\alpha=0.1, 0.05, 0.01$ 的显著性水平，R 代表拒绝原假设

从图 6-13 看出，以上 3 个水文站点均不满足一定的显著水平，拒绝原假设，即不存在径流发生突变的年份。因此，从年径流量变化来看，猫跳河流域支流的年径流量没有显著的变化，这应该与降水量的总体变化趋势是一致的。

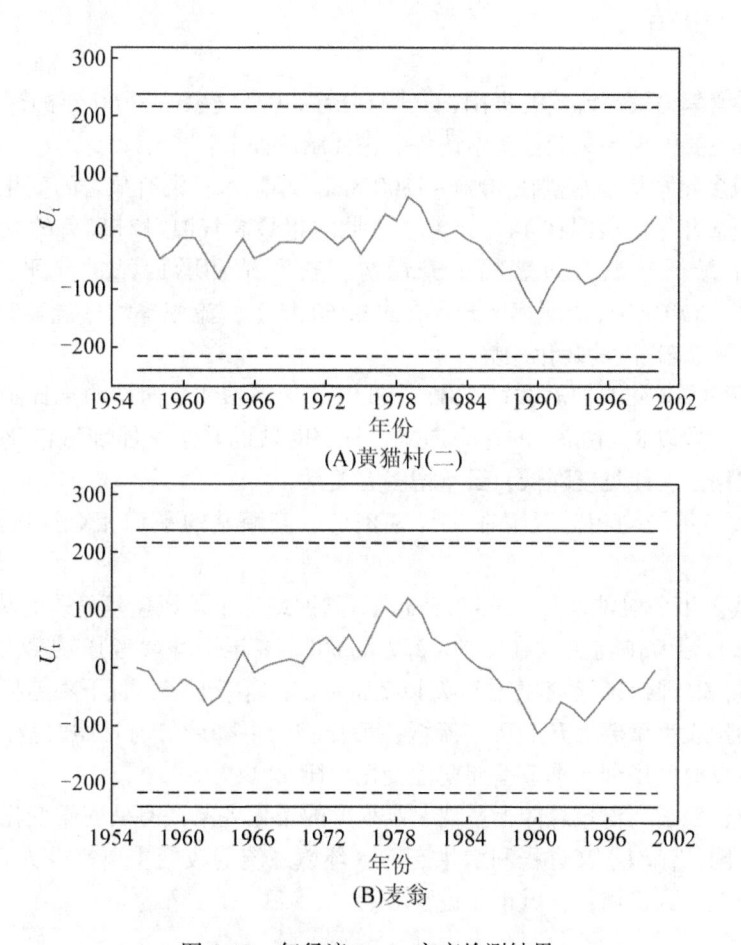

(A)黄猫村(二)

(B)麦翁

图 6-13 年径流 Pettitt 突变检测结果

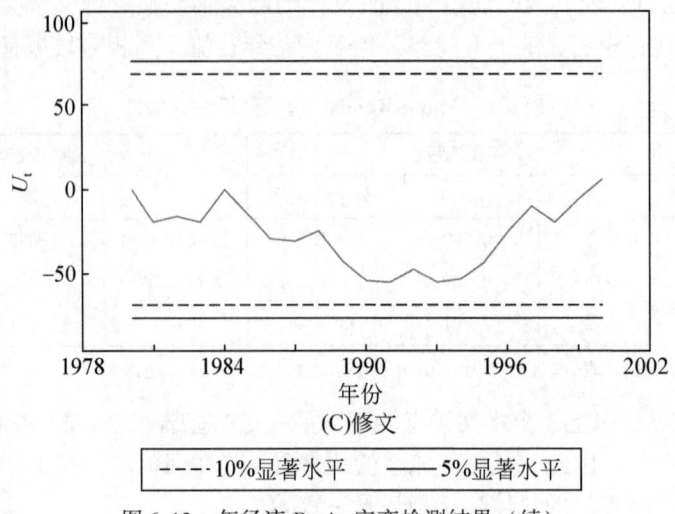

图 6-13 年径流 Pettitt 突变检测结果（续）

6.2.3 小结

研究利用紧邻猫跳河流域的贵阳，安顺和黔西 3 个气象站近 60 年的逐日气象观测数据，分析流域主要气象水文变量基本情势。主要结论如下：

(1) 流域多年平均降水量在 1000~1300 mm。年降水量没有显著的变化趋势。

(2) 流域多年平均气温在 14~15℃。流域的年最高气温没有显著的变化趋势。但年平均气温和年最低气温有显著的上升趋势，安顺站和黔西站的年平均气温分别以 0.07℃/10a 和 0.17℃/10a 的速率上升。在过去 60 年里，流域平均气温累计上升约 0.4~1℃，流域呈现一定程度的暖化趋势。

(3) 流域的平均年日照时数在 1200~1300h。贵阳站和黔西站的年日照时数呈现明显的下降趋势，大致以 8~10h/a 的速率递减。日照时数的减小可能和城市化进程所导致的悬浮物、尘埃增加，能见度降低，云量增多有关系。

(4) 流域多年平均相对湿度在 77%~81%。安顺站的平均相对湿度呈显著的下降趋势。

(5) 流域多年平均风速在 1.4~2.5 m/s。黔西站的平均风速呈显著的减小趋势。

(6) 流域日参考作物蒸发在 2.5~2.7 mm/d。多年平均参考作物蒸发在 900~1000 mm/a。贵阳站和黔西站年参考作物蒸发以 2 mm/a 的速率下降，且下降趋势显著。安顺站的年参考作物蒸发呈微弱上升趋势。流域参考作物的下降趋势与日照时数的减小相一致。日参考作物蒸发时间序列与季节呈周期性变化规律。

综上分析，猫跳河流域总体上呈现一定程度的暖化现象，但是气候变化对流域水量和水质的影响有限。流域水文过程和水生态、水环境系统的改变主要来自人类活动的影响，如水电梯级开发，人口增加，城市化进程等。

6.3 水利工程的生态效应评价

研究应用第4章建立的库坝工程生态效应评价指标体系对猫跳河流域进行评估。

6.3.1 水文效应评价

1. 径流量

径流量是衡量水文情势最直观的指标。通过查阅水文年鉴发现，流域内曾先后设立过十余个水文站点，各水文站点概况及数据获得情况如表6-3所示。可以查出，流域干流数据截至1983年，仅有个别支流数据年限较长。除去数据年份极少的站点外，选取狮子石、修文电厂、红枫、百花、修文、黄猫村、麦翁和七眼桥8个水文站点的月尺度径流数据进行分析，分别包括4个干流和4个支流站点。

表6-3 猫跳河流域内水文站点概况

水文站	河名	流入何处	经度	纬度	集水面积（km²）	数据起始年	数据终止年
狮子石	猫跳河	乌江	106.38	26.83	2737	1957	1968
修文电厂	猫跳河	乌江	106.53	26.83	2084	1958	1983
红板桥	猫跳河	乌江	—	—	2381	1960	1963
红枫	猫跳河	乌江	106.42	26.55	1551	1966	1983
百花	猫跳河	乌江			1832	1964	1983
修文	修文河	猫跳河	106.6	26.85	196	1980	2000
大蒙古	羊昌河	猫跳河	106.18	26.28	637	1954	1954
黄猫村	羊昌河	猫跳河	106.33	26.38	759	1956	2000
老郎寨	虾儿河	猫跳河	106.38	26.37	184	1961	1968
麦翁	（桃花园河）	猫跳河	106.32	26.533	189	1956	2000
平寨	型江	猫跳河	106.08	26.167	333	1960	1966
七眼桥	（小关口河）	型江	106.07	26.3	27.5	1966	1983

图6-14和图6-15分别是猫跳河流域干流和支流年径流量变化趋势。可以看出支流都表现出不同程度的上升趋势，而干流则呈现下降趋势。选择数据年限超过20年的4个站点进行Mann-Kendall趋势分析，其中修文电厂为干流站点，黄猫村和麦翁为分别为上游羊昌河和桃花园河的站点，注入红枫湖，无大型水利工程干扰，而修文站则为修文河的监测站点。分析结果见表6-4，可以看出3个支流站点的β值都大于0，表现出一定的上升趋势，但只有修文站满足一定显著要求，具有较为明显的上升趋势，但其年限较短；而干流站点β值小于0，表现出下降趋势，但并不显著。

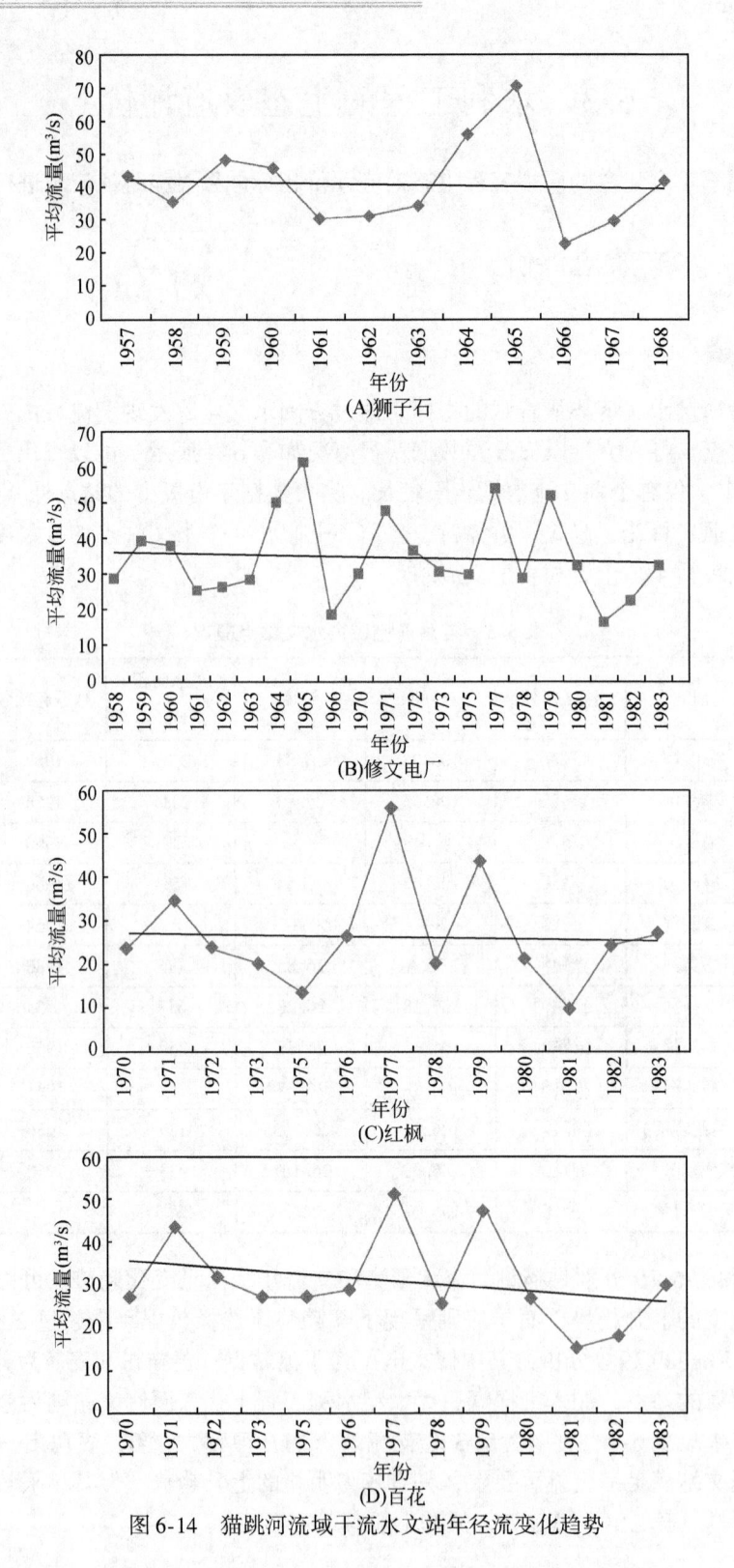

图 6-14 猫跳河流域干流水文站年径流变化趋势

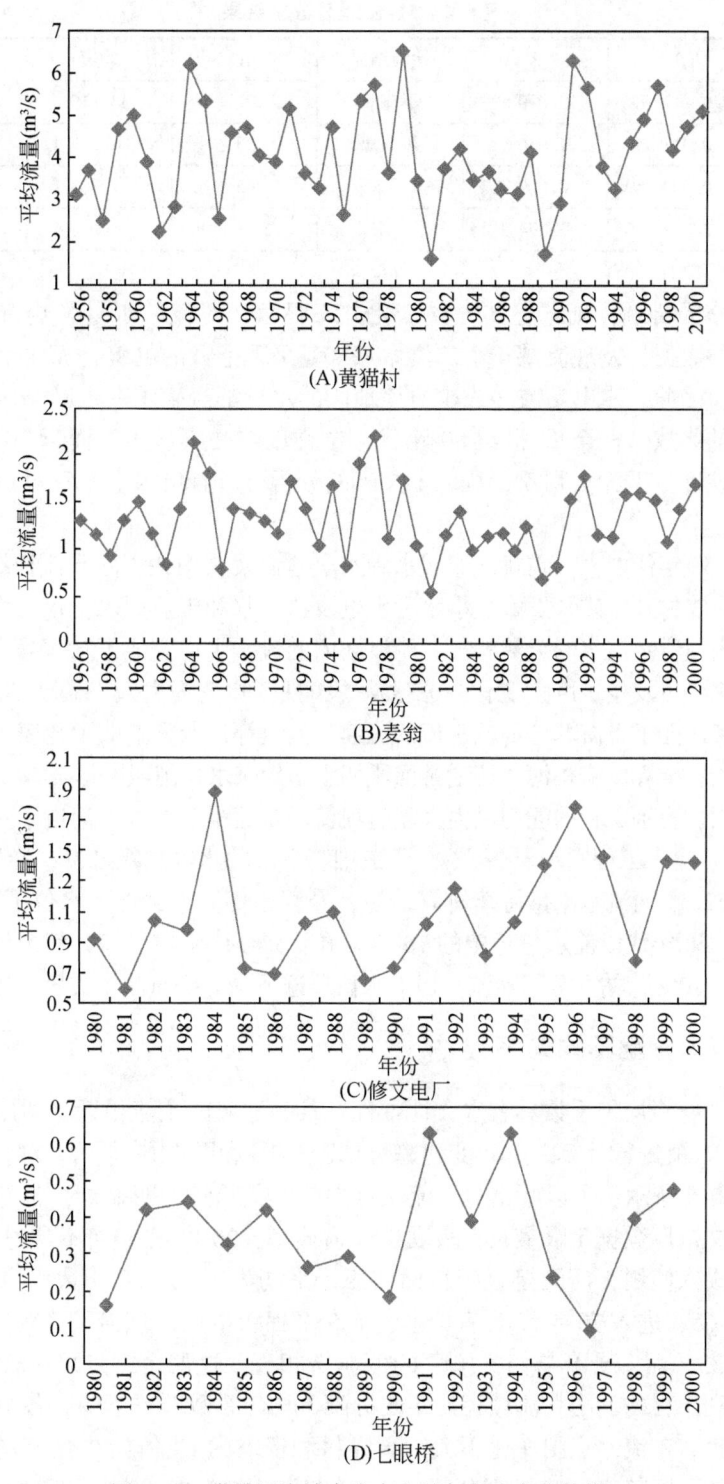

图 6-15 猫跳河流域支流水文站年径流变化趋势

表6-4　M-K趋势分析结果

水文站	β	Z	检验结果	n	均值	数据系列
修文电厂	−0.117 78	−0.090 59	不显著	21	34.819	1958~1983
黄猫村	0.013 051	1.056 5	不显著	45	4.067 4	1956~2000
麦翁	0.000 169	0.009 782	不显著	45	1.303 1	1956~2000
修文	0.027 326	2.174 2	上升	21	1.083 6	1980~2000

综合以上分析结果，流域整体气候变化并不显著，对流域水量影响有限。在此背景下，依据现有的数据，发现流域4个支流站点水量呈现上升的趋势，而4个干流站点则呈现下降的趋势，因此，水电站或多或少对该地区的水量都产生了一定影响，然而由于干流数据年限较短的缘故，截至20世纪80年代，这种影响并不显著，而近30年来干流径流量的变化由于缺乏数据无法判断，从以下文献的分析可以看出水电工程对流域径流的影响还是很大的。

自20世纪50年代以来，猫跳河流域水利水电建设发展极快，除干流梯级（6.5级）电站全部建成外，农村及厂矿开发的大小水利水电及饮用水和工业用水工程二百余处。工程修建改变了流域内河道及河水的天然状态，淹没区内的流水生境变成了水库静水环境，坝址下游江段的水情水势也发生了巨大变化，流量从季节性变化变为由人工调节的无规律性变化，大坝泄洪也直接改变了下游部分河段水流的流速、流量等，严重削减了地表水的数量。根据有关水文站的资料推算，猫跳河干流上游河段四十多年来水量削减率达24%。局部河段及部分支流拥有的引、提水工程的能力已大大超过河流的基流量，如九溪河段平水期平均流量约1.7m³/s，而引、提水工程则需要2m³/s。干流中、下游的水电梯级开发，导致77km的河床水位平均提高22m。河流基流量持续时间缩短，暴涨暴落频繁，地下水位下降，泉井干涸。上游九溪地区，60年代以前水量稳定的10口泉井，如今已干枯5口，其余泉井的水量仅为原水量的30%~70%，枯季全部断流，地下水位普遍下降2~3m（朱文孝，1994）。

2. 径流年内分配不均匀系数

径流年内分配不均匀系数具有水文地带性，某一地域内该值相近。利用月尺度径流数据对各站点的C_{vy}值进行计算，其年变化趋势如图6-16和图6-17所示。对各年代平均值进行统计，如表6-5所示，可以看出，干流站点中除百花趋势不明显外，各站点都呈现下降趋势，其中修文电厂数据年限最长，表现也最为典型，20世纪50年代各水利工程尚未修建好，或尚未投入使用，河流接近于自然状态，平均为1.35；60年代水电站陆续投入使用，C_{vy}降为0.65；进入70年代，基本建成了6个梯级电站，该值又降为0.36；到80年代初期降到0.33。而狮子石与修文电厂的值非常相近，这两个站点可以代表全流域的概况，即由于水利工程的调配，流域径流年内分配不均匀系数严重下降，各月径流分配趋于平衡。相较而言，支流站点则变化不大，黄猫村和麦翁的C_{vy}值始终在1左右，七眼桥虽然呈现出一定的下降趋势，但仍然大于1，支流与该区域自然状态下C_{vy}值相近。因此，可以认为水利工程严重影响了猫跳河干流的年内分配，而支流由于没有大型水利工程的影响，年内径流分配尚与自然状态相近。

表 6-5　猫跳河流域水文站点各年代 C_{vy} 平均值

站点	1950~1959 年	1960~1969 年	1970~1979 年	1980~1983 年	2006~2010 年
狮子石	1.15	0.66	–	–	–
修文电厂	1.35	0.65	0.36	0.33	–
红枫	–	1.03	1.12	0.84	–
百花	–	0.66	0.44	0.33	–
黄猫村	–	1.06	1.17	0.84	1.04
麦翁	–	0.93	1.01	0.66	0.99
七眼桥	–	1.37	1.33	1	–

3. 极端枯水月流量

对各站点的极端枯水月流量进行统计，结果如图 6-18 和图 6-19 所示，可以看出，在各站年径流量未发生显著下降的情况下，经过水库的调蓄作用，除百花略微下降外，其余干流站点的最枯月流量都有所上升。其中以修文电厂表现最为典型，由 20 世纪 50 年代末期的 3.46 m³/s，到 60 年代上升为 4.96 m³/s，到 70 年代大幅上升为 20.17 m³/s，到 80 年代初期略降为 14.07 m³/s，与 50 年代末相比提升了 4 倍之多，说明梯级水库对猫跳河干流起到了巨大的调节作用。而上游几个支流站点则表现不一，其中黄猫村站表现为下降趋势，60 年代为平均为 1.63 m³/s，到了 70 年代略降为 1.28 m³/s，80 年代初期小幅回升到 1.48 m³/s，2006 年至 2010 年平均只有 1.15 m³/s，与 60 年代相比，下降了近 30%。麦翁站 60 年代平均为 0.66 m³/s，70 年代为 0.68 m³/s，80 年代初期略微上涨，为 0.87 m³/s，2006 年后平均为 0.54 m³/s，整体趋势平缓，保持不变。七眼桥站 60 年代末期为 0.019 m³/s，70 年代为 0.026 m³/s，80 年代初期为 0.031，较 60 年代末期上涨了 60% 之多，表现出较为明显的上涨趋势。

从最枯月发生月份来看，虽然干流最枯月流量整体表现为上升趋势，但发生时间却变化明显，如狮子石和修文电厂，在 50 年代末最枯月多发生在 3 月和 4 月，而到 20 世纪 60 年代则多发生在 1 月，70 年代较为平均，4 月稍多，而红枫和百花则更为平均，几乎每个月都有发生，红枫站甚至有年份发生在雨季的 8 月份。而支流站点始终以 3 月和 4 月居多，仅偶尔发生在别的月份。说明水库在增加了干流最枯月流量的同时，却紊乱了自然河流的节律。

综上所述，利用可获得的数据分析了猫跳河流域水利工程对该地区水文情势的影响。近 60 年来，该流域整体气候变化并不显著，支流水量呈上升趋势，而干流则呈现下降趋势，到 20 世纪 80 年代初期，下降的趋势并不明显。对于径流年内分配的影响，由于干流上梯级水库的调蓄作用，不均匀系数 C_{vy} 持续下降，其各月径流分配区域平衡，而支流所受影响较小。最枯月流量表现与径流分配不均匀系数类似，梯级水库增大了干流的最枯月流量，却使河流的自然节律变得紊乱，这对于水生生态系统的稳定非常不利，尤其是鱼类所受影响较大，容易引发严重的生态问题。总体来看，干流各项水文情势指标变化较大，而上游的几条支流由于没有大型水利工程干扰，影响不大。

(A)狮子石

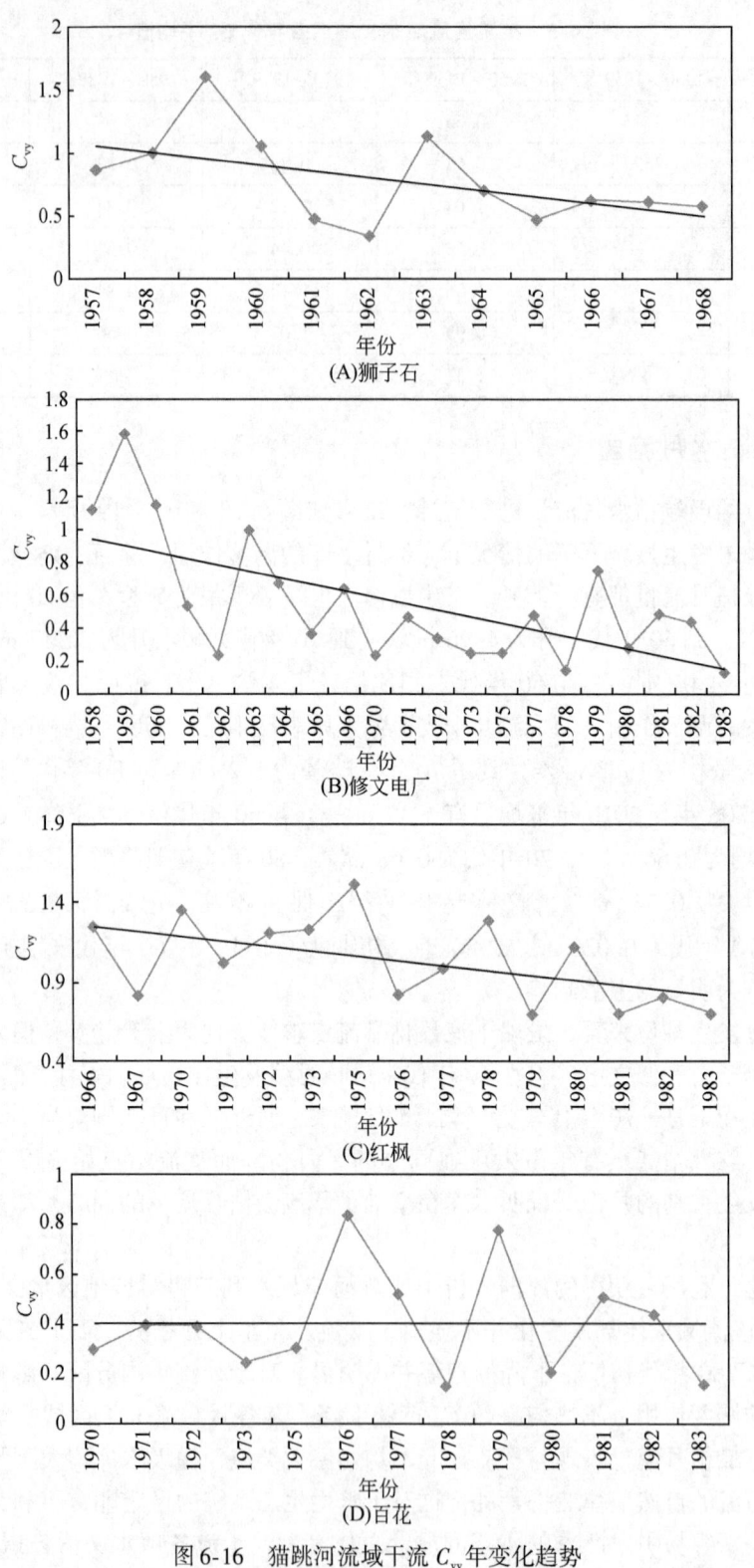

(B)修文电厂

(C)红枫

(D)百花

图 6-16 猫跳河流域干流 C_{vy} 年变化趋势

(A)黄猫村

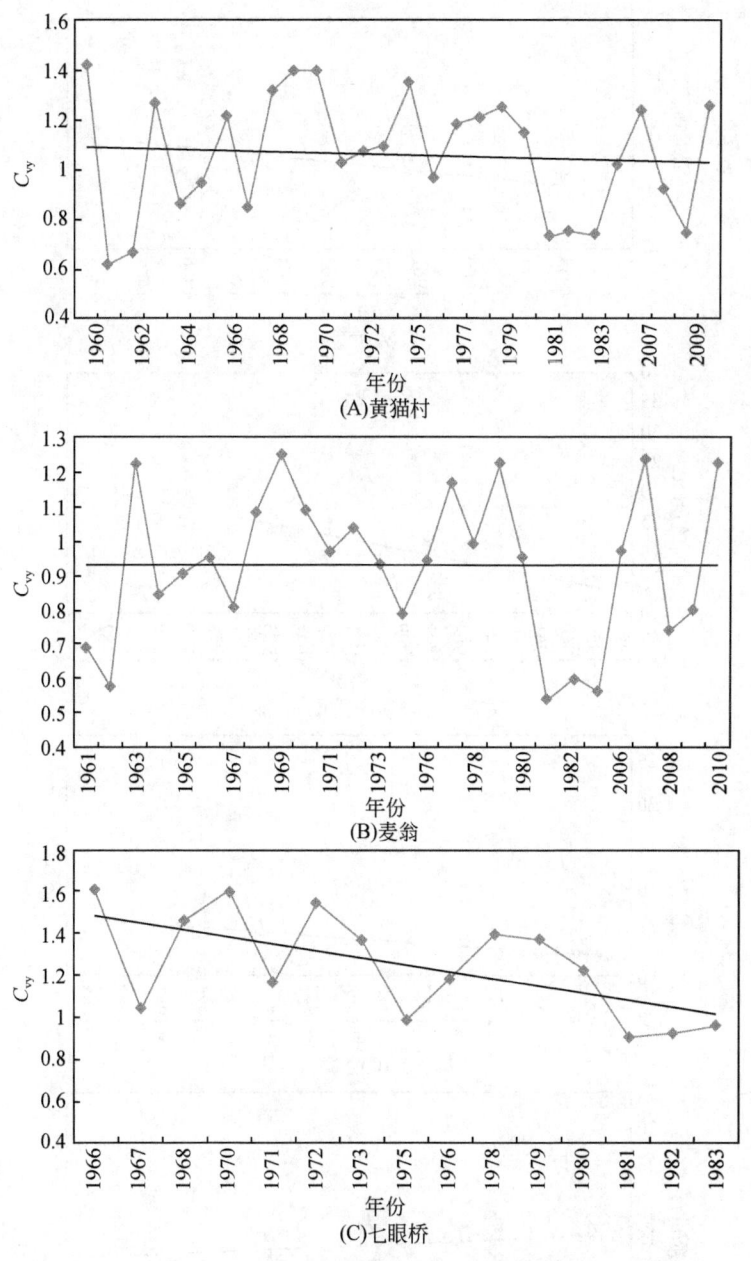

(B)麦翁

(C)七眼桥

图 6-17 猫跳河流域支流 C_{vy} 年变化趋势

6.3.2 水环境污染效应

为摸清猫跳河及其水库水质的空间分布情况，分别于 2011 年 8 月 9 日至 2011 年 8 月 15 日（夏季），以及 2011 年 11 月 9 日至 2011 年 11 月 12 日（冬季）沿河流对水质进行采样监测，样点分布如图 6-20 所示，代码及详细位置见表 6-6 盐指数、氟化物、汞、铅、

(A)狮子石

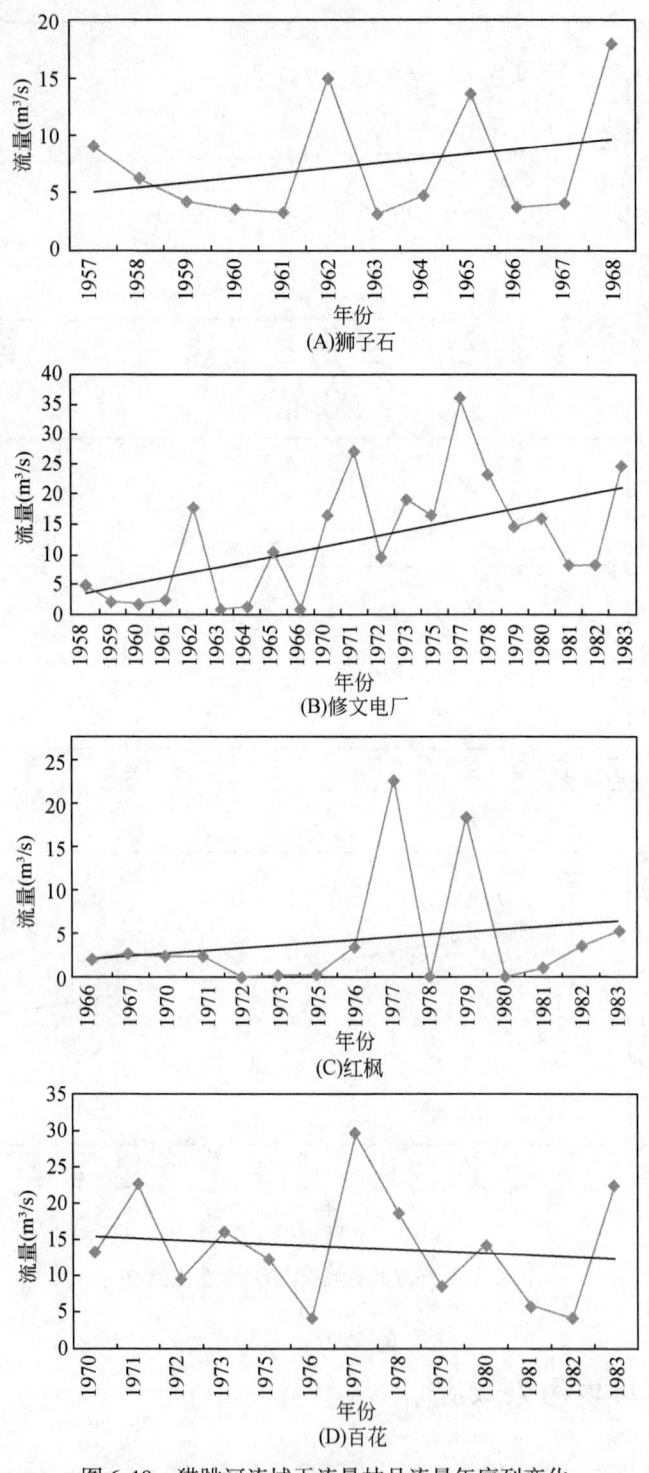

(B)修文电厂

(C)红枫

(D)百花

图 6-18　猫跳河流域干流最枯月流量年序列变化

镉、砷、石油类、粪大肠菌群，同步监测流速、流量、水温。频次为监测一天，每天一次。监测方法严格执行《水和废水监测分析方法（第四版）》及国家相关监测技术规范。

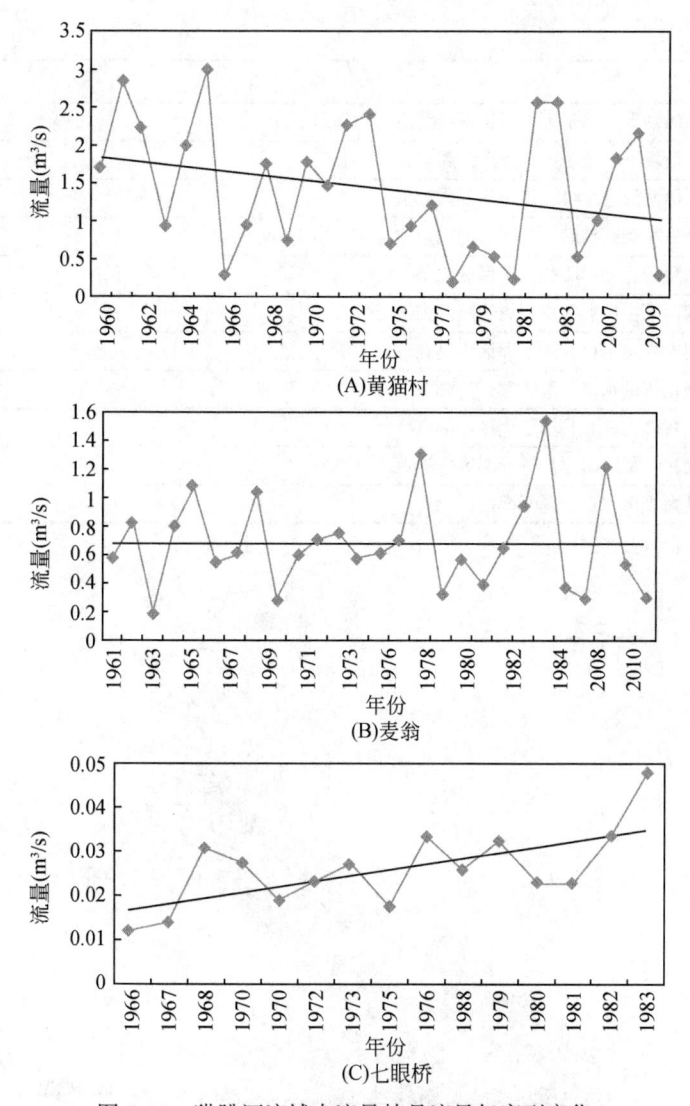

图 6-19　猫跳河流域支流最枯月流量年序列变化

表 6-6　地表水监测断面布设及测点描述

序号	位　　置
W1	红枫湖上游羊昌河测点，属于水库上游河流测点
W2	红枫湖上游麻线河测点，属于水库上游河流测点
W3	红枫湖上游平坝县马场镇场边村源泉河测点，属于水库上游河流测点
W4	猫跳河红枫湖与百花湖之间河段测点，属于两个水库之间河流测点
W5	猫跳河百花湖电站坝下，属于大坝下游河流测点
W6	修文河入猫跳河前，属于水库上游测点
W7	修文电站坝下，属于大坝下游河路测点
W8	窄巷口电站坝下，属于大坝下游河路测点

续表

序号	位置
W9	红林电站坝下，属于大坝下游河路测点
W10	红岩电站坝下，属于大坝下游河路测点
W11	红枫湖两岔河进水口，属于库区内测点
W12	红枫湖将军湾南湖库心，属于库区内测点
W13	红枫湖腰洞北湖库心，属于库区内测点
W14	红枫湖西郊水厂取水点，属于库区内测点
W15	红枫湖大坝出水口，属于库区内测点
W16	百花湖花桥进水口，属于库区内测点
W17	百花湖管理处库心，属于库区内测点
W18	百花湖302泵房库心，属于库区内测点
W19	百花湖大坝出水口，属于库区内测点

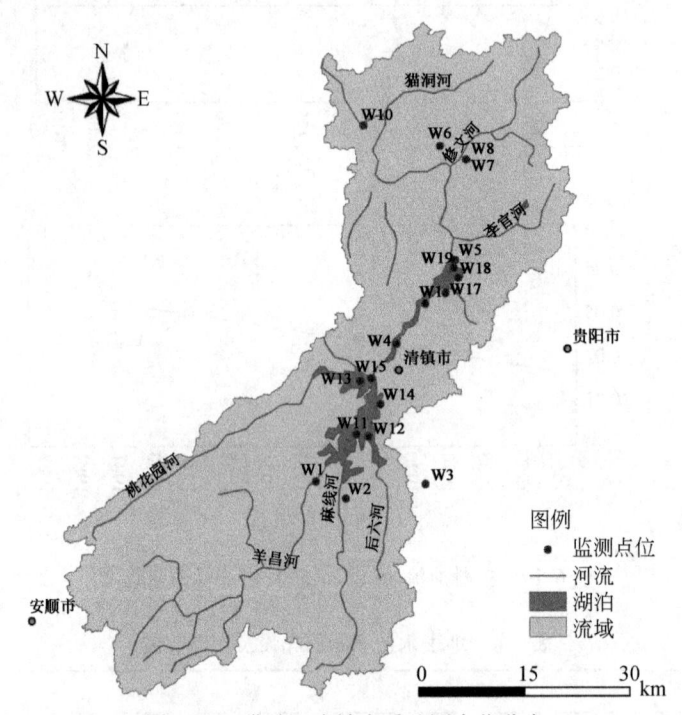

图6-20 猫跳河流域水质监测点位分布

1. 水环境污染的空间变化

监测结果发现，石油类、汞、铅、镉和砷大多低于最低检出限，因此评价结果采用溶解氧、五日生化需氧量、氨氮、总磷、高锰酸盐指数、氟化物和粪大肠菌群七项指标，分别用单因子评价法和综合污染指数评价法进行分析。

1）单因子评价法

分别对夏季和冬季所采样品的检测结果进行单因子评价，按照河流方向将其进行排列，结果如图6-21所示。整体来看，夏季水质要劣于冬季，一般在Ⅳ类水，而冬季则可以维持在Ⅱ~Ⅲ类水。从各站点来看，W1~W3 为入红枫湖前的上游河段，水质较好；而 W11~W15 为红枫湖内监测点，在夏季水质较差，在Ⅳ类水，而冬季则可以维持在Ⅱ类水，W16~W19 为百花湖监测点，同红枫湖情况类似；W5 为百花湖坝下，水质变差，到修文河后略微变好。很明显，库区因为形成了湖泊型静水环境，水体的自净能力下降。

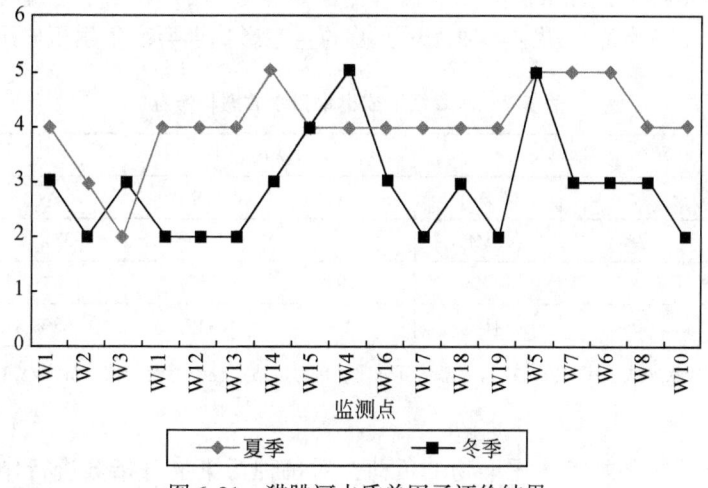

图 6-21 猫跳河水质单因子评价结果

2) 综合污染指数法

采用综合污染指数法的评价结果如下，方法见白洋淀部分。综合结果如图 6-22 所示，可以看出与单因子评价结果类似，冬季水质整体要略好于夏季，尤其是在上游和红枫湖段。河流上游和下游水质要明显好于中段，呈现两头低，中间高的态势；而红枫湖和百花湖已经成为整个河段污染最重的区域。选取坝下或出水口的几个监测点与上一河段（湖）的平均值以及背景值比较，发现红枫湖至百花湖的过渡河段（W4）、百花湖出水口（W19）和修文电站坝下（W6）的水质都会变差，较上游背景值则更差（详见表 6-7），

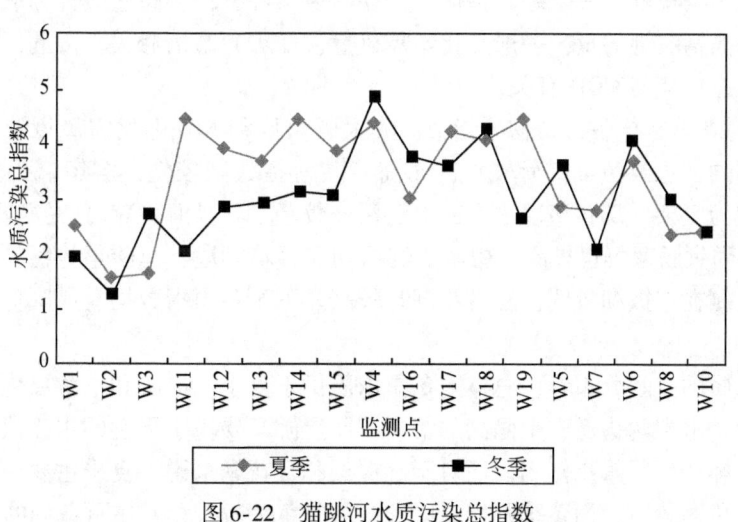

图 6-22 猫跳河水质污染总指数

除百花湖出水口外,其余站点污染指数分别比上一河段(湖)平均值升高了40%和65%;而三个站点分别比上游河段平均值高出141%、87%和103%。说明河流水库化后,水由流动状态转为静止,对污染物的扩散十分不利,下泄水污染较重。而梯级水库的建设,相邻水库之间的缓冲河段较短,不足以使下泄水恢复为自然河段,如W16为百花湖入水口,其污染指数在夏季是上游背景值的1.6倍,冬季是背景值的1.94倍,这样上一水库的下泄污染水又进入下一水库,层层累加,对下游的生态影响也会产生累积作用。

表6-7 水库坝下或出水口水质恶化情况

时段	W4 A	W4 B	W19 A	W19 B	W6 A	W6 B
夏季	7%	131%	19%	137%	33%	97%
冬季	73%	149%	-29%	36%	96%	110%
平均	40%	141%	-5%	87%	65%	103%

注:A为该站点较水库或上一河段污染指数恶化百分比;B为该站点较上游背景值(W1~W3平均值)污染指数恶化百分比

为了进一步了解各站点各污染物的负荷,对每种污染物分指数进行作图,如图6-23和图6-24所示。图6-23为夏季采样的水质污染物分指数,整体来看,粪大肠菌群和氟化物的污染负荷最低,各站点均处于较低水平;其次为五日生化需氧量、氨氮和总磷,基本在各站点都小于1,说明其含量至少优于Ⅲ类水;高锰酸盐指数污染负荷较高,个别站点已经劣于Ⅲ类;而溶解氧负荷最高,除上游河段外,几乎都劣于Ⅳ类。从河段来看,上游各项指标均较低,仅羊昌河(W1)总磷含量较高,而高锰酸盐指数总体处于相对较高状态;红枫湖和百花湖的中游河段以溶解氧和高锰酸盐污染负荷最高,红枫百花之间的河段氨氮污染较重,百花湖中心的总磷也处于较高状态;到下游河段后,污染物浓度大幅下降,但溶解氧始终维持在较高的污染负荷。高锰酸盐指数表示水体水质受有机污染物和还原性无机物质污染程度的一个综合指标,是在一定条件下,以高锰酸钾为氧化剂,处理水样时所消耗的高锰酸钾的量,一般与化学需氧量(COD)显著相关。因此,溶解氧污染负荷处于较高状态可能与COD有关。

图6-24为冬季水样各污染物分指数。粪大肠菌群和五日生化需氧量处于较低污染负荷;与夏季不同,总磷污染负荷较重,而高锰酸盐指数则较低,溶解氧仍然处于高位状态,氨氮则较为复杂。从各河段来看,上游污染较轻,羊昌河(W1)总磷仍然相对较高,而W3点位的粪大肠菌群也较高。中游的红枫湖和百花湖段,总磷整体污染较重,溶解氧也较高,而氨氮在红枫湖较低,在百花湖却较高。下游各项指数均有所降低,总磷和溶解氧仍相对较高。

从流域水质的空间分布看,总体上冬季水质优于夏季,上游和下游要优于中游的红枫湖和百花湖段,呈现两头低、中间高的情形,而上游又要优于下游的水库段,且梯级水库对水质恶化已经产生了累积作用。而对于红枫湖和百花湖来说,夏季主要以溶解氧和高锰酸盐指数污染负荷较重,而冬季则以总磷和溶解氧负荷较重,其中百花湖的氨氮也较高。

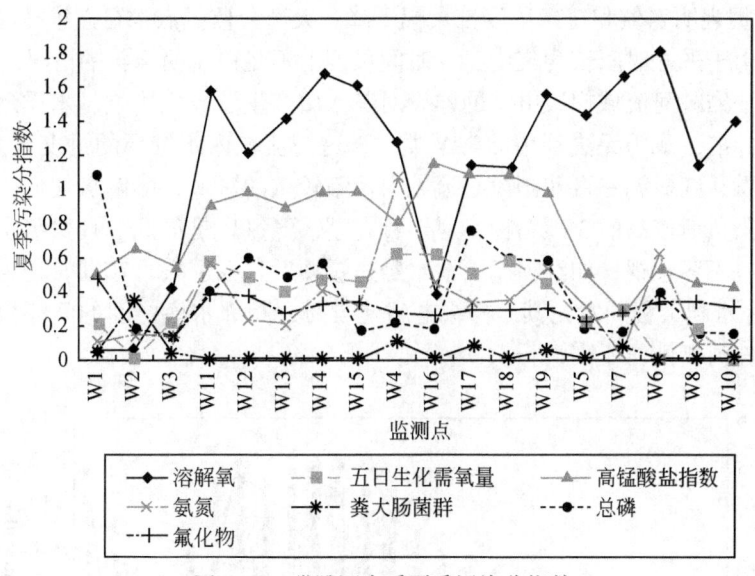

图 6-23 猫跳河水质夏季污染分指数

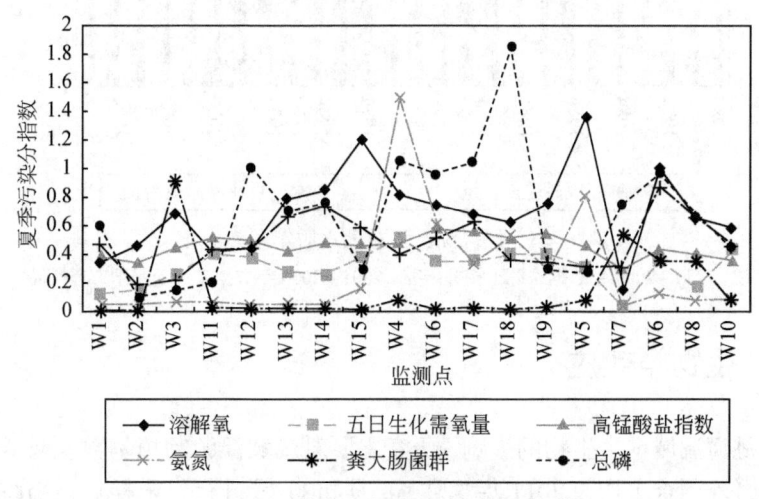

图 6-24 猫跳河水质冬季污染分指数

2. 水环境污染的时间变化

水质的时间序列变化以红枫湖和百花湖的总磷和总氮为例，搜集历史资料进行评价，结果如图 6-25 所示。可以看出，两湖水质从 80 年代开始逐渐恶化，总氮含量在 1996 年达到顶峰后有所好转，然而 2004 年又开始恶化；总磷在 1999 年达到顶峰，同样在 2004 年开始恶化。根据中国地表水环境质量标准，红枫湖总氮含量在 1984 年起就超过Ⅴ类水，为劣Ⅴ类水，在 1996 年，总氮浓度为Ⅴ类水标准的 2.8 倍；百花湖总氮含量也在 1987 年呈劣Ⅴ类，在 1996 年其浓度为Ⅴ类水的 2.1 倍。相对于总氮，两湖总磷含量总体情况稍好，在 80 年代可以达到Ⅱ类水标准，而 90 年代出现恶化，为Ⅲ类水标准，90 年代后期至 2000 年初期稍有好转，但个别那年份也有突发恶化状况出现，如 1999 年和 2005 年。而

147

2011年监测数据表明氨氮和总磷浓度都大幅下降，大部分监测点都可以维持在Ⅲ类水甚至更好，然而，由于采样时间较为集中，在时间尺度上不足以说明全年的情况。

总体来看，猫跳河流域梯级电站的建设对其水质产生了较大影响，水质逐年恶化，一度超过Ⅴ类水标准，成为无法利用的劣Ⅴ类水，这与流域内水资源的过度开发密不可分。从空间尺度上看，红枫湖—百花湖段是流域内污染较重的区域，溶解氧偏低、总磷和高锰酸盐指数是污染负荷较高的3项指标，对于百花湖，氨氮也是如此。且梯级水库对水质恶化的累积作用也不容忽视，如红枫湖下泄水经过缓冲后，在进入百花湖时仍高于背景值近2倍。因此，在水利工程开发尤其是梯级电站建设时，相邻水库之间的间隔极为重要，要充分考虑到自然河流恢复所需河长。

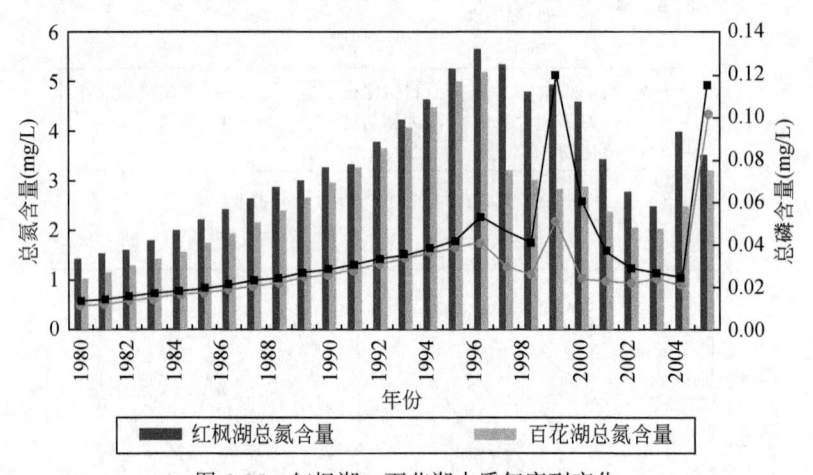

图6-25 红枫湖、百花湖水质年序列变化
注：1980~2000年数据来源于相关研究，2001~2005年数据来源于贵阳市环保局

6.3.3 生物学效应

为摸清猫跳河流域水生生物的影响，研究主要对流域浮游动植物数量及其分布特征开展调查分析。野外调查工作在2011年6月、8月和11月进行，采样点是猫跳河的上游河流羊昌河焦家桥（HF-JJQ）、红枫湖的将军湾（HF-JJW）、花鱼洞（HF-HYD）、大坝（HF-DB）、红枫湖大坝下游（HF-DB-XY）、百花湖水库岩脚寨（BH-YJZ）、码头（BH-MT）、大坝（BH-DB）及百花湖大坝下游（BH-DA-XY）。其中红枫湖水库和百花湖水库根据水体的深度分别分4~5个层面采样调查。

浮游植物定量样品在根据水体的深度，分4~5个层面，每层采取1~1.5 L水样，用3%~5%福尔马林固定，在实验室浓缩沉淀；浮游植物定性样品用25号浮游生物网（64μm），在不同方向进行拖网，同样用3%~5%福尔马林固定。浮游植物定性、定量样品均在显微镜下进行鉴定和计数。

浮游动物定量样品在根据水体的深度，分4~5个层面，每层采取1~1.5 L水样，用3%~5%福尔马林固定，在实验室浓缩沉淀；浮游植物定性样品用13号浮游生物网（112μm），在不同方向进行拖网，同样用3%~5%福尔马林固定。浮游动物定性、定量样

第6章 猫跳河流域梯级开发的生态效应评估

品均在显微镜下进行鉴定和计数。

1. 浮游植物组成及其丰度分布特征

浮游植物的种类组成及其丰度变化是多样性指数计算的基础。由于河流连续性在一定程度上被梯级水库打断，猫跳河梯级水库红枫湖、百花湖及其上下游的浮游植物种类组成及其丰度呈现出明显的规律变化。

1）种类组成

3 次采样共监测到浮游植物 96 种，其中蓝藻门的藻类 16 种，绿藻门的藻类 49 种，硅藻门的藻类 20 种，甲藻门的藻类 3 种，金藻门的藻类 2 种，裸藻门的藻类 5 种，隐藻门的藻类 1 种。各采样点浮游植物种类组成汇总情况如表 6-8 和图 6-26 所示，河流采样点以硅藻为主，库区红枫湖和百花湖采样点浮游植物以蓝藻为主，红枫湖和百花湖采样点的浮游植物种类明显多于河流采样点的浮游植物种类。

表 6-8 采样点浮游植物种类组成统计表

种类	HF-JJQ	HF-JJW	HF-HYD	HF-DB	HF-DB-XY	BH-YJZ	BH-MT	BH-DB	BH-DB-XY
蓝藻	3	8	8	7	5	6	7	6	6
绿藻	3	18	16	11	5	10	13	8	4
硅藻	10	12	6	8	6	6	7	6	6
甲藻	1	1	2	2	1	1	1	1	0
金藻	0	0	0	0	0	0	2	0	0
裸藻	1	2	2	2	0	3	3	3	1
隐藻	0	0	0	0	1	1	1	1	0
合计	18	41	34	30	18	27	34	25	17

从表 6-9 可以看出，河流采样以 6 月份采集的种类最多，每次在 16~17 种左右，而以 11 月份采样的样品中种类最少。从浮游植物种类组成来看，以硅藻为主，其次是绿藻和蓝藻。

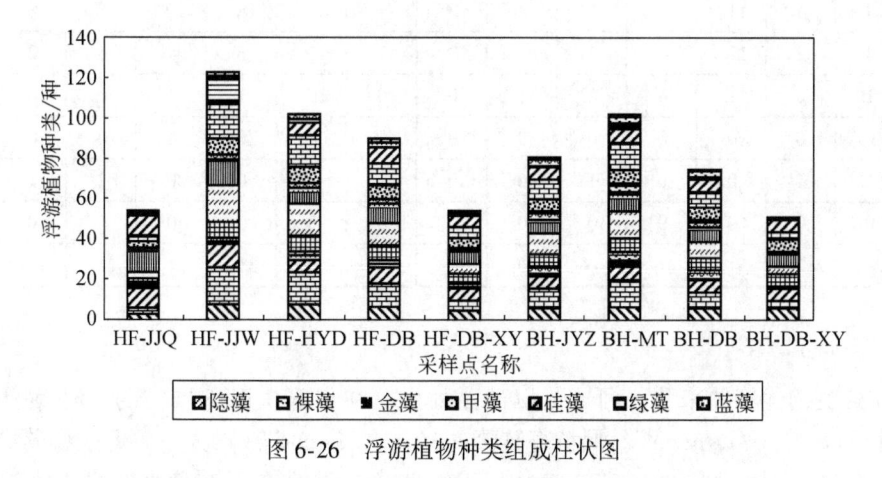

图 6-26 浮游植物种类组成柱状图

表 6-9　河流各采样点不同月份浮游植物种类组成

种类	6月			8月			11月		
	HF-JJQ	HF-DB-XY	BH-DBXY	HF-JJQ	HF-DB-XY	BH-DB-XY	HF-JJQ	HF-DB-XY	BH-DB-XY
蓝藻	3	4	6	3	5	0	0	1	0
绿藻	1	4	4	1	5	4	3	4	4
硅藻	10	6	6	3	5	2	2	5	2
甲藻	1	1	0	1	0	0	1	0	0
金藻	0	0	0	0	0	0	0	0	0
裸藻	1	0	1	1	0	0	0	0	0
隐藻	0	1	0	0	1	0	0	0	0
合计	16	16	17	9	16	6	6	10	6

红枫湖和百花湖浮游植物以蓝藻中的湖泊假鱼腥藻（*Pseudanabaena limnetica*）为优势藻类，以硅藻中的肘状针杆藻（*Synedra ulna*）为次优势藻，而栅藻（*Scenedesmus sp.*）、小球藻（*Chlorella vulgaris*）、直链藻（*Melosira sp.*）为常见藻类，它们均为富营养型湖泊中的优势类群。

从表 6-10 可以看出，红枫湖水库将军湾浮游植物种类数垂直分布情况，浮游植物以绿藻、蓝藻和硅藻为主，11月份监测到的浮游植物种类数最多，其次是6月份，8月份最少。浮游植物以表层种数最多，而底层浮游植物种数最少。

表 6-10　红枫湖将军湾浮游植物垂直分布

种类	6月				8月					11月				
	HF-JJW-0.5m	HF-JJW-5m	HF-JJW-10m	HF-JJW-12m	HF-JJW-0.5m	HF-JJW-4m	HF-JJW-8m	HF-JJW-12m	HF-JJW-16m	HF-JJW-0m	HF-JJW-4m	HF-JJW-8m	HF-JJW-12m	HF-JJW-16m
蓝藻	5	5	7	2	6	8	4	4	2	6	6	8	6	4
绿藻	9	4	11	1	6	8	3	1	0	18	10	8	8	14
硅藻	4	2	12	4	3	3	3	2	1	6	4	6	2	6
甲藻	1	0	1	0	0	1	0	0	0	1	1	0	0	1
金藻	0	0	0	0	0	0	0	0	0	0	0	0	0	0
裸藻	1	1	0	0	1	0	0	0	0	0	0	2	1	0
隐藻	0	0	0	0	0	0	0	0	0	0	0	0	0	0
合计	20	12	31	7	16	20	10	7	3	31	21	24	17	25

2）优势种

从浮游植物优势种来看，河流是以硅藻为主，在焦家桥以硅藻中的针杆藻（*Synedra sp.*）、小环藻（*Cyclotella sp*）、颗粒直链藻（*Melosira granulata*）为主，但是各藻类优势度不明显；在红枫湖大坝下游，浮游植物以硅藻为主，但是在下游静水的浅水小池中水绵（*Spirogyra*）、水网藻（*Hydrodictyon reticulatum*）也占优势；在百花湖大坝下游，6月和8

月浮游植物以蓝藻中的湖泊假鱼腥藻（*Pseudanabaena limnetica*）为优势藻类，在11月份以硅藻为优势藻。

红枫湖水库和百花湖水库浮游植物以蓝藻中的湖泊假鱼腥藻（*Pseudanabaena limnetica*）为优势藻类，以硅藻中的肘状针杆藻（*Synedra ulna*）为次优势藻，而栅藻（*Scenedesmus sp.*）、小球藻（*Chlorella vulgaris*）、直链藻（*Melosira sp.*）为常见藻类。

3）浮游植物丰度分布特点

从图6-27可以看出，河流浮游植物丰度在 $1.5 \sim 163.95 \times 10^4$ cells/L，以红枫湖的焦家桥采样点浮游植物丰度最低，而以百花湖大坝下游浮游植物丰度最高。从季节上看，百花湖大坝下游在6月份和8月份最高，分别达到 163.95×10^4 cells/L 和 136.45×10^4 cells/L。

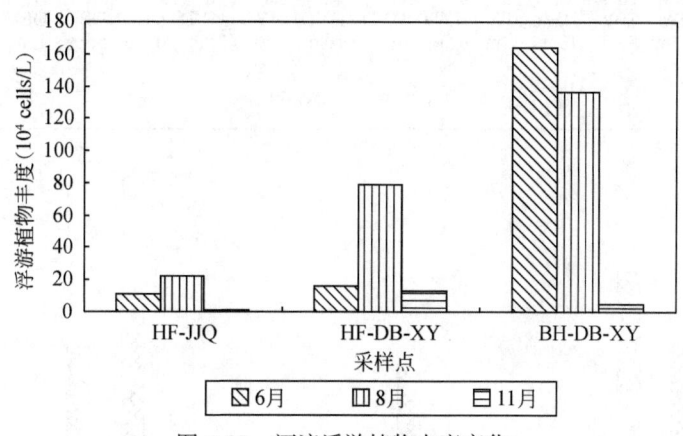

图6-27 河流浮游植物丰度变化

从图6-28可以看出，红枫湖水库浮游植物垂直和季节变化。浮游植物丰度表层6月份最高，其次是8月份，11月份最低。空间上看，6月份红枫湖水库大坝浮游植物丰度最高达到 2880×10^4 cells/L，8月和11月份将军湾的浮游植物丰度最高，分别为 2078×10^4 cells/L 和 354×10^4 cells/L，花鱼洞的浮游植物丰度最低。从浮游植物垂直分布来看，表层浮游植物丰度明显高于底层浮游植物丰度。

从图6-29可以看出，百花湖水库浮游植物垂直和季节变化。浮游植物丰度表层6月份最高，其次是8月份，11月份最低。空间上看，6月份百花湖水库大坝浮游植物丰度最高达到 2473×10^4 cells/L，8月和11月份岩脚寨和码头的浮游植物丰度最高，分别为 2257×10^4 cells/L 和 312×10^4 cells/L。从浮游植物垂直分布来看，表层浮游植物丰度明显高于底层浮游植物丰度。

4）浮游植物丰度组成特点

猫跳河浮游植物的组成（表6-11）可以看出，红枫湖上游河流焦家桥和红枫湖大坝下游浮游植物主要是以硅藻和绿藻，硅藻在红枫湖大坝下游比例在50%以上，在11月份高达73.68%，而且在焦家桥8月份甲藻的比例占浮游植物丰度总数的51.63%。在百花湖大坝下游，浮游植物丰度以蓝藻和硅藻为主，6月份和8月份蓝藻的丰度占浮游植物丰度的68%左右，而在11月份，浮游植物丰度以绿藻和硅藻为主，各占50%。

(A)6月

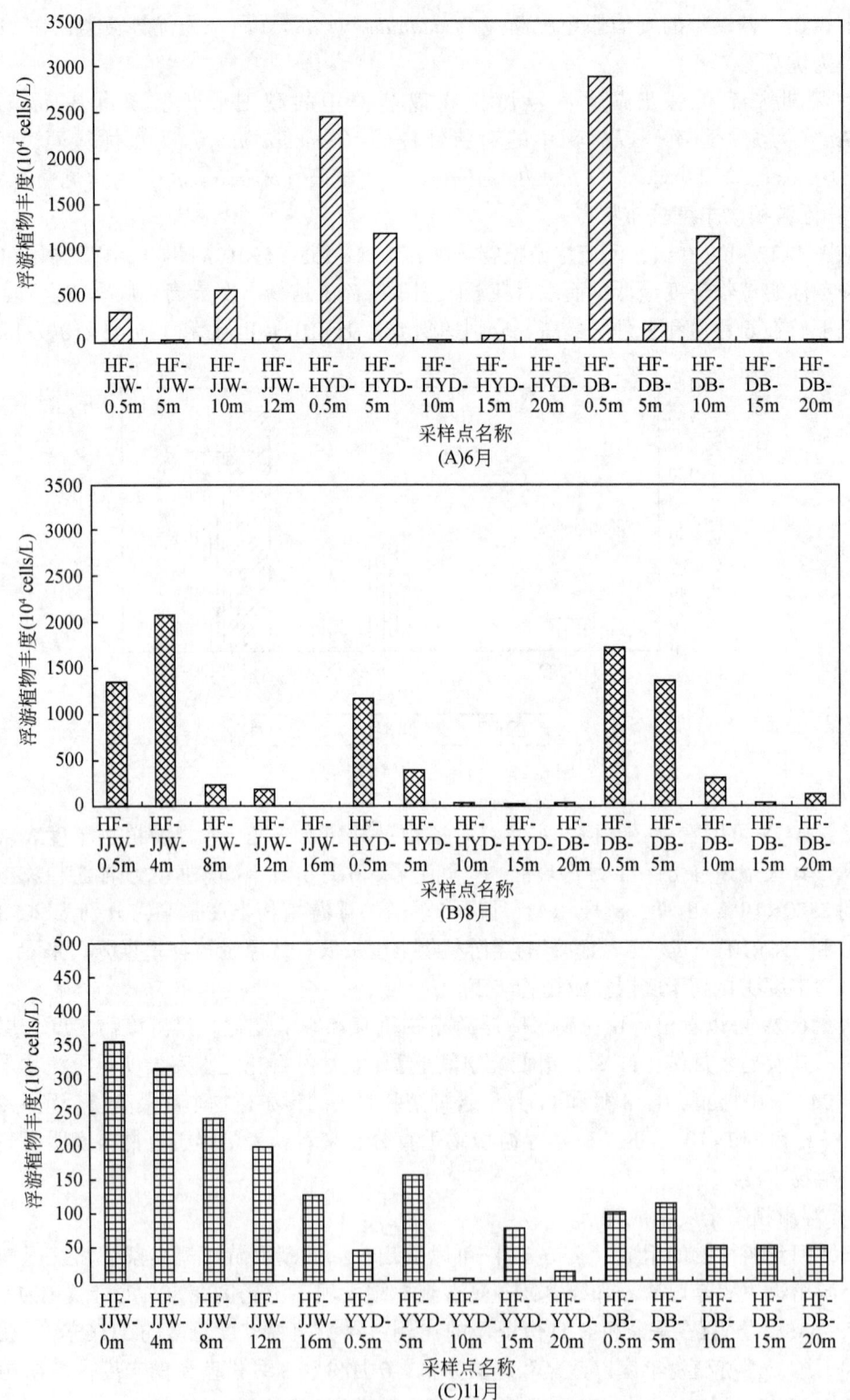

(B)8月

(C)11月

图 6-28 红枫湖水库浮游植物丰度变化

图 6-29 百花湖水库浮游植物丰度变化

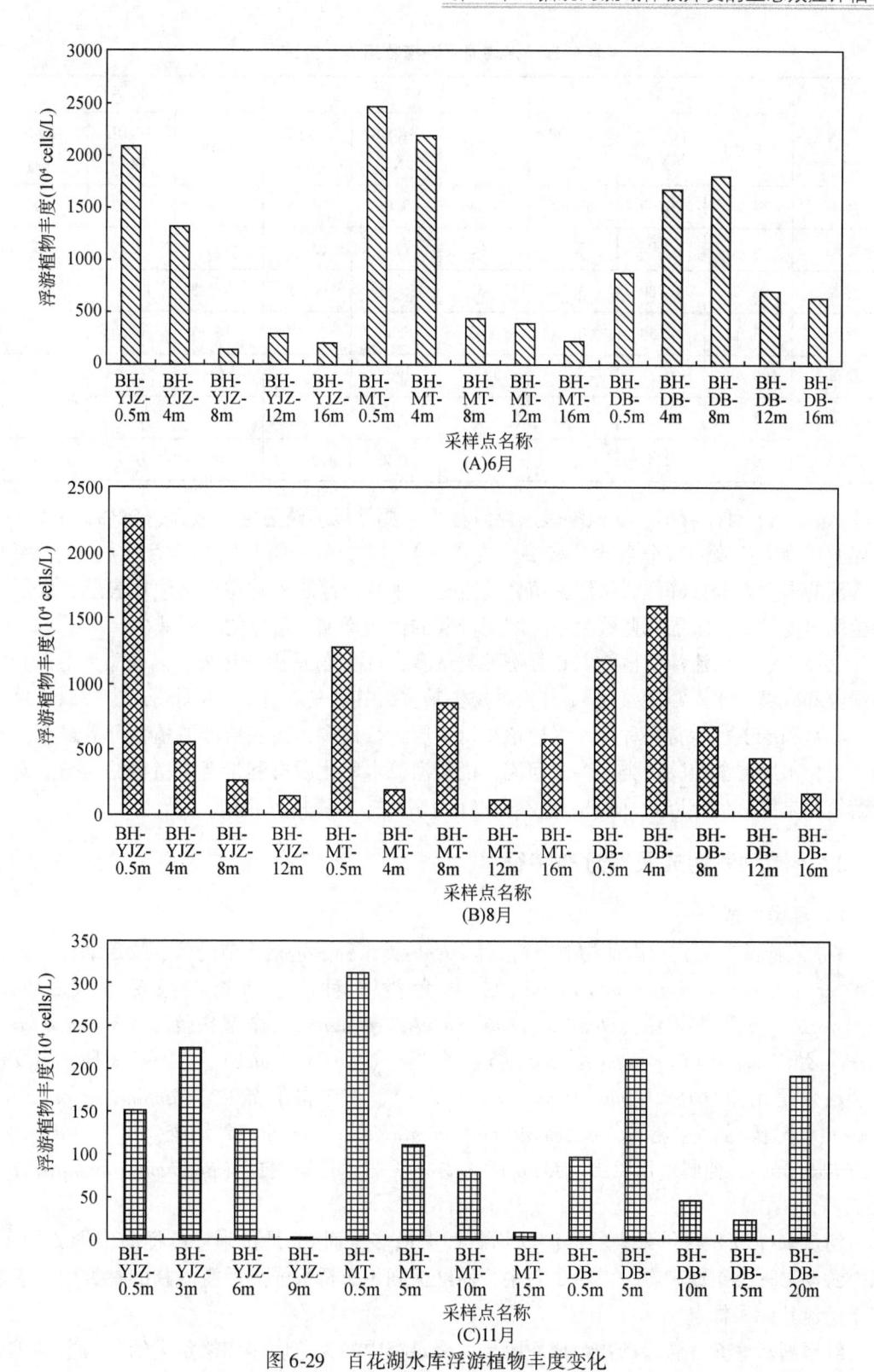

表 6-11 猫跳河浮游植物组成百分数

种类	6月			8月			11月		
	HF-JJQ	HF-DB-XY	BH-DB-XY	HF-JJQ	HF-DB-XY	BH-DB-XY	HF-JJQ	HF-DB-XY	BH-DB-XY
蓝藻	24.24	20.00	68.09	9.68	37.04	68.38	0	10.53	0
绿藻	3.03	5.00	5.67	12.90	6.17	10.66	50	15.79	50
硅藻	66.67	70.00	25.53	22.58	55.56	16.18	33.33	73.68	50
甲藻	3.03	2.50	0	51.63	0	1.47	16.67	0	0
金藻	0	0	0	0	0	0	0	0	0
裸藻	3.03	0	0.71	3.23	0	3.31	0	0	0
隐藻	0	2.50	0	0	1.23	0	0	0	0

从表 6-11 可以看出，红枫湖表层浮游植物主要是以蓝藻为主，最高达 98%。6月和8月浮游植物中蓝藻的百分数含量较高，在 11月份，硅藻和绿藻的丰度百分数含量增加，而蓝藻的丰度百分数降低。从浮游植物垂直分布来看，浮游植物主要集中在表层，底层浮游植物丰度较少，表层以蓝藻为主，底层硅藻的比例增加，蓝藻的比例减少。

总体来看，河流浮游植物以 6月份种类最多，11月份最少，优势种以硅藻为主，其次是绿藻和硅藻。水库浮游植物 11月份种类数最多，其次是 6月份，8月份最少。以蓝藻为主，硅藻和绿藻也为常见种类。浮游植物以表层种数最多，而底层浮游植物种数最少。相较而言，水库浮游植物种类远多于河流，说明河流水库化后有利于浮游植物的增殖。对于浮游植物丰度，河流以 6月和 8月较高，11月较低，水库情况相似。

2. 浮游动物组成及其分布特征

1）种类组成

3 次采样共监测到浮游动物 27 种，其中桡足类 3 种，包括无节幼体、桡足幼体和温中剑水蚤（*Mesocyclops thermocyclopoides*），枝角类 5 种，包括长额象鼻溞（*Bosmina longirostris*）、长肢秀体溞（*Diaphanosoma leuchtenbergianum*）、微型裸腹溞（*Moina micrura* Kurz）、颈沟基合溞（*Bosminopsis deitersi*）、蚤状溞（*Daphnia pulex*）和轮虫 18 种，主要包括裂足臂尾轮虫（*Brachionus diversicornis* Daday）、前节晶囊轮虫（*Asplanchna priodonta* Gosse）、卜氏晶囊轮虫（*Asplanchna brightwelli*）、方形臂尾轮虫（*Brachionus quadridentatus*）、曲腿龟甲轮虫（*Keratella valga*）、浦达臂尾轮虫（*Brachionus budapestiensis* Daday）。

河流采样以 8月份采集的浮游动物的种类最多，而 11月份采样的样品中种类最少。从浮游动物种类组成来看，以轮虫为主，而红枫湖焦家桥采样点浮游动物的种类数明显要多于河流其他采样点。

红枫湖水库 6月浮游动物组成主要是以桡足类中的无节幼体和桡足类幼体为主要优势种类，枝角类中以长额象鼻溞为主要溞类。轮虫中以裂足臂尾轮虫、卜氏晶囊轮虫、剪形臂尾轮虫、前节晶囊轮虫为主要常见种类，而以卜氏晶囊轮虫为优势种。8 月浮游动物组成主要是桡足类和枝角类的种类数仍然较少，但是轮虫种类数较 6 月种类数增多。11 月浮游动物组成主要是桡足类幼体为主要优势种类，轮虫种类数和 6 月、8 月相比，种类数降低。

百花湖水库 6 月浮游动物组成主要是以桡足类中的无节幼体和桡足类幼体为主要优势种类，枝角类中较少。轮虫中以裂足臂尾轮虫、卜氏晶囊轮虫、剪形臂尾轮虫、前节晶囊轮虫为主要常见种类，而以裂足臂尾轮虫为优势种。8 月浮游动物组成主要是桡足类和枝角类的种类数仍然较少，但是轮虫种类数较 6 月份种类数增多。11 月浮游动物组成主要是桡足类幼体和枝角类的长额象鼻溞为主要优势种类，轮虫以卜氏晶囊轮虫为优势种类。

2）数量分布

从图 6-30 可以看出，河流浮游动物数量在百花湖大坝下游最低，而在红枫湖的焦家桥及红枫湖大坝下游最高。从季节变化来看，8 月浮游动物数量最多。从浮游动物的组成看，主要是由轮虫组成，其次是枝角类（表 6-12）。

红枫湖水库浮游动物变化如图 6-31 所示，6 月浮游动物数量花鱼洞最高，其次是将军湾，而大坝最低。从浮游动物组成来看，花鱼洞以桡足类为主，其次是轮虫类，而在将军湾桡足类和轮虫都占有一定的数量，大坝主要是由桡足类组成。花鱼洞表层桡足类数量最多，达到 131.58ind/L，将军湾轮虫的数量最多，达到 68.13 ind/L。8 月浮游动物数量将军湾中下层最高，其次是花鱼洞，而大坝最低。从浮游动物组成来看，花鱼洞以轮虫类为主，其次是枝角类和桡足类。花鱼洞中层枝角类数量最多，达到 78.2ind/L，将军湾轮虫的数量最多，达到 88.75ind/L。11 月浮游动物数量将军湾中下层最高，其次是花鱼洞，而大坝最低。从浮游动物组成来看，将军湾和花鱼洞以桡足类为主，其次是枝角类。将军湾中下层桡足类数量最多，达到 119.33ind/L，大坝枝角类的数量最多，达到 44.1ind/L，轮虫的数量明显降低。

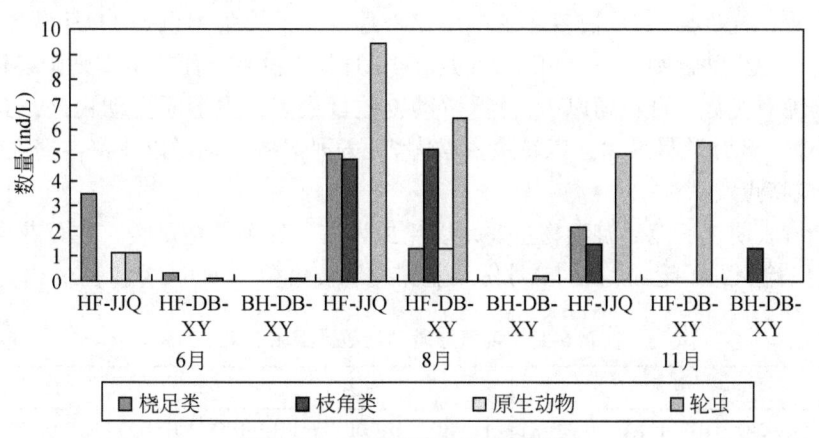

图 6-30　河流浮游动物数量变化

表 6-12　河流浮游动物数量变化　　　　　　　　　　（单位:%）

项目	6月 HF-JJQ	6月 HF-DB-XY	6月 BH-DB-XY	8月 HF-JJQ	8月 HF-DB-XY	8月 BH-DB-XY	11月 HF-JJQ	11月 HF-DB-XY	11月 BH-DB-XY
桡足类	3.45	0.345	0	5.06	1.3	0	2.175	0	0
枝角类	0	0	0	4.84	5.2	0	1.45	0	1.3
原生动物	1.15	0	0	0	1.3	0	0	0	0
轮虫	1.15	0.115	0.105	9.46	6.5	0.21	5.075	5.5	0
总和	5.75	0.46	0.105	19.36	14.3	0.21	8.7	5.5	1.3

总体来看，红枫湖桡足类在6月份和11占绝对优势，而在8月份稍稍降低；枝角类则在6月较少，而8月份占一定优势，11月份数量居中；原生动物仅在8月有一定数量，而在6月和11月数量非常稀少；轮虫在6月和8月占据优势，11月几乎消失。因此，红枫湖在6月以桡足类和轮虫为主，到8月份枝角类增多，三者共同占据主导地位；到11月份则以桡足类占绝对优势，伴随有一定数量的枝角类存在。

百花湖浮游动物数量变化如图6-32所示。百花湖水库6月浮游动物数量码头上层最高，其次是岩脚寨，而大坝最低。从浮游动物组成来看，轮虫是主要的浮游动物，其次是桡足类。码头轮虫数量最多，达到81.2ind/L，码头枝角类的数量最多达到20.3ind/L，枝角类数量很低。8月浮游动物数量大坝上层最高，其次是岩脚寨，而码头最低。从浮游动物组成来看，轮虫是主要的浮游动物，其次是桡足类。大坝轮虫数量最多，达到34.65ind/L，大坝桡足类的数量最多达到31.5ind/L，岩脚寨原生动物有一定的数量。11月浮游动物数量岩脚寨的最高，其次是大坝寨，而码头最低。从浮游动物组成来看，在大坝轮虫是主要的浮游动物，在岩脚寨桡足类是主要的优势浮游动物，达到161.25 ind/L，其次是轮虫。大坝轮虫数量最多，达到116.11ind/L。

总体来看，桡足类11月最多，在6月和8月较少；枝角类也是11月最多，6月和8月几乎没有；原生动物则在8月出现，6月和11月几乎没有；而轮虫类则始终较多，尤其是6月占据绝对优势。百花湖以11月浮游动物数量最多，除了原生动物外，其他种类数量都较为丰富；8月数量最少，以轮虫占据优势；6月居中，同样以轮虫占据优势。

3）组成特点

调查分析表明，河流浮游动物主要是以轮虫为主，其次是桡足类。在百花湖大坝下游6月和8月仅检测到了轮虫，而11月份只监测到了枝角类（图6-33和表6-13）。

表 6-13　河流浮游动物数量组成变化　　　　　　　　（单位:%）

项目	6月 HF-JJQ	6月 HF-DB-XY	6月 BH-DB-XY	8月 HF-JJQ	8月 HF-DB-XY	8月 BH-DB-XY	11月 HF-JJQ	11月 HF-DB-XY	11月 BH-DB-XY
桡足类	60	75	0	26.14	9.09	0	25	0	0
枝角类	0	0	0	25	36.36	0	16.67	0	100
原生动物	20	0	0	0	9.09	0	0	0	0
轮虫	20	25	100	48.86	45.45	100	58.33	100	0

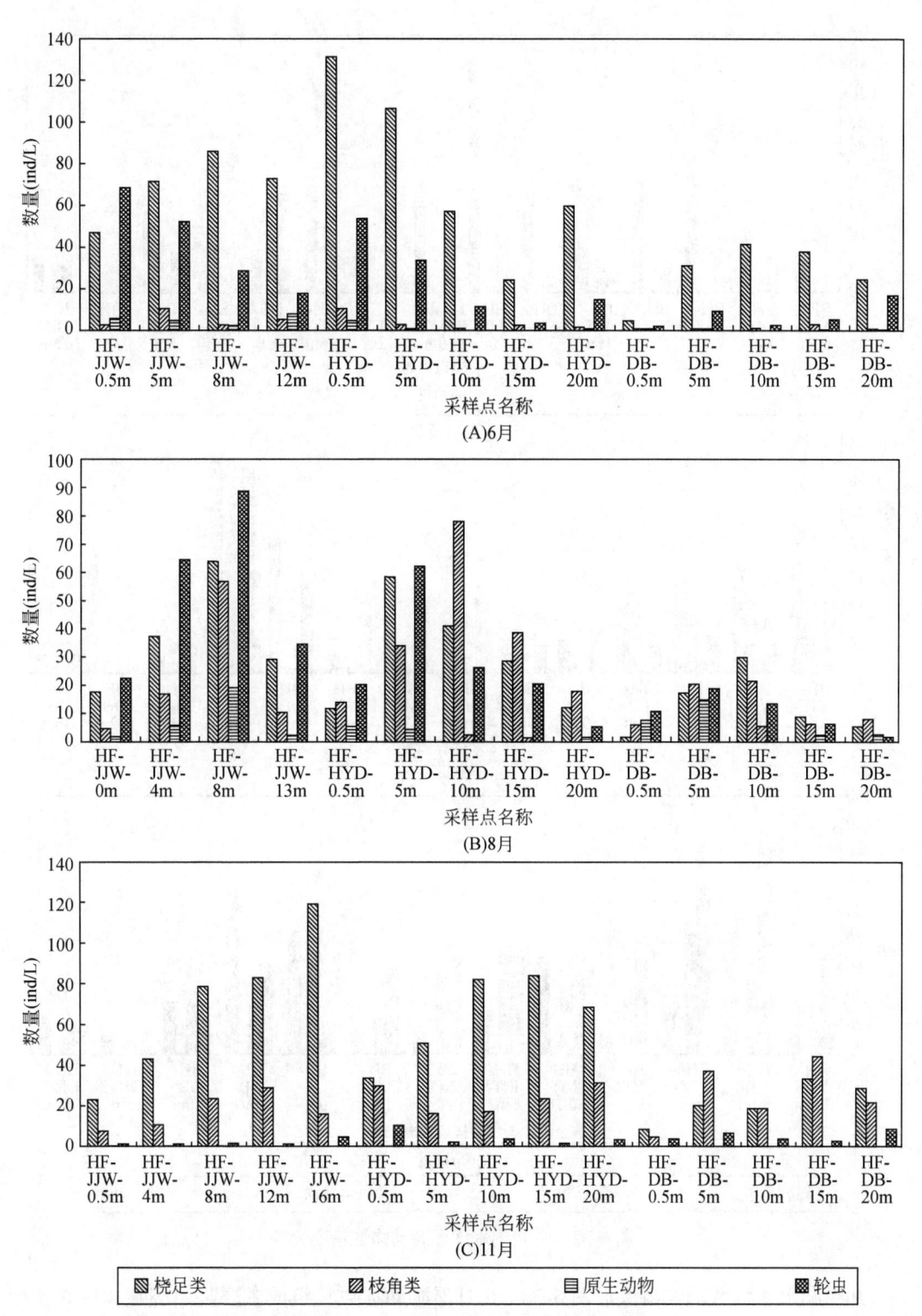

图 6-31 红枫湖水库浮游动物数量变化

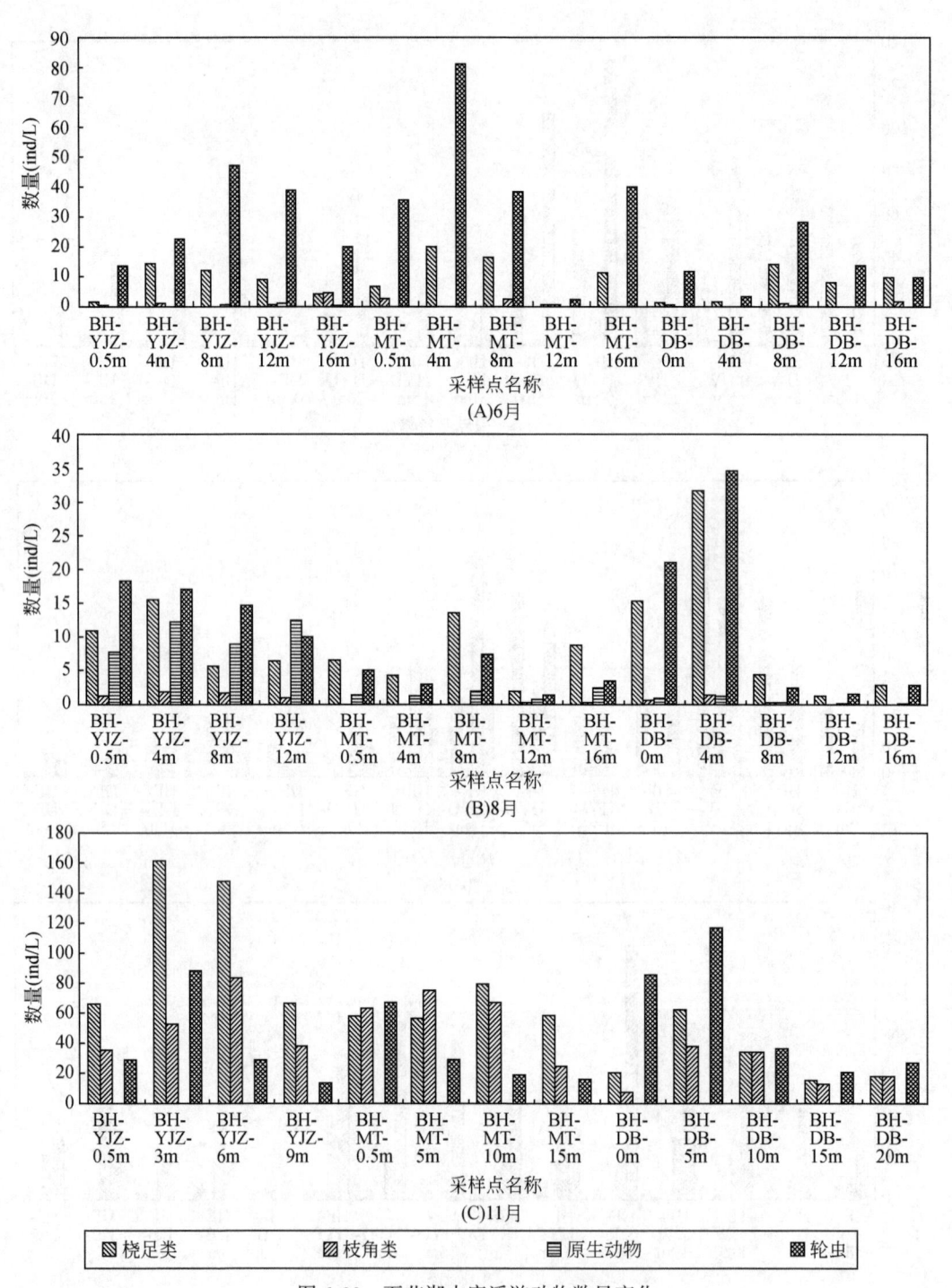

图 6-32 百花湖水库浮游动物数量变化

红枫湖水库浮游动物组成见图 6-34。6 月浮游动物数量组成主要是由桡足类和轮虫组成，轮虫含量最高在将军湾，达到 50% 以上，而桡足类最高的是花鱼洞在 80% 以上。8 月

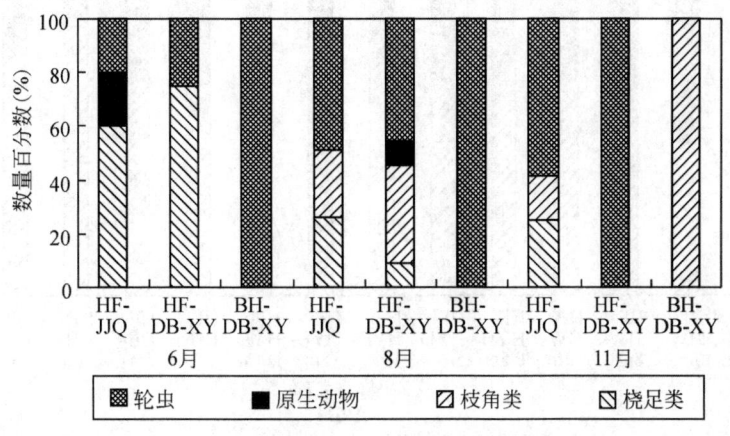

图 6-33 河流浮游动物数量组成变化

浮游动物数量组成主要是由桡足类、枝角类和轮虫组成。在将军湾轮虫含量最相对较高，而在花鱼洞枝角类数量百分数相对较高，而在大坝桡足类相对较高。11月浮游动物数量组成主要是由桡足类、枝角类组成。在将军湾和花鱼洞桡足类含量最相对较高，而在大坝轮虫百分数比将军湾和花鱼洞要高。

百花湖水库浮游动物组成如图 6-35 所示，6 月浮游动物数量组成主要是由轮虫组成，还有小部分的桡足类组成。在岩脚寨轮虫的含量最达到 90%。8 月浮游动物数量组成主要是由桡足类和轮虫组成，和 6 月相比，轮虫的数量百分数减少，原生动物和桡足类的百分数含量增加。11 月浮游动物数量组成主要是由桡足类和轮虫组成，和 6 月份相比，轮虫和原生动物的数量百分数减少，枝角类的含量增加。

流域浮游动物的整体情况与浮游植物类似，水库内种类含量远高于河流，说明河流水库化后极大地改变了水体的物理化学性质，导致水生生态系统发生改变，影响了其组成结构，浮游动植物增多，极容易引发富营养化，使水质下降，造成恶劣后果。

整体来看，河流水库化、片段化后，水体环境发生改变，浮游动植物的种类、数量和丰度都大幅增加，造成富营养化，对流域水质影响极大。从历史调查数据来看，红枫湖在 1995~1996 年夏季，浮游植物达到 21.8×10^7 个/L，冬天为 4.9×10^7 个/L（陈椽等，1998），百花湖在 1996~1997 年夏季，浮游植物也达到 3.2×10^7 个/L，冬天为 1.7×10^7 个/L（胡晓红等，1999），水质极度恶化。到 2001~2002 年夏季，红枫湖浮游植物达到 12.8×10^5 个/L，冬天为 4.1×10^5 个/L，百花湖浮游植物达到 8.4×10^5 个/L，冬天为 4.5×10^5 个/L（吴沿友等，2004），均大幅下降，水质好转。但在 2007 年调查中（李干蓉等，2009），红枫湖浮游植物含量又达到 8.278×10^6 个/L，百花湖甚至达到 49.68×10^6 个/L。从本次调查结果来看，河流浮游植物丰度在 $1.5 \sim 163.95 \times 10^4$ 个/L，处于较低水平；而红枫湖大坝浮游植物最高为 2.88×10^7 个/L，百花湖大坝最高也达到 2.473×10^7 个/L，因此，治理情况仍不容乐观，虽总体好转，但仍有反复。

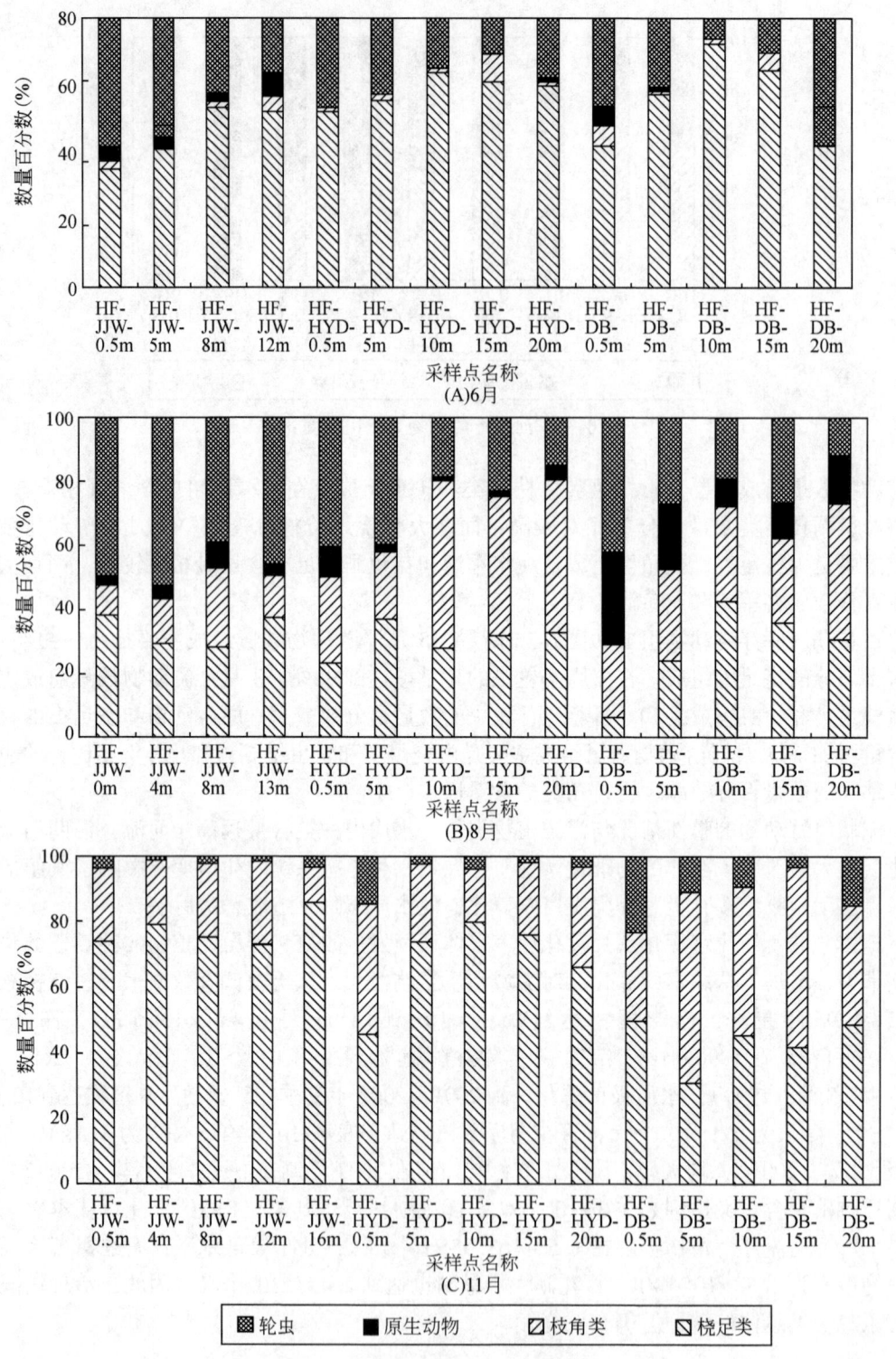

图 6-34 红枫湖水库浮游动物组成特点

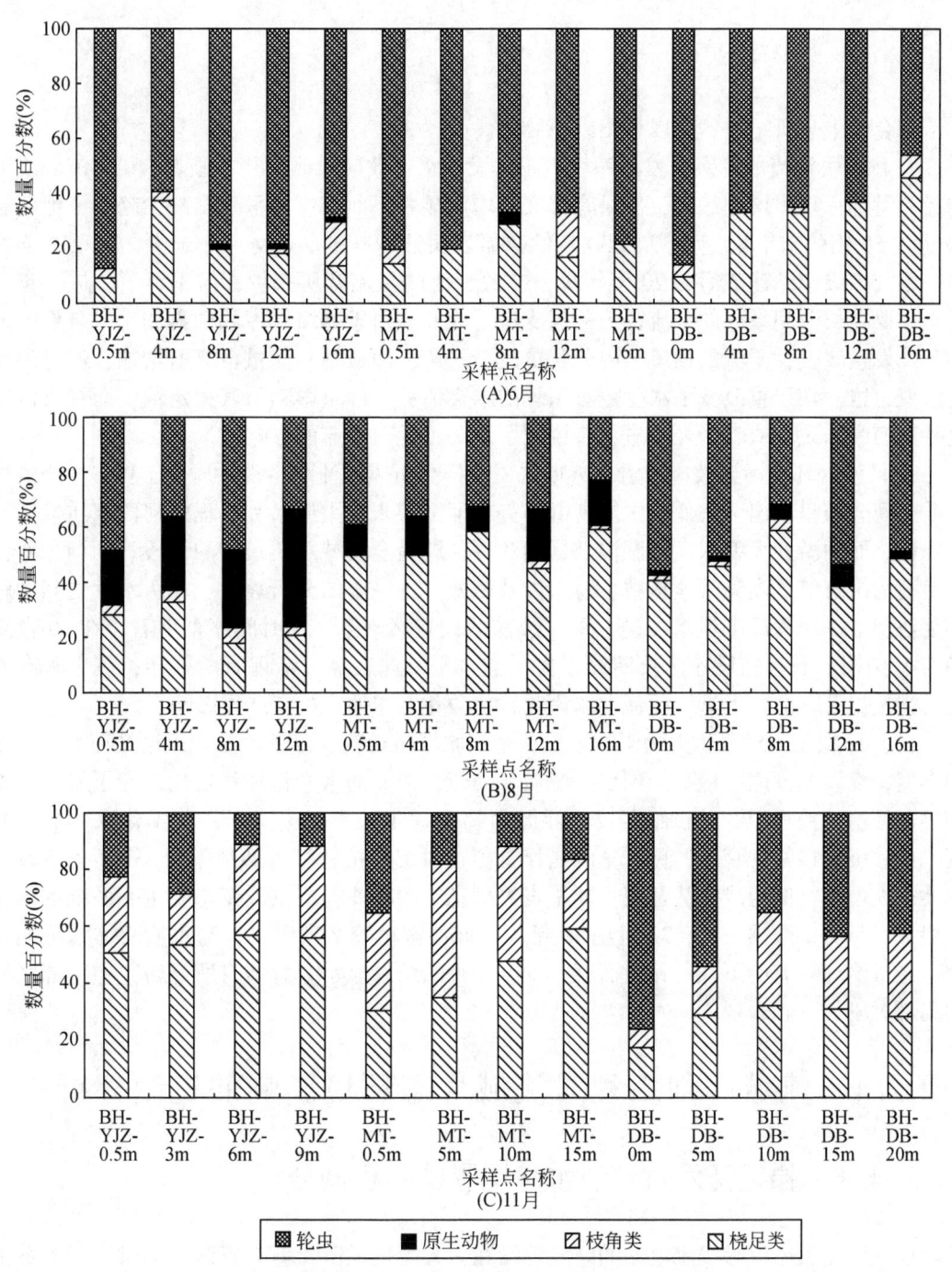

图 6-35 百花湖水库浮游动物组成特点

6.3.4 小结

综合以上分析结果,可以得出以下结论。

(1) 猫跳河流域梯级开发的库坝工程建设的水文效应总体上并不显著。尽管流域支流的径流量都呈现出增加趋势,但只有修文站增加显著;而干流则呈现出减少趋势,但仅就 20 世纪 50 年代末至 80 年代初近 30 年的数据表明这种减少的趋势并不显著。说明在猫跳河一系列梯级电站建成后的 20 多年里,导致干流的径流有所减少,但不显著,进一步分析则需要更长时间序列的干流径流数据支持。此外,由于梯级水库的调蓄作用,自然河流的节律发生改变,干流的径流年内分配更趋于平衡,而最枯月流量也有所增加,但月份发生改变,这一切严重改变了水生生态系统的水文情势,严重影响了其稳定性;而在支流中这种改变尚未发生或者尚轻,进一步说明了水利工程对干流的影响。

(2) 就水环境污染效应来看,近期水质采样分析表明流域冬季水质优于夏季,全流域水质空间分布呈现出两头低、中间高的态势,即上游未建大型水利工程的河段水质优于其他河段,而中游的大型水库型湖泊红枫湖和百花湖是全流域水质最差的河段。两湖主要污染负荷为溶解氧、高锰酸盐指数、总磷以及氨氮。进一步的分析表明,梯级水库之间的距离无法使上一级水库下泄水在进入下一级前达到自然水平。在时间序列上看,在 20 世纪 90 年代中期水质达到最差,长期处于劣 V 类水平,此后经过治理有所好转,但也常有恶化的情况出现。总体上看,河流的水库化、片段化对水质产生了严重影响。

(3) 库坝工程对水生生物影响来看,全流域浮游植物和浮游动物,无论是种类、数量和丰度,都以两湖库区最高,同水环境质量类似,河流的水库化和片段化改变了水生生物的栖息环境,使得浮游动植物猛增,浮游植物大量生长不仅会降低富营养化水体的透光度,导致沉水植物的衰退,更严重的是浮游植物对沉水植物产生抑制作用,进而也会改变鱼类等大型生物的组成,甚至使水环境丧失栖息地的功能,严重改变水生生态系统的结构和组成。与历史数据对比,20 世纪 90 年代中期浮游植物数量最高,与水质总体情况相吻合,经过治理后有所下降。相对而言,本次调查的结果显示,总体有所好转,但局部区域的局部时段仍不容乐观。

6.4 流域库坝工程对流域生态环境影响的机制分析

6.4.1 梯级开发对河流水环境影响的机制分析

以往研究表明,梯级水电站的开发建设在为人类提供巨量电力资源的同时,对流域也产生一系列负面效应。这些负面效应包括:耕地和居民点的淹没、植被破坏、下游河道来水量减少、水质恶化等问题。在这些问题中,耕地和居民点的淹没、植被破坏以及下游河道来水量减少的问题在建坝过程中和蓄水后就会显现,而水质恶化问题则在电站运行几十年里逐渐出现。水质恶化问题除了与建坝形成的人工湖泊(为聚集污染提供场所)有关以外,还与流域内时间序列上人类活动的污水排放相关。

1. 水质演变的态势

数据分析显示，自猫跳河流域水电梯级主体工程投产后，流域水体水质开始迅速恶化。其中尤以流域梯级开发中最大工程的百花和红枫两大水库水质的恶化具有代表性。

1980~1999年"两湖"水体中的总氮、总磷含量基本处于增长态势。1999年以后有所下降，但在2004年又趋于反弹状态。从整个时间过程来看，"两湖"水体中的总氮、总磷含量处于增长态势（将"两湖"数据平均：2005年总氮、总磷分别是1980年的2.7倍、8.9倍。图6-36）。

参照中国水环境质量标准GB3838-2002（表6-14），采用单因子水质评价方法，选取总磷指标对水质进行模糊评价。选取总磷作为评价指标主要有两个方面的原因，其一是1980~1990年，"两湖"水体中的总磷含量增长倍数远远高于总氮；其二是"两湖"水体中的总氮含量超标过高，其值不能落在中国水环境质量标准范围之内。评价结果（表6-15）显示，"两湖"水质由Ⅲ类演变为Ⅳ类的时间错位，红枫湖的水质在1991~1995年发展为Ⅳ类，而百花湖在则在1996~2000年发展为Ⅳ类。但总体来看，自1980年以来，"两湖"水质不断恶化，水质都经历了Ⅱ类—Ⅲ类—Ⅳ类—Ⅴ类的演化态势。

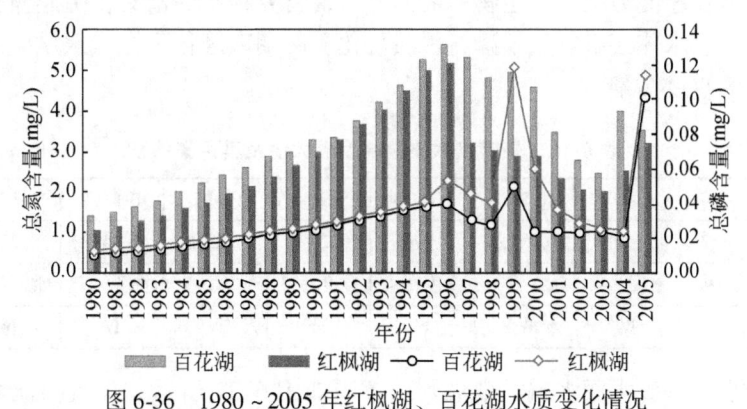

图6-36 1980~2005年红枫湖、百花湖水质变化情况

注：1980~2000年数据来源于相关研究，2001~2005年数据来源于贵阳市环保局

表6-14 中国水环境质量标准

分类项目	Ⅰ类	Ⅱ类	Ⅲ类	Ⅳ类	Ⅴ类
总氮（湖库）	≤0.2	≤0.5	≤1.0	≤1.5	≤2.0
总磷（湖库）	≤0.01	≤0.025	≤0.05	≤0.10	≤0.20

表6-15 红枫湖、百花湖水质模糊评价结果

湖泊	时期范围	评定类别	总氮（TN）数值范围	总氮（TP）数值范围
红枫湖	1980~1985	Ⅱ	TN≤2.22	TP≤0.019
	1986~1990	Ⅲ	TN≤3.28	TP≤0.028
	1991~1995	Ⅳ	TN≤5.25	TP≤0.052
	1996~2000	Ⅴ	TN≤5.60	TP≤0.119
	2001~2005	Ⅴ	TN≤3.99	TP≤0.114

续表

湖泊	时期范围	评定类别	总氮（TN）数值范围	总氮（TP）数值范围
百花湖	1980~1985	Ⅱ	TN≤1.76	TP≤0.017
	1986~1990	Ⅲ	TN≤2.96	TP≤0.027
	1991~1995	Ⅲ	TN≤4.99	TP≤0.041
	1996~2000	Ⅳ	TN≤5.18	TP≤0.055
	2001~2005	Ⅴ	TN≤3.21	TP≤0.101

根据2011年对猫跳河沿河流梯度进行水样品的分析表明，河流采样点水质的连续性在一定程度上被梯级水库打断（表6-16），并且从上游至下游逐渐恶化，上游河流采样点焦家桥（HF-JJQ）的水质为轻度污染，红枫湖大坝下游（HF-DB-XY）和百花湖大坝下游（BH-DB-XY）均变为中度污染。由于河流筑坝拦截，红枫湖和百花湖水流减缓，水环境由典型的河流水体转变为类似湖泊的缓流水体，水体滞留时间延长，加上工业企业污染物未实现达标排放、生活污水排放增加、农业面源污染加剧、水产养殖和旅游业加快发展以及发电取水等，使得水库水量入不敷出，两湖长期处于低水位或死水位运行，水体污染负荷量增加，水体自净能力减弱，生物所需的氮、磷营养物质的富集，引起藻类及其他浮游生物的迅速繁殖、水体溶解氧量下降、水质恶化，两湖库区各采样点水质生态学模糊综合评价的结果均为重度污染。

表6-16 采样点水质隶属度最大值及其污染级别

采样点	HF-JJQ	HF-JJW	HF-HYD	HF-DB	HF-DB-XY	BH-YJZ	BH-MT	BH-DB	BH-DB-XY
最大值	0.2412	0.2500	0.2612	0.2706	0.2761	0.2335	0.2487	0.2253	0.2611
污染级别	轻度污染 Ⅱ	重度污染 Ⅳ	重度污染 Ⅳ	重度污染 Ⅳ	中度污染 Ⅲ	重度污染 Ⅳ	重度污染 Ⅳ	重度污染 Ⅳ	中度污染 Ⅲ

河流采样点及梯级水库水质污染级别示意图如图6-37所示。猫跳河流域梯级水库开发过密、水力资源开发程度过高，严重改变了河流生态系统的水域环境，生态负效应日益突显。

2. 水质恶化的机理分析

水电梯级开发对猫跳河流域水质的影响主要来自于两个方面，其一是大坝建设所形成的人工湖泊（如红枫湖和百花湖），这为集聚污染提供了场所，其二是流域范围内人类活动频率加大（人口增长、城镇化水平提高、工业生产规模扩大）造成污水排放增多，促使水质恶化。在上述两个水质恶化影响因素中，人工湖泊是在一个时间点上形成，而人类社会活动频率加大则是在电站运行之后的漫长时间序列中逐渐显现。因此，人类活动演变对水质的影响至关重要。

猫跳河流域自20世纪50年代末开始在短短20年内开发了6级水电站，河流水能开发利用率达98%，是中国流域水能资源开发利用率最高的地区，这在当时成为水电梯级开发的榜样。水电开发满足了"三线建设"时期猫跳河流域国防、工业以及后来工业经济活动

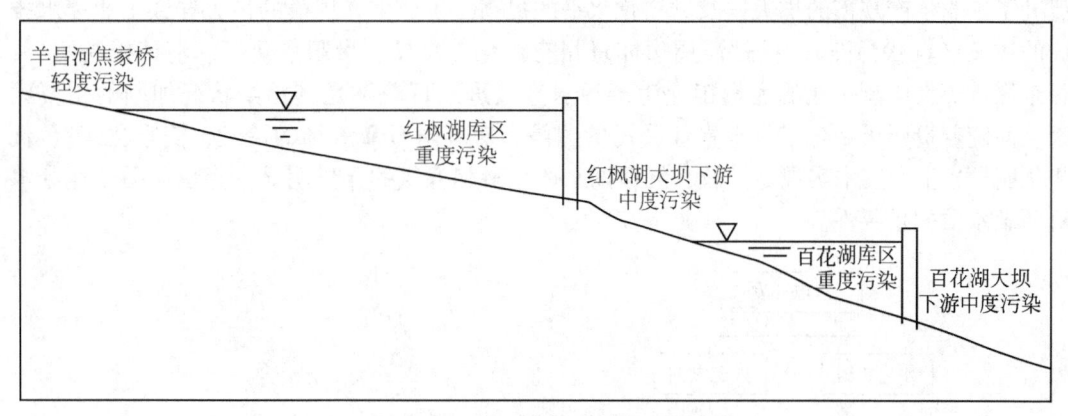

图 6-37 梯级水质污染级别示意图

对电力资源的需求，促进了流域社会经济的发展。

水电工程建成之后，随着电力生产和供水能力的大幅提升，猫跳河流域的人口、产业和城乡社会经济得到快速发展。2008年流域人口近129万、GDP约在20.0亿元（1952年不变价）、人口城镇化率约为46.9%，较之1950年时分别提高了2.2倍、61倍和32.1个百分点（图6-38）。大规模的梯级水电工程建设和运行使得猫跳河流于及周边地区成为了贵州全省人文社会经济最发达的区域。

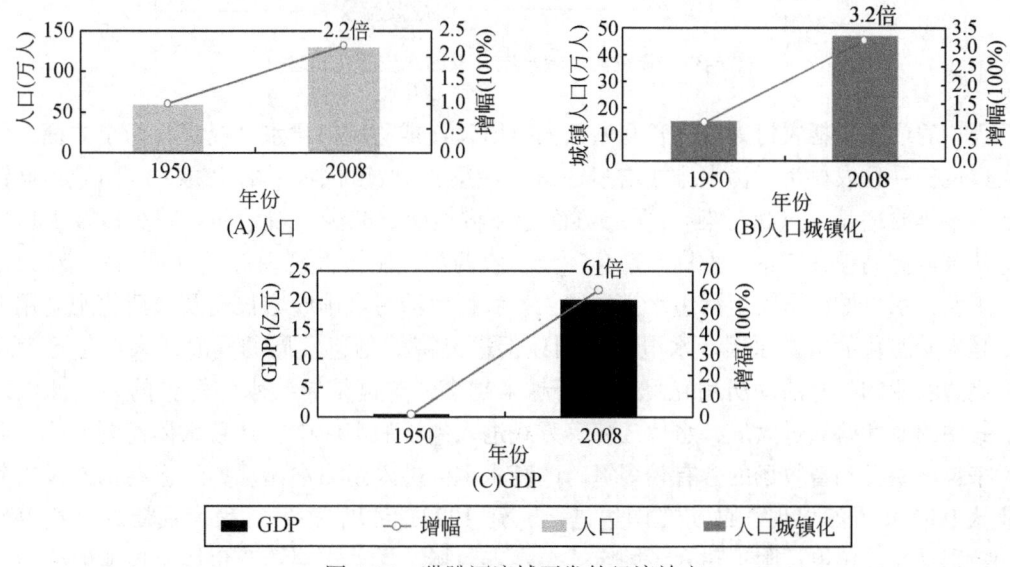

图 6-38 猫跳河流域开发的经济效应
注：GDP 采用 1952 年价

但殊不知在水电运行后的三十多年里，该流域却成为另一个典范，即水电开发导致流域水质恶化的典范。随着"两湖"上游地区人类活动的加剧，"两湖"逐渐演变为集聚污染的场所。

河流水质恶化的机理如图6-39所示。水电开发为猫跳河流域提供了丰富的电力资源，促进了工业生产规模的扩大以及城镇化水平的提高。工业生产规模的扩大导致工业废水排放的增长（点状污染）。猫跳河周边如贵州有机化工总厂、贵阳焦化厂、清镇棉纺厂、林东煤矿等大中型企业的大量工业生产污水直接进入百花湖是其污染状况加剧的主要原因。而随着贵州天峰化工有限责任公司的关停和对其磷石膏渣场的治理，美丰化工（贵州化肥厂）生产废水实现零排放，红枫湖水体总磷和氨氮的含量明显下降也说明工业废水对两湖水质的重要性。

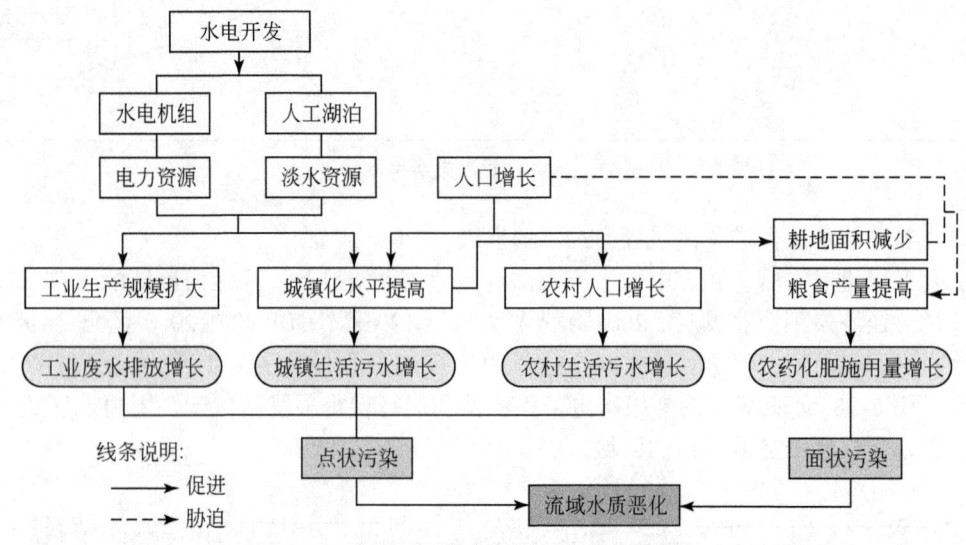

图6-39 猫跳河流域水电开发的水质恶化机理

人口的增长包括农村人口增长和城镇人口增长（或称城镇化水平提高）两个方面。农村人口增长导致农村生活污水排放增多（点状污染）。城镇化水平的提高一方面导致城镇生活污水排放增长（点状污染），另一方面导致耕地面积减少。耕地面积减少以及人口增长迫使区域提高粮食产量。为提高粮食产量，农药和化肥被大规模施用（面状污染）。因此，工业废水、城镇居民生活污水排放增长、农村生活污水排放增长以及农药化肥施用量增加是水质恶化的主要原因。水电的便利在促进经济的迅速发展的同时，人口也迅速增加，周边农业的生产活动所用化肥和农药越来越多，这也是导致水体污染的主要原因之一，其中的氮和磷通过大气、水体迁移等方式进入到湖泊水体中，导致水体富营养化。此外，来自屠宰场和畜牧场的含有较多氮磷的废水也会进入湖泊水体。如红枫湖水面投饵养殖业从1987年开始出现，最初在岸边进行，到1990年以后，发展为大规模的网箱养殖业，特别是在清镇电厂附近建立了固定式温水养鱼场及浮动式网箱，鱼体所排泄的粪便及投饵过程中散失的饵料直接排入水体，这些含有大量营养元素和有机物的残渣沉积湖底，会分解并不断向水体释放营养盐当氧化还原环境发生变化时，底泥可成为水体的主要污染源。2008年这些网箱养鱼虽然被完全拆除，但内源营养负荷的连续释放和不断输入仍构成了红枫湖水体富营养的物质基础（肖致强和安艳玲，2012）。

为验证水质恶化的机理，本应选择城镇居民生活污水排放量、农村生活污水排放量、化肥施用量以及工业废水排放量四个指标作为解释变量来进行分析，但受工业废水排放数据收集的限制以及水质数据主要涉及总磷、总氮（总磷、总氮与生活污水以及化肥施用量的关系更为密切）两方面的原因。本研究采用前三个指标数据与"两湖"水体中的总磷、总氮含量数据进行拟合。从河流流向以及"两湖"的地理位来看，西秀区和平坝县位于红枫湖的上游（西秀区、平坝县与红枫湖建立相关关系），清镇市和白云区位于百花湖的上游（清镇市、白云区与百花湖建立相关关系）。修文县处于"两湖"的下游，其数据不参与拟合。数据时间范围为1980~1999年，其原因是2000年以来，猫跳河流域水体中总磷、总氮的含量呈现先降后增的趋势。如果将2000~2005年的数据选入，拟合效果差。通过上面分析，本研究用1980~1999年西秀、平坝、清镇、白云的城镇居民生活污水排放量、农村生活污水排放量、化肥施用量数据，与"两湖"水体中总磷、总氮的含量进行拟合，其结果如图6-40和图6-41所示。

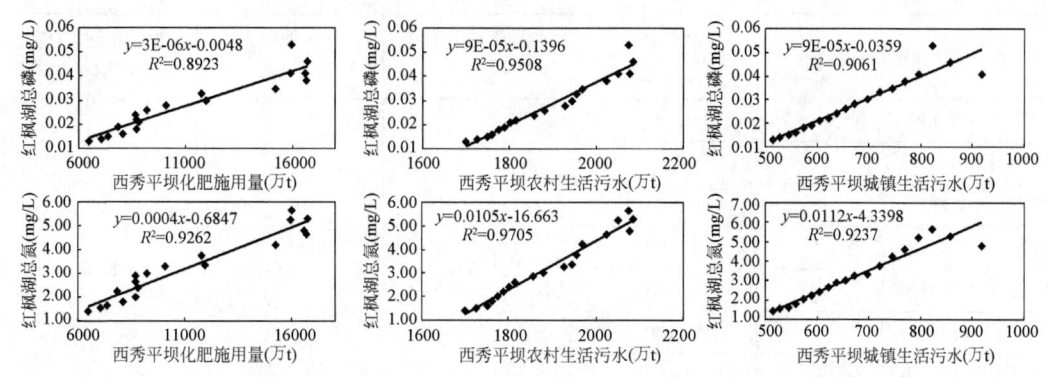

图6-40 西秀区与平坝县人类活动排污与红枫湖水质变化的关系

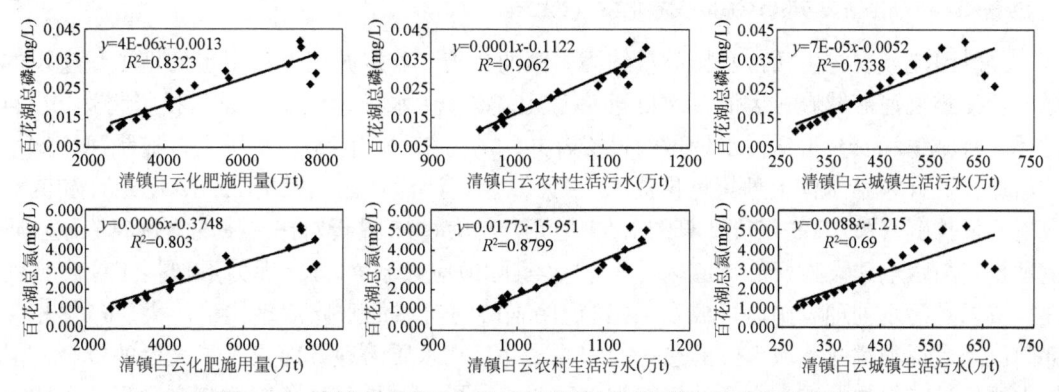

图6-41 清镇市白云区人类活动排污与红枫湖水质变化的关系

根据图6-40和图6-41的拟合结果来看，"两湖"上游地区的化肥施用量、农村生活污水排放量、城镇生活污水排放量的增长与水体中总磷、总氮含量增长有很强的相关性。将三个指标的拟合结果进行比较，发现农村生活污水排放增长与总磷、总氮含量增长关系最为密切，两者相关系数接近0.90，化肥施用量次之，相关系数接近0.80。城镇生活污水位居第三，其相关系数接近于0.75。因此，拟合的结果验证了猫跳河流域水电开发后确实存在前文所提出的水电开发水质恶化机理。

3. 河流水质恶化的代价评估

为了适应当地及周边地区水资源开发多样化发展的需求,特别是满足以贵阳为中心的黔中城镇群的快速发展,猫跳河流域水电梯级工程水质的改善迅速提到了地区社会经济中心的位置上。自1996年,相关部门开始重视流域水质的改善,每年固定地投入资金对水体进行治理。截止到2010年,流域水体治理累计投资达10亿元。2002年以后,流域范围内开始兴建城镇生活污水处理设施(表6-17)。截止到2011年,流域内城镇生活污水建设已累计投资5.17亿元,污水处理率为60%。若要达到100%,其总投资约为8.62亿元。但这仅涉及城镇生活污水处理,不包括农村生活污水的处理。

表6-17 猫跳河流域城镇生活污水处理设施建设状况

污水处理项目名称	投资金额（亿元）	投资总金额（亿元）	污水处理率（%）	处理率达100%所需投资（亿元）
朱家河污水处理厂一期	1.30	5.17	60	8.62
百花污水处理厂	0.12			
站街污水处理厂	0.13			
朱家河污水处理厂二期	0.75			
白云污水处理厂一期	1.05			
平坝污水处理工程	0.40			
安顺市污水处理厂	1.20			
修文县污水处理工程	0.23			

数据来源：贵州省主要污染物总量减排资料汇编（第二版），2009年

猫跳河流域农村生活污水排放量约为城镇的2倍。若按城镇生活污水处理项目建设的标准,使猫跳河流域农村生活污水处理率达100%,污水处理设施建设总投资将达17.24亿元。将城镇和农村生活污水处理的投资合并,约为25.87亿元。本研究将猫跳河流域水质治理投资(包括水体治理累计投资10亿元以及生活污水处理投资25.87亿元)和流域水电开发投资(按2008年价计算约9.54亿元,与表6-18进行对比,发现猫跳河流域水质治理投资与水电建设投资的比值接近4:1(实际值应大于4:1,因为不包括工业废水处理投资以及污水处理设施运行成本),这说明猫跳河流域的水质治理代价巨大。虽然相关部门已经重视猫跳河流域水质的恶化的问题,并且在水质治理方面投入了大量的资金,但是水质仍没有根本好转。水质的好转和水质恶化一样,均是一个长期的演变过程,水质的改善需要更长的时间来观察。

表6-18 猫跳河梯级水电站建设投资

电站名称	按当年价格总投资（万元）	按2008年价格总投资（万元）
红枫	3325（1960年价格）	15150
百花	4255（1966年价格）	17361
修文	1821（1961年价格）	8380

续表

电站名称	按当年价格总投资（万元）	按2008年价格总投资（万元）
窄巷	3998（1970年价格）	15808
红林	7204（1979年价格）	26828
红岩	2880（1974年价格）	11880
合计	—	95407

数据来源：高文信，猫跳河梯级水电站的建设成就和经验，1986年

6.4.2 流域景观要素演变特征

流域梯级开发对整个流域的土地景观格局会产生重要影响。，在RS与GIS技术支持下，通过1973~2010年4期遥感影像土地利用变化信息提取和景观格局指数计算，分析在水电梯级开发的大环境背景下，区域土地利用和景观格局的演变规律。

1. 土地利用变化及其特征分析

对1973年和2010年猫跳河流域土地利用/覆被变化的对比分析表明，河流两岸附近土地利用变化明显；在主要县级行政区所在地附近，也土地利用变化最集中的区域。根据流域土地利用分布图的属性统计，经统计分析和图表处理，得到1973~2010年不同时期土地利用变化面积及其百分比（表6-19）和土地利用面积消长变化图（图3）。

表6-19　不同时期土地利用变化面积及其百分比

地类	1973~1990年前后变化 面积/km²	百分比/%	1990年前后~2000年变化 面积/km²	百分比/%	2000~2010年变化 面积/km²	百分比/%
耕地	98.17	8.06	-113.27	-9.30	-125.25	-10.28
林地	-17.95	-1.47	92.49	7.59	154.27	12.67
草地	-100.34	-8.24	-8.48	-0.70	-47.59	-3.91
水域	4.64	0.38	-9.32	-0.77	-9.42	-0.77
建设用地	15.42	1.27	42.55	3.49	28.34	2.33
未利用地	0.06	0.01	-3.96	-0.33	-0.34	-0.03

由表6-19可以看出，在1973~2010年的近40年间，流域土地利用各类型都发生了不同程度的增减变化，并呈现出明显阶段性特征。

（1）1973~1990年前后。这一时期耕地面积增加明显，总面积净增加98.17km²，增加比例为8.06%。林地面积减少17.95km²，减少比例为1.47%，草地面积减少100.34km²，减少比例为8.24%。表明这一时期居民毁林毁草开荒现象十分严重；早于这一时期的20世纪60年代和70年代早期，流域已经建成一至四级水电站，其中包括总库容最大的"龙头"电站—红枫电站和总库容第二的二级百花电站，五级红林电站和六级红岩电站也相继在这一时期建成。水资源利用也相应带来了流域经济发展和人口快速增长，1973年流域总人口不足50万，1990年增长到90万，且以农业人口增长为主。这一时期绝大多数

农民靠以种地为生,为满足新增人口的生活需要,毁林毁草开荒增加耕地成为人们解决温饱的主要途径,石漠化面积增加,生态环境恶化。这一时期流域梯级开发基本完成,水域面积净增4.64km²,增加比例为0.38%。建设用地和未利用地面积也有不同程度的增加,其中建设用地面积增加明显,流域社会经济事业的发展引起各项建设用地共增加15.42km²,增加比例为1.27%。

(2) 1990年前后~2000年。这一时期耕地面积减少明显,总面积净减少113.27km²,减少比例为9.30%。林地面积增加了92.49km²,增加比例分别为7.59%。草地面积稍有减少,减少了8.48km²,减少比例为0.70%。建设用地面积增长较快,总面积净增加42.55km²,增加比例为3.49%。这一时期完成了流域的二级半李官电站的兴建,流域开发全面完成,流域经济也进入了较快发展时期,城镇化率达到30%以上。一方面各项建设占用了部分耕地;另一方面,20世纪90年代以后,由于劳动力外出打工,人口对耕地的压力有所减轻;再加上一些生态建设相关政策的出台,如"长江上游水土保持重点治理工程"、"天然林保护工程"以及"退耕还林工程"等系列生态环境保护工程在20世纪90年代后期开始实施,流域内耕地和未利用地面积减少,林地面积有所增加,流域生态环境趋于好转。

(3) 2000~2010年。这一时期耕地面积继续减少,减少量达到120.61km²,减少比例为9.90%。林地面积大幅度增加,净增面积154.27 km²,增加比例为12.67%。随着"退耕还林工程""封山育林"和"农业产业结构调整"等一系列政策的进一步实施,一些宜林草地和坡耕地转变成了林地,流域生态环境不断改善。草地面积有所减少,减少面积47.33km²,减少比例为3.89%。水域和未利用地面积也分别减少了9.42km²和0.34km²。水域面积的减少一方面缘于工农业用水的大量增加,一方面缘于近年来暖干气候的影响和流域梯级开发对于原有水域生态系统的破坏。

2. 景观格局变化

按照土地利用方式进行景观分类,并从景观水平上分析猫跳河流域景观格局空间分异动态。景观指数是能够高度浓缩景观格局信息,反映其结构组成和空间配置特征的指标,可定量地描述和监测景观的结构特征随时间变化和不同景观之间的对比。这里选用的景观指数包括景观形状指数(LSI)、景观破碎度指数(FN)、香农多样性指数(SHDI)、景观聚集度指数(CONTAG)。采用由美国俄勒冈州立大学开发的FRAGSTATS3.3进行景观指数计算,得到流域不同缓冲区域内不同时期的景观指数空间分异动态变化(表6-20,图6-42)。

表6-20 景观指数空间分异动态

景观指数	缓冲区	景观形状指数/LSI	破碎度指数/FN	香农多样性指数/SHDI	聚集度指数/C
1973年	<2000m	36.7873	0.0379	1.3229	40.5549
	2000~5000m	39.4808	0.0412	1.1801	45.5948
	>5000m	52.5642	0.0370	1.2005	43.8982

续表

景观指数	缓冲区	景观形状指数/LSI	破碎度指数/FN	香农多样性指数/SHDI	聚集度指数/C
1990年前后	<2000m	37.3303	0.0374	1.3028	40.6976
	2000~5000m	40.3677	0.0395	1.1717	45.3183
	>5000m	51.582	0.0353	1.1752	44.8779
2000年	<2000m	37.9372	0.0390	1.3300	39.7284
	2000~5000m	41.2573	0.0432	1.1736	45.0851
	>5000m	53.252	0.0383	1.2243	42.8131
2010年	<2000m	38.2092	0.0412	1.3182	40.2175
	2000~5000m	40.5538	0.0434	1.1596	46.0894
	>5000m	55.2083	0.0389	1.2314	42.1677

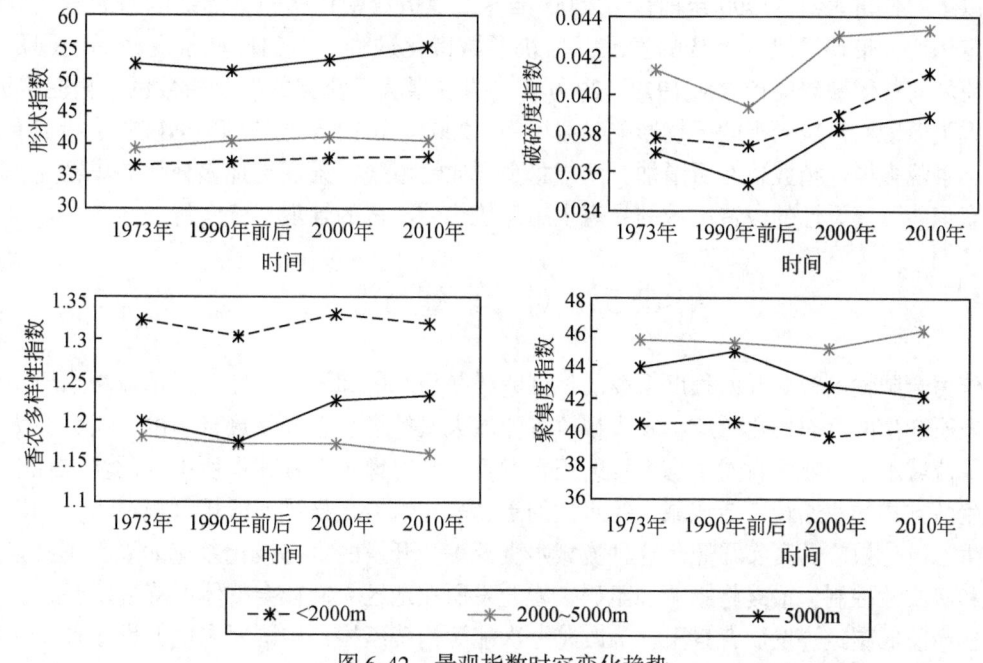

图6-42 景观指数时空变化趋势

景观的形状指数（LSI）可以反映一定尺度上景观的复杂程度，形状指数越小，景观要素的几何形状越简单，受到的干扰越大；形状指数越大，景观的几何形状越复杂，受到的干扰越小。1973~2010年，猫跳河流域各缓冲区圈层内景观形状指数总体上表现为外圈>中圈>内圈，内圈受到的人为干扰最大，形状指数最小，斑块的几何形状最简单。外圈受到的人为干扰最小，形状指数最大，斑块的几何形状最复杂。

破碎度指数（FN）景观破碎化是由于自然或人为干扰所导致的景观由单一、均质和连续的整体趋向于复杂、异质和不连续的斑块镶嵌体的过程，是生物多样性丧失的重要原因之一。1973~2010年，流域缓冲区圈层内景观破碎度指数总体上表现为中圈>内圈>外圈。在自然因素和人为干扰的综合作用下，1973~1990年前后，各圈层的景观破碎度指数呈减小趋势，1990年前后~2010年，各圈层的景观破碎度指数呈增加趋势。

景观多样性指数（SHDI）是基于信息论，用来度量系统结构组成复杂程度的指数。香农多样性指数SHDI大小反映景观要素的多少和各要素所占比例的变化。随SHDI值的增加，景观结构组成的复杂性也趋于增加。1973~2010年，流域缓冲区圈层内景观多样性指数总体上表现为内圈>外圈>中圈。内圈由于受到流域梯级开发影响最大，剧烈的人为活动使得景观结构组成最复杂；外圈由于地形地貌差异大，自然景观本身比较复杂使得景观结构组成也相对复杂。

景观聚集度指数（CONTAG）是景观内不同景观要素的团聚程度，考虑了斑块类型之间的相邻关系，能反映景观组分的空间配置特征。聚集度大，表明景观由一系列团聚的大斑块组成，聚集度小，则表明景观由许多分散的小斑块组成。1973~2010年，流域缓冲区圈层内景观聚集度指数总体上表现为中圈>外圈>内圈。外圈聚集度指数在1973~1990年前后呈增大趋势，1990年前后~2010年呈减小趋势，内圈和中圈聚集度指数变化不明显。

以上的分析表明，1990年前后~2000年各景观指数变化剧烈，梯级电站的全面建成和稳定运行，带动了地方经济的发展，加快了城市化进程，引起区域景观格局的剧烈变化。流域的整体破碎度指数从1973~2000年一直在增大，流域的形状指数也一直在增加，表明人类活动对流域景观的干扰影响日益增强。2000~2010年流域的整体破碎度指数有所降低，景观多样性指数也有所增加，区域景观异质性增强，景观更加多样化和丰富化，人类有意识的、建设性的改造区域的景观生态环境，使本区的景观有所恢复。

6.5 对策建议

作为全国输电资源开发程度最高的地区，猫跳河水电梯级开发充分展示流域水资源综合开发所产生的生态极化效应：在大幅改善流域人文社会生存和发展环境的同时，极大地削弱了流域水生与陆生自然生态系统的正常发育。水电梯级工程建设所引发的流文社会生产和生活方式的快速转变与流域水体水质的迅速恶化恰恰是猫跳河流域大规模水资源综合开发生态极化效应的真实写照。这种流域水资源综合开发的生态极化效应如果得不到系统认识和实质性控制，最终将影响和阻碍工程开发所在地区人文社会整体可持续发展。

在当前低碳经济发展背景下，为改善一次能源消费结构，中国对水电开发事业给予厚望。2007年国家发展改革委员会公布了《可再生能源中长期发展规划》（简称《规划》），该（规划）指出到2020年中国水装机容量要达到3亿kW（其中小水电7500万kW），从而中国的水电步入梯级开发快速发展阶段。然而，如果不能正确认识包括水电在内的流域水资源综合开发的生态计划效应和影响，势必会重走猫跳河流域水电梯级开发的老路。

因此，猫跳河流域从水电开发的模范到水质急速恶化的实例，对今后水利工程建设有重要的借鉴意义。首先，在建设梯级电站时，要充分考虑库与库之间水质自净及恢复的可能性，为水库之间的泄流留予足够长的恢复河段，以克服河流成库后因水体物理场的改变而使地球化学场和生物场随之改变，带来水环境变异问题，从而减轻污染物的累积程度，延缓水库的衰老进程。其次，在水电工程建成后，合理布局当地产业发展，按照区域循环经济的理论布局，按照自然规律、生态规律的客观要求，制订系统的以水资源开发和流域开发为中心的流域经济发展总体规划，建设区域生态功能园区，走区域循环经济之路。最后，开发和整治都要以流域为单元，不能仅仅专注河流本身，甚至某一河段，而不顾大局，水利工程的建设不仅涉及水利，也涉及生物、生态、旅游、养殖，甚至社会学等多学科，需要多领域专家参与规划实施，以避免顾此失彼，最终造成恶劣影响。

具体的对策措施如下：

（1）对于已经实现梯级开发的流域，应该实现产业转型，从高耗能、高污染的重化工业转化为低能耗、低污染、高附加值的环境友好型产业，削减水利水电工程的生态负效应；对于将要进行梯级开发的流域，应当综合流域状况进行开发模式选择，以减缓流域开发的不利影响，并通过建立合理的河流生态补偿机制，协调各利益相关方的关系，确保流域内社会、经济和环境的可持续发展。

（2）土地利用总体强度较大，尤其是人口、产业、经济具有亲水性发展的特征，使得河流及库周的土地利用强度过大，引起来水资源短缺、水质下降、水生物栖息地萎缩、水生物群落受损等问题。因此，土地利用强度的控制尤其是库周以水资源、水环境、水生态保护为目标的土地利用宏观调控是未来需要进一步强化的一项政策措施。

（3）面对流域梯级开发强度过大，已然造成严重的生态环境负面效应的现实，应在完善现有天然林保护工程、退耕还林工程等重大生态建设工程配套措施的基础上，以河流生态系统健康为目标，以消减大中型水利工程对水生态的影响为重点，提出一系列的涉水生态建设工程。如上游水源涵养和水土保持项目、库区面源污染综合治理项目、下游受损水生物生境恢复项目，对河流进行系统的环境保护和生态恢复。

（4）水域、湿地具有很高的生态系统服务价值，对生态系统的稳定、多项生态系统服务功能的发挥、生物多样性维持和人类长远福祉都具有重要意义。因此，应该进行河流生态系统、滨河陆地生态系统服务的综合评估，识别生态系统服务脆弱区，提出适应管理对策。

（5）大坝建设运行对库区和河道下游都具有显著影响。未来要根据不同河段的自然分异特征，因地制宜地提出应对举措。库区重点是面源污染治理、温室气体排放消减、生物多样性保护，河道下游重点是协调水资源利用的多种目标，实行生态调度，以保护下游湿地、水生生物栖息地、生物多样性等。

参 考 文 献

陈椽，胡晓红．1998．红枫湖浮游植物分布（1995-1996）与水质污染评价初步研究．贵州师范大学学报（自然科学版），16（2）：5-10．

胡晓红，陈椽．1999．以浮游植物评价百花湖水质污染及富营养化．贵州师范大学学报（自然科学版），17（4）：1-7．

国家环境保护局．1997．环境影响评价技术导则非无染生态影响．北京：中国环境科学出版社．

国家环境保护总局．2003．环境影响评价技术导则水利水电工程．北京：中国环境科学出版社．

环境保护部．2009．建设项目竣工环境保护验收技术规范水利水电．北京：中国环境科学出版社．

李干蓉，陈椽，刘丛强，等．2009．猫跳河流域平水期浮游植物与水质评价．海南师范大学学报（自然科学版），22（2）：209-213．

李林, 汪青春, 张胜国, 等. 2004. 黄河上游气候变化对地表水的影响. 地理学报, 59 (5): 716-722

李旗. 2001. 红枫湖、百花湖近年来富营养化状况分析. 贵州工业大学学报（自然科学版）, 30 (5): 98-102.

梁小洁, 付文军, 张明时, 等. 1998. 百花湖、红枫湖营养元素及有机污染物初步调查. 贵州科学, 16 (4): 311-315.

梁小洁, 张明时. 1999. 红枫湖、百花湖水源、污染源主要营养元素及污染物调查. 贵州师范大学学报（自然科学版）, 17 (2): 37-39.

廖国华, 钟晓. 2004. 红枫湖、百花湖水污染趋势分析及控制对策. 地球与环境, 32 (3-4): 49-52.

刘义洲. 1996. 猫跳河梯级电站型式各异的坝型简介. 贵州水力发电, 61 (3): 10-15.

彭建, 蔡运龙, 王秀春, 等. 2007. 喀斯特生态脆弱区猫跳河流域土地利用/覆被变化研究. 山地学报, 25 (05):566-576.

任启飞, 陈椽, 李荔, 等. 2010. 红枫湖秋季浮游植物群落与环境因子关系研究. 环境科学与技术, 33 (S2):59-64.

汤奇成, 李秀云. 1982. 径流年内分配不均匀系数的计算和讨论. 资源科学, (3). 59-65.

王秀春, 黄秋昊, 蔡运龙, 等. 2007. 贵州省猫跳河流域耕地空间分布格局模拟. 地理科学, 27 (2): 188-192.

吴沿友, 李萍萍, 王宝利, 等. 2004. 红枫湖百花湖水质及浮游植物的变化. 农业环境科学学报, 23 (4): 745-747.

肖致强, 安艳玲. 2012. 2002～2009 年红枫湖水污染趋势分析. 环境科学导刊, 31 (3): 29-34.

薛巧英, 刘建明. 2004. 水污染综合指数评价方法与应用分析. 环境工程, 22 (1): 64-69

杨汉奎. 1997. 猫跳河流域持续发展的协调度. 山地研究, 15 (2): 77-80.

钟晓, 廖国华. 2004. 贵阳市红枫湖、红枫湖、百花湖网箱养鱼对湖库水质的影响分析及水资源保护. 贵州师范大学学报（自然科学版）, 22 (4): 34-38.

朱文孝. 1994. 猫跳河流域开发与环境质量变异. 长江流域资源与环境, 3 (4): 371-377.

邓慧平, 吴正方, 唐来华. 1996. 气候变化对水文和水资源影响研究综述. 地理学报, 51 (增刊), 161-170

Klimpt J-E, et al. 2002. Recommendations for sustainable hydroelectric development. Energy Policy, 30 (14): 1305-1312.

Rosenberg DM, Bodaly RA, Usher PJ. 1995. Environmental and social impacts of large scale hydroelectric development: who is listening? Global Environmental Change, 5 (2): 127-148.

第7章 流域开发的生态阈值及相关准则研究

流域库坝开发的阈值是反映库坝工程建设所在流域的水资源人为占用程度与控制状态最大极限的关键参数。

流域水资源开发阈值实质上是指人类社会活动对流域水资源占用程度的极限状态或水平。其中，这里的"占"是指各类库坝工程对流域河道水资源的拦蓄能力和状态。通常可以用常年库容大小来表示；"用"则是指人类社会活动的用水总量，包括生存与发展用水。

目前，国内外有关流域库坝开发阈值的研究尚处于初级阶段。客观地讲，长期以来有关流域库坝开发阈值的研究大都围绕着具体流域的库坝工程建设利弊展开，而涉及国家流域库坝建设总体开发战略和流域水资源综合开发利用程度问题的研究鲜有所见。只是近年来，随着发展中国家经济的快速崛起和全球绿色经济的异军突进，国家、特别是发展中国家的流域库坝开发综合评价开始受到各国学界和管理部门的普遍关注。

中国是世界上水利水能资源的开发大国。在经历了20世纪50年代以水利为主的库坝工程长期开发之后，中国目前已经开始进入以水能资源开发为主的库坝工程大规模建设时期，因而成为国内外流域水资源综合开发利用、工程建设、环境保护、资源管理和学术研究等各界关注的焦点之一。

7.1 流域水资源开发阈值的研究进展

7.1.1 国际研究进展

无论从理论还是从实践角度上看，流域库坝开发的阈值大小关键取决于库坝所在流域的水资源总量、水循环方式、地理环境特征以及包括人文社会在内的整个生态系统发育状态。鉴于水是流域所有的生命发育的基础，流域水资源的合理开发便成为流域生态系统可持续发展的先决条件。

长期以来，流域水资源开发和管理的目标单一，其核心任务是满足当地人文社会自身的发展需求。库坝工程建设所倚重的水文模型单一、数据粗放，一般只考虑当地多年平均降雨量的大小，却从未考虑大规模的工程建设对维系流域生态系统整体发育安全所带来的压力和威胁。

20世纪80年代以来，随着人口、需求及建设成本的增长，以及流域生态系统发育冲突日趋激化，传统开发模式支持下的库坝工程建设受到越来越大的挑战。此种情况下，流域水资源开发的压力或脆弱性问题开始受到学术界与相关管理部门的越来越普遍关注。下面重点介绍三种水资源开发相关阈值研究成果。

1. 水资源压力指数

1989年瑞典水专家法尔肯马克（Falkenmark，1989）首次提出水资源压力（胁迫）指数的概念。这一概念是以流域水资源可供人类活动开发利用的最大能力作为关键参数。最初，是按100万m^3的水资源量可支持2000人较高社会发展水平作为参考。尔后，依据以色列人均每年的再生水资源利用的指标做出了相应修改。修改后的阈值参数以人均年水资源供应量1700 m^3为界，划分为4类地区：第一类，人均年水资源供应量大于1700 m^3，国家或地区的发展一般无资源压力，但可能发生不规则或局地水资源短缺；第二类，人均年水资源供应量低于1700 m^3，国家或地区的发展会面临的严重的水资源短缺现象，且呈常态化；第三类，人均年水资源量低于1000 m^3，国家或地区的水资源将无法保障人类经济、健康和福祉的基本需求；第四类，人均年水资源量不足500m^3，国家或地区人类生存将受到严重制约（表7-1）。

表7-1 区域水资源压力指数

类别	人均水资源（m^3）	压力状态
1	>1700	无资源压力
2	1000~1700	有资源压力
3	500~1000	资源稀缺
4	<500	资源绝对稀缺

资料来源：Amber Brown, Marty D. Matlock, A Review of Water Scarcity Indices and Methodologies, FOOD, BEVERAGE & AGRICULTURE, White Paper # 106, April 2011, http：//www.sustainabilityconsortium.org/wp-content/themes/sustainability/assets/pdf/whitepapers/2011_Brown_Matlock_Water-Availability-Assessment-Indices-and-Methodologies-Lit-Review.pdf

此后，在法尔肯马克的水资源压力指数（阈值）的基础上，国际学术界及联合国等有关机构开发出一系列水资源压力阈值评价方法，诸如流域枯水期流量、水的可用性指数（WAI）、基本人类需求指数、流域水资源开发指数（RWS）、水系统的脆弱性（WSV）、环境可持续性指数（ESI）和水贫困指数（WPI）等。这些评价方法对于提高国家和地区流域水资源的开发与管理水平起到了重要的推动作用，其中与流域库坝工程开发阈值研究最为相关的是水系统的脆弱性和水资源开发指数（RWS）分析，并得到了联合国相关部门的积极认可。

2. 水系统脆弱性评价阈值（WSV）

水系统的脆弱性（WSV）是由美国气象学会主席格雷克1990年进行美国气候变化对流域水资源和水系统的潜在影响评估时提出的。

该项指数根据5个标准和相应的阈值，用以揭示流域水资源系统的脆弱性状态。虽然依据这5个指标尚无法展开流域水资源脆弱性的整体评价，但它们却可以用来揭示流域水系统的具体脆弱环节所在。这种方法强调流域水资源的部门开发极限（表7-2）。

（1）流域水资源蓄水与可再生水资源总量之比：如果流域蓄水能力低于可再生水资源总量的60%便可被视为脆弱；

(2) 流域水资源消费占可再生水资源总量比重：其脆弱性的阈值是 0.2；

(3) 流域水力发电占地区发电总量比重：如果流域水力发电量占地区发电总量比重的 25% 以上，该流域水系统被认为是脆弱的；

(4) 地下水超采地状态：如果流域地下水超采比重达到 0.25，该流域的水系统变被定义为脆弱。

(5) 地表径流变异程度：该指标建立在流域 5% 与 95% 两个时段的地表平均径流量之比的计算基础之上。这一比例越低，表明流域发生旱涝灾害的可能性也就越低。变异程度达到 3 以上说明该流域水系统存在严重的脆弱性。

表 7-2　流域水系统脆弱性评价

指标	内容	脆弱性阈值
1	流域水资源蓄水占可再生水资源总量比重	>60%
2	流域水资源消费占可再生水资源总量比重	≥20%
3	水力发电占地区发电总量比重	>25%
4	地下水超采地状态	>25%
5	地表径流变异程度	≥3.0

资料来源：Indicators and Indices for decision making in water resources management, Water Strategy Man, NewLetter, Issue 4, Jan-Mar 2004, http://environ.chemeng.ntua.gr/WSM/Newsletters/Issue4/Indicators_Appendix.htm#Glossary

3. 流域水资源开发指数（RWS）

流域水资源开发指数（RWS）是一种建立在流域水资源提取和供应基础上的阈值评价，或者说是一种流域水资源开发强度阈值评价，其指数的核心是流域水资源提取量占流域水资源总量的比重大小。为了突破传统流域水资源迫胁问题研究仅限于个别国家或地区案例分析所产生的局限性，2000 年美国纽约大学查尔斯教授等人首次开发了流域水资源开发的全球模型。根据这一模型的分析，全球流域水资源迫胁性或流域水资源开发阈值大体可分为 4 个等级（表 7-3）：低度（<0.1）、适度（0.1~0.2）、中等偏高（0.2~0.4）和高度（>0.4）。根据查尔斯教授等人的计算，1985 年时全球人口的大约 35.0% 居住在水资源低度开发状态的流域，30.0% 多的人口居住在水资源适度开发状态的流域，27.0% 多的人口分布在水资源中等偏高开发的流域，8.0% 的人口分布在水资源高度开发的流域。

表 7-3　流域水资源开发指数（水胁迫状态）

等级	水资源开发程度	胁迫状态
1	<0.1	低度
2	0.1~0.2	适度
3	0.2~0.4	中等偏高
4	>0.4	高度

资料来源：Charles J. Vörösmarty et al., 2000. Global Water Resources: Vulnerability from Climate Change and Population Growth. Science, 289 (5477): 284-288

7.1.2 国内研究进展

自20世纪50年代，中国开始进入现代流域开发阶段。为了实现国家工业化和现代化的既定发展目标，长期以来，大规模的水利水电工程建设完全占据了国家和地区流域水资源开发的中心。

直至20世纪90年代，黄河连续多年的断流和长江三峡工程的建设开始引发了学术界、管理部门及社会越来越广泛的关注。自此，国家和地区流域水资源开发的脆弱性与安全问题逐渐成为了社会各界议论的焦点。

1. 理论方面的进展

在初始阶段，国内有关流域水资源开发阈值的研究还只停留在一般性概念及相关陆生资源开发的具体环境问题层面上。其中，一般性概念主要涉及的是流域水资源开发的整体性、流域开发的基本原则、战略目标的确定、流域水资源开发的生态影响和流域经济开发模式等问题。具体环境问题则涉及诸如流域土地利用和矿产资源开发所产生的各类环境污染。需要指出的是，这一阶段有关流域水资源开发阈值问题的研究对象大都集中在北方地区的黄河、海河、嫩江和内陆地区诸如黑河等流域，表明当时研究工作主要围绕着问题流域展开。

进入21世纪以来，国内有关流域水资源开发阈值的研究开始进入较为实质性的发展阶段。针对长期以来流域库坝工程建设和运行所出现的各种问题，人们主要从环境与生态的视角展开了有关恢复和保护流域生态健康和安全相关的阈值问题研究和分析。无论在理论上还是在方法上，这一阶段的研究均取得了相当大的进步。应当指出的是，尽管这一阶段国内的研究总体思路与国外保持一致，但在研究路径方面却与国外主流的大相径庭，既不是着眼流域水资源总体开发状态分析，而是紧紧围绕维持流域水资源安全的生态和环境用水角度入手。

在理论方面，陈明忠等人在2005年提出了"水资源承载能力阈值空间"概念。在水资源承载能力的概念，流域是由水资源、水环境、自然生态与人文经济社会四大系统共同组成的集合体（图7-1）。在这一集合体中，子系统间相互联系、相互制约、相互作用，且随时间和空间的不同而发生变化。为此，水资源承载能力应是各系统阈值构成的集合。由于人文经济社会具有良好的自组织和可控性，因而成为决定整个系统承载阈值空间大小的关键。

2003年，王西琴等人开始进行河道生态及环境需水理论探讨，并在2011年提出了"水生态承载力"概念。其基本内涵是：在满足自然生态系统对水资源需求及其满足一定环境容量的前提下，能够支撑的最大人口数量和经济规模，其实质是同时满足水资源承载力与水环境承载力的复合承载力，即在现阶段，水生态承载力内涵的可以理解为同时满足水量和水质前提下能够承载的人口数量和经济规模（图7-2）。

2. 方法研究的进展

在方法论方面，2005年占车生等人根据生态需水模型，提出了河流合理生态用水比例

图 7-1 水资源承载能力阈值空间

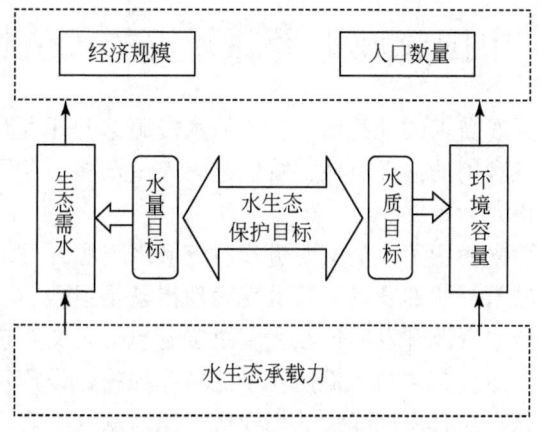

图 7-2 水生态承载力内涵

的方法。该方法的基本公式表达为：

$$P_u = \frac{W - W_i - W_a - W_l}{W}$$

式中，P_u 为河流生态用水比例；W 为天然河川径流量；W_i 为工业供水量；W_a 为农业供水量；W_l 为生活供水量。

利用这一方法，占车生等人推断出海河河流生态系统的合理生态用水比例阈值区间为 16%~46%。

2008 年，王西琴等人提出了基于自然水循环和社会水循环（二元水循环）二元水循环的河道水量的平衡方程

$$E_a = 1 - (u - ur)$$

式中，E_a 为生态需水比例；u 为水资源开发利用率；r 为回归系数。

根据平衡方程及考虑到实际水质状态，中国流域水资源开发利用率的最大极限不能超过流域水资源总量的 50%。据此判断，全国 7 大流域中，只有松花江、长江、珠江等 3 条河流的水资源开发利用率在这一阈值容许范围之内；辽河、海河、黄河、淮河等 4 条河流的开发利用率均超过了最大允许开发利用率。

2010 年，雷静等人根据长江流域开发实际，提出了流域水资源可开发率健康参考阈值。决定这一阈值大小的主要影响因素有自然地理及水资源条件、生态环境需水、经济社

会发展水平和环境约束等。该阈值分为3个等级：健康、亚健康和不健康。分别对应的流域水资源开发率为，<30%；30~40%；>40%（表7-4）。

表7-4 长江流域水资源开发利用率健康参考值分级标准

等级	水资源开发利用状态	流域开发健康状体
I	<30%	健康
II	30%~40%	亚健康
III	>40%	不健康

资料来源：雷静等，2010，长江流域水资源开发利用率初步研究，人民长江，(3)：11-14

7.2 中国流域水资源开发的阈值构建

随着社会对水资源开发需求的日益增长，流域水资源综合开发利用成为国家和地区水资源安全及其可持续开发利用的关键所在，特别是对人口众多、发展愿望极为强烈的发展中大国而言，这一点显得尤为重要。

从逐水而居到逐水而兴表明了人类文明进步对流域水资源开发的依赖状态。人类文明进步的程度越高，对流域水资源的开发依赖也就表现得越是强烈。工业革命以来的实践表明，人类现代文明对流域水资源开发的依赖程度决定着包括人文系统在内的整个流域生态系统发育的基本走向和命运，其中的关键便在于流域库坝的建设规模。换言之，任何国家现代流域水资源的开发状态与其库坝建设的规模成正比。从这一观点出发，流域库坝开发的阈值构建理所当然地围绕着流域水资源综合开发程度展开。

7.2.1 开发利用多元化

1. 基本认识

水是地球生命之源，是人类社会发展的必要物质基础。随着现代文明时期的到来，人类社会对流域水资源开发利用的需求多元化发展便成为一种必然。

根据流域水资源开发利用的目的和使用功能，目前人类社会的流域水资源使用需求的多元化大体可以划分为以下两大类：①生存需求用水。通常这一类用水包括了所有城乡居民的日常生活用水、用于满足人类果腹之需的农业生产用水、为了保障上述人类生存活动的生态系统发育用水以及其他用水等（图7-3）；②发展需求用水。通常这一类用水包括了工业生产用水、水力发电用水、航道运营用水和其他用水等。

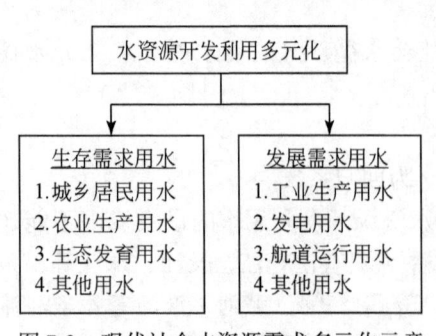

图7-3 现代社会水资源需求多元化示意

水资源开发利用多元化
- 生存需求用水
  1. 城乡居民用水
  2. 农业生产用水
  3. 生态发育用水
  4. 其他用水
- 发展需求用水
  1. 工业生产用水
  2. 发电用水
  3. 航道运行用水
  4. 其他用水

2. 多元化演进过程

自工业革命以来，人类流域水资源开发利用的多元化发展呈现出逐步加快的趋势。

数据分析显示，1900 年，全球流域水资源的开发量（提取量，下同）为 5818 亿 m³，其中，农业生产用水的比重为 88.2%，居民生活用水的比重为 7.5%，工业生产用水的比重为 3.7%，发电用水的比重为 0.6%（图 7-4），流域水资源开发多元化演进系数①为 1.13。

到 20 世纪上半叶，人类流域水资源的开发取得了进一步的发展。到 1950 年，全球流域水资源的开发量（提取量）已经增至 14 459 亿 m³，其中，农业生产用水的比重为 74.7%，居民生活用水的比重为 14.1%，工业生产用水的比重为 6.0%，发电用水的比重为 5.2%。全球流域水资源开发多元化演进系数上升至 1.34，较之 1900 年时提高了 20%。

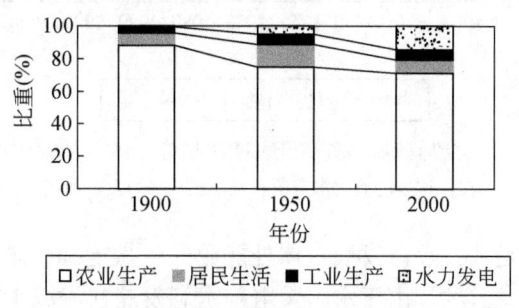

图 7-4　全球水资源需求结构多元化过程（1900~2000 年）

2000 年，流域水资源开发的多元化得到了进一步的发展。此时全球流域水资源的开发量（提取量）继续升至 14 459 亿 m³。在这一开发总量中，农业生产用水的比重已降至 71.0%，居民生活用水的比重则上升至 8.5%，工业生产用水的比重依然保持在 6.0%，发电用水的比重则快速增至到 14.5%。此时，全球流域水资源开发多元化演进系数则达到了 1.41，较之 1950 年时又增加了 7 个百分点。

7.2.2　开发强度

1. 基本概念

从传统意义上讲，流域水资源开发强度是指满足人文社会活动一般需求的流域水资源开发状态。这种需求通常由生活（居民）和生产（农业和工业）两大类用水所构成。

2. 变化趋势

一般而言，为了满足社会日益增长的多元化需求，各国不断加大流域水资源的开发利用强度。根据国际研究组织太平洋研究所、世界资源所、全球能源理事会以及英国 BP 公司的研究，1900~2008 年期间，全球流域水资源的开发强度（不包括水电发电用水）增

---

① 资源开发多元化演进系数是以农业生产用水量为底数的所有用水部门用水量比值之和

长了 5.8 倍。其中，大约近 2/3 的增幅是 1950 年以后完成的，水资源开发强度的加速趋势明显（图 7-5）。

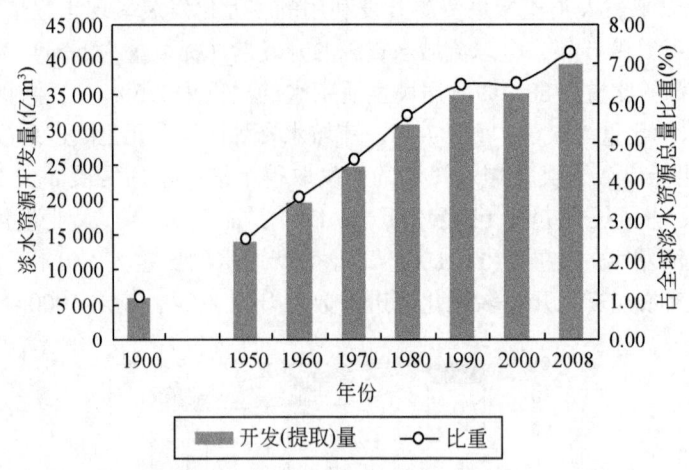

图 7-5　全球流域水资源开发变化趋势（1900～2008 年）
注：这里的流域水资源开发不包括水力发电用水

客观地讲，为了满足社会经济发展对体外能源（一次能源）消费的快速增长，各国均不断加大水电资源的开发力度。由于水力发电与水利发展在流域水资源开发上存在空间一致性：即同用一江水。因此，尽管彼此的职能和运行方式各不相同，但同样会对流域自然生态系统产生很大负面效应。重要的问题还在于，水电建设同样会诱发工程所在流域及周边地区水资源消费需求的增长。在此方面，一个典型的案例就是美国位于荒漠地区的拉斯维加斯。

拉斯维加斯是美国内华达州最大城市，距西南的胡佛水利水电工程 43km（图 7-6）。20 世纪初拉斯维加斯还仅是美国西部一座数千人的小镇。1931～1936 年美国进行了胡佛大坝工程的建设。该项工程的水库设计容量为 350 亿 m³，发电能力约 200 万 kW，年发电

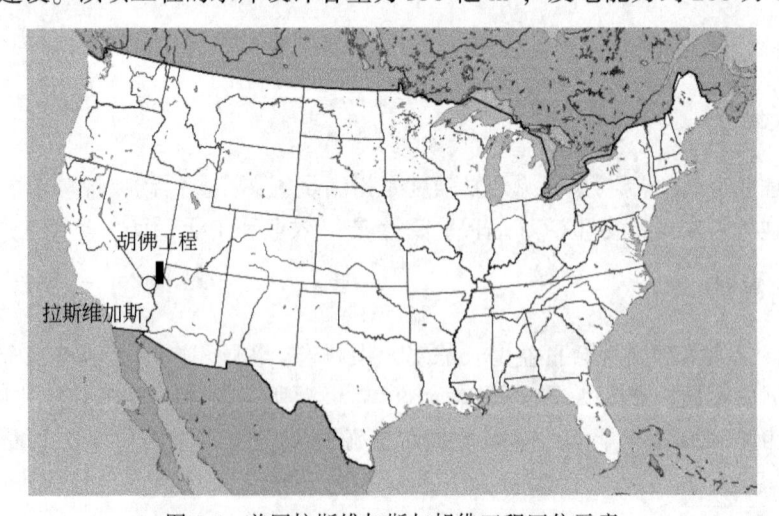

图 7-6　美国拉斯维加斯与胡佛工程区位示意

量 420 亿 kW·h。胡佛大坝建成后，为拉斯维加斯快速成长为美国与世界最大赌城提供了良好的外部发育环境。2010 年拉斯维加斯的城市常住居民人数达到了 58.4 万，每年的游客数以千万计。这一变化使得拉斯维加斯每年需从胡佛水库引水约 7 亿 m³。

显然，在进行流域水资源开发的评价时，对水利水电的这种用水需求变化及其所产生的生态效应必须做出综合考虑。

7.2.3 综合开发强度

1. 基本概念

与上述流域水资源开发强度的基本概念有所不同，流域水资源综合开发强度强调的是满足国家或地区社会各类需求的流域水资源开发总体状态，其中不仅包括了传统意义上的生产和生活两类用水，而且还包括了水力发电用水。

2. 计算公式

根据各国实践，这种综合开发强度主要建立在水资源使用强度与水电资源开发强度两者基础之上，其基本计算公式可以表示为

$$OEWC = \sqrt{W_e \cdot H_e} \tag{7-1}$$

式中，OEWC 为流域水资源开发强度系数；W_e 为水资源开发强度，H_e 为水电开发强度。

3. 全球开发现状分析

由于地理环境和社会经济发展的差异，全球各大洲的流域水资源开发存在明显不同。

数据分析显示，2008 年全球流域水资源的综合开发强度为 16.1%。其中，以资源极度匮乏的中东地区流域水资源的综合开发强度为最高，达到了 39.5%；北美地区位居第二，流域水资源综合开发强度为 23.2%；亚洲地区紧随其后，流域水资源综合开发强度达到了 21.5%；欧洲地区的为 14.2%；大洋洲地区的为 11.2%；非洲和南美两大洲的则在 6%~7%（图 7-7）。

总体而言，全球流域水资源的开发利用强度主要取决于水电资源开发的状态。但是，对于水资源相对匮乏和人口密度大的地区来说，生存需求的用水占有主导和重要地位。例如，中东地区的流域水资源的开发程度为 88.2%，而流域水电资源开发程度却只有 17.7%。在全球人口罪为密集的亚洲，其流域水资源的开发程度为 15.9%，其流域水电资源的开发程度为 29.2%。与全球的总体趋势相去甚远。

4. 中国开发现状

经历了长期的开发建设，2008 年中国流域水资源综合开发强度已经达到了 25.9%，高出全球同期平均水平 9% 以上。

除了北方相对缺水地区的东北的松辽流域和新疆的内流水系外，目前中国黄河、海河和淮河三大流域的水资源综合开发强度均已超过 60%。其中，淮河流域水资源综合开发强

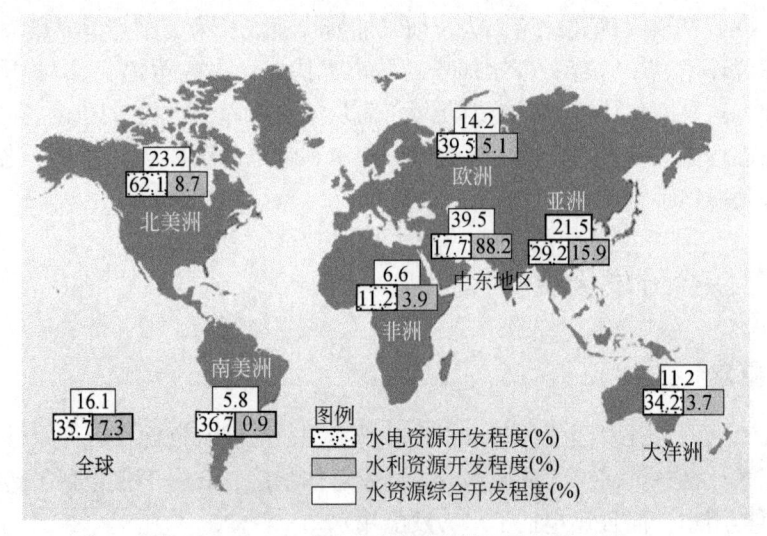

图 7-7 2008 年全球水利水电资源开发程度比较

度为最高，达到了 67.2%；海河流域紧随其后，其水资源的综合开发强度为 66.1%；黄河流域位居第三，其水资源的综合开发强度也达到了 61.9%（表 7-5）。上述三大流域因而面临严峻的生态危机。

造成此种局面的关键在于上述三大流域水资源的开发程度远超过全国均值水平。目前，海河、黄河与淮河三大流域的水资源开发程度分别达到了 126.0%、68.7% 和 58.4%，为全国流域水资源开发程度的 6.3～2.9 倍（表 7-5）。

与之相比，尽管南方水资源相对富裕，但近年来长江和珠江两大流域水资源开发和利用越来越受到全球气候变化的影响和挑战。

表 7-5　中国流域水利水电资源开发程度（2008 年）　　　　（单位:%）

流域名称	水资源开发程度	水电资源开发程度	综合开发程度	流域名称	水资源开发程度	水电资源开发程度	综合开发程度
松辽流域	44.6	24.0	32.7	长江流域	20.6	32.8	26.0
西北诸河	48.5	9.8	21.8	珠江流域	15.5	64.2	31.5
黄河流域	68.7	55.8	61.9	东南诸河	19.8	82.4	40.4
海河流域	126.0	34.6	66.1	西南诸河	1.9	8.6	4.0
淮河流域	58.4	77.3	67.2	全国均值	20.1	33.1	25.9

资料来源：1. 水利部. 2009. 中国水资源公报. http://www.mwr.gov.cn/zwzc/hygb/szygb/qgszygb/；2. 国家统计局. 2010. 中国能源统计年鉴 2009. 北京：中国统计出版社.

7.2.4　中国未来开发趋势判断

中国流域水资源未来开发趋势的判断不仅取决于国家人文社会发展的需求的变化，而且更取决于流域国家地理环境及相应开发条件。对于后者而言，其中包括了资源结构特征、人文发育状态、资源开发环境、与全球气候变化。

1. 资源结构特征

流域水资源结构特征是流域地理环境中的关键要素之一。在地形地貌特征与大气环流的双重作用下，形成了中国单位国土面积水资源密度低与水电资源密度高的独特流域水资源结构特征。

2008年，全球流域每万 km² 的水资源量和水电资源量分别为 3.60 亿 m³ 和 5.75 亿 kW·h，两者比值为 0.63∶1。与之相比，中国流域每万 km² 的水资源量和水电资源量分别为 2.96 亿 m³ 和 18.26 亿 kW·h，两者比值为 0.16∶1（表7-6）。显然，与世界其他流域水资源大国相比，独特的水资源结构决定了中国流域水资源开发利用中生存需求用水保障系数低的基本特征。

表 7-6　水资源密度结构特征国际比较（2008年）

项目 国家	水资源密度亿方/km² （1）	水电资源密度亿度/km² （2）	比值（1）/（2） 100%
中国	2.96	18.26	0.16
美国	3.29	4.03	0.82
加拿大	2.91	5.37	0.54
民主刚果	5.47	6.18	0.88
巴西	9.67	9.61	1.01
哥伦比亚	18.67	12.26	1.52
秘鲁	14.88	20.23	0.74
委内瑞拉	13.52	10.96	1.23
印度	5.81	13.45	0.43
印度尼西亚	10.57	2.09	5.05
俄罗斯	2.64	4.98	0.53
全球	3.60	5.75	0.63

资料来源：1. WEC, 2010 Survey of Energy Resources, http://www.worldenergy.org/documents/ser_2010_report_1.pdf. 2. World Water, Freshwater Withdrawal, by Country and Sector (2010), http://www.worldwater.org/data.html 3. World Resources Institute, Food and Water, http://earthtrends.wri.org

2. 需求结构特征

需求结构特征反映着人文社会发展对流域水资源消费的需求状态的一项关键指标。

中国社会经济目前正处在一个工业化转型和城镇化大发展的关键时期。这正是水资源需求结构多样化发育的活跃期。鉴于中国水资源的结构特征，如何确保社会经济持续发展的生存需求用水将成为未来中国水资源总体开发利用的关键所在。

目前中国人均城乡居民的用水量尚不足全球平均水平的84%（表7-7）。考虑到庞大的人口基数，未来需求不仅增量大，且质量保障要求高。与此同时，作为国家持续生存和发展的基础，未来农业用水的总量需求增势虽然明显趋缓，但为应对全球气候变暖，提高农业生产用水的保障程度同样至关重要。

表 7-7　生存用水国际比较（占总用水比重）　　　　　　（单位:%）

项目 国家	城乡居民	农业生产	生存用水合计	年份
中国	10.2	51.9	62.1	2008
美国	11.3	36.9	48.2	2005
加拿大	6.8	4.1	10.9	2006
民主刚果	1.1	0.2	1.3	2000
巴西	11.5	22.5	34.0	2006
哥伦比亚	25.6	23.4	49.0	2000
秘鲁	6.9	67.3	74.2	2000
委内瑞拉	2.0	16.2	18.3	2000
印度	7.1	87.4	94.6	2010
印度尼西亚	7.8	88.6	96.3	2000
俄罗斯	12.6	12.0	24.6	2000
全球	9.3	59.4	68.7	2008

资料来源：见表 7-1

3. 资源开发环境

全球流域开发的实践表明，决定流域水资源开发环境的关键在于国家或地区的人口密度。

图 7-8 的分析表明，2008 年全球 11 个流域水资源大国的水资源开发状态（不包括水力发电用水）与人口密度保持着很高的相关性，其相关系数达到了 0.937（$R^2 = 0.8779$）。如此相关关系只能说明，国家或地区人口密度越大，生存用水对流域水资源开发的依赖也就越发严重。此种情况再一次证明，对于人口众多、发展需求强烈的发展中国家而言，确保生存用水在流域水资源开发中的地位是国家持续发展的首要任务和使命所在。

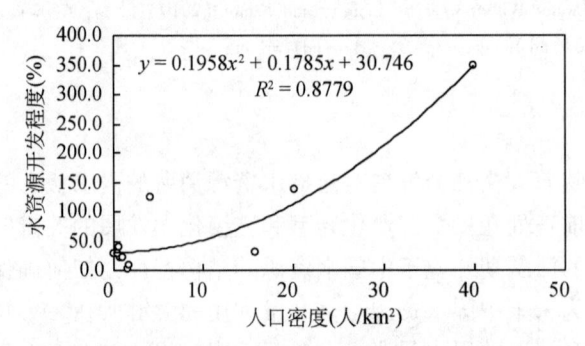

$$y = 0.1958x^2 + 0.1785x + 30.746$$
$$R^2 = 0.8779$$

图 7-8　流域水资源开发与人口密度的国际对比分析（2008 年）

4. 全球气候变化

全球气候变化对中国水资源综合开发产生巨大的负面影响，特别是20世纪90年代以来。例如，1990~2009年，中国的水电装机容量从0.36亿万kW升至1.93亿万kW，增幅超过4.3倍。与此同时，我国水电的发电量只增长了3.5倍。两者之差为18%。导致这种增长差异的一个关键就是全球气候变化。由于降水偏少，中国水电装机的工作出力呈现出明显下降趋势（罗小勇等，2005）。数据分析显示，过去20年全国水电生产效率下降了近17%（图7-9）。正如此，中国近年来电力供应紧张局面从未间断，其中2003年全国性能源供应短缺的直接诱因正是南方干旱导致湖南等地大中型水电设施无法正常运行。

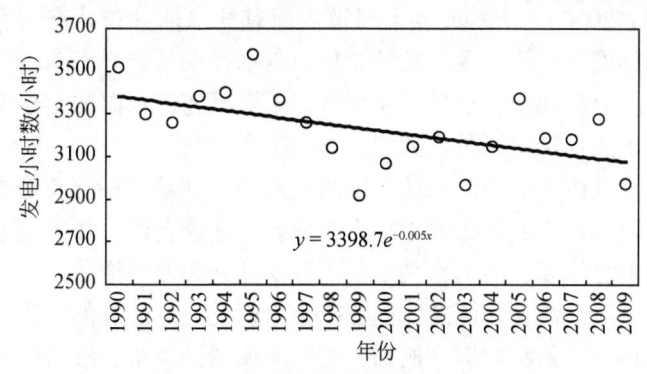

图7-9 全国水电装机发电小时数（1990~2009年）
注：不包括农村小水电

拟合方程：$y = 3398.7e^{-0.005x}$

5. 未来趋势判断

从国内外的经验以及上述开发环境看，2030年中国的流域水资源综合开发强度以保持在35%左右为宜。其中流域水资源的开发程度大体可在25%，水电资源的开发程度大体可在50%[图7-10（a）]。按此开发程度计算，2030年，中国的居民生活和工农业用水总量约在7000亿 m³，较之2008年时的提高27.3%；水力发电装机容量约在2.5亿kW、发电量8500亿kW·h，比2008年时的分别提高约45.0%和46.5%[图7-10（b）]。

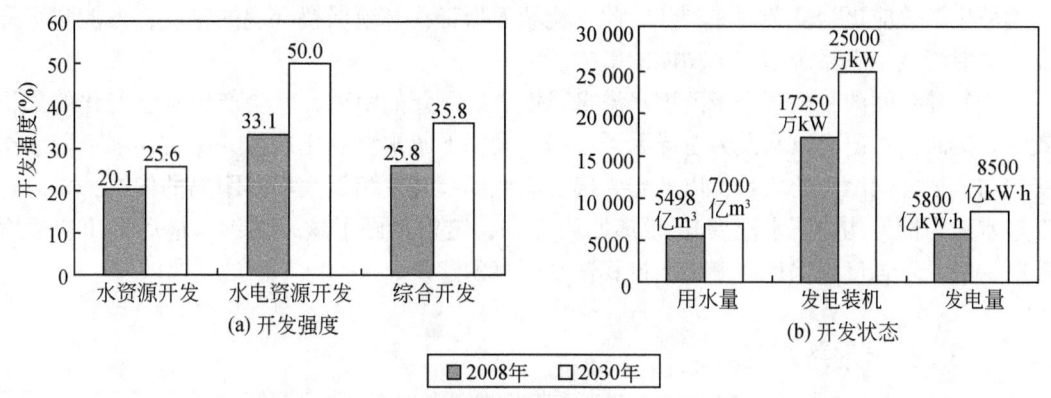

图7-10 中国水资源综合开发强度及状态判断（2008~2030年）
注：本计算不包括农村小水电

7.3 基于大坝下游河道水温变化的流域梯级开发阈限分析

7.3.1 梯级库坝开发对水温影响的累积效应

水温是影响流域水生态系统结构、过程和状态的重要因子，对流域水生生物群落尤其是鱼类的影响非常显著。水温变化对河流水体的溶解氧等水化学特性、水文特性产生影响，最终会影响到悬浮物、水生生物的繁殖、生长和发育以及物种的分布、生态系统结构和功能（姚维科等，2006）。大坝改变了河道内原有的水体分布状态，引起水温在流域沿程和水深两个空间梯度和时间尺度是发生变化。若以大坝为分界点来看，在大坝以上的库区引起了水体的温度分层现象，通过下泄水改变了下游河道水温的年季变化过程，进而对下游河道的水生物栖息地产生了重要影响。

梯级库坝工程开发由于对河流水动力等条件形成了连续性的时空影响，因而其影响是流域性的，对河道及库区水温分布的影响更为显著。理论上讲，如果下游河道足够长，流水经过一定沿程的混合恢复，河流水文参数可以恢复到天然河道状态。但若梯级开发相邻两个大坝之间距离小于河流自净距离，就会产生累积效应。已有的观测研究表明，梯级库坝开发对水温影响形成了累积效应。例如，红水河流域天生桥一级库区河段，多年平均水温为 19.8℃。龙滩水库河段多年平均水温为 21℃。天生桥和龙滩水库水温都具有稳定分层特性。天生桥水库下泄水流使龙滩水库入库年平均水温降低 3.9℃。龙滩水库不仅受本身建库的影响，还受天生桥下泄水水温的影响（李亚农，1997）。漫湾库区（76km）下泄水对大朝山库区（80km）的水温具有一定的累积效应。大朝山水库蓄水后，漫湾坝下 15km 的戛旧水文站表层水温月均值比只建漫湾水库时升高 0.4℃。6~9 月低于只建漫湾水库时的月均水温，其他月份高于只建漫湾水库时月均水温，受漫湾下泄水和大朝山库区蓄水共同影响明显（姚维科等，2006）。

实际上，梯级开发不仅对水温影响具有累积效应，对河流径流年际年内分配、热量分配、泥沙输送、水质、水温、水生群落等要素的影响也会产生累积效应，从而使库坝工程的流域生态效应更为复杂而深刻。因此，流域库坝工程必须保持合理的密度，方能减缓开发活动对流域生态系统结构与功能的影响。

相邻梯级间的距离若小于河道水温自我恢复所需要的距离，就会产生水温变化的累积效应。据此，本研究以水温为主导因子，基于大坝下游水温变化规律，探讨大坝下游水温变化与大坝之间距离的关系，以此作为确定流域梯级开发相邻大坝间距离的依据，并以丹江口水库为例，构建了水温变化-距离回归方程，定量刻画了这一关系。最后提出应适度控制梯级开发强度，保证河流水温自我恢复距离的建议。

7.3.2 研究方法

一般而言，由于河流具有自净能力，下游河道某处离大坝越近，水温受大坝的影响越大;离大坝越远受其影响越小。大坝对下游河段某点的水温影响的大小（E）是该点与大坝距离（S）的函数。大坝对下游河道的水温的影响大小（E）可以用坝下某点的水温（T）与天然河道水温（C）差值表示。在升温期，C>T，E=C-T；在降温期，T>C，E=T-C。当下游某测点的水温影响为零时（E→0），此测点与大坝的距离为大坝对下游水温影响的最大距离（S_m）。

$$E = \begin{cases} C - T & 升温期 \\ T - C & 降温期 \end{cases}$$

当 E→0，S_m = Max S，为大坝对下游影响的最大距离

式中，T 为下游河道某测点某月水温；C 为天然河道测点当月水温。

对已建大坝，在其坝下沿程的有关水文站点进行水温监测，确定水温恢复到天然河道水温的测点位置，该测点与大坝间的距离就是大坝对下游水温影响的最大距离（S_m）。对于未建大坝其下游水温影响距离可以参考与其自然条件和工程条件相似的已建大坝的水温影响距离参数。

7.3.3 结果与分析

1. 大坝对河流水温的影响

1）大坝对水库水温的影响

大坝建成后，水库蓄水引起热量在垂直方向重新分配，对库区表层水温有着明显的增温效应，库区形成上高下低的温度分层。澜沧江漫湾坝前表层水温仅 5~8 月低于气温，其余月份坝前表层水温均高于建坝前的天然表层水温，时空分异性减弱。从库尾到坝前，表层水温与天然气温逐渐接近，气温/水温比与距离大坝距离之间存在正相关关系（姚维科等，2006）。瑞士的提契诺河（Ticino）梯级大坝的库区平均水温夏季比天然河水温高，冬季比天然河水温低（姚维科等，2006）。

2）大坝对下游河道水温的影响

大坝建成后使河流湖泊化、流速下降、水温分层。一般下泄水从深部孔道排出，不同温层的水体不发生混合，下泄水温的变化影响到河道水温变化，进而影响到下游河道的生物群落和生态系统（包广静，2008）。在河流上修建高坝大库，对坝下河段的水温的年变化产生影响。一般表现为在天然河道的升温期，因下泄水库积留的低温水而使坝下河道水温低于天然河道水温；在天然河道的降温期，因下泄水库积留的高温水而使下游河道水温高于天然河道水温。水库在河流的升温期下泄低温水，导致鱼类繁殖推迟，当年幼鱼生长期缩短，生长减缓（汪小将，2004）。如，三门峡水库升温期 3~6 月出库水温较建库前天然河道水温低 2.5~4.8℃，降温期 8~12 月较天然河道水温高 1.7~2.9℃（张宏安和伊国栋，2002）。库区出水温度一般冬季高于气温和天然河水温度，而夏季则低于气温和天然河水温度，与天然水温和气温的变化趋势有 1~2 个月的滞后性（李晓路等，1995）。水库"削洪平枯"运行改变坝下江段正常的流量流态，使雨季本应形成的洪峰消减，对坝下需洪水刺激的鱼类繁殖产生不利影响。建坝后水温波动范围小而频率高，对生长周期长的

物种影响更大（姚维科等，2006）。

一般地，径流式水电站对下游河道水温无明显影响，而季、年或多年调节水库则对下游河道水温影响较大。具有调节能力的水库，因贮有夏、秋季的温暖洪水，冬季库面封冻比天然情况减轻。下游河道因水温升高，不封冻时间和距离有所延长。如，丰满建库前，河道每年冰封期长约150d。建库后冰封期缩短为60~110d。水库冰情视拦蓄夏季洪水多少而定。而天然情况冬季冰情与夏季洪水关系不大。对丰满、镜泊湖、桓仁、云峰、回龙山等5个东北地区的水电站调查发现，冬季水电站下游不封冻距离在10~100km，蔡为武提出了下游不封冻距离（Lf，km）与断面平均水温（t，℃）、单宽流量（q，m²/s）的回归方程［$Lf=29.61q(t-1)+6.4$］（蔡为武，2001）。不封冻距离也可作为水库对下游水温影响的一个直观的度量指标。

2. 大坝对下游河道水温影响的沿程距离

大坝对下游河道水温影响距离随着流域的地质、地貌、气候、水文等自然地理条件的不同、水利工程的类型和规模的不同而不同。南非在橘河—瓦尔河（Orange-Vaal）2300km的河段上修建了10个梯级水电工程大坝，使这一河段变成了中温水域，下泄水流对下游河道的水温影响在200 km以上。美国科罗拉多河建坝前水温0~27℃之间变化，修建了格伦峡谷大坝以后，水温只在几度范围内变化并且年均水温<8℃。过低的水温使得在远离大坝400km的土族鱼类难以繁殖（姚维科等，2006）。新安江水库下泄水直到进入杭州湾（220km），春夏季降温仍可达1~2℃。尽管新安江以下有流域面积2~3倍的支流注入，仍难抵消其影响。刘家峡水库的春夏季降温，秋冬季升温现象，直到下游268.5 km的安宁渡仍未消失（蔡为武，2001）。据已有研究（表7-8），大坝等水利工程对下游沿程水温的影响距离在100~500km。

表7-8 大坝对下游水温影响的距离

水库大坝	河流特征	水工特征	影响距离（km）	影响特征	参考文献
梯级大坝	南非橘河—瓦尔河2300km	10个梯级	>200	河段变为中温水域	姚维科等，2006
格伦峡谷大坝	美国科罗拉多河（Colorado）美国西南方、墨西哥西北方的河流，长度2333km	最大坝高216.4m，集水面积28.1万km²，最大年径流量260亿m³，实测最大流量1705m³/s，水库长300km，正常蓄水位1128m，总库容333亿m³，有效库容257.5亿m³，面积653km²。电站总装机104.2万kW	400	土著鱼类难以生存	姚维科等，2006
丹江口水库	汉江 长江一级支流	最大坝高97m，控制流域面积95 217km²，多年平均流量1200m³/s。正常蓄水位/死水位157/139m。总库容/调节库容208.9/102.2亿m³。装机容量90万kW，保证出力24.7万kW，年发电量38.3亿kW·h	500	仙桃水文站的水温基本恢复正常	李晓路等，1995

续表

水库大坝	河流特征	水工特征	影响距离（km）	影响特征	参考文献
新安江水库	新安江钱塘江正源	水库面积 580km²。控制流域面积 10 480km²。年均流量 357m³/s，正常蓄水位/死水位 108/86m，总库容/调节库容 216.26/102.66 亿 m³。装机容量 66.25 万 kW。保证出力 17.8 万 kW。年发电量 18.61 亿 kW·h	>220	杭州湾春夏水温降低 1~2℃	蔡为武，2001
刘家峡水库	黄河一级流域	蓄水量 57 亿 m³，水域面积 130km²。坝高 147m。总装机容量 122.5 万 kW，年发电 57 亿 kW·h	268.5	安宁渡水温还未完全恢复	蔡为武，2001
漫湾水库	澜沧江一级流域	坝高 130m，装机容量 1500MW，库区长 76km，蓄水位 994m，蓄水面积 23.9 km²，平均流量 1230 m³/s，集水面积 114 500 km²	>80	水温产生了累积效应	姚维科等，2006
天生桥水库	红水河珠江干流西江的上游	集水面积 50139km²，年均径流量 193 亿 m³，多年平均流量 612m³/s；总库容/调节库容 102.6/57.96 亿 m³，不完全多年调节。总装机容量 1200MW，年发电 52.26 亿 kW·h，保证出力 405.2MW	300	水温产生了累积效应	李亚农，1997

7.3.4 大坝对下游河道水温影响的案例研究——以丹江口水库为例[①]

1. 大坝对下游影响的水温变化-距离回归模型

丹江口水库蓄水后，对下游河道水温影响表现为升温期 3~8 月比天然状况低，影响范围在 400km 以上；9 月至次年 1 月水温比天然状况高，影响范围在 500km 以上（图 7-11）。在离大坝较近的地方，建库前后温差较大，温差最高达 12℃。离大坝越远建坝前后的温差越小（李晓路等，1995）。

丹江口水库升温期为 3~8 月，降温期为 9 月至次年 2 月。丹江口水库夏秋季为分层型水温结沟，冬季为混合型结构（李晓路等，1995）。从图 7-12 可知，丹江口水库升温期坝前、坝下 4km（黄家港水文站）、坝下 250km（碾盘山水文站）和坝下 495km（仙桃水文站）大坝运行对水温的影响很有规律。除过 7 月仙桃站外，其他所有站点各月建库后水温都低于建库前水温，且大坝下游水温沿程变化呈现距离衰减规律。坝下 250km 处的碾盘山站水温基本得到了恢复，到坝下 500km 的仙桃站大坝对水温仍有降温效应，但已相当微弱。而在降温期，河道水温月度变率很大，除过 11 月至次年 1 月的冬季 3 个月建库后水

[①] 本小节丹江口水库建库前后水温数据主要来自李晓路等（1995）

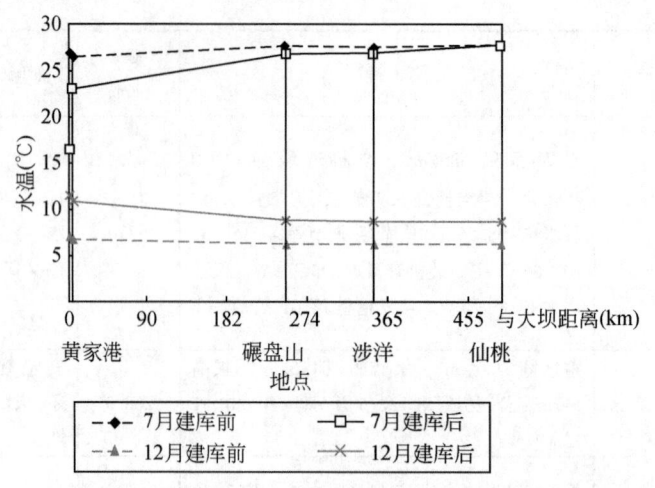

图 7-11 丹江口大坝下游河道水温沿程变化（据李晓路 等，1995 改绘）

温高于建库前外，其余月份有一半的测定值其建库后水温不高于建库前水温，大坝对水体的升温效应不明显。因此在水温-距离回归拟合分析时，仅对冬季 3 个月的水温-距离进行拟合。

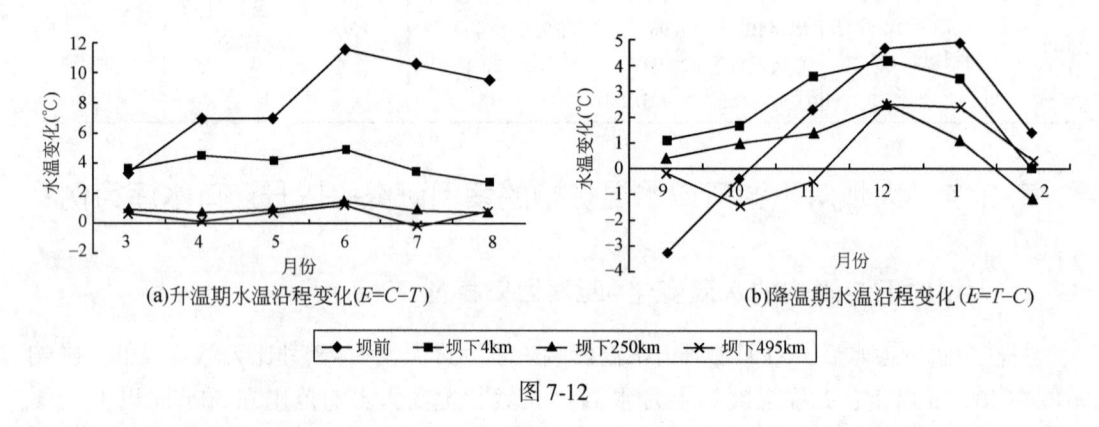

(a)升温期水温沿程变化($E=C-T$)　　(b)降温期水温沿程变化($E=T-C$)

图 7-12

升温期大坝对下游河道水温沿程影响取各水文站 3~8 月的水温变化（$E=C-T$）的平均值，即坝前、黄家港、碾盘山和仙桃等 4 个水文站的升温季 E 分别为 8.18，3.88，0.92 和 0.53℃。在 SPSS 16.0 中就大坝对水温的影响（E）和与大坝的距离（S）进行正态分布检验，可知 E、S 符合 Shapiro-Wilk 秩正态分布。因距离 S 是顺序变量，采用 Spearman's rho 对 E、S 两变量进行非参数相关分析，可知两变量在 $P=0.01$ 水平上显著负相关，双尾 Spearman's rho 相关系数为 -1。

通过曲线估计试探性建立线性、多项式、复合曲线、增长曲线、对数、S 曲线、指数、反函数、幂函数、logistic 曲线方程。首先对回归方程和系数进行显著性检验，然后根据方程的拟合精度，选取最优方程作为水温—距离的回归方程。升温期水温变化-距离回归方程为对数曲线方程：$E=3.858-0.492*\ln S**$，该方程和回归系数都通过了显著性检验，且都在 $P=0.01$ 水平上显著，拟合精度 R^2 很高（表 7-9）。

表7-9　升温期水温-距离回归方程及系数显著性检验

	回归方程	R^2	方程显著性	系数显著性	常数项显著性
线性	$E = 5.641 - 0.012 * S$	0.652	—	S：—	—
对数	$E = 3.858 - 0.492 * \ln S **$	0.982	$P = 0.01$	$\ln S$：$P = 0.01$	$P = 0.01$

注：—在 $P = 0.05$ 水平上不具有显著性，**在 $P = 0.01$ 上显著

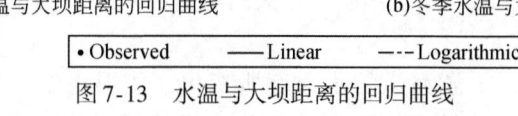

(a) 升温期水温与大坝距离的回归曲线

(b) 冬季水温与大坝距离的回归曲线

● Observed　—— Linear　--- Logarithmic

图7-13　水温与大坝距离的回归曲线

选取冬季（11至次年1月）的大坝对河道水温影响（$E = T - C$），对其与大坝的距离进行回归分析。与升温期的 E、S 两指标类似，冬季站点该两指标也符合秩负相关。冬季水温变化-距离回归模型为对数曲线方程：$E = 3.897 - 0.013 * S + 1.639E - 5 * S^2 *$，该方程通过了显著性检验，大部分回归系数也通过了显著性检验，在 $P = 0.05$ 水平上显著，拟合度也很高（表7-10和图7-13b）。

表7-10　冬季水温-距离回归方程及系数显著性检验

项目	回归方程	R^2	方程显著性	系数显著性	常数项显著性
线性	$E = 3.702 - 0.005 * S$	0.863	—	S：—	$P = 0.05$
多项式	$E = 3.897 - 0.013 * S + 1.639E - 5 * S^2 *$	0.998	$P = 0.05$	S：$P = 0.05$ S^2：—	$P = 0.05$

注：—在 $P = 0.05$ 水平上不显著，*在 $P = 0.05$ 上显著

2. 水温变化对鱼类的影响

"春江水暖鸭先知"，水温变化对水生生物的影响最为直接。汉江丹江口以下河段是多种鱼类的盛产地和栖息地，也是中国四大家鱼天然产卵场之一。每年4~8月丹江口水库水体呈明显分层现象，水深5~30m之间出现温跃层，库表与库底温差达16℃。9~10月上下水温分层现象减弱。下泄水温的变化对坝下河道沿程水温及年内变幅都有影响，进而影响到鱼类等水生生物群落。对鱼类的影响主要有以下方面：①升温期大坝下游河道水温

降低推迟了鱼类繁殖期。黄家港水文站建坝后 5~8 月水温下降了 4~6℃，达到鱼类繁殖所要求的最低温度（18℃）的日期推迟了 20d 左右。②繁殖期鱼类产卵场下移。由于下游比中游水温降低幅度小，加之下游支流唐白河、蛮河具有一定的涨水过程，使鱼类产卵场下移，襄樊、钟祥一带河口附近产卵场相对扩大。③鱼类越冬场明显扩大。坝下河段冬季（12 月至次年 3 月）流量比建坝前增加 1~2 倍，水温也提高了 2~5℃，鱼类越冬条件改善，在丹江口至襄樊江段形成一个冬季捕捞旺季（史芳方和黄薇，2009）。④水生生态系统结构有所变化。建库后大坝下游河水夏季变凉、冬季变暖，加之水流变清、透明度增大，使着生丝状藻类及淡水壳菜形成优势种群，以之为食的鱼类不断增加（胡安焱，2010）。

7.3.5 结论与建议

大坝对河流水温的影响在空间上可分为为库区和坝下两个不同的区段。由于水体的热容量约是空气热容量的 3300 倍，其热惯性远较空气大（秦金虎等，2007）。因此，在升温期库区积存着冬半年的冷水，加之库区水体的热容大，使库区成为冷源，库区的水温低于天然河道的水温，其下泄水也导致下游河道水温降低。在降温期，库区积存着的夏秋季的高温水，库区水体成为热源，库区水温高于天然河道的水温，其下泄水导致下游河道的水温高于天然河道的水温。

由于水库下泄水使得下游河道的水温有所变化，使得水温恢复的沿程距离在 100~500km，若两级大坝之间小于该距离，就会产生水温的累积效应。所以梯级开发相邻两个大坝之间的距离不应小于水温得以恢复的距离，以保证河道水温变化得以自然恢复，而不致产生水温的累积效应。为此，建议水温的自然恢复距离应该作为梯级开发强度的限制性指标之一。为了维护河道水温不致遭受难以恢复的破坏，应该按照河道水温自然恢复距离，一方面在流域梯级开发的规划设计中，适度控制梯级开发的强度，以流域的生态环境可承受程度作为临界阈值，控制生态环境的累积效应（陈丽晖和何大明，2000；钟华平等，2007）；另一方面在大坝密度过大、已然对水温产生了明显影响的河段，可结合中小水库除险加固，移除部分老旧病险水库大坝，以确保水生态安全和人民生命财产安全。

7.4 流域水资源开发的生态约束准则

7.4.1 流域水利水电资源开发的生态约束准则

尽管对流域水利水电资源开发强度的增大已经引发了一系列生态效应，但对水利水电资源需求的持续增加，无法也不可能阻止流域开发活动的步伐。为了协调水利水电资源开发利用与生态环境保护的关系，实现流域人文生态系统与自然生态系统的和谐演进，促使未来流域库坝工程开发更加符合自然生态规律，制定流域水利水电工程开发的生态约束准则，保障流域水利水电工程开发有序和适度地进行具有十分重要的支撑作用。下面是本研究提出的生态约束准则。

1. 生态底线约束准则

流域开发的生态底线就是维持河流的生命功能。基于这一原则，提出以下约束准则。

（1）准则1 水利水电工程开发不能导致河道断流，必须维持河流的生态基流。把生态基流要求作为水利水电工程开发许可的基本条件，确保干支流和河湖水系的连通性。生态基流确定可根据有无水生珍稀物种或特有物种来区分；有水生珍稀物种或特有物种河流的生态基流必须根据珍稀物种或特有物种的繁殖发育周期需求为依据来确定。

（2）准则2 流域水利水电工程开发必须确保能够维持流域珍稀物种、地方特有种的可持续种群数量及其栖息空间。对可能导致珍稀物种和地方特有种灭绝的水利水电工程采用一票否决制度。

（3）准则3 水利水电工程开发与运行不能导致一定河段水环境质量低于水环境功能分区规定的水质标准。水利水电工程所在区域必须根据库区水环境容量制定区域社会经济发展的主要污染物排放量，进行总量控制。

2. 流域水利水电资源适度开发原则

流域水利水电资源的适度开发是建设水生态文明、实现人与自然河流生态系统和谐共生的基本保证。

适度开发意味着必须保留充足的和必要的天然河段，因此，坚持河流分级开发管理是约束控制流域过度开发的重要手段和基本原则。水利水电资源综合开发强度保持在适度范围内则是维护河流生态系统健康的基本条件。水利水电资源综合开发不仅包括河道内水资源的开采利用还包括为发电而占用大量水资源的水电开发。水电开发尽管没有大量的水资源消耗但占用大量水资源，同样会产生生态效应。对流域水利水电综合开发强度的适度控制才能保障流域水资源多功能的协调利用。

（1）准则1 坚持流域分级开发管控原则。根据流域生态目标的重要程度进行流域分级，确定不同分级类型的开发程度。河流分级类型。禁止对分布有世界遗产地、国家级自然保护区、国家风景名胜区、珍稀水生生物栖息地、少数民族的神山圣湖以、地质条件脆弱、生态敏感性高的流域或河段进行水利水电工程开发，以保留原始流域生态系统或相对完整的自然河流河段。

开展流域分级分类研究，例如，澳大利亚首都区把河流生态系统分为自然生态系统、供水类生态系统、已改变的生态系统和新建生态系统四个类型，并根据四个类型确定生态管理目标。本研究完成的全国二级流域水利工程生态效应敏感性分区为流域开发的分级分类管理提供了一种思路与方法。

（2）准则2 必须坚持流域水利水电资源综合开发的最大强度约束原则。主要流域不仅要设定水利工程开发的最大引水量，同时要设定水电最大开发强度，确保水利水电资源综合开发不损害河流生态系统健康。

开展流域综合开发阈值的研究，确立流域水利水电资源综合开发的最大阈限。本研究初步计算表明，中国2030年水利水电资源综合开发强度35%为宜，其中水利资源开发强度25%，水电开发强度50%。

（3）准则3　坚持流域梯级开发强度的生态约束准则。基于河流分级类型相邻大坝之间的距离以不产生生态累积效应为原则。

开展流域梯级开发强度的生态约束因子研究，确定生态约束因子的优先次序，基于优先生态约束因子计算相邻大坝之间的合理距离。

3. 已开发流域的生态效应管控准则

（1）准则1　水利水电工程生态效应高敏感度流域（或河段）的生态约束准则。以全国主体功能区划为基础，筛查和确定流域开发生态效应敏感性要素，以此为生态约束因子，进行流域开发的生态效应敏感性管理分类分级，对高敏感度河流或河段禁止继续开发；

（2）准则2　对水利水电资源综合开发最大阈值且导致流域水系连通性和生境受到破坏的流域，须制定恢复生态基流措施，逐步恢复河流生态系统的结构和功能。

可依据流域水利工程水环境生态效应和生物学效应的敏感度确定。生态约束因子优先次序生物学效应的极敏感区和高敏感区以水生生物为优先生态约束因子，根据水生生物的生存条件要求确定梯级开发密度；水环境生态效应的极敏感区和高敏感区以河道污染物扩散能力大小确定梯级开发密度。

7.4.2　环境管理措施建议

为了确保国家水资源可持续开发及其环境管理的有效性，基于流域综合开发阈值的研究，应制定相应的流域开发环境管理准则。初步建议如下：

（1）无论是已开发或在开发的地区，均应展开有关流域综合开发阈值的研究，并依据流域所在地区的自然环境与人文社会发展需求确立流域水资源综合开发的最大阈值和基本模式；

（2）在流域水资源综合开发阈值和基本模式的基础上，展开流域开发生态效应的总体评价，以此确立流域环境管理基本任务和目标（如水质管理、生物种群维护、环境良性发育等），并在此基础上制定法规总体框架与相关细节；

（3）对于尚处于开发阶段的流域，其水利水电工程建设、特别是梯级开发规划及工程项目的实施必须符合流域水资源综合开发阈值的基本要求。在制定相应流域水资源开发环境管理法规总体框架时，应充分考虑开发负效应的时空滞后性特征；

（4）对于已超出流域水资源综合开发阈值地区，其环境评价和管理应集中于现有设施服务功能的优化改造及其运行方式的合理转变，以此推进流域水环境污染状态的逐步改善；

为了确保上述准则的实施，兹提出以下政策建议：

第一，加大对已建水利水电项目及所在流域开发生态效应的研究和评价力度，以增强环境评价的科学性和客观性；

第二，依据在建重点枢纽和梯级开发工程的环境评价，逐步建立起流域开发的生态效应综合评价体系和基本标准；

第三，革新传统理念，尽早实现流域开发的环境评价中心从满足资源开发需求为导向提高资源整体利用效益为导向的根本转变；

第四，建立内嵌式管理机制，实现跨部门的流域开发全程监控和管理，以提高流域水资源综合开发的环境保护管理水平和服务的时效性。

参 考 文 献

包广静．2008．大坝建设生态环境影响国外研究回顾．生态经济，（03）：145-148.

蔡为武．2001．水库及下游河道的水温分析．水利水电科技进展，21（05）：20-23.

陈丽晖，何大明．2000．澜沧江－湄公河水电梯级开发的生态影响．地理学报，55（05）：577-586.

陈明忠，何海，陆桂华．2005．水资源承载能力阈值空间研究．水利水电技术，36（6）：6-13.

胡安焱，张自英，王菊翠．2010．水利工程对汉江中下游水文生态的影响．水资源保护，26（02）：5-9.

雷静，张琳，黄站峰．2010．长江流域水资源开发利用率初步研究．人民长江，41（3）：11-14.

李晓路，胡振鹏，张文捷．1995．大坝下游河道水温变化规律及其影响．江西水利科技，21（03）：167-173.

李亚农．1997．流域梯级开发对环境的影响．水电站设计，13（3）：19-24.

秦金虎，秦金学，王云璋，等．2007．水利水保工程对局地温度、湿度影响及其计算方法．水土保持研究，14（02）：203-206.

史方方，黄薇．2009．丹江口水库对汉江中下游影响的生态学分析．长江流域资源与环境，18（10）：954-958.

汪小将，2004．三峡水库蓄水运行前后坝下重要渔业水域生态环境的调查分析，华中农业大学学位论文．

王西琴，张远，刘昌明．2003．河道生态及环境需水理论探讨．自然资源学报，18（2）：240-246.

王西琴，张远．2008．中国七大河流水资源开发利用率阈值．自然资源学报，23（3）：500-506.

王西琴，高伟，何芬，等．2011．水生态承载力概念与内涵探讨．中国水利水电科学研究院学报，9（1）：41-46.

姚维科，崔保山，刘杰，等．2006．大坝的生态效应：概念、研究热点及展望．生态学杂志，25（04）：428-434.

占车生，夏军，丰华丽，等．2005．河流生态系统合理生态用水比例的确定．中山大学学报（自然科学版），44（2）：121-124.

张宏安，伊国栋．2002．黄河三门峡水库不同运行期水温状况分析．西北水电，（01）：17-19.

钟华平，刘恒，耿雷华．2007．澜沧江流域梯级开发的生态环境累积效应．水利学报，（S1）：577-581.

Brown A, Marty D. Matlock, A Review of Water Scarcity Indices and Methodologies, FOOD, BEVERAGE & AGRICULTURE, White Paper #106, April 2011, http：//www.sustainabilityconsortium.org/wp-content/themes/sustainability/assets/pdf/whitepapers/2011Brown_Matlock_Water-Availability-Assessment-Indices-and-Methodologies-Lit-Review.pdf

Bonacci O. Roje-Bonacci T. 2003. The influence of hydroelectrical development on the flow regime of the karstic river Cetina. Hydrological Processes, 17（1）：1-15.

Chaves, Henrique M. L, and Suzana Alipaz. "An Integrated Indicator Based on Basin Hydrology, Environment, Life, and Policy：The Watershed Sustainability Index." Water Resour Manage（Springer）21（2007）：883-895.

Falkenmark. 1989. The massive water scarcity threatening Africa-why isn't it being addressed. Ambio, 18（2）：112-118.

Falkenmark, M., Rockstrom, J., 2004. Balancing Waterfor humans and nature. Earthscan, London, UK.

Gleick, P. H. 1990a. Vulnerabilities of water systems. In P. Waggoner (ed.) Climate Change and U. S. Water Resources. (J. Wiley and Sons, Inc., New York.) pp. 223-240.

Matlock M D, 2011. A Review of Water Scarcity Indices and Methodologies. 2011 The Sustainability Consortium.

Water Poverty Index: International comparisons, 2002, http://www.nerc-wallingford.ac.uk/research/WPI/images/wdpaper.pdf.

第8章 流域库坝工程开发的生态效应敏感性分区

敏感性是一个描述系统状态的概念，反映了系统在特定时空尺度上对干扰作用进行响应的敏感程度。生态敏感性是指生态系统对人类活动干扰和自然环境变化的反应程度，说明发生区域生态环境问题的难易程度和可能性大小，生态敏感性评价已经被认为是生态环境建设和保护地或区域的有效方法（欧阳志云等，2000）。目前已经开展的生态敏感性评价主要有两类：第一类，是生态系统或区域对自然要素变化或扰动的敏感性评价，国内研究多数集中在诸如水土流失、土地沙漠化、土壤盐渍化、地质灾害等自然要素变化的生态敏感性分析方面（王效科等，2001；刘康等，2003；林涓涓和潘文斌，2005；尹海伟等，2006），也有国内外的学者对生物多样性的生境敏感性进行评价（Biek, et. al. 2002；Wiktelius et. al. 2003；叶其炎等，2006）。第二类，是对人文因子变化的生态敏感性评价，例如，澳大利亚雨林对选择性伐木的生态敏感性（Horne, et. al. 1991）；将采矿活动和道路建设与自然要素结合起来，对北京市域生态敏感性程度进行评价（颜磊等，2009）；将土壤污染和土地利用作为敏感因子，对上海城市生态敏感性进行评价（曹建军等，2010）。显然，生态敏感性研究已经从对自然因素的敏感性评价转向把自然因素和人文因素结合起来进行敏感性评价。

生态效应敏感性是指流域生态系统在库坝工程开发胁迫下产生生态效应的可能性或概率大小。库坝工程的生态效应敏感性评价是一种综合性评价，一是评价流域生态系统对库坝工程建设运行以及由此引发的人文活动的敏感性；二是评价流域生态系统对自然要素扰动的敏感性，如水土流失、泥石流和滑坡等。进行库坝工程开发的生态效应敏感性评价旨在揭示库坝工程开发干扰下流域产生生态效应的可能性，辨识影响生态效应的敏感因子，摸清生态效应不同发生概率的空间分布格局，为流域库坝工程的合理选址、基于敏感目标加强库坝工程的生态调度管理提供科学依据，从而达到预防或减缓流域生态效应的目的。

8.1 生态效应敏感性分区方法

8.1.1 分区的原则

1. 科学性原则

科学性原则是指生态效应敏感性分区评价指标体系构建、方法选择和评价实施过程中要立足于流域生态系统现状，符合客观实际，并且每个指标概念明确、具有明确的科学内涵，能反映评价目标与指标之间的支配关系。同时要采用科学方法采集评价信息，以客观合理为根据和基础进行判断：一要把握评价信息的客观性；二要把握信息的全面性；三要尊重评价指标的空间差异性，选用不同的标准和方法进行评价。

2. 突出重点原则

流域库坝工程开发的生态效应敏感性评价既要考虑生态系统对水利工程开发及其引发的人类活动的敏感性，也要考虑流域生态环境对自然要素扰动的敏感性。因此，在分区过程中要突出主要生态效应表现，选择关键生态要素和评价指标。突出重点就成为敏感性分区的主要原则。

流域库坝工程开发通过淹没、阻隔、径流控制等方式直接影响生物多样性尤其是水生生物多样性，生物学效应是库坝开发的直接生态后果，是生态效应的重要表现方式，生物多样性因而也成为生态效应敏感性评价的关键生态因子。流域是以水文循环为基本特征界定的区域，流域库坝工程开发胁迫下水文变化敏感性与流域降水变率、平均年径流深、年径流量的变差系数和开发利用现状等因素密切相关，这些因素是直接影响流域库坝工程开发是否产生水文效应的重要因子。流域库坝工程开发的生态效应敏感性还反映为流域本底生态环境是否易于发生水土流失、地质灾害如滑坡、泥石流等方面。因此，流域地形坡度、流域滑坡、崩塌、泥石流分布是影响流域库坝工程生态效应发生的决定性条件，因而是衡量流域库坝工程开发生态效应敏感性的重要指标。

3. 综合性原则

综合性原则就是全面地、综合地分析影响流域库坝工程开发生态效应的所有自然因素和人文因素，在此基础上，筛选出影响流域库坝工程开发生态效应的敏感性关键因子及决定流域生态效应敏感性分异的主导因素，评价指标涵盖范围广，可以反应流域生态效应敏感性分异。

4. 流域完整性原则

流域完整性原则是指流域生态效应敏感性评价指标和评价结果被描述的区域应该有足够大小的范围，如以二级或三级流域为评价对象。特别是对于评价结果的描述，评价结果是多种评价因子综合叠加的结果，即使在一个二级或三级流域内也同样存在敏感性分异，为保证流域库坝工程开发生态效应敏感性评价的流域完整性原则，在流域内以其得分平均值对评价结果加以综合。

8.1.2 分区评价方法

1. 评价指标的选择

本研究把库坝工程开发的生态效应分解为4个方面的表现，包括库坝工程开发的生物学效应敏感性、水文效应敏感性、污染效应敏感性和本底生态环境敏感性。根据上述评价指标体系构建原则，筛选出关键因子作为敏感性指标。相关指标的分级标准参考了已有的诸多研究成果，构建了基于流域库坝工程开发的生态效应敏感性指标体系及分级标准，不敏感赋予属性分值1，低度敏感赋予属性分值2，中度敏感赋予属性分值3，高度敏感赋予属性分值4，极敏感赋予属性分值5（表8-1）。

表8-1 流域库坝工程开发的生态效应敏感性指标

敏感因子	指标	敏感度分级及其属性分值				
		不敏感	低度敏感	中度敏感	高度敏感	极敏感
		1	2	3	4	5
生物多样性敏感性	水生特有种	极低丰富度	低丰富度	中丰富度	高丰富度	极高丰富度
	水生受威胁物种	极低丰富度	低丰富度	中丰富度	高丰富度	极高丰富度
	与自然保护区的距离	距离保护区>100km	距离保护区50~100km	距离保护区10~50km	距离保护区0~10km	保护区范围内
	生态系统类型	裸地	荒漠、高山等植被类型	灌丛、草地、草甸、农田	阔叶林、针叶林	水体、沼泽等湿地
水文效应敏感性	年径流量变差系数	<0.4	0.4~0.6	0.6~0.8	0.8~1.0	>1.0
	年降水量变率	<15%	15%~20%	20%~25%	25%~30%	≥30%
	流域单位面积库容（万m^3/km^2）	<1	1~5	5~10	10~20	>20
污染效应敏感性	河流水功能区水质目标	V/劣V类	IV类	III类	II类	I类
	流域单位面积生活污水排放量（t/km^2）	<200	200~1000	1000~5000	5000~10 000	≥10 000
	流域单位面积生产废水排放量（t/km^2）	<200	200~1000	1000~5000	5000~10 000	≥10 000
本底生态环境敏感性	降水侵蚀力R值	<20	20~100	100~200	200~500	>500
	地形坡度	<2°	2°~5°	5°~10°	10°~20°	>20°
	滑坡、泥石流灾害等级	无	轻/较轻微	较严重	严重	极严重

2. 评价数据来源与处理

依据数据来源，本研究运用的空间数据主要包括中国数字高程模型图（DEM）、中国植被系统类型分布图、中国水生特有种丰度分布图、中国水生受威胁物种丰度分布图、中国自然保护区分布图、中国年降水量变率分布图、中国年径流量变差系数分布图、流域单位面积库容分布图、中国降水侵蚀力R值分布图、中国滑坡泥石流分布图等。除中国数字高程模型图（DEM）、中国植被系统类型分布图外，其他图件均由扫描图经矢量数字化后，转换成具有统一栅格大小（1km×1km）和统一Albers Conical Area/Krasovsky投影的栅格图层。

3. 评价指标体系层次模型构建与计算步骤

1）评价层次模型构建

综合评价的关键是求取评价因子权重。层次分析法是一种行之有效的确定权系数方法，特别适宜于那些难以用定量指标进行分析的复杂问题。它把复杂问题中的各因素划分为互相联系的有序层使之条理化，根据对客观实际的模糊判断，就每一层次的相对重要性给出定量的表示，再利用数学方法确定全部因子相对重要性次序的权系数。本研究在上述图层准备的基础上，构建流域库坝工程开发的生态效应敏感性综合评价层次结构模型（表8-2）。

表8-2 生态效应敏感性综合评价层次结构模型

目标层 A	要素层 B	指标层 C
流域库坝工程的生态效应敏感性综合评价（A）	生物学效应敏感性（B_1）	水生特有种（C_1）
		水生受威胁物种（C_2）
		与自然保护区的距离（C_3）
		生态系统类型（C_4）
	水文效应敏感性（B_2）	年径流变差系数（C_5）
		年降水量变率（C_6）
		单位面积库容（C_7）
	污染效应敏感性（B_3）	河流水功能区水质达标率（C_8）
		流域单位面积生活污水排放量（C_9）
		流域单位面积生产废水排放量（C_{10}）
	本底生态环境敏感性（B_4）	降水侵蚀力（C_{12}）
		地形坡度（C_{11}）
		滑坡、泥石流灾害等级（C_{13}）

2）构造判断矩阵

根据评价指标体系的递阶层次结构，针对上一层次指标因素，下一层次与之有联系的分指标之间两两进行比较所得的相对重要性程度，用具体的标度值表示出来，写成矩阵的形式，这就是判断矩阵。例如，假设上一层次 A 层与下一层次 B 中的元素 B_1、B_2、$\cdots$、B_m 有关系，要分析 B 层次各元素间对 A 而言的相对重要性，可以构造表8-3形式的判断矩阵。

表8-3 相对于 A 的判断矩阵

A	B_1	B_2	$\cdots\cdots B_m$
B_1	1	b_{12}	$\cdots\cdots b_{1m}$
B_2	b_{21}	1	$\cdots\cdots b_{2m}$
$\vdots$	$\vdots$	$\vdots$	$\vdots$
B_m	b_{m1}	b_{m2}	$\cdots\cdots 1$

相对于第二层指标子系统，也需建立 m 个判断矩阵，其建立方法与 A 阵相似。

3）层次排序

①判断矩阵归一化：根据公式

$$\overline{a_{ij}} = \frac{a_{ij}}{\sum_{k=1}^{n} a_{kj}} \quad (i、j = 1, 2, 3 \cdots\cdots)$$

②将归一化的矩阵各行元素相加后再除以 n，得权重向量。

③计算最大特征根：根据公式

$$\lambda_{\max} = \frac{1}{n} \sum_{i=1}^{n} \frac{(AW)_i}{W_i}$$

式中 $(AW)_i$ 表示向量 AW 的第 i 个元素。

4）层次单排序及其一致性检验

判断矩阵 A 的特征根问题 $AW = \lambda_{\max} W$ 的解 W，经正规化后即为同一层次相应因素对于上一层次某因素相对重要性的排序权值，这一过程称为层次单排序。为检验判断矩阵的一致性，按照层次分析法和矩阵理论，选用一致性比例作为判断偏离一致性程度的指标。计算公式为

$$CR = CI/RI$$

式中，$CI = \frac{\lambda_{\max} - n}{n - 1}$（$n$ 为判断矩阵阶数；$\lambda_{\max}$ 为判断矩阵最大特征根）。RI 值是平均随机一致性指标，是用于消除由矩阵阶数影响所造成判断矩阵不一致的修正系数，对于 1-12 阶矩阵具体数值见表 8-4。

表 8-4　1~12 阶判断矩阵 RI 值

阶数	1	2	3	4	5	6	7	8	9	10	11	12
RI 值	0.00	0.00	0.58	0.90	1.12	1.24	1.32	1.41	1.45	1.49	1.51	1.48

在通常情况下，对于 $m \geq 3$ 阶的判断矩阵，当 CR<0.1 时，就认为判断矩阵具有可接受的一致性。否则，当 CR≥0.1 时，说明判断矩阵偏离一致性程度过大，必须对判断矩阵进行必要的调整，使之具有满意的一致性为止。对于所建立的每一判断矩阵都必须进行一致性比例检验，这一过程是保证最终评估结果正确的前提。

5）各层次组合权重的计算及层次总排序

由各判断矩阵求得的权重值是各层次指标子系统或指标项相对于其上层某一因素的分离权重值。在这里需要将这些分离权重值组合为各具体指标项相对于最高层 A 的组合权重值。对于表 8-2 所示递阶层次结构，组合权重计算公式为：$\overline{W}(C_{ij}) = W(B_i) W(C_{ij})$，式中，$\overline{W}(C_{ij})$ 为 C_{ij} 指标项相对于 A 的组合权重值；$W(B_i)$ 为 B_i 相对于 A 的权重值；$W(C_{ij})$ 为 C_{ij} 指标项相对于 B_i 的权重值。

4. 生态效应敏感性分区方法

流域库坝工程开发的生物学效应敏感性评价、水文效应敏感性评价、污染效应敏感

性、本底生态环境敏感性评价及其综合评价均通过空间建模运算实现。流域库坝工程开发的敏感性分区是在保证生态效应敏感性评价流域完整性的基础上，以敏感度综合得分值空间分布为基础，计算全国各二级流域的生态效应敏感度得分最大值，根据各二级流域的得分值，按照 ArcGIS 的自然间断点分类法实现分区。

8.2 生态效应敏感性分区

8.2.1 生物学效应敏感性分区

流域库坝工程开发过程中影响的重要生态因子是生物多样性。大坝工程建设对流域生物多样性的影响主要是由于陆地淹没、流量控制和景观破碎引起的。生物多样性作为生态效应敏感因子一直是生态影响评价的核心内容之一。生物多样性通常包括遗传多样性、物种多样性和生态系统多样性三个组成部分。广义的遗传多样性是指地球上生物所携带的各种遗传信息的总和。特有种是指那些仅限于某些地区分布的物种（Anderson，1994），负载着适应特殊环境的基因，对物种的进化、新种的产生和物种的绝灭都具有重要意义，分析研究其多样性已成为国际上"生物多样性热点"（Myers et al., 2000；Roberts et al., 2002）。受威胁物种是任何有可能在不久的将来灭绝的物种，也是世界自然保护联盟保护现状中对易危物种、濒危物种、极危物种的统称，被认定为对生物多样性状况最具权威的指标。自然保护区是有代表性的自然生态系统、珍稀濒危野生动植物物种的天然集中分布区和有特殊意义的自然遗迹等保护对象所在的区域，也是生物多样性保护的重要基地。生态系统的多样性代表着生态系统组成、功能的多样性以及各种生态过程的多样性。

据此，本研究选取流域库坝工程开发影响最直接的水生特有种丰富度、水生受威胁物种丰富度，以及流域库坝工程距离自然保护区远近和流域库坝工程所在的生态系统类型等作为生物学效应敏感性评价因子，对全国流域库坝工程开发的生物学效应敏感性进行综合评价和分区。

1. 水生特有种敏感性

水生特有种是各流域所独有、长期适应于其特殊水体生态条件而形成的。库坝工程往往会改变其特殊水体生态条件，如有些特有鱼类喜欢急流环境，建库后水流速度变慢，导致鱼卵沉入水底而影响其繁殖；梯级库坝造成洄游性鱼类生命通道阻隔，导致珍稀特有鱼类濒临灭绝等等。流域水生特有种的丰富度愈高，库坝工程造成的影响越大，其生物多样性敏感度愈高。本研究在 ArcGIS 软件平台上数字化中国淡水龟鳖类动物特有种、内陆水生爬行动物特有种、鲤形目鱼类特有种、内陆水生鱼类特有种、田螺类动物特有种等在各流域的丰富度分布图的基础上，将各图层进行叠加分析，根据丰富度的高低把水生特有种敏感度分成五个等级：极高丰富度为极敏感，高丰富度为高度敏感，中丰富度为中度敏感，低丰富度为低度敏感，无或极低丰富度为不敏感，并分别赋予相应的属性分值，得到水生特有种敏感度分级分布如图 8-1 所示。

2. 水生受威胁物种敏感性

受威胁物种的濒危原因概括起来主要包括栖息地遭受破坏、外来物种入侵、环境污染、过度利用和疾病干扰等等。库坝工程的建设，尤其是布局密集再加上高坝大库，使自由奔腾的河流正在丧失活力，水生生物栖息地遭受破坏，水环境污染和过度利用并存，各流域均有受威胁物种分布。本研究在 ArcGIS 软件平台上数字化中国淡水龟鳖类动物受威胁物种、内陆水生爬行动物受威胁物种、鲤形目鱼类受威胁物种、内陆水生鱼类受威胁物种、田螺类动物受威胁物种等在各流域的丰富度分布图的基础上，将各图层进行叠加分析，根据受威胁物种丰富度的高低把水生受威胁物种敏感度分成五个等级：极高丰富度为极敏感，高丰富度为高度敏感，中丰富度为中度敏感，低丰富度为低度敏感，无或极低丰富度为不敏感，并分别赋予相应的属性分值，得到水生受威胁物种敏感度分级分布图如图 8-2 所示。

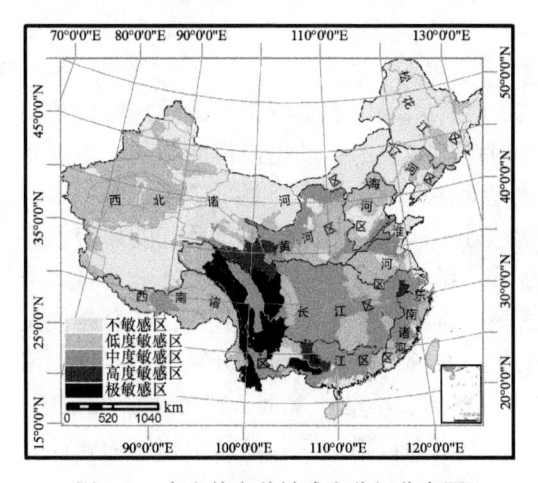

图 8-1　水生特有种敏感度分级分布图 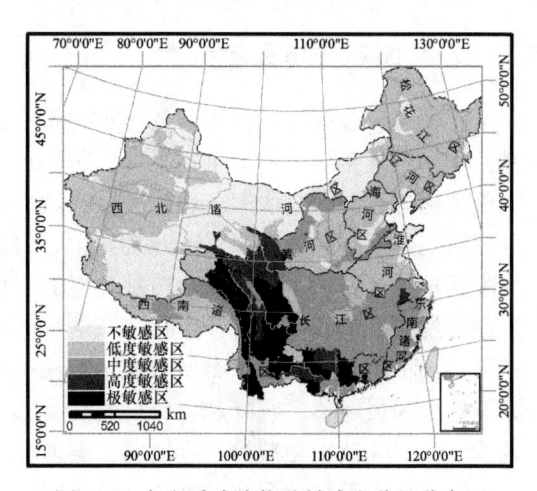　　　图 8-2　水生受威胁物种敏感度分级分布图

3. 自然保护区敏感性

自然保护区是为了保护珍贵和濒危动、植物以及各种典型的生态系统，保护珍贵的地质剖面，为进行自然保护教育、科研和宣传活动提供场所，并在指定的区域内开展旅游和生产活动而划定的特殊区域的总称。自然保护区往往是一些珍贵、稀有的动、植物种的集中分布区，候鸟繁殖、越冬或迁徙的停歇地，以及某些饲养动物和栽培植物野生近缘种的集中产地，是具有典型性或特殊性的生态系统。库坝工程距离自然保护区的距离愈近，产生生态效应的概率也愈大。本研究在 ArcGIS 软件平台上数字化自然保护区分布图的基础上，根据相关文献资料，结合自然保护区的实际分布，建立各级自然保护区缓冲区域，将其对流域库坝工程的生物多样性敏感度分级为：保护区范围内为极敏感，距离保护区 0~10 km 为高度敏感，距离保护区 10~50km 为中度敏感，距离保护区 50~100 km 为低度敏感，距离保护区>100 km 为不敏感，并分别赋予相应的属性分值，得到自然保护区敏感度分级分布图如图 8-3 所示。

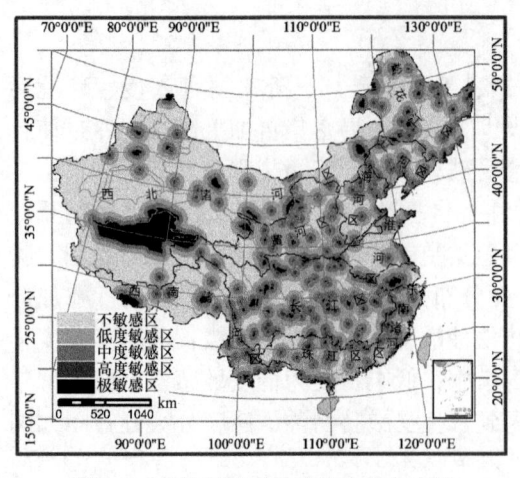

图 8-3　自然保护区敏感度分级分布图 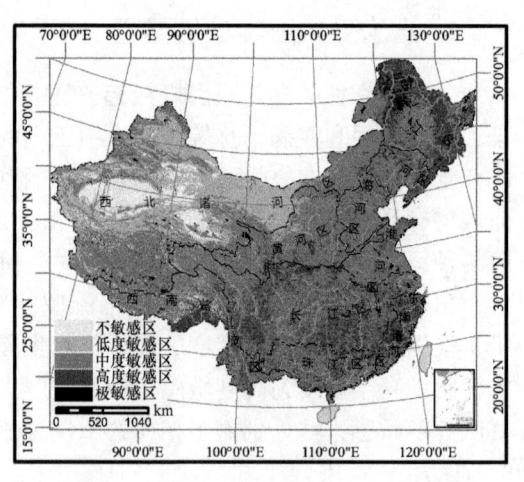　　　　图 8-4　生态系统类型敏感度分级分布图

4. 生态系统类型敏感性

库坝工程改变流域内河道及河水的天然状态，在对水域生态系统带来最直接影响的同时，水库还直接淹没陆地生态系统，民居迁建等对库周地表的扰动也使得库周陆地生态系统更加脆弱。同时，水库还通过改变区域水热状况间接地对陆地生态系统产生影响。不同生态系统类型对流域库坝工程开发的生态效应敏感性不同。由于陆地生态系统的面貌主要取决于植被类型，生态系统内植被类型的层次越多、结构越复杂，物种越丰富，流域库坝工程开发的影响就愈显著，生物多样性敏感度最高。本文基于土地覆盖数据，结合相关文献资料，将不同生态系统类型对流域库坝工程的生态系统多样性敏感度分级为：水体、沼泽等湿地为极敏感，阔叶林、针叶林为高度敏感，灌丛、草地、草甸、耕地为中度敏感，荒漠、高山等植被类型为低度敏感，裸地和人工表面为不敏感，并分别赋予相应的属性分值，得到生态系统类型敏感度分级分布图如图 8-4 所示。

5. 生物学效应敏感性综合评价与分区

1）权重计算

根据专家打分，将影响流域库坝工程生物学效应敏感性的各指标（水生特有种/C_1、水生受威胁物种/C_2、与自然保护区的距离/C_3、生态系统类型/C_4）之间两两进行比较所得的相对重要性程度，用具体的标度值表示出来，写成矩阵的形式，构造的判断矩阵如下：

B_1	C_1	C_2	C_3	C_4
C_1	1	1/2	3	4
C_2	2	1	4	5
C_3	1/3	1/4	1	2
C_4	1/4	1/5	1/2	1

按照上述层次单排序的方法和步骤，计算判断矩阵的特征根 $AW=\lambda_{max}W$ 的解 W，经正规化后即为相应指标对于生物学效应敏感性相对重要性的排序权值（表8-5）。

表8-5 生物学效应指标权重

指标	C_1	C_2	C_3	C_4
权值	0.3050	0.4915	0.1249	0.0777

在通常情况下，对于 $m \geq 3$ 阶的判断矩阵，当CR<0.1时，就认为判断矩阵具有可接受的一致性，这一过程是保证最终评估结果正确的前提。经计算上述判断矩阵的CR=0.08，认为该判断矩阵具有可接受的一致性。

2）模型运算与分区

将影响生物学效应敏感性的水生特有种敏感度分布图层、水生受威胁物种敏感度分布图层、自然保护区敏感度分级分布图层和生态系统类型敏感度分级分布图层转换成具有统一栅格大小（1km×1km）和统一 Albers Conical Area/Krasovsky 投影的栅格图层，根据各图层的权重经空间建模综合运算，得到的流域库坝工程开发的生物学效应敏感度综合得分分布图（图8-5）。

以生物学效应敏感度综合得分值空间分布为基础，计算全国各二级流域的生物学效应敏感度得分平均值，根据各二级流域的得分平均值，按照 ArcGIS 的自然间断点分类（natural breaks）将各二级流域分为极敏感区、高度敏感区、中度敏感区、低度敏感区和不敏感区共五类分区。ArcGIS自然间断点类别分区是基于从数据中继承的自然分组，识别出能够对类似的敏感值进行最恰当的分区，并使各类别分区之间的敏感值差异最大。按照上述分区方法得到的生物学效应敏感度分区分布图如图8-6所示。

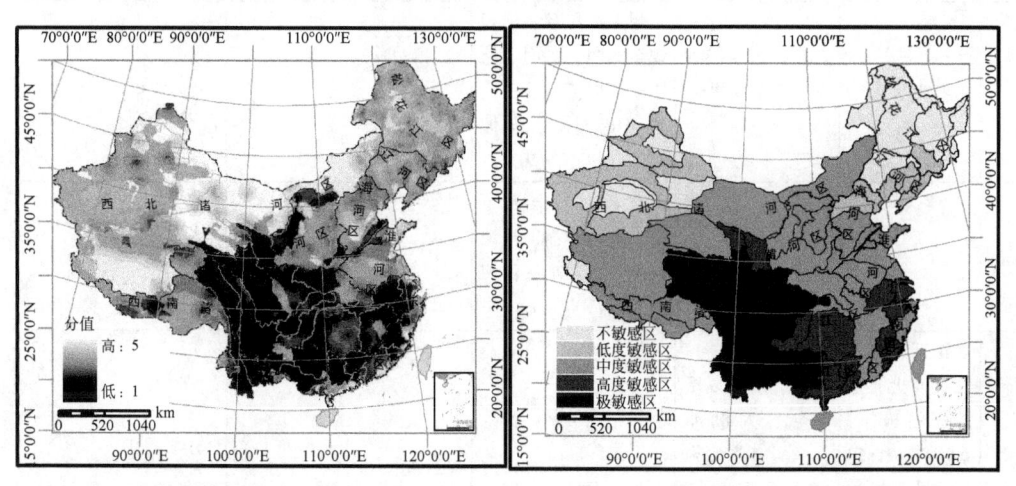

图8-5 生物学效应敏感度综合得分分布图　　图8-6 生物学效应敏感度分区分布图

3）结果分析

根据生物多样性敏感度分区属性统计，得到二级流域的敏感度分区表（表8-6）。据表可知，流域库坝工程生物多样性敏感度区域分异明显：极敏感区域是长江区的岷沱江、金沙江石鼓上、金沙江石鼓下、宜宾至宜昌、嘉陵江流域、珠江区的郁江流域、红柳河流域、西江流域，西南诸河区的澜沧江流域、红河流域、怒江及伊洛瓦底江流域，黄河区的龙羊峡以上流域等，这些区域水生生物特有种和受威胁物种丰度大，国家级自然保护区密集，也是陆地生物多样性最丰富的地区之一，是重要的"世界生物基因库"；不敏感区域为松花江区除第二松花江以外流域，西北诸河区的塔里木盆地荒漠、古尔班通古特荒漠、中亚西亚内陆等荒漠区，松花江区地处北温带季风气候区，低温高寒，具有大森林、大草原、大湿地、大农田和大水域的特点，森林覆盖率在42%以上，在这样的大背景下，库坝工程产生生态效应的可能性较小，西北诸河区的荒漠区具有强烈大陆性，降水十分稀少，气温变化极端，生境严酷，生物多样性贫乏，也不具备修建大型水库的条件，其产生生态效应的可能性也较小，生物多样性敏感度也较低。其他区域介于二者之间，因其所处的生态系统类型、物种丰富度、珍稀程度、濒危程度和保护等级不一样，生物多样性敏感度各异。

表8-6 生物学效应敏感度分区统计

流域分区	极敏感区	高度敏感区	中度敏感区	低度敏感区	不敏感区
松花江区				第二松花江	松花江三岔口下、额尔古纳河、嫩江、图们江、黑龙江干流、绥芬河、乌苏里江
辽河区			东辽河、西辽河	浑太河、东北沿黄渤海、辽河干流、鸭绿江	
海河区			徒骇马颊河、海河南系	海河北系、滦河及冀东沿海	
黄河区	龙羊峡以上	龙羊峡至兰州	兰州至河口镇、河口镇至龙门、龙门至三门峡、内流区、三门峡至花园口、花园口下		
淮河区			沂沭泗河、淮河下游、淮河中游、淮河上游、山东半岛沿海诸岛		
长江区	岷沱江、金沙江石鼓上、金沙江石鼓下、嘉陵江、宜宾至宜昌	乌江、湖口以下干流、太湖水系、洞庭湖水系	宜昌至湖口、鄱阳湖水系、汉江		
东南诸河区		钱塘江、闽南诸河、闽江	浙东诸河、浙南诸河、闽东诸河		

续表

流域分区	极敏感区	高度敏感区	中度敏感区	低度敏感区	不敏感区
珠江区	红柳河、西江、郁江	南北盘江、东江、北江、珠江三角洲			
西南诸河区	澜沧江、红河、怒江及伊洛瓦底江		藏南诸河、雅鲁藏布江、藏西诸河		
西北诸河区		青海湖水系	内蒙古内陆河、羌塘高原内陆河、河西内陆河、柴达木盆地东部	昆仑山北麓诸河、阿尔泰山南麓诸河、天山北麓诸河、塔里木河源、吐哈盆地小河	塔里木盆地荒漠、古尔班通古特荒、中亚西亚内陆河、塔里木河干流

根据生物多样性敏感度分区属性统计，还可得到各级敏感区占所在流域的面积百分比（表 8-7）：松花江区以不敏感区为主，占其流域总面积的 91.92%；辽河区为低度敏感区和不敏感区，分别占其流域总面积的 52.83% 和 47.17%；海河区为低度敏感区和中度敏感区，分别占其流域总面积的 56.76% 和 43.24%；黄河区以中度敏感区为主占流域总面积的 72.04%，高度敏感区和极敏感区分别占流域总面积的 11.45% 和 16.51%；整个淮河区都为中度敏感区；长江区和珠江区都以极敏感区为主，分别占其流域面积的 50.47% 和 50.46%；东南诸河区以高度敏感区为主，占流域总面积的 70.70%，中度敏感区占 29.30%；西南诸河区的极敏感区和中度敏感区分别占其流域面积的 46.57% 和 53.43%；西北诸河区的青海湖水系为高度敏感区，中度敏感区占其流域面积的 52.41%，主要为荒漠边缘的绿洲和山麓区，塔里木盆地荒漠、古尔班通古特荒漠等荒漠区为不敏感区。

表 8-7 生物学效应敏感区占流域面积百分比   （单位:%）

流域分区	极敏感区	高度敏感区	中度敏感区	低度敏感区	不敏感区
松花江区				8.08	91.92
辽河区				52.83	47.17
海河区			56.76	43.24	
黄河区	16.51	11.45	72.04		
淮河区			100.00		
长江区	50.47	26.45	23.08		
东南诸河区		70.70	29.30		
珠江区	50.46	36.05	13.49		
西南诸河区	46.57		53.43		
西北诸河区		1.41	52.41	29.65	16.53

8.2.2 水文效应敏感性分区

水文效应敏感性评价主要从流域生态环境对自然要素变化和人类活动因子的敏感性两个层面进行。

水资源量的丰富程度和稳定程度对流域水文过程的稳定性具有决定性的作用。相对于湿润地区而言，干旱地区的年降水量小，且降水很不稳定，年降水变率大，年径流量的变差系数也大，流域库坝工程开发所产生的水文效应也更明显。但干旱地区流域库坝工程开发的条件相对而言也较差，有的干旱区域由于降水稀少，甚至完全不具备修建库坝工程的条件。所以，本研究把年降水变率、年径流量变差系数的区域性变化作为自然要素变化来分析水文效应的敏感性。

水坝过多，水库失水，被认为是造成黄河断流诸多原因中不可忽视的一个重要原因，也就是说流域库坝工程开发活动强度越大，流域生态系统产生水文效应的敏感性就越强。因而本研究把单位面积库容量大小作为人文干扰因子来评价水文效应的敏感性和进行分区。

1. 年降水变率敏感性

降水变率大小可以反映降水的稳定性或可靠性。一个地区降水丰富、变率小，表明水资源来源稳定，利用价值高，流域库坝工程的水文效应敏感相对较小。降水变率越大，表明降水愈不稳定，流域库坝工程修建后所产生的水文效应敏感性越高。

一般来说，纬度越高，距海越远，海陆对比越明显的地方，降水相对变率越大。我国30°N以南的地区降水相对变率较小，一般为10%~15%，而华北平原则高达30%~35%。根据降水变率的大小，将其对流域库坝工程开发的水文效应敏感性分级为：年降水变率≥30%为极敏感，年降水变率25%~30%为高度敏感，年降水变率20%~25%为中度敏感，年降水变率15%~20%为低度敏感，年降水变率<15%为不敏感，共5个级别，并分别赋予以相应的属性分值，得到全国流域库坝工程开发的降水变率敏感度分级分布图（图8-7）。

2. 年径流量变差敏感性

年径流量的变差系数反映年径流量总体系列离散程度，变差系数值越大，年径流的年际变化剧烈，对水利资源的开发利用越不利，而且易发生干旱和洪涝灾害，流域库坝工程的水文效应敏感越高；变差系数值越小，则年径流量的年际变化小，有利于径流资源的利用，流域库坝工程的水文效应敏感越低。

我国河流年径流量变差系数值的分布具明显的地带性，变差系数值从东南向西北增大，即东南的丰水带变差系数值为0.2~0.3，到西北缺水带，变差系数值增至0.8~1.0。各大河干流的变差系数值一般均比两岸支流小。

根据年径流量变差系数的大小，将其对流域库坝工程开发的生态效应敏感性分级为：年径流量变差系数≥1.0为极敏感，年径流量变差系数0.8~1.0为高度敏感，年径流量变差系数0.6~0.8为中度敏感，年径流量变差系数0.4~0.6为低度敏感，年径流量变差系数<0.4为不敏感，共5个级别，并分别赋予相应的属性分值，得到全国流域库坝工程开

发的年径流量变差系数敏感度分级分布图（图8-8）。

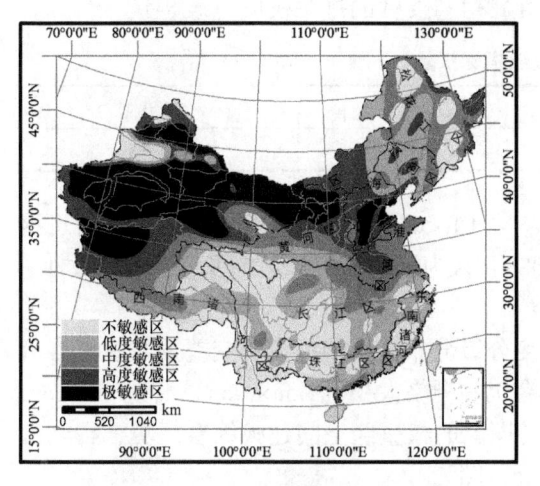

图8-7　年降水变率敏感度分级分布图 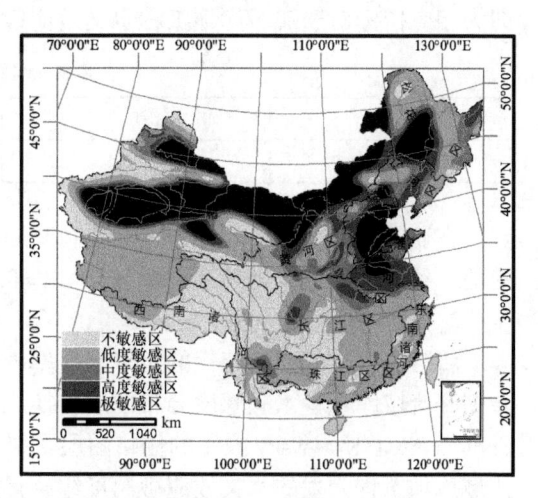　　　　图8-8　年径流量变差系数敏感度分级分布图

3. 库坝蓄水敏感性

流域库坝工程的修建会改变流域内河道及河水的天然状态，淹没区内的流水生境变成了水库静水环境，坝址下游江段的水情水势也发生了巨大变化，流量从季节性变化变为由人工调节的无规律性变化，大坝泄洪也直接改变了下游部分河段水流的流速、流量等，严重削减了地表水的数量。流域梯级库坝建成蓄水后，水域面积增大，不仅对流域小气候环境产生影响，还会使河道水压增加，水面蒸发和渗漏损失将增加。流域库坝工程开发的程度越高，这种水文效应发生的时间也就越长，发生的范围也就越广，影响的程度也就越高。这就意味着一定区域内单位面积内水库库容越大，水文效应的敏感性就越大。根据流域单位面积库容量的大小，将库坝蓄水可能产生的水文学效应敏感性分级为：流域单位面积库容量>20万 m^3/km^2 为极敏感，流域单位面积库容量10万~20万 m^3/km^2 为高度敏感，流域单位面积库容量5万~10万 m^3/km^2 为中度敏感，流域单位面积库容量1万~5万 m^3/km^2 为低度敏感，流域单位面积库容量<1万 m^3/km^2 为不敏感，共5个级别，并分别赋予相应的属性分值，得到全国流域库坝工程开发的库坝蓄水敏感度分级分布图（图8-9）。

4. 水文效应敏感性综合评价与分区

1）权重计算

根据专家打分将影响流域库坝工程水文效应敏感性的各指标（年径流变差系数/C_5、年降水量变率/C_6、单位面积库容/C_7）之间两两进行比较所得的相对重要性程度，用具体的标度值表示出来，写成矩阵的形式，构造的判断矩阵如下：

B_2	C_5	C_6	C_7
C_5	1	1/2	1/3
C_6	2	1	1/2
C_7	3	2	1

按照层次单排序的方法和步骤,判断矩阵的特征根 $AW = \lambda_{max}W$ 的解 W,经正规化后即为相应指标对于流域库坝工程水文效应敏感性相对重要性的排序权值(表8-8)。

表8-8 水文效应指标权重

指标	C_5	C_6	C_7
权值	0.1634	0.2970	0.5396

在通常情况下,对于 $m \geq 3$ 阶的判断矩阵,当 CR<0.1 时,就认为判断矩阵具有可接受的一致性。经计算上述判断矩阵的 CR=0.0088,认为该判断矩阵具有可接受的一致性。

2)模型运算与分区

将影响水文效应敏感性的年降水变率敏感度分级分布图、年径流量变差系数敏感度分布图和流域库坝蓄水敏感度分布图层转换成具有统一栅格大小(1km×1km)和统一 Albers Conical Area/Krasovsky 投影的栅格图层,根据各图层的权重经空间建模综合运算,得到的流域库坝工程开发的水文效应敏感度综合得分分布图。

以水文效应敏感度综合得分值空间分布为基础,计算全国各二级流域的水文效应敏感度得分最大值,根据各二级流域的得分最大值,按照 ArcGIS 的自然间断点分类(natural breaks)将各二级流域分为极敏感区、高度敏感区、中度敏感区、低度敏感区和不敏感区共五类分区,得到流域库坝工程水文效应敏感度分区分布图(图8-10)。

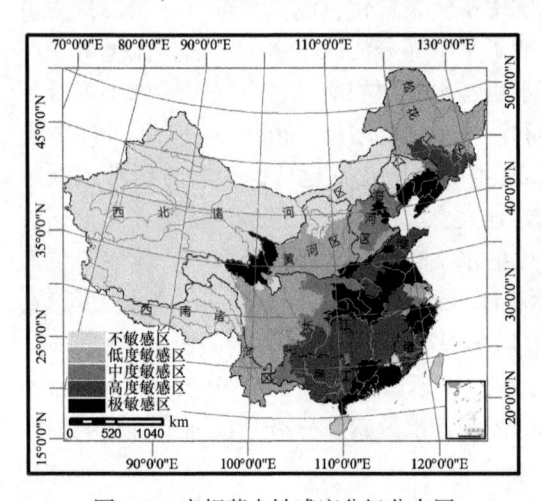

图8-9 库坝蓄水敏感度分级分布图

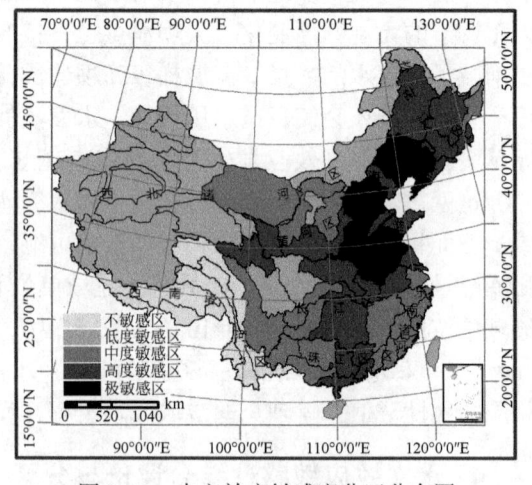

图8-10 水文效应敏感度分区分布图

3)结果分析

根据水文效应敏感度分区属性统计,得到基于全国二级流域的敏感度空间分布特征。

降水变率大,水资源相对短缺,水资源开发程度较高的地区流域库坝工程水文效应敏感度较高。水文效应极敏感区主要分布在辽河区的辽河干流、东北沿黄渤海、浑太河、西辽河,海河区的海河北系、海河南系,黄河区花园口下、三门峡至花园口,淮河区的淮河上游、淮河中游、沂沭泗河等。

而水资源丰富而目前开发强度低的区域是流域库坝工程水文效应不敏感区,主要分布于西南诸河区的雅鲁藏布江、红河、澜沧江、藏南诸河、怒江及伊洛瓦底江,长江区的金沙江石鼓上等流域（表8-9）。

表8-9 水文效应敏感度分区统计

流域分区	极敏感区	高度敏感区	中度敏感区	低度敏感区	不敏感区
松花江区		图们江、嫩江、松花江三岔口、第二松花江、绥芬河	乌苏里江	黑龙江干流下、额尔古纳河	
辽河区	辽河干流、东北沿黄渤海、浑太河、西辽河	鸭绿江、东辽河			
海河区	海河北系、海河南系	滦河及冀东沿海、徒骇马颊河			
黄河区	花园口下、三门峡至花园口	龙羊峡以上、龙羊峡至兰州、龙门至三门峡	河口镇至龙门、兰州至河口镇	内流区	
淮河区	淮河上游、淮河中游、沂沭泗河	山东半岛沿海诸河、淮河下游			
长江区		宜昌至湖口、汉江、洞庭湖水系、湖口以下干流	太湖水系、宜宾至宜昌、乌江、鄱阳湖水系、金沙江石鼓下	嘉陵江、岷沱江	金沙江石鼓上
东南诸河区			浙东诸河、浙南诸河、钱塘江、闽东诸河、闽南诸河、闽江		
珠江区		珠江三角洲、粤西桂南沿海诸河、北江、西江	东江、南北盘江、韩江、郁江、红柳河		
西南诸河区			藏西诸河		雅鲁藏布江、红河、澜沧江、藏南诸河、怒江及伊洛瓦底江
西北诸河区			河西内陆河	羌塘高原内陆区、天山北麓诸河、阿尔泰山南麓诸河、青海湖水系、中亚西亚内陆河、内蒙古内陆河、古尔班通古特荒漠、吐哈盆地小河、塔里木河源、塔里木盆地荒漠、塔里木河干流、昆仑山北麓诸河、柴达木盆地东部	

根据流域库坝工程水文效应敏感度分区属性统计，可以得到各级敏感区占所在流域的面积百分比，如表8-10所示。

表8-10　水文效应敏感区占流域面积百分比　　　　　　　　（单位:%）

流域分区	极敏感区	高度敏感区	中度敏感区	低度敏感区	不敏感区
松花江区		63.94	6.28	29.79	
辽河区			13.34	86.66	
海河区	73.03	26.97			
黄河区	8.17	51.88	34.42	5.54	
淮河区	72.54	27.46			
长江区		33.49	36.17	18.21	12.14
东南诸河区			100.00		
珠江区		36.05	63.95		
西南诸河区				7.76	92.24
西北诸河区			14.03	85.97	

海河区和淮河区是我国流域库坝工程水文效应极敏感度的主要分布区，海河区的水文效应极敏感区域占其流域面积的73.03%，其余26.97%的面积属于高度敏感区域，淮河区的水文效应极敏感区域占其流域面积的72.54%，其余27.46%的面积属于高度敏感区域。这两个流域地处我国北方，年降水变率大，年径流量变差也大，降水不稳定，且易发生洪涝灾害，加上流域人口密集，水资源开发强度高，单位面积库容量大，流域库坝工程水文效应的敏感度较高。

西南诸河区主要为水文效应不敏感区域，不敏感区占其流域面积的92.24%，西南诸河区年降水变率和年径流量变差都较小，且流域水资源开发强度低，单位面积库容量小，流域库坝工程水文效应整体不敏感。松花江区以高度敏感区为主，占其流域总面积的63.94%；辽河区以中度敏感区为主，占其流域总面积的86.66%；

黄河区和长江区因为流域跨度大，在其不同的二级流域分区内呈现出不同的敏感级别，黄河区极敏感区、高度敏感区、中度敏感区和低度敏感区分别占流域总面积的8.17%、51.88%、34.42%、5.54%，长江区高度敏感区、中度敏感区、低度敏感区和不敏感区分别占其流域总面积的33.49%、36.17%、18.21%和12.14%。

整个东南诸河区均为中度敏感区；珠江区63.95%的流域面积属于中度敏感区，其余36.05%的流域面积属于高度敏感区；西北诸河区主要为低度敏感区，占其流域面积的85.97%。

8.2.3　污染效应敏感性分区

库坝工程作为水利水电资源的主要获取方式，是流域生态效应发生的起点及其扩展的动力来源。流域库坝工程的开发改变了流域内河道及河水的天然状态，淹没区内的流水生境变成了水库静水环境,库内水流流速小,降低了水、气界面交换的速率和污染物的迁移扩散能力,其复氧能力减弱,使得水库水体自净能力降低,水环境污染的敏感性增大。与此同时,流域库坝工程的开发提高了河流水资源的利用程度,相应带来了流域经济发展和人口快速增长。人类经济活动加剧使大量的工业、农业和生活污水进入河流的风险增大,同样使水环境污染的敏感性增强。

鉴于此,本研究选取水功能区水质敏感性、生活用水污染敏感性、生产用水污染敏感性等作为流域库坝工程污染效应敏感性评价因子,对全国流域库坝工程的污染效应敏感性进行综合评价和分区研究。

1. 水功能区水质敏感性

按照水体使用功能的要求,根据《水功能区划分标准》(GB/T 50594)及《地表水环境质量标准》(GB3838)、《农田灌溉水质标准》(GB5084)、《渔业水质标准》(GB11607)等,结合水资源开发利用和水质现状,确定的各类型水功能区的水质目标,我国重要江河湖泊一级水功能区共2888个,区划河长177 977km,区划湖库面积43 333km^2,保护区618个,占总数的21.4%;保留区679个,占总数的23.5%;缓冲区458个,占总数的15.9%;开发利用区1133个,占总数的39.2%;在1133个开发利用区中,划分二级水功能区共2738个,区划长度72 018km,区划面积6792km^2。总体上,南方地区的水功能区水质目标优于北方地区;西南诸河区、珠江区、东南诸河区、西北诸河区及长江区中水功能区水质目标确定为Ⅲ类或优于Ⅲ类的个数比例均在85%以上,西南诸河区的比例最高达99.4%;而松花江区、辽河区、淮河区、黄河区及海河区的比例均在80%以下,海河区的比例最低为50.9%。

水功能区水质目标越高,流域库坝工程开发的水质敏感性越高,根据水功能区水质目标,将流域库坝工程开发的水质敏感性为5个级别:水功能区水质目标Ⅰ类水质为极敏感,水功能区水质目标Ⅱ类水质为高度敏感,水功能区水质目标Ⅲ类水质为中度敏感,水功能区水质目标Ⅳ类水质为低度敏感,水功能区水质目标Ⅴ/劣Ⅴ类水质为不敏感,并分别赋予相应的属性分值,得到全国流域库坝工程开发的水功能区水质敏感度分级分布图(图8-11)。

2. 生活污水污染敏感性

随着流域库坝工程开发和水资源利用程度的提高,流域人口快速增长并不断集聚,生活污水的排放使流域水环境受到破坏。单位国土面积生活污水排放量,反映污水排放给流域水环境造成污染的可能性的大小,单位国土面积生活污水排放量越大,流域水环境受到污染的可能性越大,其污染效应敏感性越高。

根据单位国土面积生活污水排放量的大小,将流域库坝工程开发的水文效应敏感性分级为:单位国土面积生活污水排放量≥10 000t/km^{2}为极敏感,单位国土面积生活污水排放量在5000~10 000t/km^{2}之间为高度敏感,单位国土面积生活污水排放量在1000~5000t/km^{2}之间为中度敏感,单位国土面积生活污水排放量在200~1000t/km^{2}之间为低度敏感,单位国土面积生活污水排放量<200t/km^{2}为不敏感,共5个级别,并分别赋予相应的属性

分值，得到全国流域库坝工程开发的生活用水污染敏感度分级分布图（图8-12）。

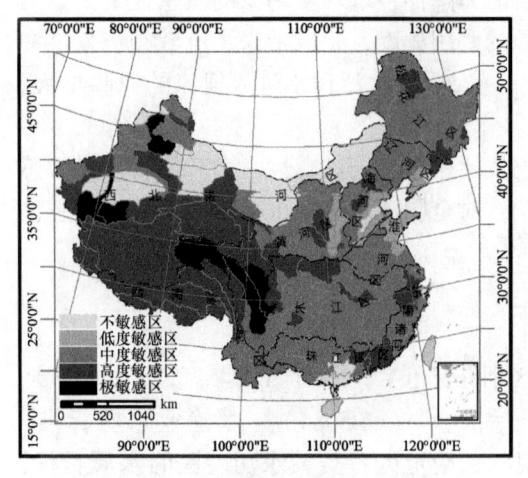

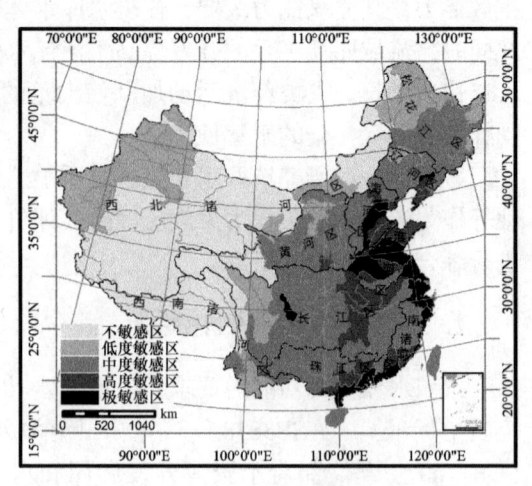

图 8-11　水功能区水质敏感度分级分布图　　　图 8-12　生活污水污染敏感度分级分布图

3. 生产废水污染敏感性

流域库坝工程的开发提高了河流水资源的利用程度，相应带来了流域经济发展，流域工农业生产加大了生产废水排放量。单位国土面积生产废水排放量，反映了废水排放给流域生态系统带来的胁迫。单位国土面积生产废水排放量越大，流域水环境受到污染的可能性越大，其污染效应敏感性越高。

根据单位国土面积生产废水排放量的大小，将流域库坝工程开发的水文效应敏感性分级为：单位国土面积生产废水排放量≥10 000t/km² 为极敏感，单位国土面积生产废水排放量在 5000～10 000t/km² 之间为高度敏感，单位国土面积生产废水排放量在 1000～5000t/km² 之间为中度敏感，单位国土面积生产废水排放量在 200～1000t/km² 之间为低度敏感，单位国土面积生产废水排放量<200t/km² 为不敏感，共5个级别，并分别赋予相应的属性分值，得到全国流域库坝工程开发的生产废水污染敏感度分级分布图（图8-13）。

4. 污染效应敏感性综合评价与分区

1) 权重计算

根据专家打分，将影响流域库坝工程污染效应敏感性的各指标（河流水功能区水质达标率/C_8、单位面积生活污水排放量/C_9、单位面积生产废水排放量/C_{10}）之间两两进行比较所得的相对重要性程度，用具体的标度值表示出来，写成矩阵的形式，构造的判断矩阵如下：

B_3	C_8	C_9	C_{10}
C_8	1	2	3
C_9	1/2	1	4/3
C_{10}	1/3	3/4	1

按照层次单排序的方法和步骤，判断矩阵的特征根 $AW = \lambda_{max}W$ 的解 W，经正规化后即为相应指标对于流域库坝工程污染效应敏感性相对重要性的排序权值（表 8-11）。

表 8-11 污染效应指标权重

指标	C_5	C_6	C_7
权值	0.5472	0.2631	0.1897

在通常情况下，对于 $m \geq 3$ 阶的判断矩阵，当 CR<0.1 时，就认为判断矩阵具有可接受的一致性。经计算上述判断矩阵的 CR=0.0015，认为该判断矩阵具有可接受的一致性。

2）模型运算与分区

将影响污染效应敏感性的水功能区水质敏感度分级分布图、生活污水污染敏感度分级分布图、生产废水污染敏感度分级分布图转换成具有统一栅格大小（1km×1km）和统一 Albers Conical Area/Krasovsky 投影的栅格图层，根据各图层的权重经空间建模综合运算，得到的流域库坝工程开发的污染效应敏感度综合得分分布图。

以污染效应敏感度综合得分值空间分布为基础，计算全国各二级流域的污染效应敏感度得分最大值，根据各二级流域的得分最大值，按照 ArcGIS 的自然间断点分类（natural breaks）将各二级流域分为极敏感区、高度敏感区、中度敏感区、低度敏感区和不敏感区共五类分区，得到流域库坝工程污染效应敏感度分区分布图（图 8-14）。

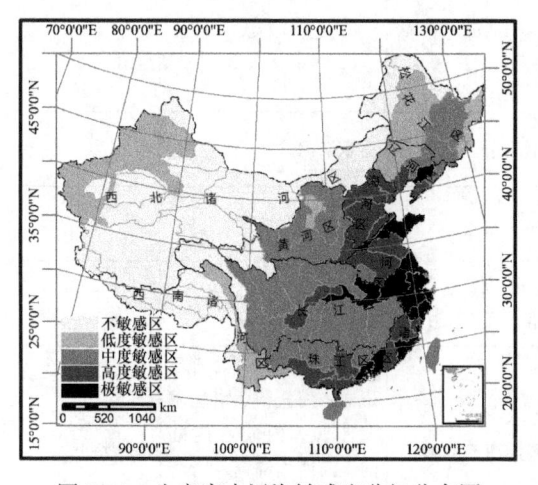

图 8-13 生产废水污染敏感度分级分布图

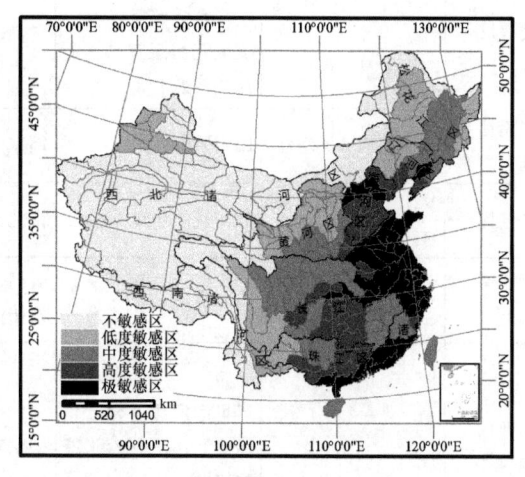

图 8-14 污染效应敏感度分区分布图

3）结果分析

根据污染效应敏感度分区属性统计，得到基于全国二级流域的敏感度分区。

污染效应极敏感区主要分布在我国东部和南部人口稠密、经济发达和水资源开发利用程度高的区域，包括：松花江区的第二松花江，辽河区的鸭绿江，海河区的海河北系、海河南系，淮河区的淮河上游、淮河下游、沂沭泗河、淮河中游，长江区的太湖水系、岷沱江、金沙江石鼓下、宜昌至湖口，东南诸河区的浙南诸河、钱塘江，珠江区的珠江三角洲、韩江、东江、北江。污染效应不敏感区主要分布在西北诸河区的吐哈盆地小河、塔里木盆地荒漠区（表 8-12）。

表 8-12 污染效应敏感度分区统计

流域分区	极敏感区	高度敏感区	中度敏感区	低度敏感区	不敏感区
松花江区	第二松花江		图们江、嫩江、乌苏里江、绥芬河、松花江三岔口下、黑龙江干流	额尔古纳河	
辽河区	鸭绿江	浑太河、辽河干流	东北沿黄渤海、东辽河、西辽河		
海河区	海河北系、海河南系	滦河及冀东沿海	徒骇马颊河		
黄河区		花园口下、三门峡至花园口、龙门至三门峡、河口镇至龙门、龙羊峡至兰州、龙羊峡以上	兰州至河口镇、内流区		
淮河区	淮河上游、淮河下游、沂沭泗河、淮河中游	山东半岛沿海诸河			
长江区	太湖水系、岷沱江、金沙江石鼓下、宜昌至湖口	汉江、嘉陵江、鄱阳湖水系、湖口以下干流、宜宾至宜昌、金沙江石鼓上	乌江、洞庭湖水系		
东南诸河区	浙南诸河、钱塘江	闽南诸河、闽江	闽东诸河	浙东诸河	
珠江区	珠江三角洲、韩江、东江、北江	红柳河、西江、郁江	南北盘江	粤西桂南沿海诸	
西南诸河区		藏西诸河	红河、澜沧江、怒江及伊洛瓦底	雅鲁藏布江、藏南诸河	
西北诸河区		塔里木河源、天山北麓诸河、昆仑山北麓诸河	阿尔泰山南麓诸河	中亚西亚内陆河、古尔班通古特荒漠、塔里木河干流、内蒙古内陆河、河西内陆河、青海湖水系、柴达木盆地东部、羌塘高原内陆区	吐哈盆地小河、塔里木盆地荒漠

根据污染敏感度分区属性统计，可以得到各级敏感区占所在流域的分布特征（表8-13）。

海河区以极敏感区为主，占其流域面积的 72.97%；黄河区和淮河区以高度敏感区为主，分别占其流域面积的 74.08% 和 81.80%；长江区、东南诸河区和珠江区主要为高度敏感区和极敏感区，长江区的高度敏感区和极敏感区分别占其流域面积的 49.33% 和 31.05%，东南诸河区的高度敏感区和极敏感区分别占其流域面积的 46.27% 和 41.20%，珠江区的高度敏感区和极敏感区分别占其流域面积的 47.51% 和 27.11%；松花江区和辽河区以中度敏感区为主，分别占其流域面积的74.83%和66.31%；西南诸河区以中度敏感区和低度敏感区为主，分别占其流域面积的46.58%和45.63%；西北诸河区以低度敏感区为主，占其流域面积的59.61%，高度敏感区和不敏感区分别占其流域面积的23.64%和14.30%。

表8-13　污染效应敏感区占流域面积百分比　　　　　（单位：%）

流域分区	极敏感区	高度敏感区	中度敏感区	低度敏感区	不敏感区
松花江区	8.06		74.83	17.11	
辽河区	9.94	23.75	66.31		
海河区	72.97	17.00	10.03		
黄河区		74.08	25.92		
淮河区		81.80	18.20		
长江区	31.05	49.33	19.62		
东南诸河区	41.20	46.27	7.63	4.90	
珠江区	27.11	47.51	15.20	10.18	
西南诸河区		7.79	46.58	45.63	
西北诸河区		23.64	2.45	59.61	14.30

8.2.4　本底生态环境敏感性分区

本底生态环境是流域库坝工程建设的基本自然条件。如果流域本底生态环境对自然要素变化或扰动的敏感性高，意味着库坝工程开发建设的生态效应敏感性也高。因为库坝工程开发可以加剧本底生态环境发生水土流失以及滑坡、崩塌、泥石流等地质灾害。因此，本研究把本底生态环境发生水土流失和滑坡、泥石流等地质灾害的敏感性纳入库坝工程开发生态效应敏感性评价中。

降水侵蚀力和地形坡度是决定水土流失发生概率的关键指标，滑坡和泥石流发生概率是地质灾害敏感性的重要指标。因此，研究选择降水侵蚀力、坡度、滑坡和泥石流发生概率作为库坝工程开发的本底生态环境敏感性评价因子，对全国流域库坝工程生境敏感性进行综合评价和分区研究。

1. 地形坡度敏感性

我国地形复杂多样，平原、高原、山地、丘陵、盆地五种地形齐备，山区面积广大，约占全国面积的2/3；地势西高东低，大致呈三级阶梯状分布。坡度是地表单元陡缓的程度，也是地形因子中比较重要的因素，不仅是影响流失水土流失强度重要因素，也是发生滑坡、崩塌、泥石流等地质灾害形成的必要条件。根据坡度的大小，将流域库坝工程开发的地形坡度敏感性分级为：坡度值>25°为极敏感，坡度值在15°~25°为高度敏感，坡度值在10°~15°为中度敏感，坡度值在5°~10°为低度敏感，坡度值<5°为不敏感，并分别赋予相应的属性分值，得到全国流域库坝工程开发的地形坡度敏感度分级分布图（图8-15）。

2. 降水侵蚀力敏感性

降雨侵蚀力是评价降雨对土壤剥离、搬运侵蚀的动力指标，也是按数学模型遥感监测土壤流失量和库湖淤积的重要依据，以 R 表示。王万忠等（1996）根据各地降水资料，计算了全国125个重点站的年 R 值。在 ArcGIS 软件支持下，输入各个站点年 R 值，并通过 Kriging 内插法绘制全国年降水侵蚀力 R 值分布图，根据降水侵蚀力的大小，将流域库坝工程开发的降水侵蚀力敏感性分级为：$R>500$ 为极敏感，R 值在 200～500 为高度敏感，R 值在 100～200 为中度敏感，R 值在 20～100 为低度敏感，$R<20$ 为不敏感，并分别赋予相应的属性分值，得到全国流域库坝工程开发的降水侵蚀力敏感度分级分布图（图8-16）。

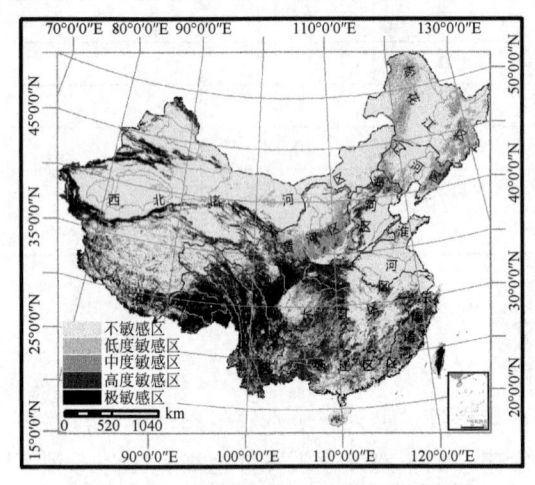

图8-15 地形坡度敏感度分级分布图 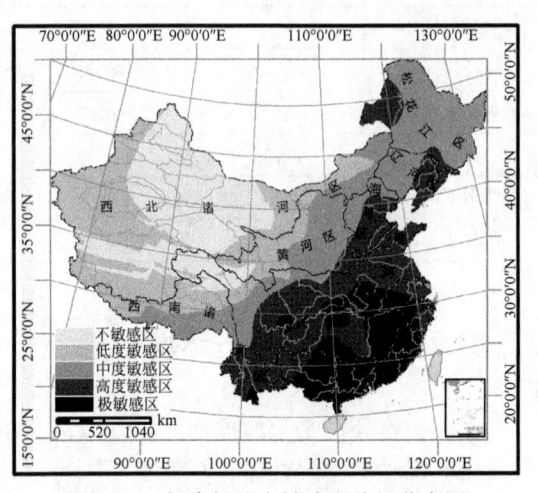　　图8-16 年降侵蚀力敏感度分级分布图

3. 地质灾害敏感性

泥石流是山区常见的一种自然灾害，常对山区的城镇村庄铁路公路农田和流域库坝水利设施等造成严重危害。而滑坡是指斜坡上的土体或者岩体受河流冲刷、地下水活动、地震等因素影响，在重力作用下沿着一定的软弱面或者软弱带整体或者分散地顺坡向下滑动的自然现象，也会对流域库坝水利设施等造成危害。另一方面，流域库坝工程还会诱发新的泥石流、滑坡和地震等地质灾害的发生。

我国的滑坡、泥石流分为极严重区、严重区、较严重区、轻微和较轻微区、无滑坡、泥石流区等。根据我国滑坡、泥石流分级分布图，将流域库坝工程开发的地质灾害敏感性分级为：滑坡、泥石流极严重区域为极敏感，滑坡、泥石流严重区域为高度敏感，滑坡、泥石流较严重区域为中度敏感，滑坡、泥石流轻微、较轻微区域为低度敏感，无滑坡、泥石流区域为不敏感，并分别赋予相应的属性分值，得到全国流域库坝工程开发的地质灾害敏感度分级分布图（图8-17）。

第 8 章 流域库坝工程开发的生态效应敏感性分区

4. 本底生态环境敏感性综合评价与分区

1）权重确定

根据德尔菲专家定权法，将影响流域库坝工程开发的生境敏感性指标地形坡度 C_{11}、降水侵蚀力 C_{12}、滑坡、泥石流灾害等级 C_{13} 两两之间进行比较所得的相对重要性程度，用具体的标度值表示出来，写成矩阵的形式，构造的判断矩阵如下：

B_4	C_{11}	C_{12}	C_{13}
C_{11}	1	1/2	3/4
C_{12}	2	1	5/8
C_{13}	4/3	8/5	1

按照层次单排序的方法和步骤，判断矩阵的特征根 $AW = \lambda_{\max} W$ 的解 W，经正规化后即为相应指标对于流域库坝工程生境敏感性相对重要性的排序权值（表8-14）。

表 8-14 本底生态环境敏感性指标权重

指标	C_{11}	C_{12}	C_{13}
权值	0.2337	0.3491	0.4172

2）模型运算与分区

将上述降水侵蚀力敏感度分级分布图、地形坡度敏感度分级分布图、地质灾害敏感度分级分布图转换成具有统一栅格大小（1km×1km）和统一 Albers Conical Area/Krasovsky 投影的栅格图层，根据各图层的权重经空间建模综合运算，得到的流域库坝工程开发的生境敏感度综合得分分布图。以生境敏感度综合得分值空间分布为基础，计算全国各二级流域的生境敏感度得分最大值，根据各二级流域的得分最大值，按照 ArcGIS 的自然间断点分类（natural breaks）将各二级流域分为极敏感区、高度敏感区、中度敏感区、低度敏感区和不敏感区共五类分区，得到流域库坝工程的生境敏感度分区分布图（图8-18）。

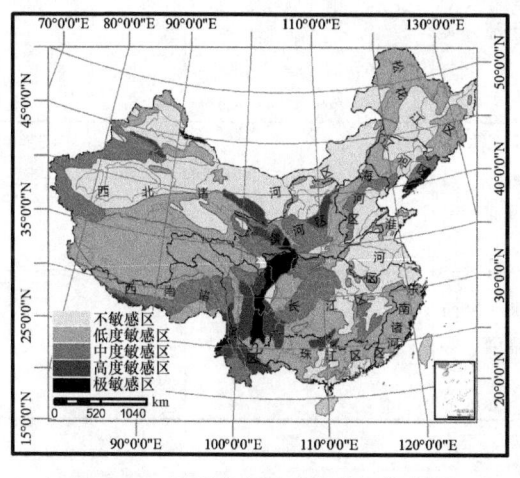

图 8-17 地质灾害敏感度分级分布图 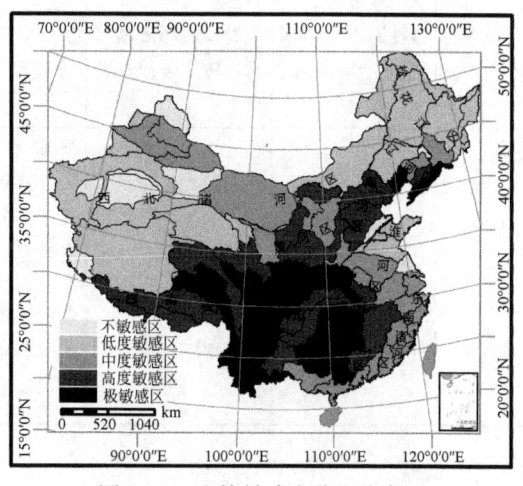　　图 8-18 生境敏感度分区分布图

3）结果分析

根据生境敏感度分区属性统计，得到基于全国二级流域的敏感度分区。流域库坝工程的生境效应敏感度分异表现为：极敏感区域分布于辽河区鸭绿江、东北沿黄渤海，长江区的洞庭湖水系、金沙江石鼓下、岷沱江、嘉陵江、汉江，珠江区的红柳河、西江，西南诸河区的澜沧江、红河、怒江及伊洛瓦底江等区域，这些区域降水较多，地质构造，山地滑坡体较多，水土流失严重，是我国滑坡、泥石流和地震等地质灾害分布最集中、发生频率最高的地区；不敏感区主要分布于西北诸河区的塔里木盆地荒漠、阿尔泰山南麓诸河、塔里木河干流等区域，这些区域降水稀少，降水侵蚀力弱，相对而言也不容易发生降水引起的滑坡、泥石流等地质灾害（表8-15）。

表 8-15 本底生态环境敏感度分区统计

流域分区	极敏感区	高度敏感区	中度敏感区	低度敏感区	不敏感区
松花江区			第二松花江	松花江三岔口下、嫩江、乌苏里江、黑龙江干流、额尔古纳河、绥芬河、图们江	
辽河区	鸭绿江、东北沿黄渤海	浑太河	辽河干流	西辽河	东辽河
海河区			海河北系、海河南系、滦河及冀东沿海	徒骇马颊河	
黄河区		兰州至河口镇、龙羊峡以上、龙门至三门峡	三门峡至花园口、内流区、河口镇至龙门、龙羊峡至兰州	花园口下	
淮河区			淮河上游、淮河中游	沂沭泗河、山东半岛沿海诸河	淮河下游
长江区	洞庭湖水系、金沙江石鼓下、岷沱江、嘉陵江、汉江	宜宾至宜昌、宜昌至湖口、鄱阳湖水系、乌江金沙江石鼓上、	湖口以下干流、太湖水系		
东南诸河区			浙东诸河、钱塘江、浙南诸河、闽江、闽东诸河、闽南诸河		
珠江区	红柳河、西江	南北盘江、北江	珠江三角洲、粤西桂南沿海诸河、韩江、东江		

续表

流域分区	极敏感区	高度敏感区	中度敏感区	低度敏感区	不敏感区
西南诸河区	澜沧江、红河、怒江及伊洛瓦底江	藏南诸河、雅鲁藏布江			藏西诸河
西北诸河区			古尔班通古特荒漠、吐哈盆地小河、天山北麓诸河、河西内陆河	昆仑山北麓诸河、青海湖水系、羌塘高原内陆区、柴达木盆地东部、中亚西亚内陆河、塔里木河源、内蒙古内陆河	塔里木盆地荒漠、阿尔泰山南麓诸河、塔里木河干流

根据本底生态环境敏感度分区结果，可得到各级敏感区占所在流域的面积比重。长江区和西南诸河区以极敏感区为主，分别占其流域总面积的 55.98% 和 46.58%；海河区和黄河区以高度敏感区为主，分别占其流域总面积的 89.98% 和 60.81%；整个东南诸河区为中度敏感区（占其流域总面积的 100.00%）；松花江区、辽河区、淮河区均以低度敏感区为主，分别占其流域总面积的 91.94%、43.65% 和 72.60%；西北诸河区以不敏感区为主，占其流域总面积的 51.78%（表 8-16）。

表 8-16 本底生态环境敏感区占流域面积百分比 （单位:%）

流域分区	极敏感区	高度敏感区	中度敏感区	低度敏感区	不敏感区
松花江区			8.06	91.94	
辽河区	29.17	9.15	14.62	43.65	3.42
海河区		89.98			10.12
黄河区		60.81	36.22	2.98	
淮河区			27.40	72.60	
长江区	55.98	37.19	6.83		
东南诸河区			100.00		
珠江区	33.20	23.97	42.83		
西南诸河区	46.58	45.65			7.77
西北诸河区			15.44	32.78	51.78

8.2.5 综合生态效应敏感性评价与分区

进行流域库坝工程开发的综合生态效应敏感性评价与分区，是把库坝工程开发的自然环境本底要素和人文活动因子结合起来，分析产生综合生态效应的可能性并辨识其空间分布格局。综合评价是通过空间建模运算实现。流域库坝工程开发的敏感性分区是在保证生态效应敏感性评价流域完整性的基础上，在二级流域内根据二级流域综合得分平均值的大小，按照 ArcGIS 自然间断点分类法实现敏感度分区。

1. 生态效应敏感性要素层指标权重

综合评价的关键是求取评价因子权重。层次分析法是一种行之有效的确定权系数的有效方法，特别适宜于那些难以用定量指标进行分析的复杂问题。它把复杂问题中的各因素划分为互相联系的有序层使之条理化，根据对客观实际的模糊判断，就每一层次的相对重要性给出定量的表示，再利用数学方法确定全部因子相对重要性次序的权系数。

根据专家打分，将影响流域库坝工程综合生态效应敏感性要素层指标（生物学效应敏感性/B_1、水文效应敏感性/B_2、污染效应敏感性/B_3、本底生态环境敏感性/B_4）两两之间进行比较所得的相对重要性程度，用具体的标度值表示出来，写成矩阵的形式，构造的判断矩阵如下：

A	B_1	B_2	B_3	B_4
B_1	1	2	3	4
B_2	1/2	1	2	3
B_3	1/3	1/2	1	2
B_4	1/4	1/3	1/2	1

按照层次单排序的方法和步骤，判断矩阵的特征根 $AW = \lambda_{max} W$ 的解 W，经正规化后即为相应指标对于流域库坝工程生态效应敏感性相对重要性的排序权值（表8-17）。

表8-17 污染效应指标权重

指标	B_1	B_2	B_3	B_4
权值	0.4688	0.2778	0.1603	0.0953

在通常情况下，对于 $m \geq 3$ 阶的判断矩阵，当 CR<0.1 时，就认为判断矩阵具有可接受的一致性。经计算上述判断矩阵的 CR=0.0116，所以判断矩阵具有可接受的一致性。

2. 各层次组合权重的计算及层次总排序

将表8-2所示的生态效应敏感性综合评价层次结构模型绘制成树状图如图8-19所示。由前述各判断矩阵求得的权重值是各层次指标子系统或指标项相对于其上层某一因素的分离权重值。生态效应敏感性综合评价需要将这些分离权重值组合为各具体指标项相对于最高层 A 的组合权重值。对于图8-19所示递阶层次结构，组合权重计算公式为：$\overline{W}(C_{ij}) = W(B_i)W(C_{ij})$，式中，$\overline{W}(C_{ij})$ 为 C_{ij} 指标项相对于 A 的组合权重值；$W(B_i)$ 为 B_i 相对于 A 的权重值；$W(C_{ij})$ 为 C_{ij} 指标项相对于 B_i 的权重值。各层次组合权重的计算及层次总排序计算结果如图8-20所示。

3. 空间模型运算与分区

将影响生态效应敏感性的各敏感因子栅格图层，根据各图层的权重经空间建模综合运

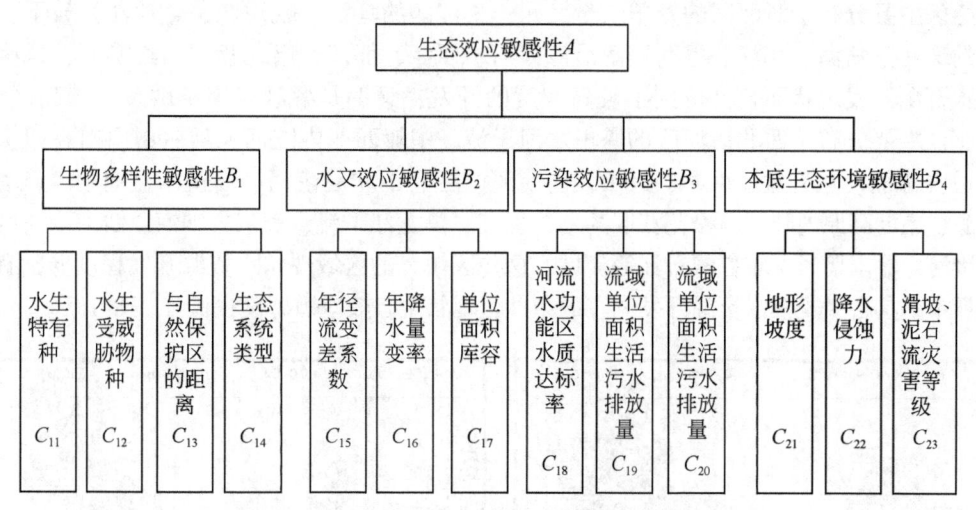

图 8-19 生态效应敏感性综合评价层次结构模型图

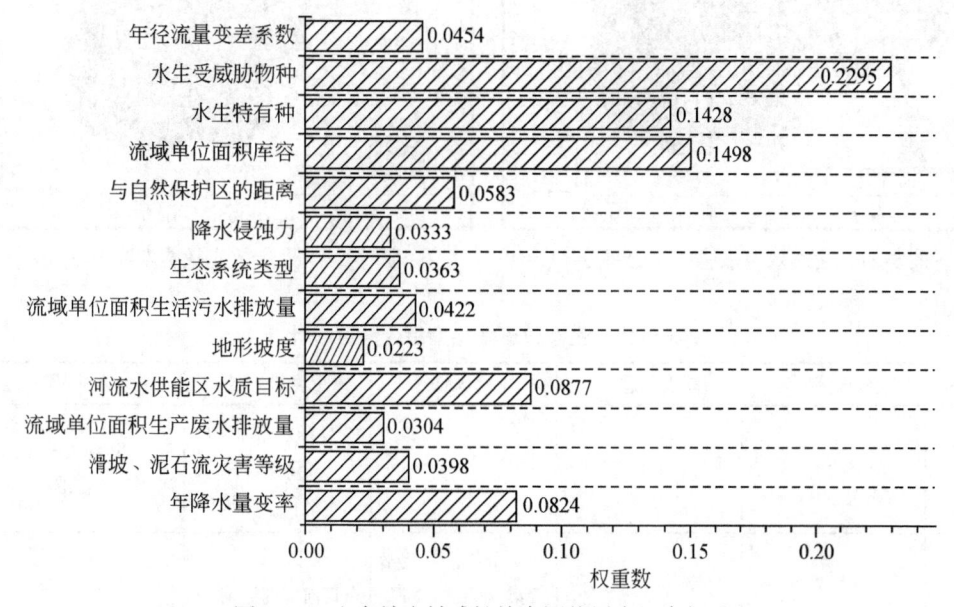

图 8-20 生态效应敏感性综合评价层次组合权重

算,得到的流域库坝工程开发的生态效应敏感度综合得分分布图(图 8-21)。

以生态效应敏感度综合得分值空间分布为基础,计算全国各二级流域的生态效应敏感度得分最大值,根据各二级流域的得分最大值,按照 ArcGIS 的自然间断点分类(natural breaks)将各二级流域分为极敏感区、高度敏感区、中度敏感区、低度敏感区和不敏感区共五类分区,得到流域库坝工程生态效应敏感度综合分区分布图(图 8-22)。

4. 综合分区结果与分析

根据综合生态效应敏感度分区属性统计,得到全国二级流域的综合敏感度分区结果。

极敏感区主要分布于黄河区的龙羊峡至兰州，长江区的乌江、岷沱江、金沙江石鼓下，珠江区的珠江三角洲、北江、粤西桂南沿海诸河、西江、郁江、南北盘江、红柳河，这些区域就水资源开发现状而言已得到了较高程度的开发，又都是各敏感因子敏感度较高区域；不敏感区主要分布于西北诸河区的塔里木河干流、中亚西亚内陆河、阿尔泰山南麓诸、古尔班通古特荒、吐哈盆地小河、天山北麓诸河、昆仑山北麓诸河、塔里木盆地荒漠、塔里木河源、羌塘高原内陆区，松花江区的乌苏里江、黑龙江干流、额尔古纳河，西南诸河区的藏西诸河、藏南诸河、雅鲁藏布江等流域，这些区域有的区域现状水资源开发程度低，有的区域根本不具备大规模水资源开发利用的条件，现状生态效应敏感度也低（表8-18）。

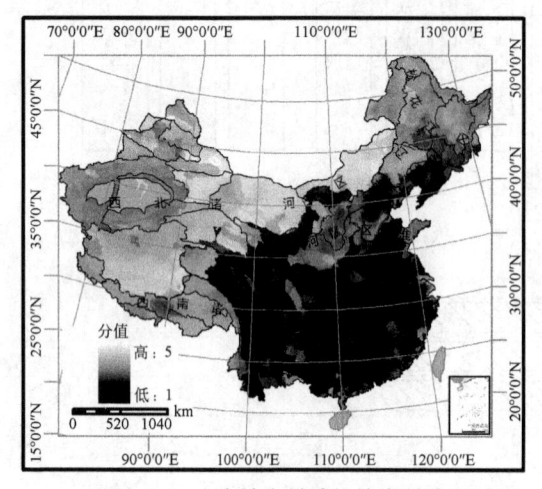

图8-21 生态效应敏感性综合得分 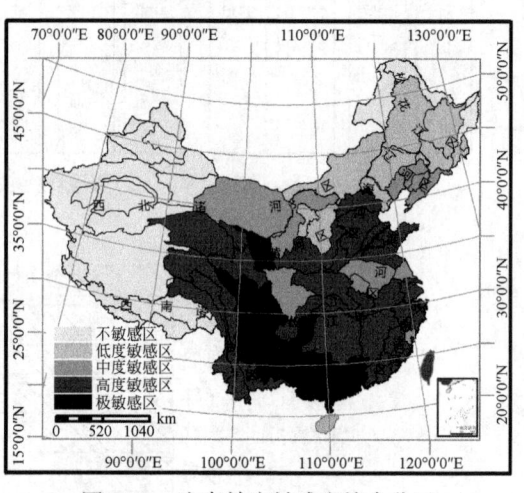　　　　　图8-22 生态效应敏感度综合分区

表8-18 生态效应敏感度综合分区统计

流域分区	极敏感区	高度敏感区	中度敏感区	低度敏感区	不敏感区
松花江区				绥芬河、图们江、第二松花江、松花江三岔口下、嫩江	乌苏里江、黑龙江干流、额尔古纳河
辽河区			辽河干流、东北沿黄渤海、浑太河、鸭绿江	东辽河、西辽河	
海河区		徒骇马颊河、海河北系、海河南系		滦河及冀东沿海	
黄河区	龙羊峡至兰州	龙羊峡以上、龙门至三门峡、花园口下、三门峡至花园口	兰州至河口镇	内流区、河口镇至龙门	
淮河区		沂沭泗河、山东半岛沿海诸河	淮河中游、淮河下游、淮河上游		

226

续表

流域分区	极敏感区	高度敏感区	中度敏感区	低度敏感区	不敏感区
长江区	乌江、岷沱江、金沙江石鼓下	太湖水系、湖口以下干流、宜昌至湖口、宜宾至宜昌、汉江、鄱阳湖水系、金沙江石鼓上、洞庭湖水系	嘉陵江		
东南诸河区		浙南诸河、闽江、闽南诸河、钱塘江	闽东诸河	浙东诸河	
珠江区	珠江三角洲、北江、粤西桂南沿海诸河、西江、郁江、南北盘江、红柳河	东江、韩江			
西南诸河区		红河、怒江及伊洛瓦底、澜沧江			藏西诸河、藏南诸河、雅鲁藏布江
西北诸河区		青海湖水系、柴达木盆地东部	河西内陆河	内蒙古内陆河	塔里木河干流、中亚西亚内陆河、阿尔泰山南麓诸、古尔班通古特荒、吐哈盆地小河、天山北麓诸河、昆仑山北麓诸河、塔里木盆地荒漠、塔里木河源、羌塘高原内陆区

各级敏感区占所在流域的面积比重由显著的区域差异。

珠江区以极敏感区为主，占其流域面积的 86.51%，黄河区的极敏感区占其流域面积的 11.45%，长江区的极敏感区占其流域面积的 28.56%；海河区、黄河区、长江区、东南诸河区均以高度敏感区为主，分别占其流域面积的 83.01%、48.60%、62.40% 和 88.00%；辽河区和淮河区以中度敏感区为主，分别占其流域面积的 52.80% 和 58.18%；松花江区以低度敏感区为主，占其流域面积的 63.98%；西南诸河区和西北诸河区以不敏感区为主，分别占其流域面积的 53.44% 和 67.07%（表8-19）。

表8-19　生态效应敏感区占流域面积百分比　　　　　　（单位:%）

流域分区	极敏感区	高度敏感区	中度敏感区	低度敏感区	不敏感区
松花江区				63.98	36.02
辽河区			52.80	47.20	
海河区		83.01		16.99	
黄河区	11.45	48.60	20.38	19.57	
淮河区		41.82	58.18		

续表

流域分区	极敏感区	高度敏感区	中度敏感区	低度敏感区	不敏感区
长江区	28.56	62.40	9.03		
东南诸河区		88.00	7.46	4.54	
珠江区	86.51	13.49			
西南诸河区		46.56			53.44
西北诸河区		9.63	14.04	9.26	67.07

8.3 结　语

长期以来，我国流域水利水电资源开发更多的是从自然资源利用角度出发，忽视了流域生态系统的敏感性和脆弱性及其空间差异，库坝工程可能修建在高敏感度河段，极易引发水文情势恶化、河流污染和水生生态系统破坏等生态效应现象。进行流域生态效应敏感性分区有助于我们认识流域生态系统对库坝工程胁迫的敏感程度和脆弱程度，摸清关键因子敏感性的空间格局，制定合理适度的流域水利水电资源工程开发规划，或加强已开发流域的生态建设与生态恢复，从而保障流域生态系统的健康发育。

本书从生物学效应、水文效应、水环境污染效应和本底生态环境 4 个方面分析评估了我国二级流域库坝工程开发产生生态效应的空间敏感程度格局，可以为我国流域库坝工程开发的合理管控提供参考。

需要说明的是由于受诸多因素影响，库坝工程开发的生态效应敏感性分区结果仍然存在不少问题。①由于一些评估因子的数据空间分辨率低，分区结果只是在宏观尺度上反映了流域库坝工程开发的生态效应敏感性空间格局，与实际应用的需求仍有较大差距。可以说，本研究更多的是从方法论角度探讨把人文干扰因子和自然干扰因子结合起来进行流域开发敏感性分区的一个尝试，要进入实际应用阶段，还需要进一步细化；②敏感性因子选择的不确定性问题。针对同一个评估目标，可以从不同层面选择因子，也因此直接影响评估结果。任何指标的选择都是见仁见智，由此引发分区结果具有较大的不确定性；③由于我国地域差异大，敏感性指标综合过程中，一些敏感因子的区域表现特征不能体现出来，例如，西北诸河虽然水文效应的敏感度普遍较高，但由于其他三类效应的敏感度较低，使综合分区中西北诸河大都属于低敏感区和不敏感区，这一分区结果与我们惯常的认识存在差距，诸如此类的问题对此还有待进一步研究解决的技术方案。

尽管存在一些问题，但流域库坝工程开发的生态效应敏感性分区可以为我们研究流域开发的有效管控提供思路、方法和决策依据，继续加强这一领域的研究对于保障流域健康持续的开发利用具有重要价值。

参 考 文 献

曹建军，刘永娟. 2010. GIS 支持下上海城市生态敏感性分析. 应用生态学报，21（7）：1805-1812.
林涓涓，潘文斌. 2005. 基于 GIS 的流域生态敏感性评价及其区划方法研究. 安全与环境工程，12（2）：23~26.

刘康，欧阳志云，王效科，等.2003.甘肃省生态环境敏感性评价及其空间分布.生态学报，23（12）：2711~2718.

欧阳志云，王效科，苗鸿.2000.中国生态环境敏感性及其区域差异规律研究.生态学报，20（1）：9-12.

王效科，欧阳志云，肖寒，等.2001.中国水土流失敏感性分布规律及其区划研究.生态学报，21（1）：14~19.

颜磊，许学工，谢正磊，李海龙.2009.北京市域生态敏感性综合评价.生态学报，29（6）：3117-3126

叶其炎，杨树华，陆树刚，等.2006.玉溪地区生物多样性及生境敏感性分析.水土保持研究，13（6）：75-78

尹海伟，徐建刚，陈昌勇，等.2006.基于 GIS 的吴江东部地区生态敏感性分析.地理科学，26（1）：64~69.

Anderson S. 1994. Area and endemism. Quarterly Review of Biology. 69：451-471

Biek R, Funk W C, Maxell B A. 2002. What is missing in amphibian decline research：Insights from ecological sensitivity analysis. Conservation Biology, 6（3）：728-734.

Horne R, Hickey J. 1991. Ecological sensitivity of au stralian rain-forests to selective logg ing. Australian Journal of Ecology, 16（1）：119-129.

Myers N, Mittermeier R A Mittermeier C G, et al. 2000. Biodiversity hotspots for conservation priorities. Nature, 403：853-858.

Roberts C M, McClean C J, Veron J E N, et al. 2002. Marine biodiversity hotspots and conservation priorities for tropical reefs. Science, 295：1280-1284.

Wiktelius S, Ardo J, Fransson T. 2003. Desert locust control in ecologically sensitive areas：N eed for guidelines. Ambio, 32（7）：463-468.

第 9 章 水利工程生态调度及其研究进展

9.1 水利工程生态调度概述

9.1.1 传统水利工程调度对生态的不利影响

大多数水利工程的调度是围绕防洪、发电、灌溉、航运等社会经济功能进行的。现行调度注重发挥水库的社会经济功能,力求使经济效益最大化,但是忽略了水库下游及库区的生态系统要求,造成了不利的生态影响。

1. 河道外用水过度,下泄水量无法满足生态系统对水量的基本需求

以灌溉和供水为主要功能的水库,通过水库和闸坝大量引水,导致下游河道的断流、干涸,河流廊道生态系统受到破坏。这在中国北方比较突出。塔里木河上、中游过量引水,造成 20 世纪 70 年代中期塔里木河下游干流 320 km 河段完全干涸,两岸大面积红柳、胡杨林生态系统严重退化(许英勤等,2001)。1958 年起,白洋淀上游先后修建大小水库 156 座,随着上游拦蓄、用水量的增加,入淀水量呈现减少趋势,20 世纪 50、60、70 和 80 年代的平均入淀水量分别为 23.96 亿、17.3 亿、11.4 亿和 2.37 亿 m^3,干淀现象频繁发生,尤其是 80 年代连续 5 年出现干淀(赵彦红等,2005)。

以发电为主要功能的水库,在进行发电和担负调峰调度运行时,发电效益优先,往往忽视下游河流廊道的生态需求,下泄流量无法满足最低生态需水量的要求。特别是引水式水电站,运行时水流引入隧洞或压力钢管,进水口前池以下河道不下泄水流,造成若干 km 的河段脱流、干涸,对于沿河植被、哺乳动物和鱼类造成毁灭性的破坏。中国最典型的案例当数岷江干支流水电开发的生态影响问题。岷江除干流紫坪铺水利枢纽(2005 年 9 月下闸蓄水)和支流狮子坪水电站(2010 年 3 月首台机组投入运行)外,目前干支流上已建的其他水电站均采用引水式开发,各水电站为了获取最大的发电效益,尽量引水发电,基本不考虑河道内生态用水,导致干流约 80 km、支流约 60 km 的河段出现时段性脱水。铜钟电站以上的茂县境内,断流现象十分突出,河道干涸,在 40 km 的河段内,干涸河段长 17 km,占河段长度的 42%。岷江上游干流和主要支流原生的近 40 种鱼类,包括国家二级保护鱼类虎嘉鱼,由于河流减水或断流、河床萎缩或干涸,直接影响鱼类的繁衍和生存,鱼类数量和种群急剧下降,许多河段生物多样性丧失殆尽。20 世纪 80 年代以后,茂县以下河段虎嘉鱼已绝迹,曾是杂古脑河和岷江上游的主要经济鱼类重口裂腹鱼,也很少发现。此外,在脱水、断流段,河床大部分、甚至全部裸露,乱石堆积,两岸植被萎缩,河床出现沙化,在汛期大水时,易形成含沙高的洪水,加剧下游河道的淤积(蔡其华，2006）。

2. 水文情势变化对水生生物影响显著

水文情势（hydrological regime）主要指水文周期过程和来水时间。河流建设大坝以后，水库按照社会经济效益原则和既定的调度方案实施调度，改变了水库下游水文情势，对水生生物造成了不利影响。

1）年内水文过程均一化对水生生物的影响

未经改造的天然河流随着降雨的年内变化，形成了径流量丰枯周期变化规律。在雨季洪水过程陡峭形成洪峰，随后洪水消落，趋于平缓，逐渐进入枯水季节。在数以几十万年甚至数百万年的河流生态系统演变过程中，河流年内径流的水文过程是河流水生动植物的生长繁殖的基本条件之一。如同年内季节气温、降雨的周期变化一样，具有周期性的水文过程也是塑造特定的河流生态系统的必要条件，成为生物的生命节律信号。研究表明，水文周期过程是众多植物、鱼类和无脊椎动物的生命活动的主要驱动力之一。比如据1965年后多年调查资料显示，长江的四大家鱼每年5~8月水温升高到18℃以上时，如逢长江发生洪水，家鱼便集中在重庆至江西彭泽的38处产卵场进行繁殖。产卵规模与涨水过程的流量增量和洪水持续时间有关。如遇大洪水则产卵数量很多，捞苗渔民称之为"大江"，小洪水产卵量相对较小，渔民称之为"小江"。家鱼往往在涨水第一天开始产卵，如果江水不再继续上涨或涨幅很小，产卵活动即告终止。在长江中游段5~6月家鱼繁殖量占繁殖季节的70%~80%。另外，依据洪水的信号，一些具有江湖洄游习性的鱼类或者在干流与支流之间洄游的鱼类，在洪水期进入湖泊或支流，随洪水消退回到干流。比如属于国家一级保护动物的长江鲟，主要在宜昌段干流和金沙江等处活动。春季产卵，产卵场在金沙江下游至长江上游的和江处。在汛期，长江鲟则进入水质较清的支流活动（董哲仁等，2007）。

修建水库后，在汛期利用水库调蓄洪水、削减洪峰，控制下泄流量和水位，确保下游防洪安全；在非汛期调度运行中，利用水库调节当地水资源的年内分配的丰枯不均。无论是发电、供水还是灌溉等用途，都趋于使年内水文过程均一化，改变了自然水文情势的年内丰枯周期变化规律，这些变化无疑影响了生态过程。首先是大量水生生物依据洪水过程相应进行的繁殖、育肥、生长的规律受到破坏，失去了强烈的生命信号。比如根据三峡水库设计的调度方案，5~6月上游来水主要通过电厂机组尾水下泄，尽管下泄流量比建坝前同期流量增大，但是经过水库调节后，缺乏明显的涨水峰值，这将使这一时段的家鱼繁殖受到不利影响。三峡蓄水后，"四大家鱼"鱼苗径流量急剧下降。2004年5~6月坝下游监利监测断面"四大家鱼"鱼苗径流量为3.39亿尾，仅为三峡蓄水前（1997~2002年）的13%。尽管影响因素是多方面的，但水文情势的变化也是重要影响因素之一。由于水文情势的变化，江湖关系、干支流关系发生变化，这对于洄游于江湖和干支流间的鱼类，可能由于江湖阻隔而受到负面影响。一些随水流漂游扩散的植物种子受阻，某些依赖于洪水变动的岸边植物物种受到胁迫。水文情势的变化也可能给外来生物入侵创造了机会。另外，由于一部分营养物质受到大坝的阻隔淤积在库区，加之下泄水流的水文情势变化，可能使大量营养物质无法依靠水流漫溢输移到滩地、湿地和湖泊。

2) 水电站调峰运行情况下下游河段水位剧烈波动对水生生物的影响

电力系统中，用电户的用电在一日之内、一周之内、一年之内有周期性的变化，一般来说，清晨和午夜与周末的电力需求最低，早餐后到晚餐前这段时间电力需求最高。由于与火力发电相比，水力发电机组有启动快速的优点，可以在几十秒内启动和关机，非常适合满足快速用电波动的要求，因此一些水电站在电网中承担着满足用电波动的需要。这种为满足短期发电需求变化的操作过程被称为调峰发电。根据短期的用电需求，发电机组可能预计每天进行一次或多次这类运行，而且持续的时间不一致。在电力系统中就专门配置一定数量的水力发电机组，只是在每天用电高峰时运行几个小时，但为了在几分钟内取得期望的发电量，会引起下游河段水位陡涨陡落。

虽然在没有建水电站的河流中也会产生水流波动，但这些在水力发电厂房下游调峰产生的水流波动更激烈并随时可能发生。这种水流的变化经常会导致河道内鱼类和大型无脊椎动物等无法适应。水电站发电泄流期间，人工控制的流量加大会导致河床侵蚀、生物体和生物繁殖载体剧烈漂游和频繁的迁移。在发电泄流峰值过后的水流减少期，鱼类和大型无脊椎动物会被搁浅在干涸的河床或与河流水体隔绝的低洼处，随池中含氧浓度的降低而窒息。不同鱼类对水电站激烈变化的泄水承受能力不同，对于某些鱼类，如白鲈鱼和梭子鱼，水流的激烈波动使得它们更易受到伤害，因为这种鱼类是沿着河岸和在浅水处产卵，暴露在空气中的这些鱼的鱼卵可能被冻死和脱水（孙小利等，2009）。

3) 低温水下泄对生物的影响

多数水库有垂向水温分层现象，但是表现有强弱之分。一般来说，库容大或者多年调节的水库或者库容较大而年来水量相对较小的水库，温度分层现象表现较为明显。形成水库温度分层的机理是：水体的透光性能差，当阳光向下照射水库表层以后，以几何级数的速率减弱，热量也逐渐向缺乏阳光的下层水体扩散。由于水在4℃时密度最大，温度低的水体自然向湖底下沉，这就形成了温度分层现象。从水库深孔放水时，底层的低温水首先流出，使沿流产生新的温度变化。根据新安江水库的资料，坝下10 km的罗桐埠站，4~10月平均水温由建库前24.53℃下降到12.19℃，温差12.34℃；流到下游260 km处的杭州闸口，水温比建库前还低1~2℃，造成与天然河道完全不同的水温分布特性（张引梅，1991）。深层取水，水温降低，对于鱼类和其他水生生物都有不同程度的影响。用于灌溉时，会导致作物减产，尤其对水稻影响较大。

鱼类对水温有个适应范围，如鲤鱼在水温低于8℃或超过30℃便停止取食，当水温低于18℃则不能繁殖（王煜和戴会超，2009）。因此，采用深孔泄流，对下游鱼类生长十分不利。江西省柘林水电站建设前，每年清明到立夏之间就可见到鱼苗浮游。建库蓄水发电后（中层放水），由于水冷等原因，要到端午节前后才能见到鱼苗，而且数量只有以前的一半，从坝脚到涂家埠50 km河道内渔业减产40%左右。新安江水库建库后，下游河道由于水温低，鲥鱼产量大大减少，从坝下至芦茨埠62 km长的河段内鲥鱼濒于绝迹，30 km内捕不到鲢、鳙等家鱼（黄永坚，1986）。

水稻是需水喜温作物，在它的生长过程中，不但需要充足的水量，还要有适宜的水温。综合国内外资料，水稻各生育期生长的适温大致为25~35℃，最适温度为28~32℃，各生育期的水温下限大致是20℃，上限约38℃。而从水库底层取水，在灌区上游一定范围内渠水达不到这个温度,从而造成水稻返青慢、分蘖迟、发兜不齐、抗逆性降低、结实率低、成熟期推迟、产量下降。据江西省崇仁县大同源水库灌区的试验,采用底层取水时,沿灌渠的上、中、下游的试验田早稻单产分别为每亩 256 kg、277 kg 和 303 kg,改为表层取水后,上述 3 块试验田的早稻单产分别为每亩 355 kg、350 kg 和 347 kg,底层取水的早稻单产显著低于表层取水。据江西宜丰县石脑水库灌区的试验,灌表层水和灌底层水的试验田早稻单产分别为每亩 236 kg 和 204 kg,灌底层水的水稻单产也显著低于灌表层水。根据对江西省 272 座大、中、小型水库的灌区进行的调查,采用深孔放水灌溉的灌区上游农田,与采用水库表层水和从塘堰引水灌溉的农田相比,每亩早稻单产一般要低 30~35 kg,有的达 100 多 kg,成熟期推迟 5~7 天(黄永坚,1986)。

4)下泄水流气体过饱和对生物的影响

大型水坝高水位下泄时,特别是表孔和中孔泄水,在高速水流表面形成掺氧,将空气卷吸入下泄水体中,使水体发生剧烈曝气,水体中溶解气体(N_2、O_2、CO_2)处于过饱和状态,会导致鱼体内血液中产生气泡,鱼类因气泡病而死亡。三峡大坝汛期泄洪导致水流气体过饱和,引发鱼苗气泡病而死亡,其影响范围从坝下一直延伸到石首江段(黄德林和黄道明,2005)。

3. 对河口生态系统的影响

河口既受到河流水文情势的影响,又受到海洋动力条件的作用,在二者相互作用的制约下,河口形成独特的地貌和生态特征。在河流上建坝以后,水文情势发生变化,泥沙状况也相应发生改变,打破了历史上形成的动态平衡状态,从而影响河口的生态系统健康。水库调节对于河口的影响主要表现为:①咸潮入侵:在水库调节运行中,如果在汛后的蓄水时期下泄流量比建坝前明显减少,可能造成咸潮入侵的时间延长。咸潮入侵时河水内高浓度氯化物直接影响饮用水安全,也会造成电厂锅炉设备损坏等工农业生产损失。②河口萎缩:由于水库的拦沙作用,泥沙在水库中淤积,造成水库下泄水流含沙量降低,可能使海岸线向陆地蚀退。比如埃及尼罗河的阿斯旺大坝建成后,水库拦沙使河流携沙减少,河口海岸因失去泥沙补给发生蚀退。③河口盐渍化影响:在河流上建设水库以后,水文条件发生变化,可能对于已经形成的河口地区的水-盐动态平衡关系产生干扰,造成已经脱盐的土壤发生次生盐碱化,或者使原有盐土地区的盐渍化程度进一步加重。④营养物质向河口输移量减少,可能影响近海鱼类和其他生物:主要营养物质氮、磷等都是以悬移质泥沙作为载体沿河输移,水库建成后,由于库区泥沙淤积,营养物质滞留于库区,水库下泄水流携带营养物质的总量可能会发生变化。另外水文情势的变化,也会改变原有的营养物质输移月际变化规律。特别是大型水库遇有蓄水期,下泄流量减少,对于近海鱼类和其他生物生长繁衍可能产生影响。

4. 库区淤积和富营养化

河流建设水库以后,水位升高,过水面积加大,流速减缓,从而使挟沙能力降低,导致水库淤积。由于挟沙能力与流速的高次方成比例,过水断面的些许改变,常引起挟沙能力大幅度降低。水库淤积关系到水库寿命和工程效益的发挥,同时还引起库区生态环境的复杂问题。

水流进入库区后，流速迅速下降，减少了污染物的扩散输移能力和生化降解速率，导致污染物浓度增加。首先是在水库岸边污染混合区面积增大，其次在库尾和库岔部分，由于流速缓慢，加之受到水库水位顶托，水流不畅，污染物聚集加剧。当污染物的滞留量超出生态系统自我调节能力时，就会导致污染、富营养化等。

5. 闸坝调度不当造成河流污染加剧

闸坝本身对河流的连续性形成了胁迫效应，如果调度运用不当，会使这种胁迫效应加剧。淮河流域现有闸坝约5400座，为保证灌溉等用水，多数闸坝在整个枯水期基本封闭，排入河道的工业废水在闸坝前大量聚集，在汛期泄洪时，这些高浓度的污水集中下泄，极易造成突发性的污染事故，使洪泽湖等水域鱼虾大量死亡或淮河干流沿线城镇供水中断。据《淮安市环境保护志》记载，1982年、1989年、1992年、1994~1996年、2000年、2003~2005年相继发生淮河上游污水下泄导致的污染事故。1992年2~3月，淮河上游污水下泄，形成180 km污染带，使盱眙水厂停产1个月，损失130余万元。1994年7~9月，淮河上游污水下泄，造成鱼1255万kg、蟹9万kg、青虾2.5万kg死亡，经济损失达2亿多元。1995年8月，淮河上游污水下泄，造成鱼345万kg、蟹1万kg死亡，损失5550万元。

9.1.2 水利工程生态调度的概念

针对上述不利生态影响，可以通过改善水利工程调度方式，即在传统的防洪、发电、供水、灌溉、航运等社会经济功能外，考虑生态因素，达到减缓不利生态影响的目的。生态调度就是针对水利工程对河流生态系统健康如何补偿而出现的一个新概念。虽然国外具有"生态"特征的水利工程调度实施的历史较长，但并没有提出"生态调度"这一概念。生态调度首先由中国的水利界明确提出，并迅速在实践中加以应用。从河流生态安全的角度讲，生态调度概念的提出具有现实意义。它的提出有助于减轻水资源开发利用对河流生态环境的影响，是对筑坝河流的一种生态补偿。

关于生态调度的定义，目前学术界尚未有统一的认识，例如：①生态调度是指水库在发挥防洪、发电、供水、灌溉、航运等社会经济多种目标的前提下，兼顾河流生态系统需求的水库调度方法（董哲仁等，2007）；②大型水利工程的生态调度的核心内容是指在水利工程运行与管理过程中更多地考虑生态因素（吕新华，2006）。

生态调度核心内容是指将生态因素纳入到现行的水利工程调度中去，并将其提到相应的高度，根据具体的工程特点制定相应的生态调度方案（王远坤等，2008）。

尽管在生态调度概念的具体表述上目前并不统一，但其核心是一致的，即生态调度是兼顾社会经济目标和生态目标的水利工程调度方式。

9.1.3 生态调度的内容及其方法

王远坤等（2008）将水库的生态调度分为生态需水量调度、生态洪水调度、泥沙调度、水质调度、生态因子调度和综合调度（即包括上述各项或其中几项内容的综合优化调度）。董哲仁等（2007）将水库多目标生态调度方法总结为 7 个方面：保证水库下游维持河道基本功能的需水量、模拟自然水文情势的水库泄流方式、水库泥沙调控及水库富营养化控制、降低温度分层影响、防止下泄水流气体过饱和、闸坝防污调度、恢复增强水系的连通性的调度。郝志斌等（2008）将水利工程生态调度的内容归为维持河流基本需水调度、保护水环境调度和保护水生生物及鱼类资源 3 大方面，其中，维持河流基本需水调度包括河道生态基流需水调度、输沙和维持河道基本形态需水调度、湿地需水调度和河口三角洲需水调度，保护水环境调度包括水库水环境调度和河道自净需水调度，保护水生生物及鱼类资源调度包括模拟自然水文情势及根据生物繁衍习性调度、控制低温水下泄、控制下泄水体气体过饱和。

综合有关学者对水利工程生态调度内容的叙述，本报告将生态调度内容归纳为 7 方面：生态需水量调度（维持河道基本需水调度）、模拟自然水文情势调度、水温调度、防止下泄水流气体过饱和调度、泥沙调度、水质调度和恢复增强水系连通性的调度。每一方面通过相应的技术方法来实现。

1. 生态需水量调度

为了维持水库下游河流生态系统的基本功能，必须下泄一定的流量，即生态流量。只有这样，才可能保持生态系统的完整性和稳定性。"生态基流""生态需水量""最小允许生态径流"等概念的提出和计算方法的完善，为此类水量调度提供了较为客观的技术依据。

维持河道基本功能的需水量（基本生态需水）主要包括：维持河流冲沙输沙能力的水量；保持河流一定自净能力的水量；防止河流断流和河道萎缩的水量；维持河流水生生物繁衍生存的必要水量；与河流连接的湖泊、湿地的基本功能需水量；维持河口生态以及防止咸潮入侵所需的水量。在计算河道基本功能需水量时，要注意以上各种需水量之间的重叠部分，同时还要正确估算由河道引出水量的回归值。

生态流量泄放措施一般包括：①设置电站基荷任务，通过电站本身发电下泄生态流量；②增设生态流量发电机组，即水电工程枢纽布置中，在大机组之外单独设置"小机组"，承担泄放流量任务；③通过管道或闸门下泄；④从坝下游支沟引水泄放。

为保护白洋淀湿地生态环境，自 1981 年起，当白洋淀水量不足时，都对其进行应急生态补水。到 2010 年，共对白洋淀进行了 26 次生态补水。其中，22 次为流域内生态调水，主要是从安格庄水库、西大洋水库和王快水库为白洋淀补水，4 次为从流域外的岳城水库或黄河调水。1999 年以来，黄河流域实施统一调度，消除了枯水季节河道断流情况，黄河水质、河流生态、河口生态、近海生态都得到改善（陈进等，2011）。从 2002 年开始，中国投资 107.39 亿元实施塔里木河综合治理工程。经过近十年的治理，截至 2010 年 10 月 27 日，塔里木河已经实现 11 次生态输水，从博斯腾湖水和塔河干流进行调水，使塔河下游水量明显增加，尾闾湖泊重现，地下水水位抬高，水质明显改善，结束了下游河道连续干涸近 30 年的历史。同时植被重获生机，胡杨林起死回生，动物回归，种类和数量明显增加（崔国韬和左其亭，2011）。中国较大规模的生态调水工程还有扎龙湿地补水、南四湖应急生态补水、珠江压咸补淡应急调水等。

2. 模拟自然水文情势调度

缓解水库调蓄使河流水文过程均一化带来的影响的措施，是模拟自然水文情势泄流（可称之为"生态洪水调度"），为河流重要生物繁殖、产卵和生长创造适宜的水文学和水力学条件。这需要掌握水库建设前水文情势，包括流量丰枯变化形态、季节性洪水峰谷形态、洪水来水时间和长短等因子对于鱼类和其他生物的产卵、育肥、生长、洄游等生命过程的关系，调查、掌握水库建成后由于水文情势变化产生的不利生态影响，还需要对采取不同的水库生态调度方式影响生态过程进行敏感度分析。在此基础上，制定合理的生态调度方案。比如根据鱼类的繁殖生物学习性，结合来水的水文情势，在鱼类产卵繁殖期，通过合理控制水库下泄流量和时间，人为制造洪峰过程，可为这些鱼类创造产卵繁殖的适宜生态条件。

据《渔业致富指南》2012年第2期报道，为了促进长江中游"四大家鱼"的自然繁殖，在确保防洪安全的前提下，2011年6月长江防总组织了为期4天的三峡水库生态调度试验及同步监测。通过调度三峡水库。每日日均出库流量增加2000 m^3/s 左右。调度期间，出库流量从1.2万 m^3/s 左右逐步增加到1.9万 m^3/s 左右。水文监测结果表明，本次生态调度使得中下游不同水文站点水位持续上涨4~8天；与早期监测结果对比，"四大家鱼"产卵时间与历史自然涨水条件下响应时间一致，"四大家鱼"自然繁殖群体有聚群效应，并与其自然繁殖时的习性相符。试验初步证明生态调度对"四大家鱼"自然繁殖产生了促进作用。黑龙江龙凤山水库在调度上采取春汛多蓄，提前加大供水量的方式，然后在鱼类产卵期内按供水下限供水，取得了较好的效果（史方方和黄薇，2009）。然而，恢复自然水文过程问题在中国尚未引起足够重视，实际应用较少（董哲仁和张晶，2009）。

为减小水电站调峰运行时下游河段水位的波动，可在大坝下游修建反调节堰。这些堰可以建在下游几百米到几公里的范围内，它们一般用来在洪峰流量时期蓄水以防止大的流量波动，从而比较规律地下泄流量（张国芳等，2006）。

3. 水温调度

减缓水库低温水影响，有2种主要方法，一种是分层取水，另一种是人工打破水库内热分层。

1）分层取水

根据水库水温垂直分层结构，结合取水用途和下游河段水生生物的生物学特性，调整利用大坝的不同高程的泄水孔口的运行规则。针对冷水下泄影响鱼类产卵、繁殖的问题，可采取增加表孔泄水的机会，满足水库下游的生态需求。分层取水是目前减缓低温水影响最有效的办法，目前分层取水装置有不同的型式，主要有4种（吴莉莉等，2007）。

多孔式：在取水范围内设置标高不同的多个孔口，每个孔口分别由闸门控制。此种形式不适用于大流量取水。

铰接式：由浮于水面的浮子和铰连接管臂组成，水从水面流入管臂，浮子随水库水位升降。当水位变化时，由于浮子的浮力作用，悬在水中的进水漏斗和伸缩式引水管沿固定于钢塔主杆上的导轨自动在垂直方向移动。可连续地取得表层水，但取水量也不大，一般在 2 m³/s 以下，且这种装置适于水深在 10 m 以内时采用。

虹吸式：在水库大坝上设置虹吸管，利用虹吸作用将库内上层水引出。优点是结构简单，造价低，无冰冻破坏，无跑漏现象。主要不足在于虹吸管的进水龙头须埋入水下一定深度。而在寒冷地区理想的温水是在表层 30 cm 以上。从提高灌溉水温角度说，这种装置也存在一定不足。

多节式：由取水塔、取水闸门等结构物组成。依据库水位变化，随时调节闸门总高，以保持一定的取水深度，连续地取得定量的表层水。取水量可达 100 m³/s。

除上述 4 种外，还有一些取水型式，如通过可旋转的水管来调节出水位置，采用可变换位置的取水塔在稳定的水层取水等，用来调节取水口位置，进而调节水库水下泄温度。

中国分层取水早已有之，但过去主要用于规模较小、对水温有要求的灌溉水库，这些灌溉水库的坝高大多低于 40 m（王煜和戴会超，2009）。近年来，中国一些大型水库为减缓低温水对下游河道鱼类等水生生物的影响，建设了分层取水建筑物，如库容 77.6 亿 m³ 的四川锦屏一级水电站（张陆良和孙大东，2009）、库容 31.35 亿 m³ 的贵州光照水电站（刘欣等，2008），分层取水建筑物均为叠梁门。

但是对于近年一些大型水库，特别是特大型多年调节水库，分层取水建筑物的设计和研究还有待于进一步完善。例如，闸门不对称开启时，竖向流道内水流可能出现环流、漩涡等有害流态，可能引起结构的振动。因此要进行多层叠梁门进水口的水力学试验研究。大型分层取水建筑物闸门多、规模大，闸门启闭、门库调度等增加许多不确定因素，对电站运行、检修和安全等提出了更高的要求（王煜和戴会超，2009）。

2）人工打破水库内热分层

在取水口前面的一定范围内，用动力搅动或向深层输气，促进水库水体的上下对流，破坏水质的分层结构，从而提高水库底层水温。水流从底层向表层或水面喷射，产生充足的溶解氧，改善深层水缺氧状况，加速库底沉积物质的氧化分解，从而改善水质。由于表层水温降低，还可更多地吸取太阳能和氧气，减少水的蒸发。美国、英国采用过这种方法，效果不错（吴莉莉等，2007）。

如果目的仅是缓解低温水排放，则上述措施不需要在整年中使用，只需在气候较温暖的春季和夏季进行（沈大军和孙雪涛，2010）。

4. 防止下泄水流气体过饱和调度

针对下泄水流气体过饱和对鱼类和水生生物的不利影响，可采取如下减缓措施：①在保证防洪安全的前提下，适当延长泄流时间，降低下泄最大流量。据研究，在三峡出库流量超过 40 000 m³/s 后，会形成一个溶解气体过饱和的峰值。因此，通过水库的合理调度特别是在汛期利用可调节库容，减少超过 40 000 m³/s 出库流量出现的次数和历时，即减少通过泄洪设施弃水的次数或历时，是减缓三峡水库下游河道溶解气体过饱和现象的非常关键和有效的技术手段（陈永柏等，2009）。②优化开启不同高程的泄流设施，使不同掺气量的水流掺混。③有条件的河流实行干支流水利枢纽联合调度，降低下游汇流水体气体含量。

5. 泥沙调度

水库泥沙调度方式主要有4种：降低水位排沙、按分级流量控制库水位调度泥沙（简称分级流量调沙）、异重流排沙和敞泄排沙。

1）降低水位排沙

在洪水期降低水位运行，甚至空库迎洪，加快库中水流速度，将水流挟带的较多泥沙排出库外，能有效地减少水库淤积。同时水位下降，使回水末端淤积三角洲上的流速随之加快，在有效库容内的部分泥沙向坝前运动，并随水流带出库外或淤积在坝前死库容内，从而有利于减少有效库容的损失。刘家峡水电站除进行异重流排沙外，先后于1981年、1984年、1985和1988年进行了降低库水位拉沙，4次共拉沙0.33亿t（李贵生和胡建成，2001）。万家寨水利枢纽水库调度采用"蓄清排浑"运行方式，每年8月和9月为排沙期，水库保持低水位运行（吴正桥，2003）。中国采用降低水位排沙的水库还有碧口水库（于广林，1999）、二龙山水库（赵克玉等，1995）、三门峡水库（李旭东和翟家瑞，2001）、新疆头屯河水库（王朝晖等，2008）、小浪底水库（李立刚，2006）等。

降低水位运行要损失大量的水，对水库的发电供水效益产生不利影响。如刘家峡水电站每次低水位拉沙梯级电站要损失约2亿kW·h的电量，而且，拉沙期间给系统供用电平衡带来许多困难（于广林等，1999）。因此，降低水位运行具有一定的风险性，如果后汛期来水量不足，则对水库的兴利产生不利影响。条件不具备时，不可能经常进行。降低水位排沙适用于有多余的水可用于冲沙的水库，一般较适用于给水工程。对水电站来讲，降低水位将导致发电能力下降，给系统供用电平衡带来困难。

2）按分级流量控制库水位调度泥沙（简称分级流量调沙）

当河川输沙量非常集中，排沙时间可以缩短，以提高电站发电效益。根据电站上游的水情预报，当洪峰沙峰来临之际，降低水位排沙。在设计和运行中，为了便于管理，根据河流水沙关系选择分级流量。当入库流量小于分级流量，水库在高水位运行，有意识让部分泥沙淤积在库内，甚至在调节库容内淤积；当入库流量大于分级流量，水库水位降低至排沙水位运行，冲刷前期淤积在水库中的泥沙，和将本次洪峰入库泥沙同时排入死库容或库外。有意识让泥沙淤积，此后又利用洪水冲刷腾空以供下次淤积的这部分库容，谓之调沙库容——供泥沙冲淤调节使用的库容。四川乐山龚嘴水库1985年起，按入库流量分级调度坝前水位的运用方式，当入库流量小于2000 m³/s时，坝前水位在523~525 m运行；入库流量在2000~3000 m³/s时，坝前水位在521.5~523 m运行；入库流量大于3000 m³/s时，坝前水位在520~521.5 m运行；平水期坝前水位在524~526 m运行，若入库流量大于3000 m³/s时，应降低水位运行，11月至次年4月可蓄水至528 m运行（张祥金，1998）。四川汶川县太平驿水电站（低闸引水式电站）位于岷江上游，岷江上游年输沙量的90%集中于汛期，且以几次大洪水过程为甚，在工程泥沙设计中，根据岷江上游水文泥沙情势，以天然流量650 m³/s分界，划分高、低水位运行的水库泥沙调度方式（许德凤和朱启贤，1995）。

按分级流量调度泥沙同汛期降水排沙相比，同样达到控制淤积的目的，但减少了排沙时间，增加发电效益。该方式适用于输沙量集中程度很高的河流上。

3）异重流排沙

异重流排沙方式是在水库蓄水的情况下，当洪水挟带大量泥沙入库时，由于清水和浑水比重不同，浑水便潜入清水底部，形成异重流，沿库底向坝前运动，如立即开启闸门，便可将洪水挟带的大量泥沙排出库外，从而减少水库淤积。异重流排沙的效果，主要与入库洪水的含沙量、入库洪峰流量、开闸时间、泄量、库区地形及排沙底孔高程等有关。入库洪水流量大、历时长，则异重流量能够持续运动到达坝前，易于排出库外；库区地形无急剧复杂的变化，异重流不易扩散掺混；开闸及时，泄洪流量大，底孔偏低，异重流的排沙效率就高。

利用异重流排沙不需要泄空库容，而且不影响水库蓄水，弃水量小，因此有较大的优越性，对于水量较缺或受其他条件限制不能泄空排沙水库是较合适的。在多沙河流上蓄水拦沙的水库，异重流排沙是水库减淤的一种重要方法。通过多个水库异重流排沙数据分析，一次异重流排沙比可达 40% ~ 90%，多次异重流平均排沙比可达 30% ~ 60%，排沙效果相当可观（李立刚，2006）。陕西冯家山水库（1975 年起）（许文选和赵宏章，2002）、甘肃刘家峡水库（1974 年起）（李贵生和胡建成，2001）、河南小浪底水库（申冠卿等，2009）等水库采用异重流排沙，取得了很好的效果。

但是，如果异重流处理不当，会产生不利影响，异重流到达坝前如果未及时开启泄洪闸门，则异重流就会形成浑水水库，加速坝前泥沙淤积。

4）敞泄排沙

敞泄排沙又称放空冲沙或停机冲沙。它的运行特点是水电站按径流调度运行，有意识让泥沙在库中预留的调沙库容内淤积；选择当洪水入库之际的负荷低谷期，电站停止发电，敞开全部泄水建筑物进行水库冲刷，冲沙腾空的调沙库容供下阶段淤积。水库泥沙冲淤量同冲沙时间、冲沙流量和水库水位下降幅度有关。冲沙时间、流量、水位差越大，冲刷量越大。该排沙方式尤适用于山区天然河流比降大的水电站。由于敞泄排沙之后需要立即蓄水发电，因此适用于季和日、周调节的水电站。辽宁省闹德海水库 1970 年后采用汛期敞泄、空库迎洪的方式进行排沙，即每年 10 月 1 日开始蓄水，次年 5 月 1 日开始放水，5 月底基本放空，汛期把所有的底孔、中孔闸门全部打开。1995 ~ 2000 年，为充分利用水资源，延长蓄水期，6、9 月份水库亦蓄水，7、8 月份敞泄排沙，空库迎洪（李波和杨丽娜，2006；于文波，2007）。

6. 水质调度

水质调度包括控制水库富营养化和防止下游河道污染。

控制水库富营养化，可通过在一定的时段内降低坝前蓄水位，使缓流区域水体的流速加大，破坏水体富营养化的形成条件；或通过在一定的时段内增加水库下泄流量，带动水库水体的流速加大，达到消除水库局部水体富营养化的目的。

防止下游河道污染包括 2 种情况：①对水库下游流量不足出现的水体水质超标，可以通过在一定的时段内加大水库下泄量。丹江口水电站为控制汉江下游水体富营养化，采取加大枯季下泄流量的措施。如 2008 年 2 月下旬，湖北省汉江下游江段及东荆河出现水污染，导致部分县市供水困难，丹江口水库以 800 m³/s 以上的流量持续下泄 6 天，有效控制了水污染。

②为防止闸坝群污水集中下泄导致的污染事故，可经常保持污水小流量下泄、干支流污水错峰调度等措施。淮河流域对沙颍河颍上闸、涡河蒙城闸等闸坝采取汛前小流量下泄污水、汛期根据来水情况调整下泄流量等措施，对减轻污染发挥了一定作用（程绪水等，2005）。

7. 恢复增强水系连通性的调度

通过调整闸坝的调度运行方式，恢复、增强水系的连通性，包括干支流的连通性、河流湖泊的连通性等，缓解水利工程建筑物对于干支流的分割以及对于河流湖泊的阻隔作用。必要时可以辅以工程措施增加水系、水网的连通性。比如在世界自然基金会等机构的资助下"重建江湖联系、还长江生命之网"项目，已经使天鹅洲长江故道、武汉涨渡湖、洪湖、安庆白荡湖等阻隔湖泊试行季节性开闸通江。现场监测资料表明，2005 年 6~7 月开闸期间向涨渡湖引洪 1760 万 m³，引进泥沙 1662 t，引入鱼苗 527 万尾，多年未见的银鱼、寡鳞飘鱼在湖内重新出现（董哲仁等，2007）。

9.2 国内外水利工程生态调度的相关法规标准

9.2.1 国内相关法规标准

20 世纪 80 年代以来，随着人口迅速增长和经济快速发展，中国对水资源和能源的需求逐年增加，水利工程建设带来的生态环境问题日益突出。为此，中国逐步加强了水利工程生态环境保护的制度建设，其中包括水利工程生态调度的相关规定。

1.《中华人民共和国水法》（水法）

中国《水法》于 1988 年首次颁布，2002 年修订。

1988 年的《水法》就已经包含了一些与生态调度有关的规定，主要包括：建设水力发电站，应当保护生态环境（第十六条）；兴建跨流域引水工程，必须进行全面规划和科学论证，统筹兼顾引出和引入流域的用水需求，防止对生态环境的不利影响（第二十一条）；调蓄径流和分配水量，应当兼顾上下游和左右岸用水、航运、竹木流放、渔业和保护生态环境的需要（第三十一条）。

与 1988 年《水法》相比，2002 年《水法》中涉及生态调度的规定有所强化和增加，主要规定包括：

第四条：开发、利用、节约、保护水资源和防治水害，应当全面规划、统筹兼顾、标本兼治、综合利用、讲求效益，发挥水资源的多种功能，协调好生活、生产经营和生态环境用水。

第二十一条：开发、利用水资源，应当首先满足城乡居民生活用水，并兼顾农业、工业、生态环境用水以及航运等需要。在干旱和半干旱地区开发、利用水资源，应当充分考虑生态环境用水需要。

第二十二条：跨流域调水，应当进行全面规划和科学论证，统筹兼顾调出和调入流域的用水需要，防止对生态环境造成破坏。

第二十六条：……建设水力发电站，应当保护生态环境，兼顾防洪、供水、灌溉、航运、竹木流放和渔业等方面的需要。

第三十条：县级以上人民政府水行政主管部门、流域管理机构以及其他有关部门在制定水资源开发、利用规划和调度水资源时，应当注意维持江河的合理流量和湖泊、水库以及地下水的合理水位，维护水体的自然净化能力。

可以看出，与1988年《水法》相比，现行《水法》（即2002年《水法》）增加了"在干旱和半干旱地区开发、利用水资源，应当充分考虑生态环境用水需要"的规定。另外，1988年《水法》虽然规定了调蓄径流和分配水量时，应兼顾保护生态环境的需要，但对河道内生态环境需水没有规定，现行《水法》则规定了在制定水资源开发、利用规划和调度水资源时，应当注意维持江河的合理流量和湖泊、水库以及地下水的合理水位（第三十条）。但总体而言，无论1988年《水法》还是现行《水法》（即2002年《水法》）中，涉及生态调度的规定主要还是针对生态需水量。

2.《水电水利工程环境保护设计规范》（DL/T 5402—2007）

电力行业标准DL/T 5402-2007《水电水利工程环境保护设计规范》规定了水电水利工程环境保护设计应遵循的原则、依据和技术要求，其中包含了生态调度的设计要求。

第5章"水环境保护"5.6.1条规定：工程建设引起下游河道水文情势变化，并对河道工农业用水、河道景观、水生生态等产生影响时，可采用优化工程调度或工程措施等减缓不利影响。5.6.2条规定：泄放低温水对鱼类生存繁殖、农田灌溉等产生影响时，可采用优化工程调度、分层取水等措施。

第12章"水生生态保护"12.2.2条规定了保护水生生物的调度措施，包括：①生态流量泄放措施一般包括设置电站基荷任务、增设生态流量发电机组、通过管道或闸门下泄，以及从坝下游支沟引水泄放等。措施设计应考虑鱼类在不同时期、不同季节对流量的要求，下泄流量变化宜与天然情势相似。②工程泄放低温水影响鱼类生长和繁殖时，根据工程特性、下游水温的变化和鱼类生态习性要求，可采取优化工程调度或设置分层取水装置等措施。③工程改变河流水文情势、河床形态和滩地等影响产漂流性卵的鱼类繁殖时，可采取优化工程调度，模拟鱼类产卵需要的水文条件等措施。④工程影响产黏性卵鱼类繁殖时，可采取优化工程调度等措施。⑤工程建设引起河口地区水环境变化，并对鱼类产生严重影响时，根据水文情势变化和鱼类及其他水生生物生态习性，可采取优化工程调度，保护鱼类及底栖生物生境等措施。

DL/T 5402—2007规定了可采取的生态调度措施，包括生态流量泄放、减缓低温水影响措施、模拟鱼类产卵需要的水文条件等。但该标准仅仅列出了这些措施，并没有规定需要达到的要求。此外，该标准为推荐性标准，不具有强制性。

3.《环境影响评价技术导则 水利水电工程》（HJ/T 88—2003）

该标准规定了水利水电工程环境影响评价的技术要求。该标准在第6章"对策措施"中规定：下泄水温影响下游农业生产和鱼类繁殖、生长，应提出水温恢复措施（6.2.1条）；工程运行造成下游水资源特别是生态用水减少时，应提出减免和补偿措施（6.2.5条）。

4.《河湖生态需水评估导则》（SL/Z 479—2010）

该标准规定了河流、湖泊、河口和沼泽生态需水估算的技术方法和要求，包括基本资料收集、评估范围确定、生态系统特性分析、项目对生态系统及其水文要素的影响分析、生态需水计算要素确定、生态需水计算方法选择和生态需水计算等的方法和要求。

确定生态保护目标（包括保护对象和保护水平）是估算生态需水的前提，但该标准并没有对确定生态保护目标的技术方法作出规定，仅规定可从国家或地方相关部门和相关权威成果资料中获取项目所在地河湖生态保护目标。实际上，从相关部门一般难以获取能满足河湖生态需水估算要求的生态保护目标。对于如何根据生态保护和社会经济发展的需要确定适宜的生态保护目标，有待作出规定。

该标准为水利行业标准化指导性技术文件，不具有强制性。

5.《建设项目水资源论证导则（试行）》（SL/Z 322—2005）

该导则为水利行业指导性技术文件。导则第7章"建设项目取水和退水影响论证"的7.4部分"地表取水影响分析"中规定："建设项目取水应保证河流生态水量的基本要求，生态脆弱地区的建设项目取水不得进一步加剧生态系统的恶化趋势。建设项目取水量或取水量占取水水源可供水量比例较大时，必须定量分析取水对河流生态基流量的影响。对引、蓄水等水利水电工程的论证，必须分析对下游水文情势的影响，并提出满足下游生态保护需要的最小流量。"但对于如何确定河流生态需水量，该导则未作规定。

6.《水电水利建设项目河道生态用水、低温水和过鱼设施环境影响评价技术指南》（试行）

《水电水利建设项目河道生态用水、低温水和过鱼设施环境影响评价技术指南（国家环境保护总局环境工程评估中心文件环评函〔2006〕4号）》（试行）该对水电水利建设项目环境影响评价中河道生态需水量计算、水库垂向水温估算、水库垂向水温和下泄水温数学模拟的方法，以及各类过鱼设施的结构、鱼道设计的技术参数进行了介绍。这些内容中，与生态调度有关的是河道生态需水量计算。与上述SL/Z 479-2010类似，该指南中仅仅对河道生态需水量计算的常用方法进行了介绍，并没有涉及河道生态需水量计算中如何确定河流生态保护目标。

7. 流域水量调度法规

1998年，经国务院批准，国家经济计划委员会、水利部联合颁布实施了《黄河可供水量年度分配方案及干流水量调度方案》和《黄河水量调度管理办法》，正式授权黄河水利委员会统一调度黄河水资源。1999年2月5日，黄河水利委员会成立了黄河水量调度局，专门负责黄河水量统一调度的开展。2006年，国务院通过《黄河水量调度条例（国务院令第472号）》简称《条例》，加强黄河水量统一调度。《条例》明确了调度中要考虑河流生态，确定黄河水利委员会负责黄河水量调度的组织实施和监督检查工作，有权对流域主要控制性水库进行调度，各水库电调服从水调。黄河水量调度通过法律法规明确了流域机构在流域水量统一调度中的权责，起到了调整流域管理与区域管理之间的模糊界限的作用，使调度取得了成功。

9.2.2 国外相关法规标准

国外的水资源开发管理，有的以省（州、地区）为主导。因此，下文叙述的国外相关法规标准，有的是国家的法规标准，有的是省（州、地区）的。

1. 美国

美国自然资源保护局（NRCS）一系列保护措施实施标准（NHCP）中关于坝（CODE 402）的标准中定义坝为一个为一种或多种目的服务的人工蓄水障碍物。标准指出坝的设计应符合适用的地方、州和联邦的法律和规章制度，应从视觉、文化、水量、水质以及鱼类和野生生物的栖息地等角度处理坝的设计，强调坝、库建设的适地性。其中提到坝的分类标准服从 NRCS 的技术发布 TR-60。

美国对联邦大型水利工程的建设和管理进行专门立法。根据生态保护的要求，美国对这些法案进行修正。如对美国中央河谷工程（CVP），1937 年颁布的《农垦法》规定，"CVP 的大坝与水库首选应用于调节河流、改善航运和防洪；其次用于灌溉和生活用水；第三用于发电"，20 世纪 90 年代，修改了 1937 年颁布的法规并专门指出：CVP 的大坝与水库现在应当"首选用于调节河流、改善航运与防洪；其次用于灌溉与生活用水及满足鱼类与野生动物需要；第三用于发电和增加鱼类与野生动物"。美国另一大水利工程田纳西河流域工程，自 20 世纪 90 年代开始，其调度方式也进行了重大的调整。1996 年，水库调度目标相应增加了水质保护、生态修复和生物栖息地保护的内容，各个水库采取了相应的增加最小流量和 DO 浓度的技术措施。2004 年，为了探求更大程度地满足公众娱乐需求的可能，与此同时避免对原有功能造成过度损害，美国环保局在评估 TVA 提出的 8 个备选方案后，提出了折中的方案，于 2004 年 5 月被 TVA 采纳正式实施。新的方案最大限度地满足了公众和管理机构的需求，同时，对原有的基本功能也没有造成大的损失。

对于为数众多的非联邦水电工程，美国规定，从 1996 年起，由联邦能源委员会（FERC）在对水电站运行进行许可审查，要求针对生态与环境影响进行环境影响评价，制定新的水库运行方案，包括提高最小泄流量、增加或改善鱼道、周期性大流量泄流和陆地生态保护措施等。

FERC 对水电工程的许可审查核心就是环境影响评价。美国《国家环境政策法》（NationalEnvironmental Policy Act）对环境影响评价的目标和程序进行了规定。FERC 工作手册（*HANDBOOK FOR HYDROELECTRIC PROJECT LICENSING AND 5MW EXEMPTIONS FROM LICENSING*）对水电工程的许可审查进行了具体的规定。通过对美国近几年数份水电站环境影响评价报告书的分析，其评价过程一般包括：利益相关者、公众评议的协商；各方达成和解协议；制作环境影响评价书草案并接受评议；行政机构再提出建议、条款和条件；FERC 对工程的环境影响进行综合分析，制作环境影响评价书。

与生态调度相关的美国法律法规主要包括：美国联邦能源法 FPA（Federal Power Act）、水清洁法（Clean Water Act）、濒危物种法（Endangered Species Act）、关于鱼类必要生境（Essential Fish Habitat）、自然和景观河流法案（Wild and Scenic Rivers Act）、国家历史保护法案 NHPA、西北太平洋电力计划和保护法案（Pacific Northwest Power Planning and Conservation Act）、海岸带符合证书（Coastal Zone Consistency Certification）等，由法规的牵头机关（leading agency）在各自权限内提供保护意见。行政机构的意见主要依据监测数据和专题研究结果确定。研究的方法和技术既有明确规定的要求，如监测方法、检测方法、水质标准，也大量参考最新文献的成果，如在研究河流改变对鱼类和其他生物群落的影响时，采用相似条件下的研究成果，或将其方法、模型用于专题研究中。

2. 澳大利亚首都地区

澳大利亚是联邦制国家，政府层次包括联邦、州（地区）和地方3级。在澳大利亚联邦体制下，原则上，水资源及相关事项属于州（地区）的管辖事项。

澳大利亚首都地区（ACT）对水工程生态调度管理的主要技术依据是该区的《环境流导则》（Environmental flow guidelines）。现行的《环境流导则》为2006年版，是依据ACT《1998年水资源法》制定的。目前，ACT《1998年水资源法》已被《2007年水资源法》替代，但《环境流导则》仍执行2006年版。按照ACT《2007年水资源法》，水资源开发利用应符合《环境流导则》的要求。ACT《2007年水资源法》第4部分"水权"第17条规定，确定可取用的水量时，必须考虑环境流导则。第5部分"许可证"第30条和44条规定，管理机构在决定是否批准取水许可证和水道工程许可证时，应考虑颁发许可证是否会对环境流量导则所要求的特定的水道或地下蓄水层的环境流量造成负面影响，如果不合适，则不得颁发该工程的许可证。

ACT《环境流导则》从河流生态保护和社会经济需求两方面出发，对不同类型河流的生态目标、环境流量确定、环境流量的监测与评估等进行了规定。

1）河流分类

导则认为，环境流量的主要目的是维护水生生态系统，但也应考虑社会经济因素。因此，导则将河流生态系统分为4种类型，每类生态系统的管理目标不同。4类生态系统是：

（1）自然类生态系统（natural ecosystem）：保持在一个相对原始状态下的生态系统。其首要管理目标是维持水生生态系统的原始状态，次要管理目标为娱乐等功能。

（2）供水类生态系统（water supply ecosystem）：被指定为ACT提供供水的流域中的生态系统。主要管理目标是提供供水，次要目标是保护和娱乐等功能。

（3）改变类生态系统（modified ecosystem）：因流域内活动（土地利用变化，排放）或水流情势变化而发生一定程度改变的生态系统。管理目标为娱乐、保护和灌溉等功能。

（4）创建类生态系统（created ecosystem）：因人为活动而发生重大改变的水生生态系统，也就是因城市化而产生的城市湖泊、池塘和溪流中的生态系统。管理目标为娱乐、保护和灌溉等功能。

2）环境流量的组成

导则规定的环境流量主要包括基流、洪水流（浅滩维护流、潭维护流和河道维护流）、水库水位维持和供水旱季流。

（1）基流（base flow）：基流是主要由地下水提供的那部分流量，是河流维持鱼类、植物、昆虫的生存和保护水质所需的最小水量。

（2）洪水流（flooding flows）：洪水流是暴雨事件引发的河流流量的增加，它对维护水生生态系统与河道结构有重要作用。洪水流包括3类：

浅滩维持流（riffle maintenance flow）：是保持浅滩清除沉积物所需的流量的增加。

潭维持流（pool maintenance flow）：是保持潭清除沉积物所需的流量的增加。

河道维持流（channel maintenance flow）：是为了维持河道结构所需的流量的增加。

（3）水库水位维持（maintenance of reservoir level）：为保护蓄水体生态系统而需维持的水位。

（4）供水旱季流（Water supply drought flow）：供水旱季表示的是人类用水需求得不到满足的异常干旱时期。此时供水设施进行临时性供水限制。为保证供水安全，可能有必要减少供水流域的环境流量。供水旱季流只适用于供水流域。

3）生态目标

导则考虑不同类型生态系统的生态保护需求和社会经济因素，分类确定了生态目标。

各类生态系统的共性目标包括：从生物区系上维护水生生态系统的健康；防止泥沙淤积导致的河流栖息地退化。

除共性的方面，供水、改变和创建类生态系统还有以下目标：

供水类生态系统：分河段规定了生态目标。科林大坝~本多拉水库河段：维持双脊黑鱼种群，维持科特河蛙的种群数量和分布。本多拉大坝~科特水库河段：维持麦格理鲈鱼种群，维持双脊黑鱼种群。科特大坝以下河段为：维持麦格理鲈鱼种群。

改变类生态系统和创建类生态系统：防止城市湖泊和池塘中大型水生植物的退化。

对于各生态目标，导则规定了具体的指标。

4）各生态系统的环境流量

为维护所确定的生态目标，导则对各生态系统规定了环境流量，其中对供水流域分河段作出规定。由于导则按照不同生态系统类型、不同河流（河段）和不同环境流组分（基流、浅滩维持流、潭维持流、河道维持流、水库水位维持、供水旱季流）分别作规定，这些规定非常具体，相互之间又有一些不同，本报告不详细叙述。

5）环境流量的监测与评估

导则提出了不同生态系统和流量组分的监测与评估要求。

3. 加拿大不列颠哥伦比亚省

加拿大是联邦制国家，在生态调度相关法律法规中，联邦法律具有重要的作用，但并非居于中心地位，而是以省（地区）法律为主导。省（地区）在水流保护目标确定、保护规划制定、用水管理、生态流量设立及其实现过程中，起到主导作用。由于各省（地区）的法律政策各不相同，河流的生态保护水平及其适用的措施也各不相同。

不列颠哥伦比亚省对水工程生态调度管理的主要技术依据是《保护鱼类的不列颠哥伦比亚河道内流量导则》（the British Columbia Instream Flow Guidelines for Fish）。它包括2个主要部分：《流量阈值》（Flow Thresholds）和《评估方法》（Assessment Methods）。该导则是管理者用来评估拟建水资源利用项目的影响的正式审查工具。水工程的运行方案符合依据该导则确定的河道内流量要求，才能进行建设。流量要求作为用水许可证中的条件，工程运行必须符合该条件。

流量审查程序包括两级："粗过滤器"（coarse filter）审查和"详细评估审查"（review of detailed assessment）。"粗过滤器"审查（第一级审查）是一个筛查级的过程，它规定了预期对鱼类、鱼类栖息地和生产能力产生低风险的河流自然流量改变阈值。该阈值是在审查拟建水利用工程过程中，当可用的生物或物理数据不多或缺乏时，起着"粗过滤器"的作用。如果第一级审查表明，鱼类所需流量问题不存在，则流量审查获得通过，同意将该申请提交，进行其他渔业利益的审查（如进水口甄别、影响范围问题等）。如果经第一级审查后发现，工程不符合流量阈值要求，则申请人有3种选择：放弃该工程；对工程进行重新设计，使其满足流量阈值要求（如改变引水量或引水时间）；或者收集、提交进一步的信息，进行第二级审查，即"详细评估审查"。如果第二级审查能证实，在工程设计水流情势下，鱼类所需流量问题可足以解决，则审查获得通过。如果第二级审查表明，鱼类所需流量得不到满足，则放弃该工程，或对工程进行重新设计，再进行第二级审查。

导则主要对河道内流量阈值的确定方法和监测作出了规定。

1）河道内流量阈值的确定

《保护鱼类的不列颠哥伦比亚河道内流量导则》的基本目标是保证鱼和鱼类栖息地受到保护。导则认为，无鱼河流上的工程不对鱼产生直接影响，因此，导则将河流分为无鱼河流和有鱼河流，分别规定了流量阈值计算方法，无鱼河流允许引走的水比有鱼河流多。

(1) 无鱼河流和有鱼河流的界定

《评估方法》手册中详细叙述了确定一条河流是无鱼河流还是有鱼河流的适宜方法。在缺乏可靠数据、无法确认河流是有鱼还是无鱼的情况下，河流被视为有鱼河流。这是为了避免对鱼类的风险。

(2) 计算流量阈值的数据要求

计算流量阈值所需的数据包括两方面：一是用于评估鱼的存在与否的相关数据，二是足够长度的日平均流量数据。《评估方法》手册中对这两方面数据的要求作了详细规定，流量数据应至少有20年的连续资料。

(3) 无鱼河流流量阈值的确定

导则认为，无鱼河流上的水工程不对鱼产生直接影响，但会影响作为下游鱼类食物的河流无脊椎动物的生产，从而影响到下游的鱼类生产。因此，无鱼河流的保护目标是维持河流的连接、无脊椎动物生产和河流总体形态。

导则规定，无鱼河流的全年最小流量阈值为低流量月的月流量中位数，这里的低流量月为中位数流量（以天然日平均流量计算）最低的历月。将低流量月期间的月流量中位数作为最小流量阈值，其理由是，这是一个常见的自然出现的低流量。

导则还规定，最大引水量小于或等于日流量系列的第80百分位数。限制最大引水流量，是为了提供高流量事件，以维持河流总体形态及河道内与河岸栖息地。

(4) 有鱼河流流量阈值的确定

导则对有鱼河流流量阈值的规定考虑了自然水流情势。考虑到根据流量-生物响应的关系来确定流量阈值存在困难，而保持自然流量过程线的主要方面，就会维持鱼类和其他生态系统组分所依赖的河流物理状况，因此，有鱼河流的流量阈值根据每个月份天然日平均流量的百分位进行计算。这些百分位在一年中存在变化，流量高的月份百分位较小，流量低的月份百分位较大。即在高流量月份，产生的径流中留在河道内的比例比低流量月份低。其目的是，使低流量月份河流得到比高流量月份更高的保护。

导则规定的最低流量月的流量阈值为该月日平均流量的第 90 百分位数；最高流量月的流量阈值为该月日平均流量的第 20 百分位数；其他各月的流量阈值为该月日平均流量的一个百分位数，它们介于第 20 和第 90 之间。该百分位按下式计算：

$$90-\left[\left(\frac{m_i-m_{\min}}{m_{\max}-m_{\min}}\right)\times(90-20)\right]$$

式中，m_i 为 i 月日平均流量的中位数；$m_{\min}$ 为最低中位数流量月；$m_{\max}$ 为最高中位数流量月。

低流量月期间以第 90 百分位数流量作为最小流量阈值，其理由是，这是一个能被经常观察到的自然发生的低流量。与无鱼河流相比，有鱼河流最小流量阈值所采用的百分位较大（无鱼河流采用低流量月期间的中位数流量），即有鱼河流受到更高的保护。

除规定河道内最小流量阈值外，导则对有鱼河流也规定了最大引水量小于或等于日平均天然流量系列的第 80 百分位数。其目的也是提供高流量事件，以维持河流总体形态以及河道内和河岸栖息地。

2) 监测要求

导则规定的监测包括两方面，一是符合性监测，二是生物响应监测。

(1) 符合性监测：符合性监测是对工程运行中是否符合许可证条件进行监测。导则规定，应安装和维持连续记录的流量站，对河道内流量和工程引水流量进行监测，通过监测，对工程运行中是否符合许可证中的流量要求作出评估，以保证用水者遵守用水许可证中的条件。除流量监测外，在某些情况下，符合性监测的内容还可能包括水质、河道形态或其他物理状况。

(2) 生物响应监测：生物响应监测是对符合确定的流量要求情况下目标生态资源（即鱼类种群、鱼类栖息地、无脊椎动物生产等）是否会出现预期结果进行监测和评估。但生物群响应监测的难度较大，导则没有提出具体要求。

4. 保加利亚

保加利亚涉及生态调度的法律规定，主要是环境保护法和水法中关于可允许最低河流流量（the minimum permissible streamflow in rivers）的规定。

保加利亚《2002 年环境保护法》第 36 条规定，水和水体的利用都应当强制要求确保水道中必要的最低生态流量。第 37 条第 1 款规定，水和水体的保育应当确保取水和水自然补给之间的平衡。

保加利亚《1999 年水法》（2006 年增补）第 117 条规定，为了保护水生态系统和湿地，应在水资源流域管理规划中，确定可允许的最低河流流量。该条同时规定了应实施的措施，包括：①限制对流量进行调节的程度；②确定强制性的水坝泄水量；③对跨流域水量转让（移）实施限制；④暂停颁发新的用水许可证或者限制已经颁发的许可证；⑤实施植树造林措施。可允许最低河流流量的确定方法，按照该法第135条第1款的规定，由环境和水事部长（the Minister of Environment and Water）规定。

5. 德国

德国《2009年联邦水法》于2010年3月1日生效。修订后的联邦水法对地表水体的管理规定进行了补充，特别是有关水电的利用。《2009年联邦水法》第33条对最小流量作出了规定：进行地表水的截蓄或从地表水抽取或引出水，必须满足以下条件，即保持对于本水体和与此相关的水体为与第6条第一款和第27至31条的目标相符合所必要的流量（最低流量）。联邦水法第35条专门规定了水力发电厂的生态要求：①仅当采取相应的保护鱼类繁殖的措施时，水能利用才被允许。②已有的水能利用不符合第1款规定的要求时，在适当的时限内必须采取必要的措施。

6. 法国

法国《环境法典》（2000年颁布）对河流最小流量作出了明确规定，内容包括：

（1）在河流上建造的水工建筑物必须包括河道最小流量泄放设施。

（2）规定了河道最小流量要求，即：最小流量不得小于河道多年平均流量的10%（使用资料不少于5年），但对于流量大于80 m^3/s 的河道，经过批准，可以设置较低的最小流量要求，但不得低于多年平均流量的1/20。

（3）对已经存在的水工建筑物的流量泄放进行了专门规定，即：逐步缩小水流现状同最小流量之间的差距，将上述规定扩大运用于1984年6月30日已经存在的构筑物。除非因设计的原因在技术上已无法做到，否则，从1984年6月30日起的3年内，现有构筑物的最小流量应至少达到上述规定值的1/4。

上述规定在法国《乡村法典》中也有。

7. 捷克

2004年修订的《捷克水法》第36条规定了最小保留流量（Minimum Residual Flow），它是指能够维持一般性地表水利用和水道生态功能的最小地表水流量。

该条规定，在颁发可能导致水道流量减少的用水许可证时，水资源主管部门应当规定最小保留流量。确定最小保留流量的依据是河流流域管理规划和环境部颁布的确定最低保留流量方法指南，以及地表水和地下水的现状，特别是河流流域的水平衡结果。

该条还规定，为了监管最小保留流量要求的实施情况，水资源主管部门可以要求控水工程所有者在其控水工程处安装监测管道或者水文标志（water-mark），定期测量最小保留流量并向流域管理部门报告监测结果。

8. 挪威

挪威《2000年水资源法》第10条规定了最小允许流量：从河流中取水、对河流进行改道或筑坝蓄水时，必须保留正常低流量（ordinary low water flow），它包含在取水、改变水道或筑坝许可证的条件中。正常低流量应根据专门的评估予以确定。在确定正常低流量时，应特别着重保护水位、河流系统中的动植物、水质和地下水水体。

9. 瑞士

1991年，瑞士联邦政府颁布了《瑞士水保护法》（Federal Law on the Protection of Waters，有人译为《瑞士水域保护法》），该法于1992年11月1日正式生效。《瑞士水保护法》对河道最小保留流量（minimum residual water flow）作了详细规定，包括原则上必须保证的最小保留流量、可以降低最小保留流量的例外情况和是否需要增加最小保留流量。要获得取水许可，必须满足最小保留流量的要求。

1）原则上必须保证的最小保留流量

《瑞士水保护法》第31条规定，从永久性河流取水时，最小保留流量必须达到如下要求（表9-1）：

表9-1 《瑞士水保护法》规定的最小保留流量

Q347	最小保留流量	Q347每增加的流量	须增加的最小保留流量
60	50	10	8
160	130	10	4.4
500	280	100	31
2500	900	100	21.3
10 000	2500	1000	150
60 000	10 000		

上表中，Q347是指超过10年平均的、平均每年有347天达到或超过的，且未明显受到筑坝拦蓄、取水或引入水影响的流量值。《瑞士水保护法》第59条规定，当关于任何水体的数据都不充足时，Q347流量值将由其他方法估算得到，例如水文观测或数学模型分析。

如果按照上述计算方法得出的最小保留流量不能满足下列要求，而且在采取了其他措施的情况下也不能满足这些要求，则应增加最小保留流量：①尽管有取水和废水排放，但是仍须保持规定的地表水水质。②必须维持地下水资源补充过程，以使依赖于地下水资源的饮用水供给可以在需求的范围内得以持续，并且用于农业的土壤水情不受大的影响。③直接或间接依赖于水域的珍稀生境和生物群落必须得到维持，或根据可能性，由相似价值的其他珍稀生境和生物群落取代，除非由于极其重要的原因而无法做到。④鱼类自由游动所需的水深必须得到保证。⑤在海拔低于800 m、水流的Q347小于40 L/s的情况下，若该水域是鱼类产卵场或幼鱼抚育区（rearing area），则必须保证能维持这些功能。

2）可以降低最小保留流量的例外情况

在瑞士，各州享有水域自主权，在《瑞士水保护法》的范围内，州可对各种特殊情况下的最小保留流量的计算和确定作出规定。

《瑞士水保护法》第32条规定，在下列情况下，州当局可以降低最小保留流量值：

(1) 取水口位于海拔 1700 m 以上，且 Q347 小于 50 L/s，则取水口以下 1000 m 范围内可降低最小保留流量值。这一规定是为考虑阿尔卑斯山各州经济利益而作出的让步。这一规定通常适用于山区非鱼类生活的水域。由于那里的许多支流在取水口的下游，一定距离后会对受影响的水域进行必要的水量补充。

(2) 从一个不适合鱼类种群自然繁衍的水体取水，且保留流量至少相当于 Q347 的 35%。

(3) 在形成完整地形景观的一个有限区域的保护和利用计划框架下，若采取具体措施（如限制进一步取水）可达到适当的平衡，则可降低最小保留流量值；但保护和利用计划应得到联邦议会批准。

(4) 仅为短时间取水，特别是饮用水供给、消防用水或农业灌溉的情况下。这一规定是针对紧急或特殊情况下（如极其干旱的情况下）的用水需要。此时主管机构可以将饮用水、消防用水和农业灌溉用水等视为例外情况，批准降低最小保留流量值，在一定时间内增加取水。

3）增加最小保留流量

《瑞士水保护法》第 33 条规定，在权衡考虑取水和不取水各自的利益后，主管部门可以增加最小保留流量到必要的某一值。取水带来的利益主要考虑：①取水对公共利益的服务；②水源区的经济利益；③希望引水者的经济利益；④取水对能源需求的服务。否决取水带来的利益主要考虑：①水作为景观要素的重要性；②水作为动植物所依赖的生境的重要性，包括保护物种多样性（特别是鱼类的多样性）、捕鱼带来的收入和鱼的自然繁殖过程；③保持足够的流量，使水体在长流程中能满足水质要求；④使地下水情势保持平衡，为将来的饮用水供应、当地惯常的土地利用和特有植被提供保障；⑤保障农业灌溉。

10. 英国

英国是世界上关注生态环境用水比较早的国家。早在《1963 年水资源法》中就有关于"可接受最低流量（minimum acceptable flow）"的规定。此后，有关可接受最低流量的制度不断完善。

按照规定，意图从自然水源中取水或者用水的任何人，都必须取得相关政府部门颁发的许可证。

11. 国际组织的相关环境准则

国际大坝委员会（ICOLD）提出"对于坝的环境和社会影响应与坝的安全提到同等重要的地位"，"所有坝的项目应由相关的科学技术、与环境相关的现有标准加以判断，在项目概念化的过程中，综合的环境影响评价应作为其中一个标准过程加以考虑"，同时它也提到"应对生物多样性和稀有、濒危物种所受到的影响加以特别考虑"。世界银行也对其所支持的坝的项目提出环境影响评价的具体要求（World Bank Procedure 4.01）（M. P. McCartney，etc, 2000）。

12. 其他

日本新修订的《河川法》，南非的《南非国家水法》都规定有生态环境保护内容。

9.2.3 国外法规标准对我国的借鉴意义

1. 注重对流量过程的管理

河流枯水和洪水过程都有积极的生态环境功能。为维持河流生态环境需要保留在河道内的基本流量及过程，称之为环境流。一些国家重视环境流的管理。如澳大利亚首都地区《环境流导则》规定的环境流量包括基流、洪水流（浅滩维护流、潭维护流和河道维护流）、水库水位维持和供水旱季流。加拿大不列颠哥伦比亚省《保护鱼类的不列颠哥伦比亚河道内流量导则》中，对有鱼河流规定了每个月不同的流量阈值，以保持自然流量过程线的主要方面；对所有河流，除规定河道内最小流量阈值外，还规定了最大引水量，其目的是为了提供高流量事件，以维持河流总体形态及河道内与河岸栖息地。

2. 确定环境流量要求时，考虑保护对象的重要性和社会经济发展对水资源的需求

水利工程运行中，往往存在生态环境用水和社会经济用水的矛盾冲突，这就涉及两者的协调问题。一些国家在环境流量管理中，既考虑了保护对象的重要性，也考虑了社会经济发展对水资源的需求。加拿大不列颠哥伦比亚省《保护鱼类的不列颠哥伦比亚河道内流量导则》将河流分为无鱼河流和有鱼河流，分别规定了流量阈值计算方法，对无鱼河流只规定全年最小流量阈值，对有鱼河流则考虑了自然水流情势，对每个月分别规定流量阈值，而且流量阈值的要求高于无鱼河流，有鱼河流受到更高的保护。澳大利亚首都地区《环境流导则》将生态系统分为自然类（natural ecosystem）、供水类（water supply ecosystem）、改变类（modified ecosystem）和创建类（created ecosystem），分类规定了管理目标和环境流量。为应对异常干旱时期的供水矛盾，规定了供水旱季流，在异常干旱时期，为保证供水安全，减少供水流域的环境流量。《瑞士水保护法》在规定原则上必须保证的河道最小保留流量的同时，还规定了在某些情况下，州当局可以降低最小保留流量值，其中一种情况是，针对紧急或特殊情况下（如极其干旱的情况下）的用水需要，主管机构可以将饮用水、消防用水和农业灌溉用水等视为例外情况，批准降低最小保留流量值，在一定时间内增加取水。

3. 实施监测和评估，进行适应性管理

由于生态系统对于不同流量状况响应的复杂性，生态流量需求最初的确定很难达到"完全正确"。为此，应在实施监测的基础上，对生态调度的效果进行评估，根据评估的结果，对调度方案作出必要的调整。澳大利亚首都地区制订了《环境流量监测和评估框架》。加拿大不列颠哥伦比亚省规定，需进行两方面的监测，一是对工程运行中是否符合许可证条件进行监测，二是生物响应监测，即对符合确定的流量要求情况下目标生态资源（即鱼类种群、鱼类栖息地、无脊椎动物生产等）是否会出现预期结果进行监测和评估。《捷克水法》规定，为了监管最小保留流量要求的实施情况，水资源主管部门可以要求控水工程所有者在其控水工程处安装监测管道或者水文标志，定期测量最小保留流量并向流域管理部门报告监测结果。按照《格伦峡谷保护法案》的要求，美国专门成立了大峡谷监测研究中心，对长期监测和探测的项目进行研究，以确保格伦峡谷水坝和大峡谷国家公园以有价值的方式运作。

参 考 文 献

蔡其华．2006．充分考虑河流生态系统保护因素完善水库调度方式．中国水利，(2)：14-17.
陈进等．2011．中国环境流研究与实践．北京：中国水利水电出版社．
陈永柏，彭期冬，廖文根．2009．三峡工程运行后长江中游溶解气体过饱和演变研究。水生态学杂志，2 (5)：1-5.
程绪水，贾利，杨迪虎．2005．水闸防污调度对减轻淮河水污染的影响分析．中国水利，(16)：11-13.
崔国韬，左其亭．2011．生态调度研究现状与展望．南水北调与水利科技，9 (6)：90-97.
董哲仁，孙东亚，赵进勇．2007．水库多目标生态调度．水利水电技术，38 (1)：28-32.
董哲仁，张晶．2009．洪水脉冲的生态效应．水利学报，40 (3)：281-288.
郝志斌，蒋晓辉，商崇菊，等．2008．水利工程生态调度研究．人民黄河，30 (12)：11-13.
胡和平，刘登峰，田富强，等．2008．基于生态流量过程线的水库生态调度方法研究．水科学进展，19 (3)：325-332.
黄德林，黄道明．2005．长江流域水资源开发的生态效应及对策．水利水电快报，26 (18)：1-4.
黄永坚．1986．水库分层取水．北京：水利电力出版社．
李波，杨丽娜．2006．多沙河流水库汛限水位动态控制运用与水库排沙问题研究．吉林水利，(2)：14-16.
李贵生，胡建成．2001．刘家峡水电站坝前和洮河库区泥沙淤积状况及应采取的对策．人民黄河，23 (7)：27-28.
李立刚．2006．浪底水库减少泥沙淤积的调度运行方式探讨．大坝与安全，(1)：32-34.
李旭东，翟家瑞．2001．三门峡水库调度工作回顾和展望．泥沙研究，(2)：62-65.
刘欣等．2008．光照水电站进水口分层取水设计．贵州水力发电，22 (5)：33-35.
吕新华．2006．大型水利工程的生态调度．科技进步与对策，(7)：129-131.
申冠卿，尚红霞，李小平．2009．黄河小浪底水库异重流排沙效果分析及下游河道的响应．泥沙研究，(1)：39-47.
沈大军，孙雪涛．2010．水量分配和调度——中国的实践与澳大利亚的经验．北京：中国水利水电出版社．
史方方，黄薇．2009．丹江口水库对汉江中下游影响的生态学分析．长江流域资源与环境，18 (10)：954-958.
孙涛，杨志峰．2005．基于生态目标的河道生态环境需水量计算．环境科学，26 (5)：43-48.
孙小利，田忠禄，赵云．2009．水力发电工程生态环境保护机制与技术的最新发展．北京：中国水利水电出版社．
王朝晖，吴玉秀，蒋新会．2008．头屯河水库排沙减淤恢复库容方法应用．水利技术监督，(4)：74-77.
王浩，宿政，谢新民，等．2010．流域生态调度理论与实践．北京：中国水利水电出版社．
王西琴，刘斌，张远．2010．环境流量界定与管理．中国水利水电出版社．
王西琴．2007．河流生态需水理论、方法与应用．中国水利水电出版社．
王煜，戴会超．2009．大型水库水温分层影响及防治措施．三峡大学学报（自然科学版），31 (6)：

11-14.

王远坤, 夏自强, 王桂华. 2008. 水库调度的新阶段——生态调度. 水文, 28 (1): 7-9.

吴莉莉, 王惠民, 吴时强. 2007. 水库的水温分层及其改善措施. 水电站设计, 23 (3): 97-100.

吴正桥. 2003. 万家寨水利枢纽工程设计重大技术问题. 水利水电工程设计, 22 (1): 1-5.

许德凤, 朱启贤. 1995. 太平驿水电站工程泥沙设计. 水电站设计, 11 (3): 19-25.

许文选, 赵宏章. 2002. 冯家山水库调度运用和泥沙淤积分析. 水利建设与管理, (2): 47-49.

许英勤, 胡玉昆, 马彦华. 2001. 塔里木河中下游区域开发对生态环境的影响及生态环境恢复与重建对策——以尉犁县为例. 干旱区地理, 24 (4): 342-346.

于广林, 李志敏. 1999. 刘家峡水电站泥沙问题的解决措施与运用实践. 水力发电学报, (2): 45-51.

于广林. 1999. 碧口水库泥沙淤积与水库运用的研究. 水力发电学报, (1): 59-67.

于文波. 2007. 闹德海水库汛期排沙方案的研究, 中国科技信息, (23): 26.

张国芳等译. 2006. 环境流量——河流的生命. 郑州: 黄河水利出版社.

张陆良, 孙大东. 2009. 高坝大水库下泄水水温影响及减缓措施初探. 水电站设计, 25 (1): 76-78.

张祥金. 1998. 龚嘴水库泥沙淤积发展浅析. 四川水力发电, 17 (1): 17-19.

张引梅. 1991. 水库水质分布特性与分层取水. 西北水资源与水工程, (3): 75-79.

赵克玉, 陈义琦, 丁利民. 1995. 二龙山水库排沙减淤技术的研究. 泥沙研究, (2): 57-63.

赵彦红, 连进元, 赵秀平. 2005. 白洋淀自然保护区湿地生物生境安全保护. 石家庄职业技术学院学报, 17 (2): 1-4.

周林飞等. 2007. 扎龙湿地生态环境需水量安全阈值的研究. 水利学报, 38 (7): 845-851.

2006 Environmental Flow Guidelines (澳大利亚首都大区), http://www.environment.act.gov.au/__data/assets/pdf_file/0010/151948/Environmental_Flow_Guidelines_Jan2006.pdf.

Acts relating to the energy and water, resources sector in Norway http://www.ub.uio.no/ujur/ulovdata/lov-19171214-017-eng.pdf.

Environmental Code (法国, 英文版). http://wipo.int/portal/index.html.en.

Environmental Protection Act (保加利亚, 英文版). http://www3.moew.government.bg/?show=75.

Gesetze, 德国2009水法 (德文版). bundesrecht.juris.de.

Tharme R E. A global perspective on environmental flow assessment: emerging trends in the development and application of environmental flow methodologies for rivers. River Research and Applications. 2003, 19 (5-6), 397-441.

The_Water_Act (捷克). http://eagri.cz/public/web/file/10629/The_Water_Act.pdf

Water Act 1999 (保加利亚, 英文版, 含最新修改). http://www3.moew.government.bg/?show=75.

Water Resources Act 2007 (澳大利亚). http://www.legislation.act.gov.au/a/2007-19/current/pdf/2007-19.pdf.

Waters Protection Act, WPA (814.20 Federal Act of 24 January 1991 on the Protection of Waters) (瑞士). http://www.bafu.admin.ch/gewaesserschutz/10428/index.html?lang=en.

第10章 水利工程生态调度准则及案例研究

10.1 水利工程生态调度准则框架

10.1.1 准则制订的目的

水利工程对生态环境的影响不可避免。生态调度是在水利工程大规模建设对河流生态系统健康产生影响日益严重的情况下提出的。它是在传统防洪兴利目标（社会经济目标）的基础上，将生态因素纳入到现行的水利工程调度中去，是对筑坝河流的一种生态补偿。因此，生态调度并不是要使河流恢复到不受人为活动影响的自然状态，而是在生态保护和开发利用之间进行平衡。河流的生态资产（功能）情况和开发利用现状各不相同，河流生态保护的内容和要求也应有区别。结合河流的生态功能和社会经济功能，提出生态调度的原则，以便在河流生态保护和水资源开发利用之间取得平衡，是制订本准则的目的所在。

10.1.2 准则制订的理论依据和方法

1. 准则制订的理论依据

（1）生态水权

生态水权是生态环境用水的权利。由于生态本身不能主张自己的权利，生态水权的实现与一般水权有所不同，政府是生态水权的代言人。我国的《水法》对生态水权作了原则性规定（见前文1.2.1"国内相关法规标准"），这些规定是实现生态水权的基本保障。

（2）河流健康和生态需水的等级性

目前，大多数河流或多或少地受到了人类活动的影响，要恢复到理想的健康状态，几乎是不可能的。对大多数河流来说，一定限度内的退化是我们可以接受的。因此，可以将河流健康分成不同等级，相对地有不同的生态需水。河流健康的分级，可以使我们根据河流具体情况，选择一种保护水平。

（3）河流资产价值的差异性

河流资产是河流系统中任何对人类社会具有价值的属性，可以是生态性的、社会性的或经济性的，它们包括生物物种、栖息地、渔业、通河湿地、饮用水、灌溉、景观、污染稀释、发电等。河流资产价值的高低不同，保护的重要性就不同，保护要求也应有所不同。

2. 准则制订的方法

（1）相关研究成果查询和分析

关于河流生态需水和水利工程生态调度，国内外开展了大量研究，对相关研究成果进行查询，分析其中有关水利工程运行中如何协调河流生态保护和防洪兴利关系的论述和实例，作为本准则制订的重要依据。

（2）国外相关法规标准借鉴

许多国家制订了有关法规和标准，对河流环境流量或环境流量的确定作出了规定，其中的思路可以为本准则所借鉴。

（3）案例研究

本准则制订中，选择了白洋淀流域和安康水库作为案例区，进行生态调度研究。通过案例研究，可以发现问题，反馈到准则制订中。

10.1.3 适用范围

在各类水利工程中，水库和水电站工程造成的生态环境影响比较突出，它们也具有进行多目标调度的优势条件。而目前的生态调度研究和实践，也主要集中在水库和水电站工程。因此，本准则的适用范围限定在水库和水电站工程。

10.1.4 内容框架

实施生态调度，首先需要确定生态环境保护目标，在此基础上，估算生态需水（水量和径流过程）。生态需水确定后，通过工程调度实施。同时，对其进行监测，通过监测结果对调度方案做适时调整。因此，本准则在提出生态调度总原则的基础上，对上述4个方面（生态环境保护目标的设定，生态需水的确定，工程调度运行，监测、评估和方案调整），分别提出应遵循的原则。

10.1.5 生态调度的总原则

（1）防洪优先原则。有防洪功能的水库必须保证设计防洪库容可用于防洪，汛期水库蓄水位不得高于汛限水位，汛后逐渐抬高水位蓄水兴利，水库蓄水位都须控制在防洪要求规定的范围内。

（2）基本生态用水刚性满足原则。在水资源供需关系紧张的地区，尤其是在北方干旱半干旱地区，如果要充分满足生态环境的需水量，则剩下给社会经济所用的水量就可能很少，会严重影响社会经济的发展。但是，生态用水具有代表公共利益的属性，处于较高的用水优先级别。为此，保加利亚、法国、捷克、挪威、瑞士、英国等国家均以法律的形式规定了河流中必须保持最低流量。这实际上体现了基本生态用水刚性满足的原则。

（3）宽浅式破坏的原则。当按照适宜生态需水量和常规用水定额不能满足水资源供需平衡时，需要在时段之间、地区之间、行业之间尽量比较均匀地分摊缺水量，防止个别时段、个别地区、个别行业大幅度集中缺水，以达到减少缺水损失和兼顾公平性的目标。

（4）合理安排需水优先满足顺序的原则。不能满足水资源供需平衡时，生活需水应优先满足，生产用水和生态用水的优先序应根据目标水体生态资产情况、生产用水的重要性（如当农业出现"卡脖子"干旱或作物处于关键生长期时，农业用水显得很重要），合理安排。

10.1.6 生态环境保护目标的设定

生态需水是基于一定目标下的生态需水量，不同保护目标下的生态需水量是不同的，所以在计算生态需水量时必须首先确定其所要达到的生态目标。但是，目前世界上大部分的河流系统没有设定明确的生态保护目标。在我国，由于对河流生态系统的研究做得十分不够，对于河流生态系统的认识也十分有限，对于河流生态保护目标的设定基本处于空白状态，除了在个别的特定河段，如涉及自然保护区的河段，有一些关于鱼类保护的目标，但是对于这些河流环境流的设定也不是十分明确（陈进等，2011）。

为确定保护目标，首先需要对受水利工程影响的河流生态资产状况进行调查和评价，并对受工程影响的生态资产进行保护优先性分级。在此基础上，确定工程的生态保护对象及其主次关系（以便在缺水情况下，确定供水的优先顺序），然后确定各保护对象的保护目标水平。因此，确定生态环境保护目标可以分为4个步骤：①对受水利工程影响的河流生态资产状况进行调查和评价；②对受工程影响的生态资产进行保护优先性分级；③确定工程的生态保护对象及其主次关系；④确定各保护对象的保护目标水平。

1. 河流生态资产状况的调查和评价

河流生态资产状况包括径流、水生生物、水质、河道形态、湿地等。为确定水利工程生态环境保护目标，需对工程下游的河流生态资产状况进行调查与评价，并分析工程对各项生态资产影响的程度。调查方法包括查阅文献资料（期刊论文、专著、研究报告等）、访谈（访谈对象包括地方政府机构、当地渔民、相关专家等）、现场调查等。

2. 河流生态资产保护优先性分级

由于面对水资源短缺及水质性缺水的严重局面，生态需水在短时间内仍然会面临严峻的挑战。要满足所有的生态资产对生态用水的要求，在许多地区可能无法做到。在这种情况下，就存在一个优先保护、次要保护的问题。这需要确定生态资产保护的优先顺序，对优先度高的生态资产，优先满足其生态需水。

根据水利工程对河流生态资产造成的威胁，可将与水利工程调度相关的河流生态资产保护内容归为如下主要方面：维持径流连续性（防止断流）、保护河道内水生生物、维持自净功能、维持河道形态和控制泥沙淤积、防止咸潮上溯、维持下游湿地。需注意的是，对一个具体的水利工程来说，并不是每一项生态资产都受到工程的影响。如对于不承担供水功能的水库，由于下泄径流总量变化不大（水库建设后，水面蒸发增加，径流量会有少量减少），对下游河道自净功能影响也不大，此时维持河流自净功能并不是工程的生态环境保护目标。因此，进行保护优先性分级时，应选择那些受到工程影响的河流生态资产。各类生态资产保护优先级的判别指标如下。

（1）维持径流连续性（防止断流）：防止河流断流是任何一条河流都应达到的要求。但是，对于没有发生过断流、在一定时间内也没有断流风险的河流来说，该目标没有实际意义，因此，该目标的优先级首先应考虑下游河道发生断流的情况，包括黄河、海河、辽河和西北的内陆河。其次，还应考虑断流造成的影响，影响大的优先级高（表10-1）。

表10-1　维持径流连续性功能的优先级判别指标

判别指标	高优先	中优先	低优先
下游河道发生断流情况	经常发生断流	少有断流发生	有断流风险
断流的影响	风沙加剧对附近地区造成严重影响，或地下水位下降严重影响人畜饮水，或重要湿地丧失	风沙扩大对附近地区造成一定影响，或地下水位下降严重影响农业生产	地下水位下降对农业生产造成一定影响

（2）保护河道内水生生物：参照曾志新和罗军（1999）、张峥等（1999）、史作民和程瑞梅（1996），从物种多样性、物种特有性、物种稀有性、种群稳定性、物种生活力和保护价值6方面进行判别，并提出判别标准（表10-2）。

表10-2　保护河道内水生生物功能的优先级判别指标

判别指标	重　要	较重要	一　般
物种多样性	物种丰富，水生脊椎动物占所在流域水生脊椎动物总数比例的15%以上	物种中等丰富，水生脊椎动物占所在流域水生脊椎动物总数比例的5%~15%	物种较少，水生脊椎动物占所在流域水生脊椎动物总数比例<5%
物种特有性	全球范围、同纬度地区内或全国范围内特有	流域内特有	特有性不明显
物种稀有性	分布有国家重点保护水生动物，或属世界范围内、国家或生物地理区内唯一或重要的生境	分布有省级重点保护水生动物，或属地区范围内稀有或重要的生境	无国家或省级重点保护水生动物，生境类型属常见型
种群稳定性	河段内生物个体数量少，密度低，最小生存种群很难维持	河段内生物个体数量较多，密度低，或个体数量少，密度高，最小生存种群不易维持	河段内生物个体数量多，密度高，最小生存种群可以维持
物种生活力	河段内主要或关键性物种需特化生境，物种适应性差，繁殖力低	河段内主要或关键性物种需较为特化生境，生活力、繁殖力较低，适应性较差	河段内主要或关键性物种不需特化生境，生活力与繁殖力较强
保护价值	为目前极重要的经济物种，或具有极重要的现实科研价值，或在宣传教育、休闲娱乐等方面具有极重要的现实价值	为目前较重要的经济物种，或具有较重要的现实科研价值，或在宣传教育、休闲娱乐等方面具有较重要的现实价值	现实价值不突出，但具有潜在的经济利用、科研或社会价值

(3) 维持自净功能：维持自净功能的优先级与下游河段的功能和水质状况有关，功能类别高，水质差，则优先级高（表10-3）。

表 10-3　维持自净功能的优先级判别指标

判别指标	重　要	较重要	一　般
下游河段的功能	集中式饮用水源地	相连的湖泊为重要的水产养殖区	其他功能
下游河段水质状况	严重超标	超标不严重	达到功能区标准

(4) 控制泥沙淤积：控制泥沙淤积功能的重要性与径流含沙量、河道淤积情况和河道行洪功能状况有关，含沙量高、河道淤积严重、河道行洪能力差，则优先级高（表10-4）。

表 10-4　控制泥沙淤积功能的优先级

判别指标	重　要	较重要	一　般
水沙关系	流域水土流失严重，径流含沙量高	流域水土流失中等，径流含沙量中等	流域水土流失轻，径流含沙量低
下游河道泥沙淤积情况	淤积严重，河床抬高速度快	河床呈抬高趋势，但速度不快	河道基本保持冲淤平衡
河道行洪功能状况	行洪能力严重不足	行洪能力在丰水年不足	行洪能力不存在问题

(5) 防止咸潮上溯：防止咸潮上溯功能的优先级主要与水源地受咸潮影响的频率和受影响水源地的服务范围有关，受影响频繁、影响范围大，则优先级高（表10-5）。

表 10-5　防止咸潮上溯功能的优先级

判别指标	重　要	较重要	一　般
水源地受影响频率	经常	较多	偶尔
受影响水源地服务范围	数个城市	单个城市	城市局部区域

(6) 维持下游湿地：主要从湿地生态功能的重要性和对上游补水的依赖程度进行判别，湿地越重要、对上游补水的依赖程度越高，则优先级越高（表10-6）。

表 10-6　维持下游湿地功能的优先级

判别指标	重　要	较重要	一　般
湿地生态功能重要性	在国际或全国具有重要性	在省内具有重要性	在湿地周边地区具有重要性
对上游补水的依赖程度	必须依赖上游补水才能维持湿地的正常功能	平水年和枯水年须依赖上游补水才能维持湿地的正常功能	枯水年须依赖上游补水才能维持湿地的正常功能

3. 生态保护对象及其优先保护顺序的确定

将受工程影响的河流生态资产列为保护对象，并根据保护优先级，确定优先保护顺序。

4. 保护目标水平的确定

在高度发展的今天，对世界上大多数河流而言，期望河流各项功能都达到理想状态几乎是不可能的。因此，生态环境保护目标只能是一个妥协的目标，它既要考虑维持河流自然功能的需要，也要考虑相关区域人类生存和发展对洪水泥沙安全排泄、水资源供给等社会服务功能的需要。所谓健康的河流，是指在相应时期其社会功能与自然功能能够基本均衡或协调发挥的河流，即河流的自然功能能够维持在可接受的良好水平，并能够为相关区域经济社会提供可持续的支持（刘晓燕等，2009）。现阶段河流健康的标准只能是一个妥协的、可兼顾各方面利益的标准，河流健康也只能是相对意义的健康。因此，生态保护的目标水平应根据所在区域的现实情况，综合考虑生态保护和社会经济发展的需要后确定。

保护目标水平的表示可以有多种方法，如以河流健康状态的级别表示（如南非将河流的健康状态划为A、B、C、D四个等级，A是河流生态健康的最高水平，B、C、D健康状态依次降低），以历史上某一时间状态表示（如保持棕色鳟鱼量达到至1995年的水平），以生态资产受保护百分比表示（如保持下游至少75%的红树林）。

由于科学技术发展的限制，在现实生产实践中，对河流健康标准的描述世界各国仍主要采用定性方式，如德国对莱茵河将"2000年鲑鱼回到莱茵河上游产卵"作为河流生态系统良好的标准，澳大利亚和日本等国家一般利用"参照河流"（benchmark river）或"天然河流"（natural river）作为河流生态健康的标准（刘晓燕等，2009）。国内相关研究中，除水质目标外，一般也采用定性方式设定生态环境保护目标（表10-7）。

表10-7 河流生态环境保护目标设定实例

研究对象河流（河段）	设定的生态环境保护目标	研究者与时间
黄河某支流河口村水库以下河段	①保证五龙口站至武陟站间河道不断流，维持一定的河道基流；②在五龙口站断面水质为Ⅲ类的基础上保证武陟站断面水质达到地表水Ⅳ类标准；③五龙口站需要维持河道景观；④武陟站需要保护一定高程的河岸湿地	胡和平等，2008
吉林省饮马河流域	在实现水库防洪、发电、供水、灌溉等多种经济社会目标的前提下，兼顾河流生态系统的需求。通过水库的生态调度要尽可能恢复河流的连续性，尽可能满足下游的生态环境用水，尽可能模拟河流自然的水文周期，尽可能恢复生境的空间异质性，改善生物的栖息地水环境质量	王浩等，2010
辽河流域	①确保河流不发生功能性断流，重点河段为西辽河、辽河干流、东辽河等。保证西辽河在汛期不断流、辽河干流、东辽河全年不断流；②保持河流泥沙冲淤平衡，保证河流形态、物理结构的稳定，重点河段为西辽河、辽河干流；③污染物浓度有所降低，水环境不再继续恶化，并逐步得到恢复；④河口三角洲湿地面积维持现有水平，为珍稀动物提供足够的栖息地；⑤防止海水入侵	王西琴，2007

在目前情况下，除水质目标外，保护目标的描述只能采取定性的方式。从现实可操作性的角度，不同类型保护对象的保护一般应达到如下要求。

(1) 维持径流连续性：径流连续性目标可分为全年不断流、汛期和平水期不断流、汛期不断流 3 种，可根据河流目前的断流情况，确定不同来水情况下（丰水年、平水年和枯水年）的径流连续性目标，设定的目标与现状相比，应有明显改善，如目前为平水年全年不断流、枯水年季节性断流，则应设定所有年型全年不断流的目标。

(2) 保护河道内水生生物：关键物种的生存状况可作为生态系统健康的标志。所谓关键物种，是指生态系统中那些相对多度而言对其他物种具有非常不成比例影响，并在维护生态系统的生物多样性及其结构、功能及稳定性方面起关键作用，一旦消失或削弱，整个生态系统就可能发生根本性变化的物种，如长江的白鳍豚、莱茵河的鲑鱼、墨累河的鳕鱼等。在保护水生生物需水量计算中，常以标志性鱼类的需求作为依据。因此，河道内水生生物的保护目标可设定为——保证标志性水生生物种群的正常生存。

(3) 维持自净功能：自净功能目标通常以水质功能类别表示。但影响河流水质的因素除河流水量外，还有污染物排放量。目前我国很多河流的水污染十分严重，如果要完全利用河流等水体来稀释污染物需要很大的水量，甚至全部的河道水流量都不能满足要求。因此，必须以满足污染物排放总量控制要求为前提，在此前提下达到规定的水质功能要求，作为维持自净功能的目标。

(4) 控制泥沙淤积：安全输送水沙是河道的最基本功能，因此河道通畅稳定、满足洪水排泄要求，可作为控制泥沙淤积的目标。

(5) 防止咸潮上溯：保护饮用水水源地，使饮用水取水口不受咸潮上溯影响，应作为防止咸潮上溯的基本目标。

(6) 维持下游湿地：湿地拥有丰富的生物多样性。与保护河道内水生生物目标类似，可将"保证标志性生物种群的正常生存"作为其目标。较重要的湿地，如白洋淀、扎龙湿地、向海湿地等，一般都有过去几十年生态相关情况的调查和统计，如水面面积、芦苇面积、鱼产量、鸟类数量。此时，可在对历史情况进行分析的基础上，选择历史上某年（某年代）的状况作为湿地保护目标，一般在工程建设前的年份中，选择比目前明显好、但又不宜太好的年份，作为目标参照。

10.1.7 生态需水的确定

1. 生态需水等级划分

生态系统在长期自然选择中形成了相当的自我调节能力，对水的需求有一定的弹性，因此，生态系统需水有一定的阈值区间。许多生态需水评估研究中，将生态需水划分成不同等级，如刘晓燕等（2009）对黄河环境流的研究中，给出了兰州、下河沿、石嘴山、头道拐、龙门、潼关、花园口和利津 8 个断面的适宜流量过程和低限流量过程；孙涛等（2005）对永定河官厅水库以下河段生态环境需水量计算中，将生态需水分为最小、适宜和理想 3 个等级；周林飞等（2007）将扎龙湿地生态环境需水量分为最小、中等和理想 3 个等级。将生态需水分成不同等级的好处在于，它给出了任何情况下应当得到保障的最小生态需水过程和条件许可时尽可能得到满足的适宜（或理想）生态需水过程，为生态调度中根据来水和水库蓄水情况实时调整下泄径流、协调生态用水和社会经济用水之间的关系提供了必要的基础。因此，估算生态需水时，应至少将其分成最小和适宜两个等级，分别估算各等级的生态需水过程。最小生态需水是满足河流生态系统稳定和健康条件所允许的最小的流量过程，适宜生态需水是满足河流生态系统稳定和健康条件最为适宜的径流过程。

2. 生态需水估算方法

目前环境流计算（即计算河道内生态环境需水量）的方法很多，已知的达到二百多种，总结起来可以分为：水文学法、水力学法、水文-生物分析法、生境模拟法和整体分析法。

水文学法是最简单、最具代表性的方法，该法主要利用长系列的历史监测数据给出河流环境流量推荐值，它们是维持不同标准下的河流生态环境功能的最小环境流量。该法又称作标准设定法或快速评价法，是根据简单的水文指标对河流流量进行设定，例如平均流量的百分率或者天然流量频率曲线上的保证率，代表方法有 7Q10 法（国内改进为 Q90 法）、Tennant 法、Texas 法、NGPRP 法、基本流量法等。目前，水文学法主要用来评价河流水资源开发利用程度，或作为在优先度不高的河段研究河道流量推荐值时使用。

水力学法是根据河道水力学参数（如宽度、深度、流速和湿周等）来确定河流所需流量，这些水力学参数往往是通过对单一的、有限的河道（如浅滩等）断面测量获得的。该法的依据基于以下假设：保证一些被选定的水力学参数的阈值，将会保证生物区或生态系统的完整性。该法需要确定这些水力学参数与流量之间的关系，通常能够绘成一条光滑曲线，曲线的最低点被称为阈值，流量低于此值，生态环境质量就会降低，或者说此阈值即为保证生态环境质量不恶化的最小流量。所需水力参数可以实测获得，也可以采用曼宁公式计算获得，代表方法有湿周法、R2-Cross 法等。

水文-生物分析法是从河流流量与生物量或种群变化关系直接入手，判断生物对河流流量的需求以及流量变化对生物种群的影响，研究对象通常是鱼类、无脊椎动物（昆虫、甲壳纲动物、软体动物等）和大型植物（高等植物）。通常采用多变量回归统计方法，建立初始生物数据（物种生物量或多样性）与环境条件（流量、流速、水深、化学、温度）的关系，代表性方法有 RCHARC 法、Basque 法、流量-湿地树种关系模型等。

生境模拟法是对水力学方法的进一步发展，它是根据指示物种所需的水力条件确定河流流量，目的是为水生生物提供一个适宜的物理生境。因为生境方法可定量化，并且是基于生物原则，所以目前被认为是最可信的评价方法，代表方法包括 IFIM/PHABSIM 法、CASMIR 法等，其中以 IFIM/PHABSIM 应用最为广泛。

整体分析法克服了水文-生物分析法和生境模拟法只针对一两种生物的缺点，强调河流是一个综合生态系统。它从生态系统整体出发，根据专家意见综合研究流量、泥沙运输、河床形状与河岸带群落之间的关系，使推荐的河道流量能够同时满足生物保护、栖息地维持、泥沙沉积、污染控制和景观维护等功能。因此，这种方法需要组成包括生态学家、地理学家、水利学家、水文学家等在内的专家队伍。整体分析法主要根据河流流量标准来确定满足整个河流生态环境功能需求的关键流量。代表性的方法是南非的 BBM 法和澳大利亚的整体研究法（Holistic Approach）。

据统计，全球以水文学方法和栖息地模拟方法应用最多，分别占29.5%和28%（Tharme, 2003）。

国内应用的生态需水计算方法包括：①直接引用国外的方法，其中Tennant法应用最为广泛。②根据国外的计算方法，结合中国的实际或者由于参数的不确定性，进行修改后加以应用，这类方法包括：月（年）保证率法（参照Tennant法）、最枯月平均流量法（参考7Q10法）、改进的湿周法、生态水力半径法（参考R2-CROSS法）、改进的栖息地模拟法、鱼类生境法（参考栖息地方法）、水生生物量法。③特殊的方法：根据我国河流多泥沙、河流污染以及河流季节性等特殊情况而提出的方法，包括：最小月平均实测径流法、枯水季节最小流量法、河道分区贡献量法、功能法、污染物-流量关系曲线法、水质模型法、汛期最小输沙量方法、均衡输沙法、经验法、习变法、盐度模拟法、地下水位法。在诸多方法中，我国应用较多的方法依次分别是：改进的栖息地模拟法、月保证率法、Tennant法、鱼类生境法、枯水季节最小流量法等，以栖息地模拟法和水文学方法占多数（王西琴等，2010）。

不同的计算方法各有其优缺点。水文学法的优点在于能很快得出结果，操作简单；缺点是没有明确考虑栖息地、水质和水温等因素。水力学法则将生物区的栖息地要求以及在不同流量水平下栖息地的变化性纳入了考虑之中，其缺点是体现不出季节变化因素，而且对于实地数据的需要使得该方法更加耗时和消耗财力。生境模拟法和水文-生物分析法将流量与生物状况相联系，但流量并不是决定生物种群以及生物量的变化的唯一因素，因此该方法并不能完全解释流量与生物种群的内在关系，另外该方法的应用还容易受到生物数据的限制。整体分析法克服了生境模拟法和水文-生物分析法只针对一两种生物的缺点，强调河流是一个综合生态系统，但该方法需要科学领域内广泛的专家意见和技术，资源消耗大，耗时长，成本高。

生态需水计算的方法众多，但目前还没有一种统一的、权威的最好方法，不同方法具有各自的优点和不足。有些方法与所在地区和特定的保护对象没有联系，如水文学方法；有些方法则有其所针对的保护对象，如水文-生物分析法和生境模拟法针对某类物种对生境参数（水深、流速、河床底质、水温、溶解氧等）的需求，功能法、污染物-流量关系曲线法、水质模型法所针对的是河流自净需水，汛期最小输沙量方法、均衡输沙法针对的是河流输沙需水。因此，有必要根据所确定的保护对象选择相应的计算方法，如以生物为保护对象时，应选择水文-生物分析法、生境模拟法等。

由于各种方法计算的结果不同，有时差别较大。因此，在可能的情况下，采用多种方法计算，并对不同方法计算的结果进行比较分析，合理确定最终结果。

10.1.8 工程调度运行

生态需水确定后，需要通过水利工程的调度来实现。生态需水调度涉及如何处理与工程防洪兴利的关系。按照生态目标与社会经济目标相协调的原则，工程调度运行应遵循以下准则：

(1) 以防洪安全为前提。在汛期，水库水位控制在汛限水位以下。

(2) 在任何时候，都应保证最小生态需水。

(3) 当按照适宜生态需水进行调度，受水库蓄水量的限制，生态用水与社会经济用水发生冲突时，优先保证基本生活用水，在此前提下，生态用水和社会经济用水都实行缩减，缩减比例按照用水优先顺序依次增大，即优先度高的用水户缩减比例小，优先度低的用水户缩减比例大。用水优先顺序为：重要生态目标、重要社会经济目标、一般生态目标、一般社会经济目标。优先顺序排列应分时段，如灌溉用水在作物生长关键期为重要社会经济用水，其他时期作为一般社会经济用水。

10.1.9 监测、评估和方案调整

由于生态系统对于不同流量状况响应的复杂性，生态流量需求最初的确定很难达到"完全正确"。因此，需要对目标水体进行水文学和生态学的监测，并与预先确定的生态目标进行比较，根据监测结果与保护目标的差异对生态流量进行适时的调整。

10.2 白洋淀流域水利工程生态调度研究

10.2.1 白洋淀流域水利工程建设及其生态影响

1958年起，白洋淀流域上游先后修建大小水库156座，其中河北省境内大型水库6座、中型水库8座、小型水库121座，山西省境内中型水库1座、小型水库2座，北京市境内小型水库18座，总库容36.35亿m^3，总控制面积11000 km^2，占大清河流域山区总面积的64%（贾毅，1992）。

随着上游水利工程的建设和投入运行，上游用水大量增加，加上20世纪60年代以来白洋淀流域气候趋于干旱（图10-1），河道下泄水量减少，上游河道注入白洋淀的水量呈减少趋势。50~60年代年均入淀水量为19.2亿m^3，80年代减少至2.77亿m^3，21世纪初

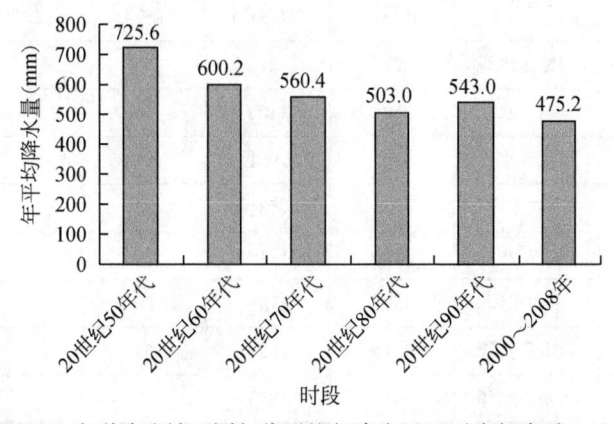

图10-1 白洋淀流域不同年代平均年降水量（引自杨春霄，2010）

又减少至 1.35 亿 m³（表 10-8）。目前，白洋淀上游 9 条入淀河流中，仅府河常年有少量的生活污水入淀，潴龙河、白沟引河、漕河、孝义河、瀑河等仅在部分季节有水，大部分时间基本处于断流状态（梁宝成，2005）。白洋淀干淀频率越来越高，50 年代没有出现干淀现象，60 年代出现 2 次，70 年代出现 4 次，80 年代连续 5 年干淀，尤其是 1984~1986 年滴水未进，90 年代出现过一次干淀（赵彦红等，2005）。

表 10-8 白洋淀不同年代入淀水量　　　　　　　　　（单位：$10^8 m^3$）

时段	年均入淀总量	天然年均入淀量	年均补淀量	年均弃水量
1956~1969 年	19.2	19.2	0	18.8
1970~1979 年	11.4	11.4	0	7.75
1980~1989 年	2.77	2.70	0.07	0.94
1990~1999 年	5.77	5.65	0.12	3.39
2000~2008 年	1.35	0.52	0.83	0

白洋淀水域辽阔，素有"华北明珠"之誉，2002 年 11 月经河北省政府批准成为省级湿地自然保护区。白洋淀在缓洪滞沥、涵养水源、调节区域气候，尤其是在保持生物多样性、丰富和扩大物种种群，维持生态平衡方面发挥着极其重要的作用。

10.2.2　白洋淀生态补水概况

为缓解白洋淀缺水状况，1981 年以来，对白洋淀进行了多次生态补水。补水水源主要是白洋淀上游的安格庄水库、西大洋水库和王快水库，在无法实行流域内调水时，从岳城水库和黄河实行跨流域调水。已经实施的这些生态补水调度属于应急调度。历次补水情况如表 10-9 所示。

表 10-9 白洋淀历年补水情况

调水时间 （年.月.日）	调水水源	放水量 （$10^4 m^3$）	入淀量 （$10^4 m^3$）	入淀率 （%）	调水前后 淀水位（m）	调水前后水 面面积（km²）
1981.11.3~1981.11.10	安格庄水库	2234	1218	55		
1983.3.4~1983.3.11	安格庄水库	2501	1400	56		
1983.3.6~1983.5.12	西大洋水库	6298	1961	31		
1984.6.13~1984.6.28	王快水库	4475	1431	32		
1984.6.13~1984.7.1	西大洋水库	3116	1219	39		
1992.10.17~1992.10.31	王快水库	4514	2709	60		
1992.10.21~1992.11.7	西大洋水库	3010	1621	54		
1992.10.18~1992.11.1	安格庄水库	3413	1880	55		

续表

调水时间 （年.月.日）	调水水源	放水量 （$10^4 m^3$）	入淀量 （$10^4 m^3$）	入淀率 （%）	调水前后 淀水位（m）	调水前后水 面面积（km^2）
1997.12.1~1997.12.31	安格庄水库	7800	5765	74	7.27→7.87	
1998.10.20~1998.10.30	安格庄水库	3306	2150	65	7.67→7.86	
1999.2.24~1999.3.7	安格庄水库	2743	1780	65	7.88→7.94	
2000.6.16~2000.6.27	安格庄水库	3111	1800	58	淀干→6.97	
2000.12.20~2001.1.22	王快水库	7500	4060	54	淀干→6.78	
2001.2.27~2001.4.1	安格庄水库	5087	2164	43	6.78→6.91	
2001.6.7~2001.7.12	王快水库	10 080	4510	45	淀干→淀干	
2002.2.7~2002.3.12	西大洋水库	5015	3501	70	淀干→淀干	
2002.4.17~2002.5.5	西大洋水库	3873	1974	51	淀干→淀干	
2002.7.30~2002.8.20	王快水库	5914	3103	52	淀干→淀干	
2003.1.8~2003.3.29	王快水库	23497	11634	50	淀干→6.95	
2004.2.16~2004.6.29	岳城水库	39000	16000	41	5.8→7.2	31→120
2005.3.23~2005.4.25	安格庄水库	5863	4251	73	7.40→7.58	
2006.3.15~2006.3.28	安格庄水库	3200	828	26	7.09→7.28	
2006.3.16~2006.4.20	王快水库	11 460	4844	42	7.09→7.28	
2006.11.24~2007.3.5	黄河	34 300	10 010		抬高0.93	增加70
2008.1.25~2008.6.20	黄河	71 700	15 760		6.2→7.41	45→140
2009.10.1~2010.2.28	黄河		>10 000			

注：水位为大沽高程

在实施的26次生态调水中有22次是流域内生态调水，主要是从安格庄水库、西大洋水库和王快水库为白洋淀调水。各调水路线如下：

(1) 安格庄水库调水：经中易水、南拒马河入大清河，通过白沟引河入白洋淀。

(2) 西大洋水库调水：经唐河灌渠、清水河、府河入白洋淀。

(3) 王快水库调水：经沙河灌渠、孝义河入白洋淀。

(4) "引岳济淀"：以岳城水库民有渠首闸为起点，利用民有北干渠、滏阳河、支漳河、老漳河、滏东排河、紫塔干渠、小白河等现有河渠，经过河北省邯郸、邢台、衡水、沧州4市所属15个县（市）和邯郸、衡水2市城郊，至白洋淀十二孔闸为止，全长457 km。

(5) "引黄济淀"：由山东省聊城市东阿县的黄河位山闸引水进入位山三干渠，通过冀鲁两省交界的刘口闸入河北省清凉江、江江河干渠、滏东排河，于白洋淀东围堤上的任文渠渠口进入白洋淀。途经14个县（市、区），全长397 km。

10.2.3 白洋淀流域生态调度的保护目标

在气候变化背景下，白洋淀流域受水利工程等人类活动影响的重要生态资产主要是白洋淀湿地生态系统，因此将白洋淀湿地作为生态调度的主要保护对象。根据白洋淀湿地的重要性和生态环境现状，以20世纪50年代以来生态环境较好状况作为生态调度的恢复目标。

10.2.4 白洋淀湿地生态需水估算

1. 生态需水计算方法

湿地生态需水可分为生态储水需水量（即湿地所需的蓄水量，或称存量）和生态耗水需水量（即维持湿地各项功能需消耗掉的水量，包括水面蒸发、渗漏和植物蒸散发量等），后者又有两种计算口径，一种包括湿地范围内降水在内，另一种只计算除降水外需由河流补充的水量。

本书中计算的白洋淀需水量为每年的白洋淀耗水中扣除淀区降水外还需由上游河流补充的水量，可称为净耗水需水量（相应地，不扣除湿地范围内的降水量情况下的耗水量可称为毛耗水需水量）。

白洋淀的耗水主要是蒸散和渗漏消耗，这两项消耗减去水面降水即净耗水需水量，就是白洋淀湿地需要由上游补充的水量。计算公式为

$$W = \sum_{i=1}^{12} [A_i \times (E_i - P_i) + L_i] \tag{10-1}$$

式中，W 为湿地年生态需水量，A_i 为 i 月生态水面面积；E_i、P_i 和 L_i 分别为 i 月蒸发量、降水量和渗漏量。

2. 生态水位和生态水面面积的确定

已有多位学者对白洋淀的生态水位进行了研究（衷平等，2005；赵翔等，2005；阎新兴等，2009；刘越等，2010）。因此，本书将对这些研究成果进行分析后，综合得出白洋淀的最小和适宜年生态水位。根据衷平等（2005）提出的生态水位法，将最小、适宜年生态水位分别除以白洋淀多年平均水位，得到最小、适宜生态水位系数，如公式（10-2）和公式（10-3）。将生态水位系数乘以各月水位多年平均值，得到逐月的最小、适宜生态水位，如公式（10-4）和公式（10-5）。然后根据水位-水面面积关系查出逐月最小、适宜生态水面面积。

$$\delta_{最小} = L_{最小年生态} / L_{多年平均} \tag{10-2}$$

$$\delta_{适宜} = L_{适宜年生态} / L_{多年平均} \tag{10-3}$$

$$l_{i月最小生态} = l_{i月多年平均} \times \delta_{最小} \tag{10-4}$$

$$l_{i月适宜生态} = l_{i月多年平均} \times \delta_{适宜} \tag{10-5}$$

式中，$\delta_{最小}$ 为最小生态水位系数；$L_{最小年生态}$ 为最小年生态水位；$L_{多年平均}$ 为多年平均水位；

$\delta_{适宜}$ 为适宜生态水位系数；$L_{适宜年生态}$ 为适宜年生态水位；$l_{i月最小生态}$ 为 i 月最小生态水位；$l_{i月多年平均}$ 为 i 月多年水位平均值；$l_{i月适宜生态}$ 为 i 月适宜生态水位。

衷平等（2005）对白洋淀处于高频率水位范围内的年份和这些年份的生态环境状况进行分析后认为，7.32 m（1975 年平均水位）和 8.56 m（1958 年平均水位）可分别作为计算白洋淀最小和理想生态需水量的水位。赵翔等（2005）在分析白洋淀生态系统功能的基础上，利用水量面积法、最低年平均水位法、年保证率设定法和功能法等 4 种方法对其最低生态水位进行分析和计算，综合 4 种方法的计算结果，认为以 7.30 m（大沽高程）作为白洋淀最低生态水位是合理的。刘越等（2010）采用白洋淀湿地 1956~2000 年的逐月实测水位数据，通过分析汛期和非汛期的水位经验频率，得出汛期和非汛期的高频水位，结合芦苇生产、莲藕种植和渔业对水位的要求，确定白洋淀周年的生态适宜水位范围为 7.9~8.7m，如果不能维持此水位，则应维持在 7.1~7.9 m 的范围。阎新兴等（2009）采用类似方法，确定白洋淀汛期和非汛期生态适宜水位 7.9 m。此外，王俊德（1999）根据白洋淀防洪、灌溉与工业用水、渔业、植苇、水生植物生长和旅游功能对水位的要求，提出白洋淀所需的最低水位为 7.3 m。

综合上述研究成果，可将 7.30 m 和 7.90 m（大沽高程）分别作为白洋淀最小年生态水位（$L_{最小年生态}$）和适宜年生态水位（$L_{适宜年生态}$）。白洋淀多年平均水位（$L_{多年平均}$）为 7.80 m（衷平等，2005）。依据公式（10-2）和公式（10-3），最小生态水位系数 $\delta_{最小}$ = 7.30/7.80 = 0.94，适宜生态水位系数 $\delta_{适宜}$ = 7.90/7.80 = 1.01。根据公式（10-4）和公式（10-5），计算出逐月最小、适宜生态水位（表 10-10）。根据白洋淀水位-水面面积关系（表 10-11），查找对应的生态水面面积，结果如表 10-10 所示。

表 10-10 白洋淀逐月生态水位和生态水面面积

月份	多年平均水位（m）	生态水位（m） 最小	生态水位（m） 适宜	生态水面面积（km²） 最小	生态水面面积（km²） 适宜
1	7.03	6.61	7.10	75.31	109.74
2	7.13	6.70	7.20	80.61	118.42
3	7.36	6.92	7.43	94.12	139.59
4	7.32	6.88	7.39	91.20	134.92
5	7.31	6.87	7.38	90.61	134.05
6	7.77	7.30	7.85	127.10	192.87
7	8.05	7.57	8.13	157.35	225.66
8	7.78	7.31	7.86	127.97	194.13
9	7.56	7.11	7.64	110.61	166.23
10	7.38	6.94	7.45	95.85	142.13
11	7.31	6.87	7.38	90.61	134.05
12	7.27	6.83	7.34	88.26	130.57

注：各月多年平均水位资料来源于衷平等（2005）

表 10-11 白洋淀水位–面积–蓄水量关系

水位（大沽高程）/m	水面面积/km²	蓄水量/10⁸m³	水位（大沽高程）/m	水面面积/km²	蓄水量/10⁸m³	水位（大沽高程）/m	水面面积/km²	蓄水量/10⁸m³
5.40	14.590	0.043	7.20	118.422	1.149	9.00	321.725	5.115
5.50	18.934	0.068	7.30	127.102	1.263	9.10	327.766	5.446
5.60	23.278	0.094	7.40	135.783	1.377	9.20	333.808	5.776
5.70	27.622	0.119	7.50	148.468	1.544	9.30	339.849	6.107
5.80	31.966	0.145	7.60	161.153	1.712	9.40	345.890	6.438
5.90	36.310	0.176	7.70	173.837	1.879	9.50	348.328	6.790
6.00	41.637	0.220	7.80	186.522	2.047	9.60	350.766	7.142
6.10	46.964	0.269	7.90	199.207	2.214	9.70	353.205	7.494
6.20	52.291	0.319	8.00	210.708	2.442	9.80	355.643	7.846
6.30	57.618	0.368	8.10	222.209	2.670	9.90	358.081	8.198
6.40	62.945	0.418	8.20	233.711	2.898	10.00	359.521	8.560
6.50	68.832	0.496	8.30	245.212	3.126	10.10	360.889	8.923
6.60	74.719	0.574	8.40	256.713	3.354	10.20	362.257	9.286
6.70	80.606	0.651	8.50	268.507	3.640	10.30	363.624	9.649
6.80	86.493	0.729	8.60	280.325	3.926	10.40	364.992	10.012
6.90	92.380	0.807	8.70	292.100	4.212	10.50	366.360	10.375
7.00	101.061	0.921	8.80	303.894	4.498			
7.10	109.741	1.035	8.90	315.684	4.784			

3. 不同代表年降水量计算

白洋淀主要位于保定市安新县内，根据安新县气象局 1980~2009 年降水量数据，利用适线法原理，绘制年降水量频率曲线（皮尔逊Ⅲ型分布曲线）如图 10-2 所示。

其中各参数为：样本均值 $E_x=469.30$；变差系数 $C_v=0.32$；偏态系数 $C_s=1.67$；倍比系数 $C_s/C_v=5.22$。

根据典型年选择原则，从实测数据中选择代表年，并以年降水量来计算缩放系数如表 10-12。用各缩放系数乘以相应的典型年各月降水量，即得平水年（$P=50\%$）、一般枯水年（$P=75\%$）和特别枯水年（$P=95\%$）的设计降水量年内分配，见表 10-13。

表 10-12 降水量代表年、设计值及缩放系数

年型	实测资料中代表年	降水量实测值/mm	降水量设计值/mm	缩放系数
平水年	1982 年	429.2	429.65	1.001
一般枯水年	1983 年	363.4	359.9	0.99
特枯水年	2000 年	308.1	309.03	1.003

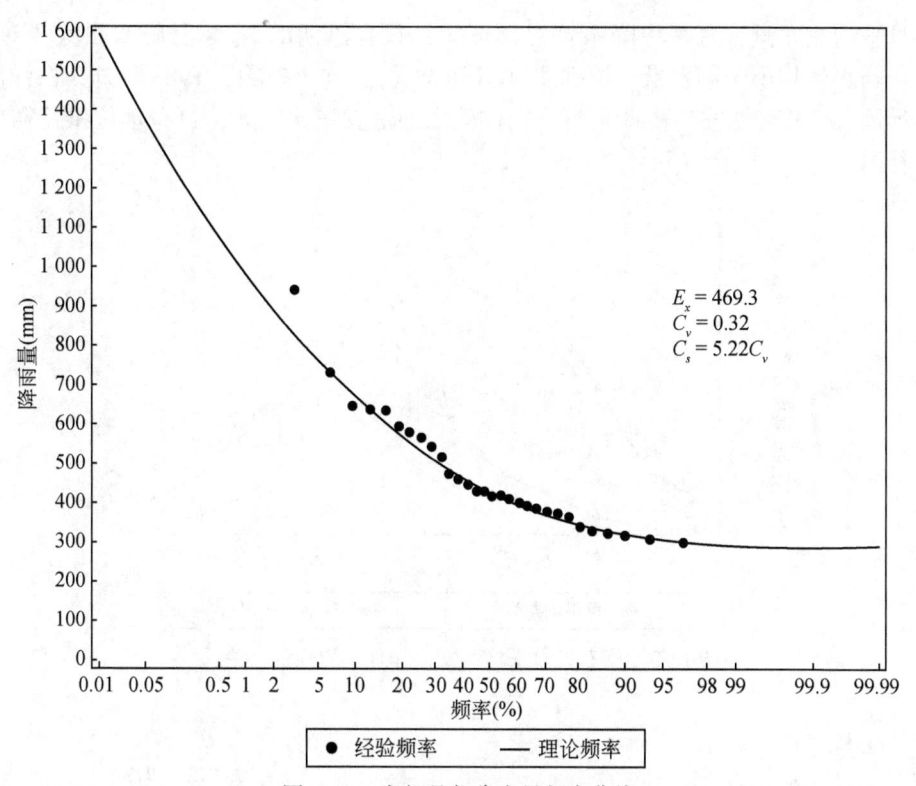

图 10-2 安新县年降水量频率曲线

$E_x = 469.3$
$C_v = 0.32$
$C_s = 5.22C_v$

表 10-13 各不同代表年的降水量年内分配结果 （单位：mm）

月份	平水年代表年	设计平水年	一般枯水代表年	设计一般枯水年	特枯水代表年	设计特枯年
1	0.3	0.3	0	0	9.8	9.83
2	2	2	0.3	0.3	0.4	0.4
3	2.6	2.6	0.8	0.79	1.8	1.81
4	28.8	28.83	63.7	63.09	16.5	16.55
5	15.2	15.22	35.9	35.55	18.2	18.25
6	57.2	57.26	47.3	46.84	26.4	26.48
7	140	140.15	74.6	73.88	54.9	55.07
8	131.9	132.04	93.5	92.6	111	111.34
9	27.9	27.93	21.2	21	30.1	30.19
10	10.6	10.61	22.6	22.38	31.6	31.7
11	12.7	12.71	3.5	3.47	7.4	7.42
12	0	0	0	0	0	0
年降水量	429.2	429.65	363.4	359.9	308.1	309.03

4. 白洋淀湿地不同代表年蒸发量计算

参考水利电力部水文局（1987 年）编著出版的《中国水资源评价》，将安新县的蒸发量实测值（利用 20 cm 口径蒸发皿观测）乘以折算系数 0.6 作为自然水面的蒸发值。

1980~2009 年安新县蒸发量、降水量数据的关系如图 10-3、图 10-4 所示。从图 10-6

中多年月平均蒸发量、月平均降水量对比可知，只有汛期的 7、8 月降水量大于蒸发量，其他月份降水量均小于蒸发量。根据图 10-4 可知，近 30 年来除了 1988 年外，白洋淀的年蒸发量远远大于年降水量。由此可见，白洋淀水面蒸发量比较大，自身水位维持需要上游水源的补给。

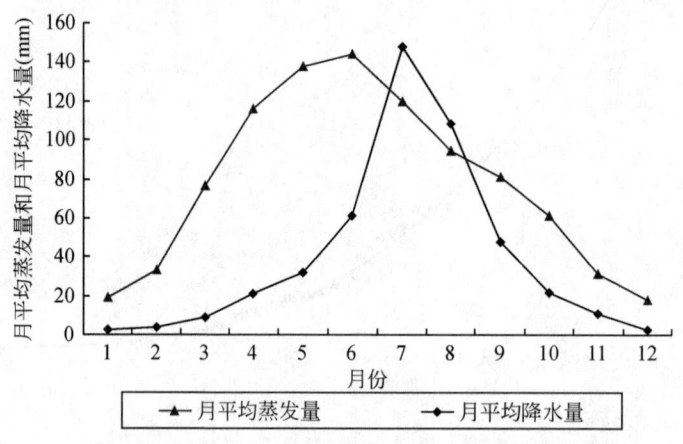

图 10-3 安新县月平均蒸发量和月平均降水量关系

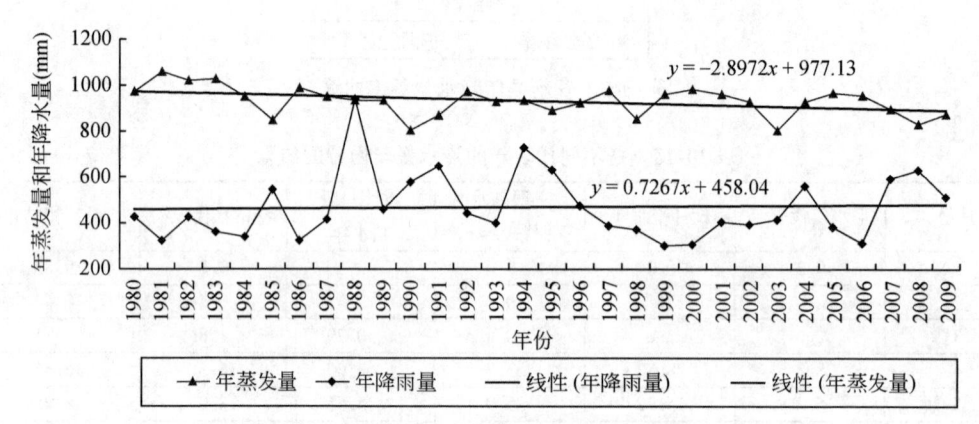

图 10-4 安新县年蒸发量、年降水量关系

从图 10-7 可以看出 1980~2009 年安新县年蒸发量、年降水量关系大致成负相关关系，用 SPSS 软件进行相关性检验，结果如表 10-14。

表 10-14 安新县年蒸发量、年降水量相关性检验

	Correlations（相关性）		年蒸发量	年降水量
Kendall's tau_b	年蒸发量	Correlation Coefficient	1.000	-0.405**
		Sig. (2-tailed)	0.0	0.002
		N	30	30
	年降水量	Correlation Coefficient	-0.405**	1.000
		Sig. (2-tailed)	0.002	0.0
		N	30	30

续表

Correlations（相关性）			年蒸发量	年降水量
Spearman's rho	年蒸发量	Correlation Coefficient	1.000	-0.598**
		Sig. (2-tailed)	0.0	0.000
		N	30	30
	年降水量	Correlation Coefficient	-0.598**	1.000
		Sig. (2-tailed)	0.000	0.0
		N	30	30

注：**为相关性在0.01水平上显著

结果分析：采用Kendell相关法得到的年蒸发量和年降水量的相关系数-0.405，双侧检验 P 为 $0.002<0.05$；采用Spearman相关法得到的年蒸发量和年降水量的相关系数为 -0.598，双侧检验 P 为 $0.000<0.05$。可见年蒸发量与年降水量有显著相关性，且是负相关。

再通过回归分析，得出如下表10-15的结果，可知年蒸发量=-0.191×年降水量 +1022.046。

表10-15　安新县年蒸发量、年降水量回归分析

Coefficients^a（回归性分析）						
Model		Unstandardized Coefficients		Standardized Coefficients	t	Sig.
		B	Std. Error	Beta		
1	(Constant)	1022.046	36.191		28.240	0.000
	年降水量	-0.191	0.074	-0.440	-2.595	0.015

注：a表示Dependent Variable，年蒸发量

参考李辉等（2005）《扎龙自然保护区水平衡分析》中提及的蒸发量计算方法，由于年蒸发量与年降水量呈负相关，所以在计算蒸发量设计值时，应对实测蒸发量序列进行升序排频，再根据典型年选择原则，从实测数据中选择代表年取对应代表两年的加权平均值，计算出各保证率下的设计值如表10-16。

表10-16　不同代表年的蒸发量年内分配结果　　　　（单位：mm）

月份	平水年代表年		平水年蒸发设计值	一般枯水年代表年		一般枯水年蒸发设计值	特枯水年代表年		特枯水年蒸发设计值
	1988	1989		1980	1992		1983	1981	
1	17.9	13.6	15.8	28.0	15.8	25.0	22.1	20.9	21.6
2	32.6	33.4	33.0	31.3	42.2	34.0	38.3	39.2	38.7
3	68.2	103.3	85.8	59.7	63.0	60.5	78.3	91.6	84.3
4	155.6	115.7	135.7	107.2	141.2	115.7	139.4	133.3	136.7
5	138.4	147.2	142.8	164.6	129.8	155.9	121.8	175.4	145.9
6	142.0	141.7	141.8	137.9	145.6	139.8	177.4	157.7	168.5

续表

月份	平水年代表年 1988	平水年代表年 1989	平水年蒸发设计值	一般枯水年代表年 1980	一般枯水年代表年 1992	一般枯水年蒸发设计值	特枯水年代表年 1983	特枯水年代表年 1981	特枯水年蒸发设计值
7	100.6	109.2	104.9	133.3	150.8	137.6	133.4	124.1	129.2
8	80.6	95.8	88.2	97.9	98.0	97.9	118.1	94.1	107.3
9	71.8	73.2	72.5	93.8	92.9	93.6	80.5	93.4	86.3
10	56.0	61.5	58.7	54.4	54.1	54.3	54.0	86.0	68.4
11	50.5	29.8	40.2	38.3	26.2	35.3	38.6	29.3	34.4
12	23.3	13.1	18.2	24.9	12.9	21.9	24.7	15.2	20.4
全年	937.6	937.6	937.6	971.3	972.4	971.6	1026.5	1060.1	1041.6

5. 白洋淀湿地渗漏量计算

根据白洋淀水位与渗漏量关系（表10-12），内插得到白洋淀各月最小和适宜生态水位下的平均每日渗漏量，然后计算出每月渗漏量，结果如表10-17和表10-18所示。

表10-17 白洋淀水位与渗漏量关系

水位/m	4.9	6.0	6.5	7.0	7.3	8.5	9.0
单宽渗漏量（m³/d）	0	0.074	0.159	0.257	0.294	0.500	0.597
周边渗漏量（10⁴ m³/d）	0	1.62	3.482	5.628	6.488	11.147	13.074

注：资料源于刘建芝等（2007）的河北省水科所1979年侧渗模拟实验成果

表10-18 白洋淀最小和适宜生态水位下的渗漏量

月份	生态水位 最小	生态水位 适宜	日渗漏量/10⁴ m³·d⁻¹ 最小	日渗漏量/10⁴ m³·d⁻¹ 适宜	月渗漏量/10⁴ m³ 最小	月渗漏量/10⁴ m³ 适宜
1	6.61	7.10	3.954	5.915	123	183
2	6.70	7.20	4.340	6.201	122	174
3	6.92	7.43	5.285	6.993	164	217
4	6.88	7.39	5.113	6.837	153	205
5	6.87	7.38	5.070	6.799	157	211
6	7.30	7.85	6.488	8.623	195	259
7	7.57	8.13	7.536	9.710	234	301
8	7.31	7.86	6.527	8.662	202	269
9	7.11	7.64	5.943	7.808	178	234
10	6.94	7.45	5.370	7.070	166	219
11	6.87	7.38	5.070	6.799	152	204
12	6.83	7.34	4.898	6.643	152	206
全年					1998	2682

6. 不同代表年白洋淀湿地生态需水量的计算结果

根据公式（10-1）以及上述研究结果，计算白洋淀生态需水量，计算结果见表10-19~表10-21。

表10-19　白洋淀生态需水量计算结果（平水年）

月份	生态水面面积（km²）最小	生态水面面积（km²）适宜	蒸发量（mm）	降水量（mm）	蒸发量减降水量（10⁴m³）最小	蒸发量减降水量（10⁴m³）适宜	渗漏量（10⁴m³）最小	渗漏量（10⁴m³）适宜	生态环境需水量（10⁴m³）最小	生态环境需水量（10⁴m³）适宜
1	75.31	109.74	15.8	0.3	117	170	123	183	240	353
2	80.61	118.42	33.0	2	250	367	122	174	372	541
3	94.12	139.59	85.8	2.6	783	1161	164	217	947	1378
4	91.20	134.92	135.7	28.83	975	1442	153	205	1128	1647
5	90.61	134.05	142.8	15.22	1156	1710	157	211	1313	1921
6	127.10	192.87	141.8	57.26	1075	1631	195	259	1270	1890
7	157.35	225.66	104.9	140.15	−555	−795	234	301	−321	−494
8	127.97	194.13	88.2	132.04	−561	−851	202	269	−359	−582
9	110.61	166.23	72.5	27.93	493	741	178	234	671	975
10	95.85	142.13	58.7	10.61	461	684	166	219	627	903
11	90.61	134.05	40.2	12.71	249	369	152	204	401	573
12	88.26	130.57	18.2	0	161	238	152	206	313	444
全年					4604	6867	1998	2682	6602	9549

表10-20　白洋淀生态需水量计算结果（一般枯水年）

月份	生态水面面积（km²）最小	生态水面面积（km²）适宜	蒸发量（mm）	降水量（mm）	蒸发量减降水量（10⁴m³）最小	蒸发量减降水量（10⁴m³）适宜	渗漏量（10⁴m³）最小	渗漏量（10⁴m³）适宜	生态环境需水量（10⁴m³）最小	生态环境需水量（10⁴m³）适宜
1	75.31	109.74	25.0	0	188	274	123	183	311	457
2	80.61	118.42	34.0	0.3	272	399	122	174	394	573
3	94.12	139.59	60.5	0.79	562	833	164	217	726	1050
4	91.20	134.92	115.7	63.09	480	710	153	205	633	915
5	90.61	134.05	155.9	35.55	1090	1613	157	211	1247	1824
6	127.10	192.87	139.8	46.84	1182	1793	195	259	1377	2052
7	157.35	225.66	137.6	73.88	1003	1438	234	301	1237	1739
8	127.97	194.13	97.9	92.6	68	103	202	269	270	372
9	110.61	166.23	93.6	21	803	1207	178	234	981	1441
10	95.85	142.13	54.3	22.38	306	454	166	219	472	673
11	90.61	134.05	35.3	3.47	288	427	152	204	440	631
12	88.26	130.57	21.9	0	193	286	152	206	345	492
全年					6435	9537	1998	2682	8433	12219

表 10-21　白洋淀生态需水量计算结果（特别枯水年）

月份	生态水面面积（km²） 最小	生态水面面积（km²） 适宜	蒸发量（mm）	降水量（mm）	蒸发量减降水量（10⁴m³） 最小	蒸发量减降水量（10⁴m³） 适宜	渗漏量（10⁴m³） 最小	渗漏量（10⁴m³） 适宜	生态环境需水量（10⁴m³） 最小	生态环境需水量（10⁴m³） 适宜
1	75.31	109.74	21.6	9.83	89	129	123	183	212	312
2	80.61	118.42	38.7	0.4	309	454	122	174	431	628
3	94.12	139.59	84.3	1.81	776	1151	164	217	940	1368
4	91.20	134.92	136.7	16.55	1096	1621	153	205	1249	1826
5	90.61	134.05	145.9	18.25	1157	1711	157	211	1314	1922
6	127.10	192.87	168.5	26.48	1805	2739	195	259	2000	2998
7	157.35	225.66	129.6	55.07	1166	1673	234	301	1400	1974
8	127.97	194.13	107.3	111.34	−52	−78	202	269	150	191
9	110.61	166.23	86.3	30.19	621	933	178	234	799	1167
10	95.85	142.13	68.4	31.7	352	522	166	219	518	741
11	90.61	134.05	34.4	7.42	244	362	152	204	396	566
12	88.26	130.57	20.4	0	180	266	152	206	332	472
全年					7743	11483	1998	2682	9741	14165

10.2.5　白洋淀湿地生态水权计算

前面计算了白洋淀湿地的最小和适宜生态需水量。进行湿地需水调度时，还应考虑湿地的生态水权，即湿地集水区范围的水资源中，使用权属于湿地、应当流入湿地的水量。明确湿地生态水权，是湿地需水调度中协调各相关方利益的需要。

1. 生态水权的含义及其研究意义

1）生态水权的含义

关于水权的概念有许多提法，如：水权一般指水资源使用权（周霞等，2001）；水权最简单的说法是水资源的所有权和使用权（汪恕诚，2001）；水权是指水资源稀缺条件下人们对有关水资源的权利的总和（包括自己或他人受益或受损的权利），其最终可归结为水资源的所有权、经营权和使用权（姜文来，2000）。水权概念众多提法的主要差别是水权概念的宽泛程度不等。由于水资源的所有权在我国《水法》中已经规定得相当清楚了，因而水权研究的重点在于水的使用权（汪恕诚，2001；王浩和王干，2004）。

水权的分配包括在流域（区域）之间的分配和用水部门之间的分配。就用水部门来说，首先可分为生活、生产和生态三大部门，相应地有生活水权、生产水权和生态水权。生态水权就是分配给生态环境使用水资源的权利，它包括自然保护区生态用水权、湿地系统生态用水权、（天然、人工）林草生态系统用水权、河道内生态环境用水权（李云玲等，2004）。

2）生态水权研究的意义

我国许多地区水资源供需矛盾突出，湿地因上游用水增加、下泄水量减少而退化。如白洋淀湿地 20 世纪 80 年代出现连续 5 年干淀（赵彦红等，2005）；由于干旱缺水，向海湿地多数湖泡见底、沼泽干涸、芦苇枯矮、鸟类、禽类数量明显减少，沙化、碱化严重，湿地生态系统遭到严重破坏（王教河等，2004）；扎龙湿地在 2001 年实施引嫩江水补水前，明水及沼泽面积由多年平均 836 km^2 减少到 130 km^2 左右，鹤类数量急剧减少（水利部松辽水利委员会，2004）。湿地用水得不到保障，最主要的原因就是随着社会经济发展，湿地的水被其他用户所占用。因此必须明晰湿地自身拥有的生态水权，避免"公地效应"。湿地生态水权就是分配给湿地生态系统使用水资源的权利。目前，我国一般采取应急调水的方式为湿地供水，即在湿地极度缺水时通过统筹协调对湿地实施供水。然而，为湿地供水用的是谁的水权，供水责任的承担主体应当是谁，却并不清楚，这导致了难以对湿地进行常态化的供水。要实现向湿地进行常态化的供水，就必须首先解决湿地生态水权的问题。为湿地供水时，供给湿地的水可能本来就是湿地的水权，供水其实是归还其水权，也可能还用了其他用水部门的水权。只有明确了湿地的生态水权，才好确定供水责任的承担主体，实现湿地供水的常态化。

2. 湿地生态水权分配原则与方法

1）湿地生态水权分配原则

关于生态环境用水权的分配，丛振涛和倪广恒（2006）认为生态水权具体表现在维持生态与环境功能所需的水资源量，也就是生态需水量。目前，在水权分配的理论和案例研究中，一般也将生态用水保障原则作为水权分配的原则之一，也就是说，生态水权量等于生态需水量。如史银军和粟晓玲（2010）对甘肃省石羊河流域水资源使用权的研究中，将基本生活用水、生态用水和基本粮食生产用水满足作为约束条件，进行流域水资源使用权优化配置；柯劲松和桂发亮（2006）对某流域水权初始分配的研究中，先将河道内生态需水量扣除后，再利用模糊决策和层次分析法对剩余水量进行分配；郑剑锋等（2006）对新疆玛纳斯河取水权分配研究中，先用定额法计算基本用水需求，用 Tennant 法计算生态环境需水，这两项用水按需保证后，剩余水量作为生产性用水在各地区间进行分配。考虑到不同地区和不同年份水资源的丰缺状况存在差异，而生态环境需水也不是一个定值（可分成不同级别），有人提出应在查明流域（或区域）水资源及其利用现状，计算生态环境的最小需水量（临界需水量）、最适需水量和饱和需水量的基础上，根据水资源的丰缺状况、生态环境的脆弱程度以及所要求的生态目标的需水量情况进行初始水权的分配（李云玲等，2004）。

然而，按照生态用水保障的思路分配生态水权，即生态水权量等于生态需水量，在水资源紧缺地区，有的年份分配给社会经济的水权量（除基本生活水权外）可能很少，社会经济发展会受到严重影响，会导致矛盾冲突。

因此，分配生态水权时，不仅要考虑生态需水量，还要考虑社会经济需水和水资源的情况。据此，在进行白洋淀湿地生态水权研究时，遵照以下原则。

（1）基本生活用水保障原则。生存权是人类首要人权，因此各项用水中，基本生活用水应得到保障,即基本生活用水权应等于基本生活需水量。湿地生态水权的分配应以基本生活用水保障为前提。

(2) 生产与生态、上游与下游统筹协调原则。水权分配的一个重要原则是公平原则。所谓公平原则,就是初始水权分配必须充分考虑水资源在地域间、行业间、各种人群间的平等分配和生态用水的要求,保证水资源在上下游、左右岸、不同区域、不同部门间的公平分配。将这一原则应用到湿地生态水权的分配,就是要湿地生态用水与湿地上游生产生态用水统筹考虑,在分配水权时平等对待。水资源总量减去应当确保的基本生活需水消耗量后,剩余的水资源在湿地生态用水和湿地上游生产生态用水之间按需水量比例分配,在缺水情况下,二者同比例削减。

(3) 尊重现状用水原则。如上所述,湿地生态水权的分配需要在各项需水计算的基础上进行。现状用水是初始水权分配的基本依据,因为现状用水反映了当前各地区、部门的用水格局,具有一定的合理性,容易得到用水者、管理者的普遍认可。因此,计算各项需水量时,只考虑现状用水户的合理用水。如对农田灌溉用水、果园灌溉用水,只考虑现状有灌溉条件的部分。

(4) 合理用水原则。需水定额采用与区域发展水平相适应的适中的定额,它既不是技术水平太高、脱离区域发展水平实际的节约用水水平,也不是浪费型的用水定额。

2) 湿地生态水权计算方法

根据上述水权分配原则,湿地生态水权的计算公式如下:

$$W_{湿地水权} = (W_{总} - W_{生活耗需}) \times \frac{W_{湿地耗需}}{W_{上游生产生态耗需} + W_{湿地耗需}} \tag{10-6}$$

式中,$W_{湿地水权}$ 为湿地生态水权量;$W_{总}$ 为流域水资源总量;$W_{生活耗需}$ 为以耗水量计的流域内基本生活需水量;$W_{湿地耗需}$ 为以耗水量计的湿地适宜生态需水量;$W_{上游生产生态耗需}$ 为以耗水量计的湿地上游生产生态需水量。

由于水资源被取用后会有一部分回归水,计算各项需水量时,均以耗水量(可称之为耗水需水量)计:耗水需水量=取水需水量×(1-回归系数)。

湿地上游生产生态需水量($W_{上游生产生态耗需}$)是湿地上游除基本生活需水以外的其他需水,包括农田灌溉耗水、果园灌溉耗水、畜牧业耗水、工业耗水、水面面积扩大增加的耗水等需水。

3. 白洋淀上游各项需水量计算

1) 社会经济资料的收集与整理

白洋淀流域流域面积3.12万 km^2,涉及河北、山西和北京,从行政区的完整性来说,没有一个完整的地市级行政区包含在其中。对全部包含在白洋淀流域的县(或县级市,以下同)来说,只收集地市统计年鉴,即有县一级的数据。而对部分区域位于流域内的县,则需收集县统计年鉴或其他统计资料,从中得到乡镇一级的数据(个别县未能收集到县统计年鉴,则以该县处于白洋淀流域内的面积占全县面积的比例,乘以地市统计年鉴中的该县数据得到;北京市丰台区、门头沟区在流域内的面积与房山区在流域外的面积大致相当,故北京市只收集房山区统计年鉴)。本文的社会经济现状数据为2008年数据。

对收集到的流域内各市县有关社会经济统计数据，按市县分别进行整理计算。在各市县社会经济项目统计数据整理的基础上，汇总得到全流域需水量计算所需的社会经济统计数据（表10-22）。

表10-22 白洋淀流域社会经济统计数据汇总

项目	单位	保定	石家庄	张家口	沧州	衡水	山西	北京	合计
城镇人口	人	2 088 841	382 587	1115	8302	6455	35 312	403 515	2 926 127
乡村人口	人	8 822 452	1 439 159	39 315	20 942	83 560	244 714	363 803	11 013 945
有效灌溉面积	hm²	595 987	102 843	606	1799	8228	6231	32 200	747 894
工业增加值	万元	5 474 960	1 860 306	10 628	112 346		111 697	1 198 196	8 768 133
大牲畜存栏	头	469 917	304 799	1460	585	2153	69 156	2566	850 636
猪存栏	头	3 277 314	881 683	3145	2538	97 500	51 674	239 096	4 552 950
羊存栏	头	1 828 565	263 512	4879	2967	22 730	321 585	139 278	2 583 516
家禽存栏	只	33 437 139	20 726 799			269 180	501 957	807 500	55 742 575
兔存栏	只	698 589	715 923			7898	11 870		1 434 280
果园面积	hm²	134 829	61 454	21 712	123	808	410	3785	223 121

2）各项需水计算

白洋淀上游（即除白洋淀湿地外的白洋淀流域部分）的需水主要包括生活需水、农田灌溉需水、果园灌溉需水、畜牧业需水、工业需水和水库蒸发耗水。估算各项需水时，采用与现状发展水平相应的定额。

(1) 生活需水

生活需水包括城镇生活需水和农村生活需水，计算方法采用人均日用水定额法。

城镇生活需水定额（综合定额，包括居民家庭生活需水和市政公共需水）按2007年保定市城镇生活用水量和当年城镇人口计算，为170 L/（人·d）。按2007年保定市农村生活用水量和当年乡村人口计算，农村生活用水定额为66 L/（人·d）；根据河北省地方标准《用水定额》（DB13/T 1161-2009），农村居民生活用水定额为40~60 L/（人·d）。据此，农村生活需水定额取60 L/（人·d）。白洋淀流域城镇人口为292.61×10⁴，乡村人口为1101.39×10⁴，则白洋淀流域现状（2008年）每年居民生活需水量为42276万 m³。根据鲁学仁1993年主编的《华北暨胶东地区水资源研究》及周年生、李彦东2000年主编的《流域环境管理规划方法与实践》，生活用水的回归系数采用0.5，则生活耗水需水量为每年21 138万 m³。

(2) 农田灌溉需水

为简化起见，农田灌溉需水量采用综合定额法，即

农田灌溉取水需水量=灌溉综合定额×有效灌溉面积

农田灌溉取水需水量 - 回归水量=农田灌溉耗水需水量

任宪韶2007年主编的《海河流域水资源评价》中，白洋淀流域所在的海河南系的现状水平年的农业灌溉综合需水定额为：50%保证率231 m³/亩（3465 m³/hm²），75%保证

率 294 m³/亩（4410 m³/hm²）。根据保定市 2007 年农田灌溉用水量和当年有效灌溉面积计算，保定市 2007 年（为平水年）耕地的实际灌溉定额为 3681 m³/hm²，与《海河流域水资源评价》中采用的 50% 保证率灌溉需水定额接近，因此采用书中的 50% 保证率和 75% 保证率灌溉需水定额是合适的。根据段爱旺 2004 年主编的《北方地区主要农作物灌溉用水定额》中张家口站主要作物缺水量（缺水量是指除自然降雨外农作物生长期内还需要通过灌溉来补充的水量，即灌溉需水量）的计算结果，可知 95% 代表年的缺水量与 75% 代表年缺水量的差值大致是 75% 代表年缺水量与 50% 代表年缺水量的差值的 1.5 倍，即

$$95\%代表年灌溉定额 - 75\%代表年灌溉定额 = 1.5 \times$$
$$(75\%代表年灌溉定额 - 50\%代表年灌溉定额)$$

据此推算，白洋淀流域 95% 代表年农田灌溉定额 = 4410 + 1.5 × (4410 − 3465) = 5828 m³/hm²。

白洋淀流域的有效灌溉面积为 747 894 hm²，分别乘以 3465 m³/hm²、4410 m³/hm² 和 5828 m³/hm²，得 50%、75% 和 95% 保证率农田灌溉取水需水量分别为每年 259145 万 m³、329821 万 m³ 和 435 873 万 m³。

根据刘鹤峰 2006 年主编的《河北省地质·矿产·环境》，灌溉用水的回归系数采用 0.1，则 50%、75% 和 95% 保证率农田灌溉耗水需水量分别为每年 233 231 万 m³、296 839 万 m³ 和 392 286 万 m³。

(3) 果园灌溉需水

白洋淀流域果园面积为 223 121 hm²，果园中有一部分为灌溉果园。由于各市、县灌溉果园面积数据未进行详细统计，故灌溉果园面积是以果园总面积乘以访问得到的灌溉果园面积占果园总面积的大致比例得到。保定市占白洋淀流域的大部分，因此灌溉果园面积占果园总面积的大致比例是通过对保定市的调查访问得到。据保定市林业局相关工作人员介绍，保定市灌溉果园面积大致占整个果园面积的 1/3 ~ 1/2。取 0.4 作为果园面积中灌溉果园的比例，则白洋淀流域灌溉果园面积大致为 223 121 hm² × 0.4 = 89 248 hm²。50% 和 75% 保证率的果园灌溉定额分别取 1500 m³/hm² 和 2100 m³/hm²（河北省地方标准 DB13/T 1161-2009《用水定额》），95% 保证率果园灌溉定额采取同农田 95% 灌溉定额计算方法得到为 3000 m³/hm²，则 50%、75% 和 95% 保证率果园灌溉需水量（取水量）分别为每年 13 387 万 m³、18 742 万 m³ 和 26 774 万 m³。

果园灌溉用水的回归系数采用 0.1，则 50%、75% 和 95% 保证率果园灌溉耗水需水量分别为每年 12 048 万 m³、16 868 万 m³ 和 24 097 万 m³。

(4) 畜牧业需水

参照河北省地方标准《用水定额》(DB13/T 1161−2009) 中的畜牧业用水定额，大牲畜需水定额采用 40 L/(头·d)；猪、羊和家禽采用上述标准中散养用水定额和集中养殖用水定额的平均值，分别为 14 L/(头·d)、9 L/(头·d) 和 0.38 L/(只·d)。兔用水定额参照家禽的标准 0.38 L/(只·d) 来计算。白洋淀流域大牲畜、猪、羊、家禽和兔的存栏数分别为 85.06 万头、455.30 万头、258.35 万头、5574.26 万只和 143.43 万只，计算得到畜牧业需水量（取水量）为每年 5210 万 m³。畜牧业用水不考虑回归水量，即畜牧业耗水需水量为每年 5210 万 m³。

(5) 工业需水

采用万元工业增加值用水定额计算工业需水量。《海河流域水资源评价》中白洋淀流域所在的海河南系的现状代表年的工业用水定额为 57 m³/万元工业增加值，2007 年保定市万元工业增加值的用水量为 3.216×10⁸ m³/5 780 703 万元=55.6 m³/万元工业增加值。因此，工业需水定额取 55 m³/万元工业增加值。白洋淀流域 2008 年工业增加值为 876.8133 亿元，则年工业需水量（取水量）= 8 768 133 万元×55 m³/万元=48 225 万 m³。根据鲁学仁 1993 年主编的《华北暨胶东地区水资源研究》及周年生、李彦东 2000 年主编的《流域环境管理规划方法与实践》，工业用水的回归系数采用 0.5，则工业耗水需水量为每年 24 113 万 m³。

(6) 水库蒸发耗水

水库建设后，原来的陆面变成水面，增加了水资源的消耗。从流域的角度来说，水库的耗水主要是蒸发，因为渗漏水量实际上转变成其下游的地下水资源，并未消耗水资源。水库蒸发耗水量为水库水面蒸发量减去水库蓄水区建库前的陆面蒸发量，而陆面蒸发量可近似用降水量减去径流量代替，因此有公式：

$$W_{库蒸} = A(\alpha E_水 - P + R) \quad (10\text{-}7)$$

式中，$W_{库蒸}$ 为水库蒸发耗水量；A 为与年平均水位相应的水库面积；α 为水面蒸发器折算系数；$E_水$ 为蒸发器实测的水面蒸发量；P 为降水量；R 为径流深。

白洋淀流域水库众多，这里只计算一些较大的水库的蒸发消耗。同时，为简化起见，对水库蒸发耗水不按月计算，而按年计算。经量算，西大洋、王快、安格庄、横山岭、龙门、口头等 17 座较大的水库在平均水位时面积之和约为 80 km²。水库年水面蒸发（经折算后的，即 $\alpha E_水$）以白洋淀 1980～2009 年的数据代替，50%、75% 和 95% 保证率分别为 938 mm、972 mm 和 1042 mm（见前文"白洋淀湿地不同代表年蒸发量计算"）。年降水量和径流深以任宪韶 2007 年主编的《海河流域水资源评价》中采用 1980～2000 年资料系列所得结果为基础计算。《海河流域水资源评价》中，白洋淀流域被分成大清河山区和大清河淀西平原区分别计算，由于比较大的水库均位于山区向平原区的过渡区，因此年降水量和径流深由这 2 个区的数值进行面积加权得到。结果为：50%、75% 和 95% 保证率的年降水量分别为 506 mm、432 mm 和 338 mm，年径流深分别为 52 mm、34 mm 和 19 mm。运用式（10-7）计算得到，50%、75% 和 95% 保证率的水库蒸发耗水分别为每年 3872 万 m³、4592 万 m³ 和 5784 万 m³。

白洋淀上游各项需水量（耗水量）汇总为表 10-23。

表 10-23　白洋淀上游各项需水量（耗水量）　　（单位：万 m³）

项目	50%保证率	75%保证率	95%保证率
生活	21 138	21 138	21 138
农田灌溉	233 231	296 839	392 286
果园灌溉	12 048	16 868	24 097
畜牧业	5210	5210	5210
工业	24 113	24 113	24 113
水库蒸发	3872	4592	5784
合计	299 612	368 760	472 628

4. 白洋淀湿地生态水权计算

根据白洋淀流域的水资源总量、前面计算的白洋淀湿地生态需水量和白洋淀上游各项需水量，运用前文公式（10-6），计算白洋淀湿地的生态水权如下。

在平水年，白洋淀流域的水资源总量 $W_{总}$ = 396 000 万 m^3，白洋淀流域的生活耗水需水量 $W_{生活耗需}$ = 21 138 万 m^3，白洋淀湿地的适宜耗水需水量 $W_{湿地耗需}$ = 9549 万 m^3，白洋淀上游各项生产生态需水量之和 $W_{上游生产生态耗需}$ = 233 231+12 048+5210+24 113+3872 = 278 474 m^3。白洋淀湿地的生态初始水权量为：（396 000－21 138）×9549/（278 474+9549）= 12 428 万 m^3，大于湿地适宜生态需水量，可按湿地适宜生态需水量为白洋淀供水。

在一般枯水年，白洋淀流域的水资源总量 $W_{总}$ = 267 000 万 m^3，白洋淀流域的生活耗水需水量 $W_{生活耗需}$ = 211 38 万 m^3，白洋淀湿地的适宜耗水需水量 $W_{湿地耗需}$ = 12 219 万 m^3，白洋淀上游各项生产生态需水量之和 $W_{上游生产生态耗需}$ = 296 839+16 868+5210+24 113+4592 = 347 622 m^3。白洋淀湿地的生态初始水权量为：（267 000－21 138）×12219/（347 622+12 219）= 8349 万 m^3，该值接近最小生态需水量（8433 万 m^3）。可知在一般枯水年，按照白洋淀湿地的生态初始水权为白洋淀供水，基本可以满足白洋淀湿地的最小生态需水量。

在特别枯水年时，白洋淀流域的水资源总量 $W_{总}$ = 150 000 万 m^3，白洋淀流域的生活耗水需水量 $W_{生活耗需}$ = 21 138 万 m^3，白洋淀湿地的适宜耗水需水量 $W_{湿地耗需}$ = 14165 万 m^3，白洋淀上游各项生产生态需水量之和 $W_{上游生产生态耗需}$ = 392286+24097+5210+24113+5784 = 451490 m^3。白洋淀湿地的生态初始水权量为：（150000－21138）×14165/（451490+14165）= 3920 万 m^3，该值小于白洋淀最小生态需水量（9741 万 m^3）。此时即使按照最小生态需水量为白洋淀供水，也需占用其他地区（白洋淀上游或外流域）的水权，占用其他地区水权的额度为9741 万 m^{10}－3920 万 m^3 = 5821 万 m^3，需要对此进行补偿。

10.2.6 白洋淀流域生态调水水量方案

根据前文的计算，白洋淀湿地的适宜和最小生态需水量分别为：平水年（50% 保证率）9549 万 m^3 和6602 万 m^3，一般枯水年（75% 保证率）12 219 万 m^3 和8433 万 m^3，特别枯水年（95% 保证率）14 165 万 m^3 和9741 万 m^3。按照适宜需水量为白洋淀供水，对白洋淀湿地的保护当然是最好的。但在水资源少的年份，这势必使社会经济用水更加紧张。因此，白洋淀生态供水水量应根据其生态需水量和流域水资源量两方面情况确定。

在平水年（50% 保证率），按照白洋淀湿地的适宜生态需水量和适中的社会经济用水定额进行水资源供需分析，白洋淀流域水资源有盈余，白洋淀湿地生态水权量大于其适宜生态需水量，因此可按适宜生态需水量（9549 万 m^3）为白洋淀湿地进行流域内调水，即白洋淀上游应提供9549 万 m^3 入淀水量。

在一般枯水年（75% 保证率），按照白洋淀湿地的适宜生态需水量和适中的社会经济用水定额进行水资源供需分析，白洋淀流域水资源不能满足需求，白洋淀湿地的生态水权量（8349 万 m^3）小于适宜生态需水量（12 219 万 m^3）和最小生态需水量（8433 万 m^3），但与最小生态需水量很接近，可按白洋淀湿地的生态水权量（8349万 m³）为其进行流域内调水，即白洋淀上游应提供8349万 m³ 入淀水量，此时基本满足白洋淀湿地的最小生态需水量。

在特别枯水年（95%保证率），白洋淀流域水资源缺口更大，白洋淀湿地的生态水权量（3920万 m³）不仅远远小于其适宜生态需水量（14 165万 m³），也远小于其最小生态需水量（9741万 m³）。此时只能按最小生态需水量（9741万 m³）为白洋淀供水，其中3920万 m³ 是白洋淀上游应当提供的，其余部分由上游或外流域出让水权获得（由于此时全流域水资源极度紧缺，由外流域出让水权，进行跨流域调水可能较为现实）。

10.2.7 白洋淀补水的生态补偿机制

1. 生态补偿发生的条件

白洋淀流域的水资源中，有一部分为白洋淀湿地拥有初始水权的，这部分水资源是应当进入白洋淀的。如果这部分水资源被上游拦截，则是上游地区侵占了白洋淀的初始水权。这部分水供给白洋淀，不用为此进行生态补偿。而对超出初始水权的部分，则应当进行生态补偿。

在平水年，按白洋淀适宜生态需水量9549万 m³ 对白洋淀进行流域内调水时，用的是白洋淀自己的初始水权，不用为此进行生态补偿。在一般枯水年，按接近白洋淀最小生态需水量的8349万 m³ 对白洋淀进行流域内调水时，用的也是白洋淀自己的初始水权，也不用为此进行生态补偿，但如果调水水量超出8349万 m³，则应对超出的部分进行生态补偿。在特别枯水年，即使按白洋淀最小生态需水量9741万 m³ 对白洋淀进行供水，供水量也超出了白洋淀的初始水权，对超出的部分，应进行生态补偿。

为方便起见，这里将供给白洋淀的水量中超出白洋淀水权的部分，即占用上游或流域外水权的那部分入淀径流水，称为"补水"。

2. 生态补偿标准

对某种行为的生态补偿标准的确定，通常建立在对该行为产生的生态效益的经济价值和该行为的成本进行评估的基础上。根据前面提出的白洋淀供水方案，在平水年、一般枯水年和特别枯水年中，只有特别枯水年涉及生态补偿问题，因此，这里针对特别枯水年，对补水所带来的白洋淀生态效益的价值和补水成本进行评估，在此基础上，结合白洋淀流域的社会经济发展水平，确定白洋淀湿地补水的生态补偿标准。

1）白洋淀湿地补水的生态效益的价值评估

白洋淀湿地补水的生态效益，就是补水情况下相对于不补水情况下湿地生态功能的增强。如上所述，这里针对特别枯水年进行评估。补水方案下，按最小生态需水量（9741万 m³）对白洋淀供水，白洋淀各月水位达到最小生态水位。不补水方案下，按白洋淀生态水权量（3920万 m³）对白洋淀供水（按各月最小生态需水量比例分配到每个月）。补水方案比不补水方案多供水5821万 m³，就是上文所提到的"补水"。

(1) 补水和不补水方案下白洋淀各月月均水位和水面面积

补水和不补水方案下白洋淀各月月均水位和水面面积见表10-24。表10-19中,补水方案的供水量、水位、水面面积和蓄水量即分别为最小生态需水量、最小生态水位、最小生态水面和最小生态蓄水量。对不补水方案,先根据每月供水量(即每个月的生态水权量)比补水方案相应月供水量的减少量,计算每月蓄水量,再根据白洋淀水位–水面面积–蓄水量关系,得出各月月均水位和水面面积。

表10-24 补水和不补水方案下白洋淀各月月均水位和水面面积

月份	补水方案				不补水方案				
	供水量 ($10^4 m^3$)	水位 (m)	水面面积 (km^2)	蓄水量 ($10^4 m^3$)	供水量 ($10^4 m^3$)	供水量比补水方案减少量 ($10^4 m^3$)	蓄水量 ($10^4 m^3$)	水位 (m)	水面面积 (km^2)
1	212	6.61	75.31	5817	85	127	5690	6.59	74.13
2	431	6.70	80.61	6510	173	258	6252	6.67	78.84
3	940	6.92	94.12	8298	378	562	7736	6.86	90.03
4	1249	6.88	91.20	7914	503	746	7168	6.78	85.32
5	1314	6.87	90.61	7836	529	785	7051	6.77	84.73
6	2000	7.30	127.10	12 630	805	1195	11 435	7.20	118.42
7	1400	7.57	157.35	16 620	563	837	15 783	7.52	151.01
8	150	7.31	127.97	12 740	60	90	12 650	7.30	127.10
9	799	7.11	110.61	10 460	322	477	9983	7.07	107.14
10	518	6.94	95.85	8526	209	309	8217	6.91	93.25
11	396	6.87	90.61	7836	159	237	7599	6.84	88.85
12	332	6.83	88.26	7524	134	198	7326	6.80	86.49
全年	9741				3920	5821			

(2) 补水生态效益的价值评估

与不补水相比,补水情况下,白洋淀湿地水位上升,水面扩大,其服务功能发生变化。湿地生态系统的服务功能有多类,分别计算补水后每类服务功能的变化(即补水方案相对于不补水方案的变化),以适当方法计算每类服务功能变化的经济价值,将各类价值相加,就是湿地补水的生态效益价值。

考虑白洋淀的具体情况,选取芦苇生产、水产品生产、科研文化、休闲娱乐、补充地下水、大气组分调节、气温调节、环境净化、提供生物栖息地9项生态服务功能,采用适宜的评估方法,进行价值评估。

A. 芦苇生产增加价值

白洋淀是国内著名的芦苇产地之一,被誉为"芦苇之乡,甲于河北",生产芦苇数量庞大且质地优良。

白洋淀湿地芦苇发育生长期为3~6月,利用1951~1999年和2008~2010年白洋淀芦苇年产量（干重，下同）和1951~2010年白洋淀逐月平均水位资料（由于部分芦苇年产量数据可能存在谬误，以及部分年份白洋淀3~6月月均水位数据缺失，最终采用的资料系列长度为30年），运用统计软件SPSS 13.0中的曲线评估（curve estimation）方法，得到白洋淀芦苇年产量（y）与3~6月平均水位（x）关系的拟合曲线方程为：$y = e^{(8.338+0.209x)}$（$R^2=0.54$）（图10-5）。图10-8显示，随着芦苇生长期平均水位升高，芦苇年产量呈明显的增长趋势。芦苇生长期水位升高，一方面改善芦苇生长的水环境质量，从而促进芦苇生长发育，另一方面扩大可供芦苇生长的面积。

根据补水和不补水方案下白洋淀3~6月各月月均水位，得出2种方案下白洋淀3~6月平均水位分别为6.99 m和6.90 m。将它们代入拟合曲线方程，得到补水和不补水方案下白洋淀芦苇年产量分别为18 014 t和17 678 t，补水方案的芦苇年产量比不补水方案增加336 t。采用市场价值法，以芦苇价格600元/t计（2012年白洋淀干芦苇价格），补水带来的芦苇生产增加价值为每年20万元。

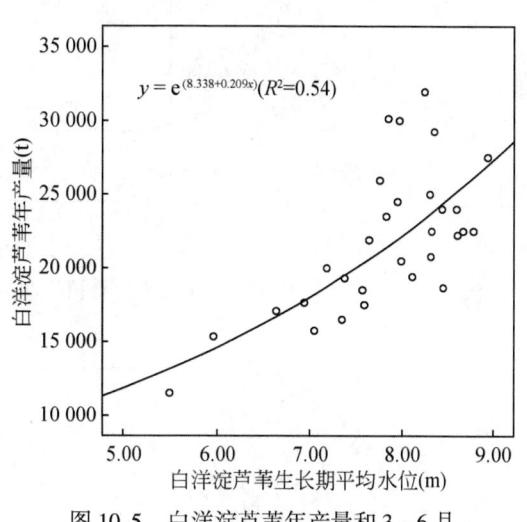

图10-5 白洋淀芦苇年产量和3~6月平均水位的曲线拟合

B. 水产品增加价值

白洋淀湿地水草丰盛，光热适度，环境良好，有利于各种鱼类生长繁殖，是发展水产养殖的天然场所，白洋淀被称为"鱼米之乡"。

利用1997~2010年白洋淀水产养殖产量资料和同时段白洋淀逐月月均水位资料，运用统计软件SPSS 13.0中的曲线评估方法得到白洋淀水产养殖年产量（y）与白洋淀年均水位（x）的拟合曲线方程为：$y = 2405.427x^2 - 29\,602.6x + 95\,938.831$（$R^2=0.64$）（图10-6）。从图10-9可看出，随着白洋淀年均水位的升高，白洋淀水产养殖年产量呈现增长趋势。年均水位升高，可供水产养殖用的面积随之增加，水产养殖年产量亦随之增长。

根据补水和不补水方案下白洋淀各月月均水位，得出两种方案下白洋淀年均水位分别为6.99 m和6.94 m。将它们代入拟合曲线方程，得到补水和不补水方案下白洋淀水产养殖年产量分别为6546 t和6351 t，补水方案的水产养殖年产量比不补水方案增加195 t。

白洋淀水产年捕捞量与白洋淀年均水位关系不明显（图10-7），即补水带来的白洋淀水产品生产的增加，全部为水产养殖产量的增加。

采用市场价值法，以水产品价格12元/kg计（2012年白洋淀水产品均价），补水带来的水产品增加的价值为每年234万元。

C. 休闲娱乐增加价值

白洋淀湿地是华北地区重要的旅游、度假胜地，淀区湿地水域辽阔，烟波浩渺，景色宜人。2007年，白洋淀湿地被国家旅游局评定为国家AAAAA级景区。白洋淀湿地旅游景点众多，既有濡阳八景、新安八景、十二连桥、四处行宫等古代景观，又有鸳鸯岛、文化

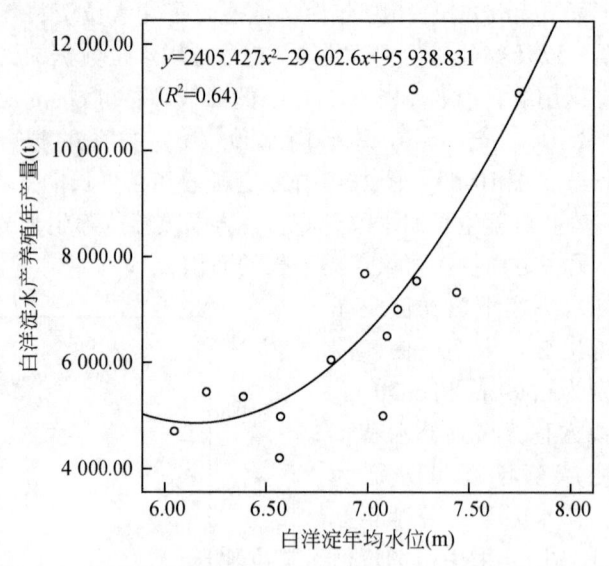

图 10-6 白洋淀水产养殖年产量和白洋淀年均水位的曲线拟合

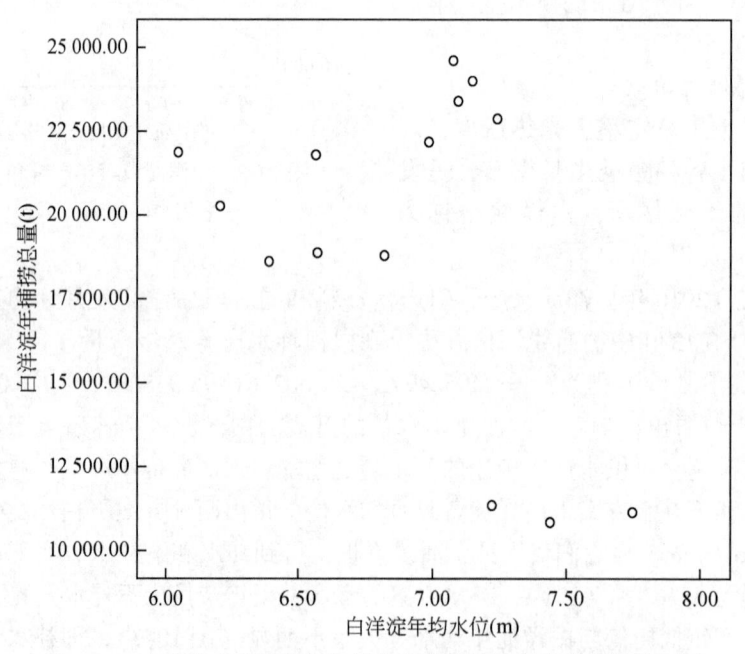

图 10-7 白洋淀水产捕捞年产量和白洋淀年均水位关系的散点图

苑、荷花大观园、渔人乐园等现代景观。白洋淀旅游是生态文化之旅、民俗文化之旅和历史文化之旅的结合。

白洋淀旅游旺季是 5~10 月。对 2000~2011 年白洋淀 5~10 月平均水位与旅游人数关系的分析表明，二者没有相关性。从理论上分析，白洋淀的蓄水是开展旅游活动的基础，白洋淀的旅游与水位是有关系的。相关性分析结果显示二者不具有相关性，可能是在旅游资料系列年份中,白洋淀旅游季节没有出现足以影响划船、垂钓等基本的水上娱乐活动的水位。即分析结果只能表明,按照目前旅游开发的范围,白洋淀水位达到某一值以上时,5~10月平均水位与旅游人数不具有相关性。白洋淀旅游业需要的最低水位为6.2 m(赵翔等,2005)。在本研究设定的方案下,各月水位均高于这一数值,补水不增加白洋淀休闲娱乐价值。

D. 科研文化增加价值

白洋淀湿地是华北平原最大的淡水湖泊,为研究湿地生态系统、湿地生物多样性、濒危物种等提供教育和研究场所,是多种自然学科的科研基地。另外白洋淀还有很多名胜古迹,为人们提供陶冶人文精神的场所。

根据补水和不补水方案下白洋淀各月月均水面面积,得出两种方案下白洋淀年均水面面积分别为102.47 km² 和 98.78 km²,补水方案年均水面面积比不补水方案增加3.69 km²。Costanza 等(1997)估算全球湿地生态系统科研文化价值为861美元/hm²[用物价指数和汇率修正为7060元/(hm²·a)],陈仲新等(2000)估算我国生态系统的科研文化价值为382元/(hm²·a)。国内学者一般采用二者均值来评估湿地的科研文化价值(庄大昌,2004;李建国等,2005)。考虑到白洋淀湿地作为华北平原最大的淡水湖泊,具有极高的科研文化价值,采用Costanza等人的研究成果,得出补水所增加的科研文化价值为每年261万元。

E. 补充地下水增加价值

白洋淀湿地通过渗漏作用补充地下水,对维持白洋淀周边地区地下水总量平衡具有重要贡献。

白洋淀补充地下水的量(渗漏量)随淀水位而变化。根据补水和不补水方案下白洋淀各月月均水位和河北省水科所1979年侧渗模拟实验成果(表10-12),内插得到2种方案下白洋淀各月平均每日渗漏量,进而得出2种方案下白洋淀年渗漏量分别为1998万 m³(补水)和1928万 m³(不补水),补水方案年渗漏量比不补水方案增加70万 m³(表10-25)。采用影子价格法,以海河流域用水均价0.75元/m³计,补水带来的补充地下水增加价值为每年53万元。

表10-25 补水和不补水情况下白洋淀渗漏量

月份	补水方案 水位 (m)	日渗漏量 (10^4 m³/d)	月渗漏量 (10^4 m³)	不补水方案 水位 (m)	日渗漏量 (10^4 m³/d)	月渗漏量 (10^4 m³)
1	6.61	3.954	123	6.59	3.868	120
2	6.70	4.340	122	6.67	4.212	118
3	6.92	5.285	164	6.86	5.027	156
4	6.88	5.113	153	6.78	4.684	141
5	6.87	5.070	157	6.77	4.641	144
6	7.30	6.488	195	7.20	6.201	186
7	7.57	7.536	234	7.52	7.342	228

续表

月份	补水方案 水位(m)	补水方案 日渗漏量($10^4 m^3/d$)	补水方案 月渗漏量($10^4 m^3$)	不补水方案 水位(m)	不补水方案 日渗漏量($10^4 m^3/d$)	不补水方案 月渗漏量($10^4 m^3$)
8	7.31	6.527	202	7.30	6.488	201
9	7.11	5.943	178	7.07	5.829	175
10	6.94	5.370	166	6.91	5.242	163
11	6.87	5.070	152	6.84	4.941	148
12	6.83	4.898	152	6.80	4.770	148
全年			1998			1928

F. 大气组分调节增加价值

白洋淀湿地有着丰富的植物资源，主要植物芦苇通过光合作用，吸收 CO_2，释放 O_2，调节大气组分，对于维持当地的碳氧平衡具有重要作用。

前面已计算得出，补水方案的芦苇年产量比不补水方案增加 336 t。根据光合作用公式，每生产 1 kg 干物质，能固定 1.63 kg CO_2，释放 1.19 kg O_2（翟水晶等，2008）。则补水带来的吸收 CO_2 增加量为 548 t/a（即固碳增加量为 149 t/a），释放 O_2 增加量为 400 t/a。分别采用造林成本法和工业制氧法评估吸收 CO_2 增加量和释放 O_2 增加量的价值。造林成本价取 1.32 元/kg (C)（江波等，2011），工业制氧成本取 400 元/t（江波等，2011；倪才英等，2009），则补水带来的大气组分调节增加价值为每年 36 万元。

G. 气温调节增加价值

白洋淀湿地作为巨大的水体具有调节温湿度的作用，冬季升高气温，夏季降低气温，像一个巨大的空调，改善湿地周边居民的生活环境。气温调节功能包括寒冷季节的增温作用和炎热季节的降温作用。白洋淀地处北方，寒冷季节较长，炎热季节较短，因此考虑 10 月~次年 3 月的增温作用和 7~8 月的降温作用。

根据 2007~2011 年安新县城与白洋淀内（大观园和圈头两气象站平均值）逐旬均温资料，10 月~次年 3 月，淀内平均气温比安新县城高 0.9℃，而 7~8 月气温调节作用不明显，因此计算气温调节增加价值时，只考虑 10 月~次年 3 月的增温作用。

根据补水和不补水方案下白洋淀各月月均水面面积，得出两种方案下白洋淀 10 月~次年 3 月平均水面面积分别为 87.46 km^2（补水方案）和 85.27 km^2（不补水方案），补水方案 10 月~次年 3 月平均水面面积比不补水方案增加 2.19 km^2。

气温调节增加价值采用影子工程法估算。根据空调设定温度和耗电量实验（李兆坚，2007），型号为 KFR-26GW 的家用空调，实验面积约 30 m^2，升高室温 0.9℃，开机 4 h，耗电约 0.6 kW·h。则 10 月~次年 3 月（共 182 天）使 2.19 km^2 范围升高 0.9℃，用上述型号空调替换，需耗电 4783 万 kW·h。电价取 0.52 元·$kW^{-1}·h^{-1}$，补水产生的气温调节增加价值为每年 2487 万元。

H. 环境净化增加价值

湿地通过吸附、降解和排除作用，可将进入湿地的污染物质转化为非污染物质。白洋淀芦苇的净化作用尤其显著，它对于淀区主要污染物质总磷和总氮具有很好的净化功能。

我国湿地生态系统废物处理功能的单位面积价值为 16087 元/（hm^2·a）（刘晓辉等，2008）。前面已计算得出，补水方案白洋淀年均水面面积比不补水方案增加 3.69 km^2。以此计算，补水产生的环境净化增加价值为每年 594 万元。

I. 提供生物栖息地增加价值

白洋淀湿地是华北地区重要的生物栖息地，生存着种类众多的野生动植物，其中许多是珍稀物种。

白洋淀湿地是省级自然保护区，我国湿地保护区单位面积湿地提供避难所的价值为 5063 元/（hm^2·a）（刘晓辉等，2008）。补水方案白洋淀年均水面面积比不补水方案增加 3.69 km^2。以此计算，补水产生的提供生物栖息地增加价值为每年 187 万元。

将上述各项价值相加，得到补水产生的生态效益的总价值为每年 3872 万元，其中直接使用价值（包括芦苇生产、水产品生产、休闲娱乐和科研文化）为每年 515 万元，占总价值的 13.3%；间接使用价值（补充地下水、大气组分调节、气温调节、环境净化和提供生物栖息地）为每年 3357 万元，占总价值的 86.7%。这表明白洋淀湿地补水的主要作用是增强湿地自然生态服务功能。生态效益总价值除以补水总量（5821 万 m^3），得到单位补水量的生态效益价值为 0.67 元/m^3。

2）白洋淀湿地补水的成本估算

如前文所述，在特别干旱年（95%保证率）为白洋淀补水 5821 万 m^3，其水权是白洋淀湿地之外区域的（白洋淀上游或外流域）。考虑到各类用水中，灌溉用水的成本较低，因此，这里设定为白洋淀补水占用的是灌溉用水水权，以此计算补水的成本，即出让 5821 万 m^3 灌溉用水的代价。考虑到补水的大部分发生在小麦生长季节，同时也为了简化起见，以减少小麦灌溉用水 5821 万 m^3 导致的小麦减产损失作为补水的成本。

在特别干旱年，白洋淀流域的水资源供需矛盾非常突出，此时选择不缺水或缺水程度较轻的附近区域作为水权的出让区域较为合适。假定水权出让区域同年为一般干旱年。为计算出让水权的损失，首先要确定水权出让区域在一般干旱年单位小麦面积的水权。这是因为，灌溉水用量与作物产量并不是呈线性关系，在不同灌溉水权量基础上出让相同的水权，其损失是不同的。在水资源紧张、灌溉水权较少的情况下，减少单位灌溉水量导致的作物产量下降也较多，即出让单位水权量的损失较大。为方便起见，假定水权出让区域在一般干旱年单位小麦面积的水权与白洋淀流域相同。按照生活用水按需保证、其他用水的水权在水资源总量扣除生活需水后剩余的水资源中按需水比例分配的思路，白洋淀流域一般干旱年的灌溉水权总量为：（水资源总量−生活需水量）×农田灌溉需水量/（白洋淀上游生产生态需水总量+白洋淀适宜生态需水量）=（267 000−21 138）×296 839/（347 622+12 219）= 202 816 万 m^3（需水量和水权量均以耗水量计）。以灌溉水权总量除以白洋淀流域有效灌溉农田面积（747 894 hm^2），得到一般干旱年单位灌溉农田面积的水权量（以耗水量计）为 2712 m^3，以取水量计为 3013 m^3（灌溉用水回归系数采用 0.1），占灌溉农田一般干旱年全年综合需水定额（4410 m^3/hm^2）的 68.3%。根据河北省地方标准《用水定额》（DB13/T 1161−2009），白洋淀流域一般枯水年（75%保证率）冬小麦的灌溉定额大致介于每亩 180~220 m^3，取平均值为每亩 200 m^3，即 3000 m^3/hm^2。一般枯水年小麦的灌溉水权则为 3000 m³/hm²×68.3% = 2049 m³/hm²。

为了减少出让灌溉水权导致作物减产的总损失，设定 5821 万 m³ 的补水量由 20 万 hm² 小麦分摊（每公顷小麦出让 291 m³ 水权，占一般枯水年小麦灌溉水权的 14.2%），即这 20 万 hm² 小麦的灌溉用水由应得的 2049 m³/hm² 减少为 1758 m³/hm²。根据马俊永等（2008）对河北省低平原不同灌溉水量对小麦产量影响的研究，小麦籽粒产量（y，单位 kg/hm²）与灌水量（x，单位 mm）的关系为：$y = 3788.3 + 26.699x - 0.0656x^2$（$r^2 = 0.991$）。据此计算，灌溉水量 2049 m³/hm²（即 204.9 mm）时，小麦产量为 6505 kg/hm²，灌溉水量 1758 m³/hm²（即 175.8 mm）时，小麦产量为 6455 kg/hm²。出让 291 m³ 水权后，小麦减产 50 kg，出让 1 m³ 水权平均减产 0.17 kg。按 2012 年河北省小麦市场价格约 2.0 元/kg 计，出让 1 m³ 水权的小麦减产损失为 0.34 元。

3）白洋淀湿地补水的生态补偿标准的确定

生态补偿标准通常介于保护付出的成本和带来的生态效益价值之间。对白洋淀湿地补水来说，成本就是为保护白洋淀生态环境出让水权的损失（按上文设定的条件，为每 m³ 水 0.34 元），生态效益价值即为前面计算的芦苇产量增加、气温调节功能增加等各项价值的总和（每 m³ 水 0.67 元）。

人们对生态价值的重视程度和对其支付的意愿是随着经济社会发展而不断提高的。生态价值是个发展的动态的概念，在社会经济发展程度较低阶段，人们不可能对生态价值有充分的认识。当社会经济有了较好的发展，实现温饱后人们对生活环境有了较高的要求，这时对生态价值的重视程度会快速提高。随着社会经济的日益发展，人们对生态价值的认识将最终达到最大化（李金昌，2002）。为了比较客观地描述在一定发展阶段的生态服务价值，引入皮尔（R. Pearl）生长曲线对其进行修正。简化后的皮尔（R. Pearl）生长曲线模型的数学表达式为：

$$L = \frac{1}{1 + e^{-t}} \tag{10-8}$$

式中，L 为发展阶段系数；t 为时间。得到的皮尔生长曲线如图 10-8。

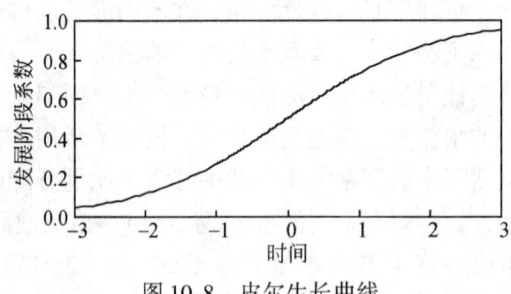

图 10-8　皮尔生长曲线

为了便于应用，对上述皮尔生长曲线进行一定的处理。把上述皮尔生长曲线的横坐标和社会发展程度以及人们的生活水平相结合，以代表社会发展水平和人们生活水平（贫困、温饱、小康、富裕、极富）的恩格尔系数（En）的倒数（1/En）代替时间坐标，作为横坐标，并令 $T = t + 3$，同时 $T = 1/En$。L 为纵坐标，代表生态价值系数，L 可以根据经济发展水平和人们生活水平所处阶段计算出来。恩格尔系数和发展阶段的对应关系见表

10-26。生态价值系数与社会发展水平关系如图 10-9 所示。

表 10-26　恩格尔系数和发展阶段对应关系

发展阶段	贫困	温饱	小康	富裕	极富
恩格尔系数	>60%	60%~50%	50%~30%	30%~20%	<20%
1/En	<1.67	1.67~2	2~3.3	3.3~5	>5

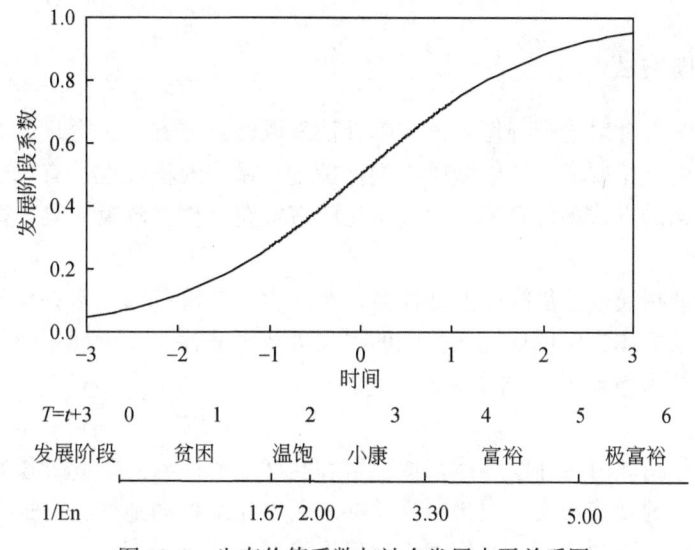

图 10-9　生态价值系数与社会发展水平关系图

基于生态价值系数，可建立如下生态补偿标准计算公式（倪才英等，2010）：

$$P = C_1 \times (1-L) + C_2 \times L \tag{10-9}$$

式中，C_1 为湿地补水成本；C_2 为湿地补水的生态效益价值；L 为生态价值系数。当 $L \to 1$ 时，此时社会处于极其富裕的水平，生态服务功能价值得到充分的肯定，生态补偿标准是湿地补水生态效益价值的全部。当 $L \to 0$ 时，社会处于贫困水平，补偿量用实际损失来衡量。当 $0 < L < 1$ 时，生态补偿标准介于 C_1 和 C_2 之间。

2012 年河北省城市与农村恩格尔系数均值为 33.8%，则 $T = 1/0.338 = 2.96$，$t = 2.96 - 3 = -0.04$，根据式（10-8），计算出生态价值系数 L 为 0.49。前面已计算得出，白洋淀湿地补水成本 $C_1 = 0.34$ 元/m³，白洋淀湿地补水的生态效益价值 $C_2 = 0.67$ 元/m³。根据式（10-9），计算得到现阶段白洋淀湿地补水的生态补偿适宜标准为 0.50 元/m³。

3. 生态补偿主客体

根据"谁开发，谁保护；谁污染，谁治理；谁破坏，谁恢复"的原则，生态补偿的主体是受益的个人、企业或者特定的区域受益的全体公民以及区域公民利益的代表——各级政府（包括中央政府和各级地方政府）；而客体是提供生态服务功能的生态系统，以及为保护生态系统的个人或者在特定区域由于保护生态系统而利益受损的群众。

根据对白洋淀湿地补水产生的生态效益价值的分析，白洋淀湿地补水的生态补偿主体为：淀区苇农（从芦苇生产中受益）、淀区渔民（从渔业养殖中受益）、利用白洋淀进行相关科学研究者（从科研文化价值中受益）、白洋淀周边居民（从补充地下水价值中受益）、淀区居民（从大气组分调节和气温调节价值中受益）、白洋淀周边排污企业（从环境净化价值中受益）、中央和地方政府（全社会从保护生物多样性中受益，政府是全社会利益的代表者）。

白洋淀湿地补水的生态补偿客体（受偿对象）是补水过程中的利益受损者，即为白洋淀补水而出让水权者。

4. 生态补偿方式

生态补偿方式是针对生态补偿客体实施补偿采取的具体方式。合理的补偿方式，不仅能满足补偿客体的补偿要求，还能激励人们保护生态系统的积极性，有助于实现地区的和谐发展。生态补偿的方式多种多样，比较常见的有资金补偿、政策补偿和智力补偿等。

1）资金补偿

资金补偿一般指通过筹集的生态补偿备用金、生态补偿费和生态补偿税、生态补偿基金等，对生态补偿客体为保护环境而受到的损失进行经济补偿。可通过建立白洋淀湿地生态补偿基金和"生态效益税"制度进行资金补偿。

2）政策补偿

政策补偿一般指政府对补偿客体采取政策和制度上的优惠，以此补偿其对生态系统保护作出贡献而受到的经济损失。对为白洋淀补水而出让水权的地区，可通过政策扶持，发展节水产业，降低水资源消耗，并促进当地经济发展。

3）智力补偿

智力补偿指补偿主体通过开展教育培训和技术指导，向补偿地区或群体输送各类专业人才，提供无偿的技术咨询和指导，培养受偿群体的技术人才和管理人才，提高补偿客体的生产技术和管理水平。对为白洋淀出让水权的地区，可开展节水灌溉技术、高产农业技术等的培训，提高水资源利用效率。

10.3 汉江流域安康水库生态调度研究

10.3.1 汉江流域及上游干流开发概况

1. 汉江流域概况

汉江是长江中游段最长的一条支流，发源于陕西省西部宁强县境内，干流流经陕西和湖北两省，东南流经陕西汉中、安康，湖北西部和中部，在武汉市汉口汇入长江，全长1577 km，支流伸展到甘肃、河南、四川和重庆，流域面积15.9 万 km^2。汉江干流丹江口以上为上游，长 925 km，集水面积 9.52 万 km^2，流经汉中盆地，水流湍急，水力资源丰富；丹江口—钟祥为中游，长 270 km，集水面积 4.68 万 km^2，流速骤减，多沙洲和卵石滩；钟祥—汉口为下游，长 382 km，集水面积 1.7 万 km^2，水流平缓，曲流发达，同长江之间河港湖泊纵横交错，汛期洪水常和长江洪峰相遇，宣泄不畅，易成涝灾。汉江干支流水能理论蕴藏量为 10 832 MW，其中干流 3490 MW。

2. 汉江上游干流开发概况

在 2007 年汉江干流规划中，共规划了 16 座梯级水库，其中上游 8 级，它们是：黄金峡（在建）、石泉（建成）、喜河（建成）、安康（建成）、旬阳（在建）、蜀河（建成）、白河（在建）和丹江口（建成）。上游干流的 8 座水库除丹江口水库位于湖北省外，其余 7 座在陕西省境内。上游干流的 8 座水库的分布如图 10-10 所示。陕西省境内 7 座水库的概况如表 10-27 所示。

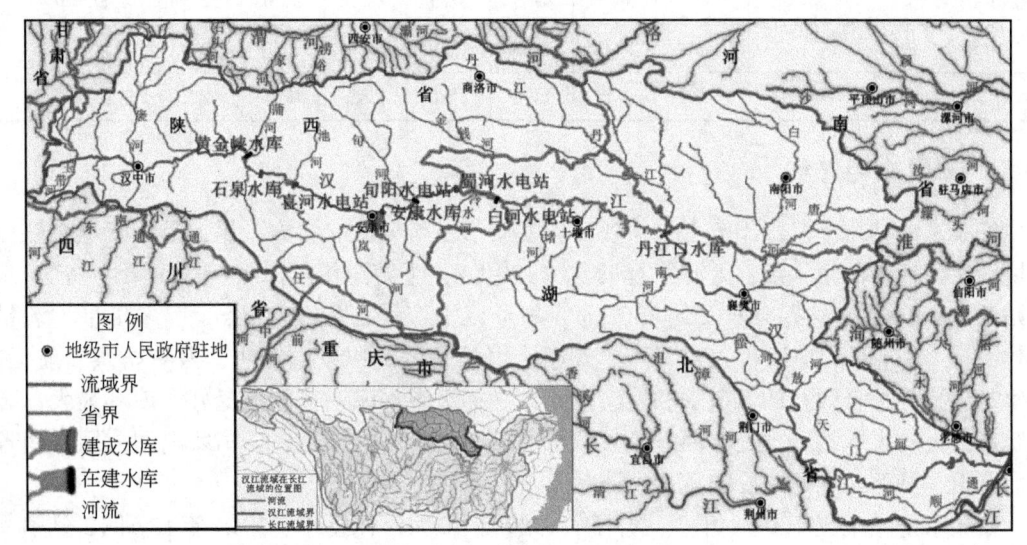

图 10-10 汉江上游干流水库分布示意

表 10-27 汉江干流陕西段梯级水库概况

	项 目	单位	梯 级 电 站							合计
			黄金峡	石泉	喜河	安康	旬阳	蜀河	白河	
水文	控制流域面积	km²	17 950	23 400	25 207	35 700	42 400	49 400	51 100	
	多年平均流量	m³/s	259	343	361	621	699	757	782	
	设计洪水流量	m³/s	18 000	21 500	21 800	36 700	27 500	30 400	30 470	
	校核洪水流量	m³/s	22 200	26 400	28 200	45 000	33 100	39 000	39 170	
水库	正常蓄水位	m	450	410	362	330	240	218	196	
	死水位	m	440	400	360	305	238	215	193	
	正常蓄水位以下库容	亿 m³	1.9	3.24	1.67	25.85	1.95	1.92	1.4	
	调节库容	亿 m³	0.84	1.8	0.2	14.72	0.41	0.37	0.29	
	调节性能		日调节	季调节	日调节	季调节	日调节	日调节	日调节	

续表

项　目		单位	梯　级　电　站							合计
			黄金峡	石泉	喜河	安康	旬阳	蜀河	白河	
电站	装机容量	MW	100	225	180	852.5	320	270	270	2217.5
	保证出力	MW	15	32	21.8	170	48	55	48	389.8
	年发电量	亿 kW·h	4.64	7.07	4.92	27.48	8	9.48	7.8	69.39
	装机利用小时数	h	4640	4700	2710	3435	2500	3511	2890	24 386
水轮机	额定水头	m	33.4	39.0	25.0	76.2	19.0	18.0	14.0	
	最大水头	m	36.1	47.5	32.5	88.0	24.0	22.3	17.8	
	最小水头	m	30.1	26.3	13.0	57.0	8.0	10.0	7.5	
备　注			在建	已建	已建	已建	在建	建成	在建	

3. 安康水电站概况

安康水电站位于汉江干流上游，陕西省安康市城西 18 km 的火石崖，是汉江上游陕西省境内 7 级梯级的第 4 级，上游距石泉电站 170 km，下游距旬阳梯级 65 km，距丹江口水电站约 260 km，北离省会西安约 350 km。坝址以上流域面积 35 700 km^2，多年平均流量 608 m^3/s，多年平均输沙量 2540 万 t。安康水电站是一座以发电为主，兼有防洪、航运、养殖、旅游等综合效益的大型水利枢纽工程，是梯级中水库调节能力最好、库容最大、装机容量最大的水电站，也是陕西省最大的水电站。安康水电厂隶属于国家电网公司陕西省电力公司，是西北电网重要的调峰、调频及事故备用主力电厂。

安康水电站工程于 1978 年正式开工，1989 年 12 月下闸蓄水，1990 年 12 月 12 日第一台机组发电，1992 年 12 月 25 日机组全部并网发电。电站装有 4 台 20 万 kW 机组，1 台 52 MW 机组，总装机容量 85 万 kW，设计年发电量 28.5 亿 kW·h。安康水电站控制流域面积为 35 600 km^2，总库容 25.85 亿 m^3，防汛库容 3.6 亿 m^3，可进行不完全年调节。电站投运 20 年来，累计发电 400 余亿 kW·h。

电站枢纽工程由拦河坝、坝后厂房、变电站和过船设施等建筑组成。左岸置导流明渠，兼作施工期通航。大坝采用拆线型整体重力坝，按一级挡水建筑物设计。坝顶高程 338 m，最大坝高 128 m，坝顶总长 541.5 m。设计洪峰流量 3.67 万 m^3/s（千年一遇洪水），校核洪峰流量 4.5 万 m^3/s（万年一遇洪水）。泄洪建筑物包括表孔、中孔各 5 个，底孔 4 个，各孔工作闸门由固定卷扬式启闭机操作。

安康水库特征水位为：死水位 300 m，汛限水位 325 m，正常高蓄水位 330 m。水库控制运用原则是：6 月底至 7 月初将库水位降至 305.00 m 高程，305.00 m 与 300.00 m 高程之间库容留作事故备用。7 月至 8 月，将库水位一般控制在 320.00 m 高程以下，9 月末将库水位控制在 325.00 m。11 月 15 日将库水位蓄至 330 m 高程。安康水库主要特征指标如表 10-28 所示。

表 10-28 安康水库主要特征指标

指标	单位	数量及特征	备注
一、水库水位			
1. 正常水位	m	330.00	水库面积 77.5km²
2. 设计洪水位（坝）	m	333.10	
3. 校核洪水位（坝）	m	337.05	
4. 防洪限制水位	m	325.00	
5. 死水位	m	300.00	
二、库容			
1. 总库容	亿 m³	25.85	正常蓄水位以下
2. 防洪库容	亿 m³	9.80	水位（325~337.05）
3. 调节库容	亿 m³	16.7	水位（300~330）
4. 死库容	亿 m³	9.1	
三、发电效益			
1. 装机容量	MW	800	含小机组为 852.5
2. 保证出力	MW	175	
3. 设计保证率	%	90	
4. 多年平均发电量	亿 kW·h	27.48	
四、主要建筑物及设备			
1. 坝顶高程	m	338.00	
2. 溢流表孔数	个	5	
3. 排沙底孔数	个	4	
4. 最大过坝船只吨数	T	100	
5. 最大升程	m	105	
6. 发电机	半伞式		

10.3.2 安康水电站下游河段径流特性与生态环境状况

1. 径流特性

1）径流年内变化

图 10-11 为安康水文站 1970~2010 年各月多年平均径流量，从图中可看出，汉江安康河段径流的年内变化比较大。分别对汛期（7~10 月）和枯水期（12 月~次年 3 月）进行统计，汛期 4 个月多年平均流量为 991.2 m³/s，枯水期 4 个月多年平均流量为 183.2 m³/s，汛期为枯水期的 5.4 倍。

2）径流年际变化

在研究径流量的年际变化时，通常以变差系数 C_v、实测的最大和最小年径流量之比 K 来表示其相对变化程度（王锐琛，2000）。安康水文站多年平均流量（1970 年~2010 年）

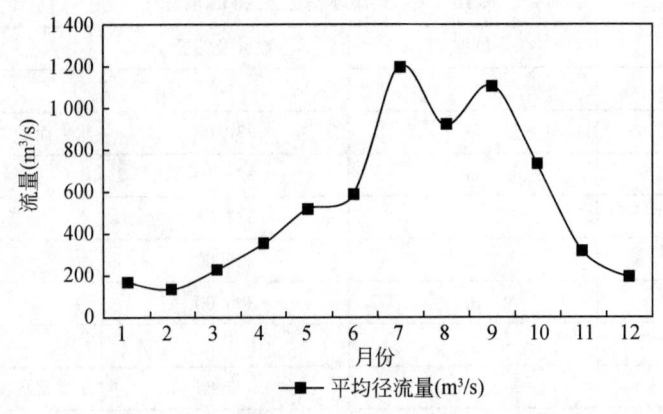

图 10-11　1970～2010 安康水文站断面径流年内变化

为 543 m³/s，年径流量 C_v 值为 0.496，实测最大年径流量与最小年径流量的比值 K 为 4.87，最大年径流量（1983 年）与多年平均径流量比值达 2.22，而最小年径流量（1999 年）与多年平均径流量比值为 0.46，可见汉江安康河段径流年际变化也比较剧烈（表 10-29、图 10-12）。

表 10-29　安康水电站径流年际变化特征值

多年平均径流量 (m³/s)	年径流量变差系数 C_v	最大年 年份	最大年 径流量 (m³/s)	最大年 与多年平均比值	最小年 年份	最小年 径流量 (m³/s)	最小年 与多年平均比值	年径流量极值比
543	0.496	1983 年	1207	2.22	1999 年	248	0.46	4.87

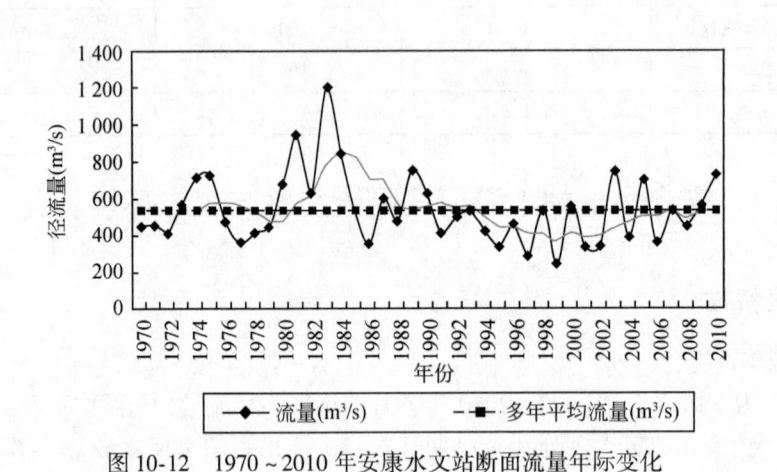

图 10-12　1970～2010 年安康水文站断面流量年际变化

2. 鱼类资源

历史上对汉江上游的鱼类资源情况做过一些调查，从这些资料中可以了解安康大坝下游江段鱼类资源的一些情况。但这些调查开展的时间较早，而且不是专门针对安康大坝下游江段的。为此,项目组委托陕西省动物研究所于2012年5~7月对安康大坝下游、旬阳水电站坝址以上汉江干流和主要支流汇入干流口进行了鱼类资源现场调查,共采集鱼苗2034尾,进行室内鉴定和渔获物组成分析。

1)鱼类名录

2012年5~7月,在汉江安康大坝下干流及其主要支流共采集到性成熟和产卵鱼类7目27科33属34种,其中鲤科鱼类17种,占50.00%;鳅科4种,占11.76%;鲿科6种,占17.64%;鮨科3种,占8.82%;鲇科2种,占5.88%;合鳃鱼科、鰕虎鱼科各1种,分别占2.94%。鱼类名录见表10-30。

表10-30 汉江干流及主要支流鱼类组成一览表

	种类 Species	学名 Scientific name
	鲤形目	CYPRINIFORMES
	鳅科	Cobitidae
	沙鳅亚科	Botiinae
1.	花斑副沙鳅	*Parabotia fasciata* Dabry
2.	东方薄鳅	*Leptobotia orientalis* Xu et Wang
	花鳅亚科	Cobitinae
3.	泥鳅	*Misgurnus anguillicaudatus* (Cantor)
4.	中华花鳅	*Cobitis sinensis* Sauvage et Dabry
	鲤科	Cyprinidae
	雅罗鱼亚科	Leuciscinae
5.	草鱼	*Ctenopharyngodon idellus* (Cuvier et Valenciennes)
6.	鳡	*Elopichthys bambusa* (Richardson)
	鲴亚科	Xenocyprininae
7.	黄尾鲴	*Xenocypris davidi* Bleeker
8.	圆吻鲴	*Distoechodon tumirostris* Peters
	鲢亚科	Hypophthalmichthyinae
9.	鲢	*Hypophthalmichthys molitrix* (Cuvieret Valenciennes)
	鲌亚科	Culterinae
10.	鳘条	*Hemiculter leucisclus* (Basilewsky)
11.	伍氏华鳊	*Sinibrama wui* (Rendahi)
12.	红鳍鲌	*Culter erythropterus* Basilewsky
13.	蒙古鲌	*Erythroculter mongolicus* (Basilewsky)
14.	翘嘴鲌	*Erythroculter ilishaeformis* (Bleeker)
	鮈亚科	Gobioninae
15.	唇鱼骨	*Hemibarbus labeo* (Pallas)
16.	似鮈	*Pseudogobio vaillanti* (Sauvage)
17.	短须颌须鮈	*Gnathopogon imberbis* (Sauvage et Dabry)
18.	银鮈	*Squalidus argentatus* (Sauvage et Dabry)
19.	麦穗鱼	*Pseudorasbora parva* (Temminck et Schlegel)

续表

种类 Species	学名 Scientific name
鲤亚科	Cyprininae
20. 鲤	*Cyprinus carpio* Linnaeus
21. 鲫	*Carassius auratus* Linnaeus
鲶形目	SILURIFORMES
鲶科	Siluridae
22. 鲶	*Silurus asotus* Linnaeus
23. 南方大口鲶	*Silurus soldatovi meridionalis* Chen
鲿科	Bagridae
24. 黄颡鱼	*Pelteobagrus fulvidraco*（Richardson）
25. 瓦氏黄颡鱼	*Pelteobagrus vachelli*（Richardson）
26. 粗唇鮠	*Leiocassis crassilabris* Günther
27. 大鳍鳠	*Mystus macropterus*（Gleeker）
28. 乌苏里拟鲿	*Pseudobagrus ussuriensis*（Dybowsky）
29. 圆尾拟鲿	*Pseudobagrus tenius*（Günther）
合鳃鱼目	SYNBRANCHIFORMES
合鳃鱼科	Synbranchidae
30. 黄鳝	*Monopterus albus*（Zuiew）
鲈形目	PERCIFORMES
鮨科	Serranidae
31. 鳜	*Siniperca chuatsi*（Basilewsky）
32. 大眼鳜	*Siniperca knera* Garman
33. 斑鳜	*Siniperca scerzeri* Steindachner
鰕虎鱼科	Gobiidae
34. 子陵吻鰕虎鱼	*Rhinogobius giurinus*（Rutter）
刺鳅科	Mastacembelidae
35. 刺鳅	*Mastacembelus aculeatus*（Basilewsky）

2）渔获物组成

A. 汉江干流渔获物组成

根据对汉江干流 5 月和 7 月两次渔获物调查，渔获物中共有鱼类 17 种，主要是蒙古鲌、黄颡、鳜、大眼鳜、瓦氏黄颡鱼、大鳍鳠与乌苏里拟鲿、鲶、南方大口鲶、黄尾鲴、翘嘴鲌、泥鳅、鲤、鲫、草鱼、白鲢、中华花鳅等。渔获物中重量超过 10% 的鱼类有黄颡鱼、蒙古鲌、鲫及白鲢等 4 种，尾数超过 10% 的鱼类有黄颡鱼、蒙古鲌、鲫鱼、泥鳅和大眼鳜等 5 种，它们是渔获物中的优势类群（表10-31）。但要特别指出的是，白鲢可能系水库逃出，1 尾重量达到 7000g 重，可是在渔获物尾数仅占 1.26%，综合考虑应不属优势种类。

本次调查渔获中个体较小的数量较多，10 g 体重以下的鱼类多达 5 种占整个物种数的 29.41%，说明汉江鱼数小型化的趋势比较严重。

表10-31 安康—旬阳大坝间汉江干流渔获物组成

鱼名	重量(g)	重量百分比(%)	尾数	尾数百分比(%)	尾均重(g)	体长范围(cm)	体重范围(g)
黄颡鱼	2450	10.71	48	30.37	51.05	12.5~32	44~280
蒙古鲌	3050	13.34	17	10.75	179.41	21~30	1310~262
鲇	2500	10.93	4	2.53	625	25~38	205~380
大鳍鳠	750	3.28	3	1.89	250	22~37	92~318
瓦氏黄颡鱼	263	1.15	4	2.53	65.75	37~119	13~20
草鱼	35	0.15	3	1.89	11.66	7.5~8.5	9~13
鲫	890	3.89	20	12.65	44.50	6~16	7~120
乌苏里拟鲿	39	0.17	1	0.63	39	15以上	39以上
泥鳅	370	1.61	17	10.75	21.76	9.2~12.8	10~28
大眼鳜	1300	5.68	22	13.92	59.09	9~145	12~63
翘嘴鲌	1500	6.56	8	5.06	187.5	12~18	75~380
鳜	264	1.15	2	1.26	132	110-21	125~150
鲤	914	3.99	2	1.26	45.7	7.5~43	14~900
南方大口鲇	1424	6.22	2	1.26	712	6~54.5	4~1420
黄尾鲴	80	0.34	1	0.63	80	17以上	80以上
白鲢	70	30.66	2	1.26	3505	7~46	10~7000
中华花鳅	21	0.09	2	1.26	10.5	9.10~11	10~11
合计	22 859		158				

B. 月河口渔获物组成

2012年5月对月河口鱼类进行了调查，以电捕方式采集鱼类标本8种。渔获物统计如表10-32所示。

表10-32 月河口渔获物组成

名称	总重(g)	尾数	尾数占总数(%)	占总体重(%)	体重范围(g)	体长范围(cm)	尾均重(g)
鲫鱼	364	5	11.36	29.52	32~120	10~14	72.5
马口鱼	357	15	34.1	28.95	5~48	7.5~13.5	23.8
宽鳍鱲	48	1	2.27	3.89	48以上	13.5以上	48
乌苏里拟鲿	33	1	2.27	2.68	39以上	15以上	33
黄颡鱼	13	1	2.27	1.05	13以上	9以上	13
草鱼	35	3	6.82	2.76	9~13	7.5~8.5	11.6
短须胡须	14	1	2.27	1.14	14以上	9以上	14
泥鳅	370	17	38.64	30.01	10~28	9.2~12.8	21.8
共计	1233	44	100	100			

从渔获物中可以看出泥鳅、鲫鱼及马口鱼三者相加可以占到渔获物总重量的88.48%，这些都是汉江中的小型经济鱼类，安康电站大坝建成以后，对它们的影响较小，其种群数量始终在渔获物中占有优势地位。但平均个体重均不超过100g，小型化严重。

C. 吉河渔获物组成

2012年5月28日以手撒网电捕方式对吉河口鱼类进行了采集，共捕获鱼类8种，分别隶属鲤科1种，鲇科1种，鳅科5种，鳅科18种。渔获物统计见表10-33。

表10-33 吉河口渔获物组成

名称	重量(g)	尾数	占总重(%)	占总尾数(%)	体长范围(cm)	体重范围(g)	平均单尾重(g)
鲇鱼	483	10	32.16	31.25	14.7~24.5	32~98	48.3
大鳍鳠	92	1	6.13	3.125	22.5	92	92
花斑副沙鳅	48	1	3.19	3.125	16.10	410	48
鲫鱼	237	6	15.78	18.75	7.5~12	16.52以上	39.5
瓦氏黄颡鱼	263	4	17.51	12.5	13~20	37~119	65.8
黄颡鱼	96	2	6.39	6.25	12.5~13.5	44~52	48
圆尾拟鲿	176	6	11.72	18.75	12.10~13	25~35	29.3
乌苏里拟鲿	107	2	7.12	6.25	15~18	45~62	53.5
共计	1502	32	100	100			46.9

鲇鱼、瓦氏黄颡鱼、鲫鱼及圆尾拟鲿共占渔获物总重量的77.17%，总尾数的81.25%，为该河段重要的经济鱼类群。不过个体仍有小型化趋势，最大个体119g，最小个体仅16g，平均尾重仅46.9g，鱼类资源呈下降趋势。

D. 黄洋河口渔获场组成

2012年7月初在黄洋河与汉江汇合口进行了鱼类标本采集，共获鱼类12种，分别隶属鲤科7种，占总数的58.33%；鳅科2种，占总数的16.67%；鳅科、鲇科、鰕虎鱼各一种，分别占总数的8.3%。黄洋河入汉江口鲤科鱼类为渔获物优势种群，尤以蒙古鲌占优势种，是汉江的主要经济鱼类（表10-34）。

表10-34 黄洋河与汉江干流汇合处渔获场组成一览表

名称	重量(g)	重量(%)	尾数	尾数(%)	尾约重(g)	体长范围(cm)	体重范围(g)
斑鳜	200	12.88	2	25	100	16~28	80~128
大鳍鳠	94	1.00	1	0.20	94	25.34~21.5	94以上
花斑付沙鳅	125	0.51	4	0.20	31.25	8.2~16	5~48
蒙古鲌	6500	69.81	12	25	541.6	21~32	480~535
鲤	900	9.66	1	0.20	900	43以上	900以上
似鮈	141	1.51	3	0.25	47	15~15.3	44~50
园尾拟鲿	5	0.05	2	4.16	2.5	5~6	2~3

续表

名称	重量(g)	重量(%)	尾数	尾数(%)	尾约重(g)	体长范围(cm)	体重范围(g)
银色颌须鮈	64	0.68	4	8.33	16	7.3~11.3	7~32
鲫	261	2.80	4	8.33	65.25	4.5~17	3~133
伍氏华鳊	50	0.53	1	0.20	50	13以上	50以上
木节鰕虎	14	0.15	3	6.25	4.6	3.2~7	1~8
麦穗鱼	6	0.06	1	0.20	6	6.7以上	6以上
合计	9310		38		245		

3. 水质

根据2011年的监测结果,安康大坝下游江段水质良好,能满足GB 38310—2002《地表水环境质量标准》中的二类水标准(表10-35)。

表10-35 安康大坝下游汉江安康城区段水质状况

项目	单位	2月	4月	6月	8月	10月	12月	二类水标准
pH值		7.46	7.23	7.40	7.40	8.08	7.47	6~9
溶解氧	mg/L	9.6	9.5	6.3	8.4	8.8	9.8	≥6
高锰酸盐指数	mg/L	2.1	1.6	1.9	2.7	4.4	1.9	≤4
化学需氧量	mg/L	5.3	<10	<10	<10	<10	<10	≤15
氨氮	mg/L	0.20	<DL	0.08	0.42	0.11	0.04	≤0.5
挥发酚	mg/L	<DL	<DL	<DL	<DL	<DL	<DL	≤0.002
氰化物	mg/L	<DL	<DL	<DL	<DL	<DL	<DL	≤0.05
砷	mg/L	<DL	<DL	<DL	<DL	<DL	<DL	≤0.05
六价铬	mg/L	<DL	0.005	<DL	0.009	0.024	0.006	≤0.05
铜	mg/L	<DL	<DL	<DL	<DL	<DL	<DL	≤1.0
锌	mg/L	0.019	0.061	<DL	0.013	0.011	0.011	≤1.0
铅	mg/L	<DL	<DL	<DL	<DL	<DL	<DL	≤0.01
镉	mg/L	<DL	<DL	<DL	<DL	<DL	<DL	≤0.005
氟化物	mg/L	0.22	0.21	0.23	0.12	0.22	0.08	≤1.0
总磷	mg/L	0.030	0.02	0.03	0.05	0.016	0.036	≤0.1

10.3.3 安康水电站对下游河段生态环境的影响

1. 对水文情势的影响

1)水文过程均一化

由于水库的调蓄,安康水电站运行后4~11月下游河道多年平均流量减小,12月~次年 3 月多年平均流量增大（表 10-36，图 10-13）。

表 10-36　安康水电站运行前后下游安康水文站各月平均流量的变化

（单位：m³/s）

月份	建库前（1970~1989 年）流量均值	建库后（1991~2010 年）流量均值	建库后比建库前增加（+）或减少（-）
1	126	214	+88
2	117	157	+40
3	212	244	+32
4	385	318	-67
5	553	444	-109
6	630	544	-86
7	1357	1014	-343
8	928	890	-38
9	1500	749	-751
10	891	600	-291
11	349	297	-52
12	175	217	+42

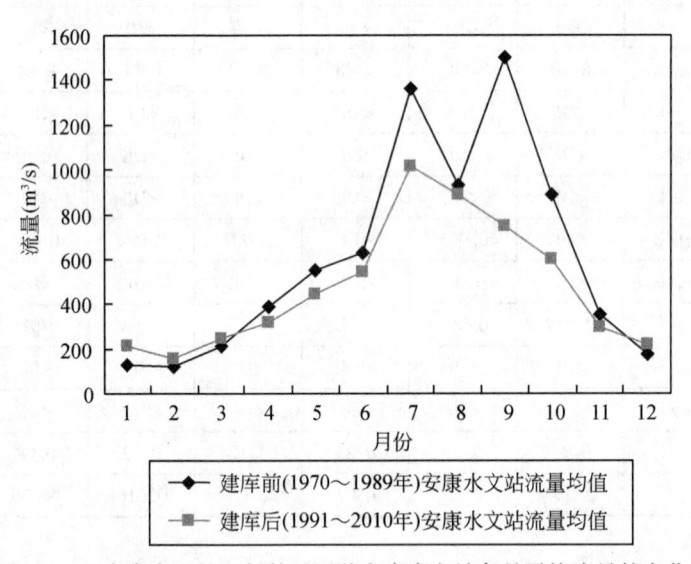

图 10-13　安康水电站运行前后下游安康水文站各月平均流量的变化

对安康水电站运行前后各 20 年安康水文站断面每年水位涨落情况的统计显示，安康水电站运行后，下游安康水文站断面平均每次水位涨幅变小（表 10-37）。

表 10-37　安康水电站运行前后安康水文站断面平均每年水位涨落情况统计

项目	建库前 （1970~1989 年）	建库后 （1991~2010 年）	建库后比建库前增加 （+）或减少（−）
平均每年涨落次数	47.3	76.9	+29.6
平均每次涨幅（m）	0.76	0.58	−0.18

进一步对 5~7 月（鱼类产卵期）持续 3 天以上涨水情况进行统计，平均每次涨水的水位涨幅和涨水期平均每天水位涨幅也明显减少（表 10-38）。鱼类产卵需要一定强度的涨水过程。据张晓敏等（2009）在汉江中游沙洋断面的观测，汉江中游单次洪峰满足"四大家鱼"繁殖的沙洋断面基本水文过程范围为洪峰初始水位达到 33.82~36.71m，洪峰最高水位 39.80m，上涨时间持续 3~8d，水位日上涨率达到 0.44~1.50m/d，水位上涨幅度 1.55~3.14m。水库运行使洪水过程变得平缓，给鱼类的繁殖带来不利影响。

表 10-38　水电站运行前后安康水文站断面平均每年 5-7 月持续 3 天以上涨水过程统计

项目	建库前 （1970~1989 年）	建库后 （1991~2010 年）	建库后比建库前增加（+）或减少（−）	
			绝对数	%
平均每年涨水次数	2.75	4.20	+1.45	+53
平均每年涨水天数	10.30	15.85	+5.55	+54
平均每次水位涨幅（m）	2.94	1.71	−1.23	−42
涨水期平均每天水位涨幅（m）	0.79	0.45	−0.34	−43

2）水位变动频繁化

从上面的表 10-34 可见，安康水电站运行后，下游安康水文站断面平均每年水位涨落次数比建库前明显增加。表 10-35 显示，安康水电站运行后，安康水文站断面平均每年 5~7 月持续 3 天以上的涨水次数和涨水天数也显著增加。

3）极值变小

安康水电站运行后，下游安康水文站年最大日流量多年平均值为建库前的 0.565 倍，年最小日流量多年平均值为建库前的 0.380 倍，建库后均显著小于建库前（表 10-39）。

表 10-39　安康水库建设前后安康水文站历年最大和最小日流量平均值　　（单位：m³/s）

项目	建库前（1970~1989 年）	建库后（1991~2010 年）	建库后/建库前
最大	10 098.6	5709	0.565
最小	57.7	21.9	0.380

2. 对水沙状况的影响

安康水文站 1970~1989 年的年均输沙率为 2112 万 t，1991~2011 年的年均输沙率仅为 115t。大量泥沙被拦截在水库中，下泄径流中泥沙含量大幅度减少。

3. 对水温的影响

关于水温数据，只收集了安康水电站运行前后各3年的数据，即运行前1986年、1988年和1989年，运行后1992年、1995年和2003年。从表10-40可看出，水电站运行后，4~8月水温低于电站运行前，10月~次年2月水温高于电站运行前，3月和9月则电站运行前后基本持平。电站运行后，春季水温回升变慢，将会推迟鱼类产卵期，对鱼类生长不利。

表10-40　安康水电站运行前后部分年份安康水文站各月水温

	年份	1月	2月	3月	4月	5月	6月	7月	8月	9月	10月	11月	12月
运行前	1986	4.3	5.0	8.7	14.6	19.3	21.5	24.7	26.5	21.5	16.9	11.4	6.9
	1988	5.5	5.3	7.4	13.6	20.3	24.5	25.2	24.0	21.1	16.5	12.5	7.0
	1989	6.2	5.3	9.9	14.2	19.1	22.1	23.7	24.8	20.6	17.4	12.8	8.5
	平均	5.3	5.2	8.7	14.1	19.6	22.7	24.5	25.1	21.1	16.9	12.2	7.5
运行后	1992	9.4	8.4	8.9	11.5	16.4	20.7	20.4	23.1	21.7	16.2	13.8	12.1
	1995	9.0	7.9	8.4	11.1	14.6	19.3	21.7	22.8	22.4	19.5	16.3	13.1
	2003	10.9	9.6	9.6	11.9	15.3	19.1	20.5	22.4	19.5	16.8	15	11.4
	平均	9.8	8.6	9.0	11.5	15.4	19.7	20.9	22.8	21.2	17.5	15.0	12.2

4. 对鱼类的影响

水电开发带来的河流水文状况的变化对鱼类产生不利影响。张海斌等20世纪80年代初曾在安康至旬阳江段调查采集鱼类，单船流刺片网日捕捞鳡鱼约100kg，最大体重13kg，同时鳝鱼、赤眼鳟等鱼亦常能捕到。2004年4~5月再次在同样江段采集调查，发现这几种鱼已很少见到，或者见到的也是不足500g的小型个体。它们已进入易危类群，相反像喜欢静水生活的银飘鱼，其种类数量有增加的趋势（张海斌等，2006）。2012年5~7月在安康水电站下游江段的鱼类资源调查也表明，捕获的鱼类个体体重在几克至数百克之间，小型化严重（见前文"鱼类资源"部分）。

10.3.4 生态环境保护目标

从前文安康水电站下游江段生态环境状况的叙述中可知，该江段鱼类资源丰富，且受到水电站运行的影响较大，因此，鱼类资源是安康水电站生态调度的生态环境保护对象。从经济利用、种质资源保护和科研价值方面考虑，可将翘嘴鲌、蒙古鲌、赤眼鳟、银飘鱼、唇鱼骨、粗唇鮠、鲇等作为重点保护对象，生态环境保护目标可确定为：改善鱼类产卵和生长环境，保证上述种类健康生长。

10.3.5 生态径流估算

生态径流估算的各种方法中，水文学方法操作简便，但没有与保护目标的需求相联系。水文-生物分析法将流量与生物状况相联系，该方法并不能完全解释流量与生物种群的内在关系，其应用还容易受到生物数据的限制。因此，本报告先采用水文学方法估算生态径流，然后对鱼类最重要的产卵期，用鱼类生境法进行校核。

1. 水文学方法估算

借鉴李捷等（2007）提出的新的逐月频率计算法，计算最小生态径流、适宜生态径流、最大生态径流。

1）概念和方法

最小生态径流是满足河流生态系统稳定和健康条件所允许的最小的流量过程。最大生态径流是满足河流生态系统稳定和健康条件所允许的最大流量过程。当河流流量超过此过程时，同样会对河流生态系统结构造成重大的影响，导致某些物种消失，造成不可恢复的生态灾害。适宜生态径流是对于生态系统的稳定及保持物种多样性最为适合的径流过程。最小生态径流过程和最大生态径流过程对于生态系统来说是不利的水文条件。对于河流生态系统和具体的物种和种群结构来说，对河流水文过程的变化有不同的响应，而保持河流生态系统健康和生物物种种群结构稳定的径流过程是适宜的生态径流过程。因河流水文过程是随机变化的，适宜生态径流应具有明显的统计特征，并具有一个合适的变化范围。

李捷等（2007）提出的新的逐月频率计算法为：将流量资料分为1~12月平均径流系列，然后取每个月系列的最小值作为该月的最小生态径流量，最后得到的即为全年的最小生态径流过程。取每个月系列的最大值作为该月的最大生态径流量，得到的即为全年的最大生态径流过程。对每个月系列进行频率分析，每个月50%保证率的流量所组成的径流过程即为适宜生态径流过程。

本报告计算时，以旬为计算时段。

2）资料

计算时，可以用安康水库入库径流系列，也可以用水电站运行前安康水文站的径流系列。此处采用安康水库入库径流系列进行计算。

理论上，生态径流计算应使用还原后的天然径流资料。由于安康水库上游和石泉水库和喜河水库库容均较小，而且喜河水电站首台机组2006年6月才投产发电，因此将安康水库入库径流视作近自然径流，不作还原分析，直接以安康水库运行后20年（1991~2010年）的逐旬入库径流作为生态径流量计算的资料基础。

3）计算结果

最小、最大和适宜生态径流计算结果见表10-41。

表10-41　安康水库生态径流计算结果　　　　　　　（单位：m^3/s）

时间	最大生态径流	适宜生态径流	最小生态径流
1月上旬	234.5	123.0	53.8
1月中旬	227.7	116.5	56.8
1月下旬	169.5	90.8	31.3
2月上旬	161.2	89.5	45.1

续表

时间	最大生态径流	适宜生态径流	最小生态径流
2月中旬	233.3	95.4	38.0
2月下旬	334.6	132.1	68.5
3月上旬	425.4	140.5	59.0
3月中旬	710.1	166.8	74.6
3月下旬	414.0	202.7	87.2
4月上旬	660.9	276.2	92.5
4月中旬	613.4	288.0	98.9
4月下旬	665.4	246.0	81.2
5月上旬	1057.4	325.8	36.7
5月中旬	1605.4	414.3	153.8
5月下旬	1047.9	350.0	122.6（198.1）[注]
6月上旬	1662.7	484.0	114.5
6月中旬	2059.6	333.0	95.1（186.6）[注]
6月下旬	2275.8	414.1	127.5
7月上旬	3731.3	859.5	62.2
7月中旬	3845.6	945.3	117.0
7月下旬	2903.8	557.6	134.0
8月上旬	2308.8	539.9	138.6
8月中旬	2368.9	686.8	72.8
8月下旬	3090.2	721.4	63.3
9月上旬	5442.9	477.2	77.2
9月中旬	1923.7	655.9	184.4
9月下旬	2144.8	667.3	121.1
10月上旬	5358.9	602.5	83.5
10月中旬	2651.5	502.7	101.6
10月下旬	1025.5	404.3	88.0
11月上旬	1560.6	244.0	50.7
11月中旬	1670.8	253.1	110.8
11月下旬	442.8	218.9	72.1
12月上旬	616.4	181.4	63.6
12月中旬	349.1	156.6	50.9
12月下旬	297.5	146.7	90.0

注：括号内的流量值为采用鱼类生境法校核后的流量（见下文）

2. 鱼类生境法校核

鱼类对水文条件最敏感的时期是产卵期，因此以产卵期的水文条件对用水文学方法得出的生态径流进行校核。鱼类产卵需要有明显的涨水过程。对 1970~1989 年（安康水电站运行前）20 年安康水文站 5~7 月持续 3 天以上涨水过程的涨水次数、每次涨水日数、每次涨水日上涨率进行分组统计，结果如下。

涨水次数：1 次的有 2 年，2 次的有 6 年，3 次的有 9 年，4 次的有 1 年，5 次的有 2 年。

涨水持续日数：3 日的有 27 次，4 日的有 20 次，5 日的有 6 次，7 日的有 1 次，8 日的有 1 次。

日上涨率（m/d）：0.1~0.2 有 4 次，0.2~0.3 有 6 次，0.3~0.4 有 2 次，0.4~0.5 有 7 次，0.5~0.6 有 6 次，0.6~0.7 有 5 次，0.7~0.8 有 2 次，0.8~0.9 有 3 次，0.9~1.0 有 4 次，1.0~1.1 有 3 次，1.1~1.2 有 3 次，1.2~1.3 没有，1.3~1.4 有 2 次，1.4~1.5 有 1 次，1.5~1.6 有 2 次，1.6~1.7 没有，1.7~1.8 有 3 次，1.8~1.9 没有，1.9~2.0 没有，2.0~3.0 有 1 次，3.0 以上有 1 次。

从以上分组统计可知，5~7 月持续 3 天以上涨水过程中，持续时间 3~4 天、一年发生 2~3 次、日上涨率 0.5 m/d 左右的最多。可以认为，这样的涨水过程对鱼类比较适宜。据此，将 5~7 月涨水过程的低限要求（最小生态径流）定为一年发生持续时间 3 天、日上涨率 0.5 m/d 的涨水过程 2 次，适宜要求定为：一年发生持续时间 4 天、日上涨率 0.5 m/d 的涨水过程 3 次。

为方便计算，假设每次进行洪峰调度都以 100 m³/s 为起始流量，此时安康水文站的水位约为 235.3 m。对安康水电站出库流量（X）和安康水文站水位（Y）之间进行相关分析，得出二者有如下相关关系：

$$Y = -1.145 \times 10^{-6} X^2 + 0.003X + 235.285 \qquad (10\text{-}10)$$

通过 SPSS16.0 进行 Pearson 相关系数计算表明，安康水电站出库流量和安康水文站水位之间的相关系数达到 0.980，也即意味着二者之间存在强相关关系。

考虑人造洪峰的最小生态径流：以 100 m/s 为起始流量，制造一次持续 3 天、日上涨率 0.5 m/d 的涨水过程，即安康水文站的水位从 235.3 m 上升到 236.8 m。根据公式（10-10），需要在 3 天后使出库流量达到约 700 m³/s。假定流量匀速增加，则接下来的 3 天时间出库平均流量为 400 m³/s。最小生态径流过程需要 2 次这样的人造洪峰。假定把它们分别安排在 5 月下旬和 6 月中旬，并且在人造洪峰的 6 天之外，需保持根据水文学方法计算出的最小生态径流 122.6 m³/s 和 95.1 m³/s（以保证一定的流速），则 5 月下旬有 3 天时间需在此基础上增加平均流量 277 m³/s，6 月中旬有 3 天时间需在此基础上增加平均流量 305 m³/s。据此，考虑人造洪峰后，5 月下旬的最小生态径流应为

$$(122.6 \times 11 + 277 \times 3)/11 = 198.1 \text{m}^3/\text{s}$$

6 月中旬的最小生态径流应为

$$(95.1 \times 10 + 305 \times 3)/10 = 186.6 \text{ m}^3/\text{s}$$

考虑人造洪峰的适宜生态径流：从表 8-36 可看出，5~7 月的适宜生态径流达到了

325.8~945.3 m³/s，这样的旬平均流量已能够满足人造洪峰的要求，不需另外增加流量。

10.3.6 安康水电站生态径流调控方案及其运用

1. 生态径流调控方案及其运用要点

由于来水过程是未知的，在实际运用中，不是任何时候都有条件按照适宜生态径流进行调度。因此，安康水电站生态调度的原则是，以满足防洪要求为前提，下泄径流控制在最小生态径流和最大生态径流之间，并尽量维持适宜生态径流。运用要点为以下4个方面。

（1）下泄径流控制在最小生态径流和最大生态径流之间；

（2）为保证水库下游河道一直保持不小于最小生态径流的流量并发挥其效益，设置电站基荷任务，将每旬最小生态径流作为基荷发电流量；

（3）当水库可用水量或预报的日来水量满足一天的适宜生态径流量时，按适宜生态径流泄水；不能满足时，根据水量情况按照最小生态径流和适宜生态径流之间的某一流量下泄；

（4）汛期水库水位控制在汛限水位325 m以下，如果按适宜生态径流下泄，水库水位将超过此水位，则按大于适宜生态径流、能使水位控制在汛限水位的某一流量下泄。

2. 生态径流调控方案在实际代表年的应用

1）调度过程设计

为说明生态调度方案的操作方法及按此方案运用后对发电效益的影响，下面选择实际代表年，假定所选的代表年重现（即入库径流过程重现，发电需求也与当年相同），如何根据生态径流调控方案的要点、水文预报和水库蓄水情况，来进行实时调度。

利用P-Ⅲ型频率曲线进行分析，确定代表年分别为2003年（丰水年）、1992年（平水年）和1995年（枯水年）。按照前述运用要点，各代表年的实时调度过程见表10-42、表10-43、表10-44、图10-14、图10-15和图10-16。

表10-42 安康水库典型年再现时的生态径流实时调度过程设计（1995年）

时段	初时水库水位（m）	初时水库蓄水（万 m³）	旬最大生态径流（m³/s）	旬适宜生态径流（m³/s）	旬最小生态径流（m³/s）	设计出库流量（m³/s）	调峰发电需流量（m³/s）	设计发电流量（m³/s）			当旬入库流量（m³/s）	水库蓄变量（万 m³）
								基荷	调峰	总量		
1月上旬	322.14	202 612	235	123	54	123	535	54	69	123	235	9677
1月中旬	323.55	212 289	228	117	57	116	417	57	59	116	228	9677
1月下旬	324.93	221 966	170	91	31	91	406	31	60	91	151	5702
2月上旬	325.73	227 668	161	90	45	90	128	45	45	90	60	-2592
2月中旬	325.36	225 076	233	95	38	95	213	38	57	95	118	1987
2月下旬	325.64	227 063	335	132	69	132	282	69	63	132	148	1106

续表

时段	初时水库水位 (m)	初时水库蓄水 (万 m³)	旬最大生态径流 (m³/s)	旬适宜生态径流 (m³/s)	旬最小生态径流 (m³/s)	设计出库流量 (m³/s)	调峰发电需流量 (m³/s)	设计发电流量 (m³/s) 基荷	设计发电流量 (m³/s) 调峰	设计发电流量 (m³/s) 总量	当旬入库流量 (m³/s)	水库蓄变量 (万 m³)
3月上旬	325.80	228 169	425	141	59	141	66	59	66	125	100	-3456
3月中旬	325.31	224 713	710	167	75	167	91	75	91	166	81	-7430
3月下旬	324.27	217 283	414	203	87	203	209	87	116	203	179	-2281
4月上旬	323.94	215 002	661	276	93	276	197	93	183	276	194	-7085
4月中旬	322.92	207 917	613	288	99	288	108	99	108	288	163	-10800
4月下旬	321.32	197 117	665	246	81	246	254	81	165	246	296	4320
5月上旬	321.97	201 437	1057	326	37	326	426	37	289	326	208	-10195
5月中旬	320.42	191 242	1605	414	154	414	161	154	161	315	204	-18144
5月下旬	317.46	173 098	1048	350	123	350	233	123	227	350	280	-6653
6月上旬	316.31	166 445	1663	484	115	484	272	115	272	387	169	-27216
6月中旬	311.17	139 229	2060	333	95	333	146	95	146	241	123	-18144
6月下旬	307.25	121 085	2276	414	128	414	117	128	117	245	156	-22291
7月上旬	302.05	98 794	3731	860	62	62	105	62	0	62	62	17
7月中旬	302.05	98 811	3846	945	117	177	70	117	60	177	464	24 771
7月下旬	307.82	123 580	2904	558	134	775	462	134	462	596	736	-3672
8月上旬	307.85	123 719	2309	540	139	540	291	139	291	430	313	-19621
8月中旬	303.00	102 732	2369	687	73	902	1075	73	829	902	1788	76 572
8月下旬	318.51	179 305	3090	721	63	721	1063	63	658	721	737	1483
9月上旬	318.75	180 788	5443	477	77	477	476	77	400	477	446	-2661
9月中旬	318.31	178 127	1924	656	184	656	590	184	472	656	1211	47 978
9月下旬	325.51	226 104	2145	667	121	667	593	121	546	667	340	-28 305
10月上旬	321.43	197 800	5359	603	84	603	387	84	387	471	577	-2229
10月中旬	321.08	195 571	2652	503	102	503	414	102	401	503	869	31 657
10月下旬	325.67	227 228	1026	404	88	422	637	88	334	422	660	22 663
11月上旬	328.84	249 890	1561	244	51	244	327	51	193	244	279	3007
11月中旬	329.25	252 897	1671	253	111	253	345	111	142	253	214	-3361
11月下旬	328.79	249 536	443	219	72	443	177	72	177	249	121	-27 804
12月上旬	324.89	221 733	616	181	64	181	170	64	117	181	64	-10 178
12月中旬	323.45	211 555	349	157	51	157	73	51	73	124	51	-9132
12月下旬	322.11	202 422	298	147	90	147	141	90	57	147	101	-4335
1996年1月上旬	321.48	198 087										

表 10-43　安康水库典型年再现时的生态径流实时调度过程设计（1992 年）

时段	初时水库水位 (m)	初时水库蓄水 (万 m³)	旬最大生态径流 (m³/s)	旬适宜生态径流 (m³/s)	旬最小生态径流 (m³/s)	设计出库流量 (m³/s)	调峰发电需流量 (m³/s)	设计发电流量 基荷 (m³/s)	设计发电流量 调峰 (m³/s)	设计发电流量 总量 (m³/s)	当旬入库流量 (m³/s)	水库蓄变量 (万 m³)
1月上旬	303.51	104 849	235	123	54	54	177	54	0	54	75	1858
1月中旬	303.94	106 707	228	117	57	57	76	57	0	57	68	933
1月下旬	304.15	107 640	170	91	31	91	48	31	60	91	76	-1363
2月上旬	303.84	106 277	161	90	45	90	67	45	45	90	87	-242
2月中旬	303.78	106 035	233	95	38	95	86	38	57	95	68	-2402
2月下旬	303.21	103 633	335	132	69	132	0	69	63	132	80	-4069
3月上旬	302.23	99 564	425	141	59	141	105	59	82	141	163	1979
3月中旬	302.71	101 543	710	167	75	167	268	75	92	167	314	12 744
3月下旬	305.69	114 287	414	203	87	203	219	87	116	203	245	4060
4月上旬	306.62	118 347	661	276	93	420	370	93	327	420	499	6843
4月中旬	308.18	125 189	613	288	99	350	506	99	251	350	341	-778
4月下旬	308.01	124 412	665	246	81	246	301	81	165	246	219	-2316
5月上旬	307.48	122 096	1057	326	37	326	324	37	289	326	343	1495
5月中旬	307.82	123 591	1605	414	154	621	581	154	467	621	668	4087
5月下旬	308.73	127 678	1048	350	123	350	543	123	227	350	247	-9824
6月上旬	306.51	117 854	1663	484	115	484	330	115	330	484	347	-11 811
6月中旬	303.78	106 043	2060	333	95	630	531	95	531	630	699	5988
6月下旬	305.17	112 031	2276	414	128	731	564	128	564	731	817	7396
7月上旬	306.87	119 427	3731	860	62	541	518	62	479	541	62.2	-5322
7月中旬	305.66	114 141	3846	945	117	1978	602	117	602	1978	463.5	54 759
7月下旬	316.74	168 899	2904	558	134	558	522	134	522	558	735.9	6846
8月上旬	317.91	175 746	2309	540	139	540	476	139	401	540	312.8	-22 239
8月中旬	313.95	153 506	2369	687	73	687	524	73	524	687	1787.9	3015
8月下旬	314.51	156 522	3090	721	63	721	572	63	572	721	737	5120
9月上旬	315.45	161 642	5443	477	77	477	662	77	400	477	446.4	-14 913
9月中旬	312.67	146 729	1924	656	184	783	795	184	599	783	1211.2	63 644
9月下旬	323.28	210 373	2145	667	121	1623	946	121	946	1623	339.7	45 109
10月上旬	329.6	255 481	5359	603	84	1971	891	84	891	1971	576.7	-2825
10月中旬	329.22	252 656	2652	503	102	519	702	102	417	519	869.1	-1353
10月下旬	329.03	251 303	1026	404	88	404	476	88	316	404	660.1	-5169
11月上旬	328.32	246 134	1561	244	51	280	84	51	84	280	280	0
11月中旬	328.32	246 134	1671	253	111	253	267	111	142	253	189	-5521
11月下旬	327.52	240 613	443	219	72	443	202	72	202	443	155	-24 892
12月上旬	324.04	215 721	616	181	64	616	201	64	201	616	169	-38 638
12月中旬	318.13	177 083	349	157	51	349	306	51	298	349	179	-14 662
12月下旬	315.59	162 421	298	147	90	298	243	90	208	298	121	-16 749
1993年 1月上旬	312.46	145 672										

表 10-44　安康水库典型年再现时的生态径流实时调度过程设计（2003 年）

时段	初时水库水位（m）	初时水库蓄水（万 m³）	旬最大生态径流（m³/s）	旬适宜生态径流（m³/s）	旬最小生态径流（m³/s）	设计出库流量（m³/s）	调峰发电需流量（m³/s）	设计发电流量（m³/s） 基荷	设计发电流量（m³/s） 调峰	设计发电流量（m³/s） 总量	当旬入库流量（m³/s）	水库蓄变量（万 m³）
1月上旬	318.98	182 186	235	123	54	123	204	54	69	123	101	−1944
1月中旬	318.66	180 242	228	117	57	117	118	57	60	117	68	−4199
1月下旬	317.96	176 043	170	91	31	91	89	31	60	91	57	−3186
2月上旬	317.42	172 857	161	90	45	90	80	45	45	90	66	−2039
2月中旬	317.07	170 817	233	95	38	95	179	38	57	95	85	−881
2月下旬	316.92	169 936	335	132	69	132	139	69	63	132	155	1557
3月上旬	317.18	171 493	425	141	59	141	209	59	82	141	130	−873
3月中旬	317.03	170 620	710	167	75	167	223	75	92	167	124	−3689
3月下旬	316.39	166 931	414	203	87	203	173	87	116	203	157	−4343
4月上旬	315.62	162 588	661	276	93	276	343	93	183	276	575	25 851
4月中旬	319.99	188 439	613	288	99	288	313	99	189	288	206	−7128
4月下旬	318.84	181 311	665	246	81	246	161	81	161	242	214	−2791
5月上旬	318.37	178 520	1057	326	37	800	393	37	393	430	600	−17 263
5月中旬	315.38	161 257	1605	414	154	414	853	154	260	414	684	23 259
5月下旬	319.36	184 516	1048	350	123	350	423	123	227	350	351	112
6月上旬	319.38	184 629	1663	484	115	484	83	115	83	198	145	−29 255
6月中旬	314.30	155 373	2060	333	95	333	248	95	238	333	180	−13 254
6月下旬	311.76	142 120	2276	414	128	414	123	128	123	251	180	−20 269
7月上旬	307.42	121 850	3731	860	62	1279	1265	62	1217	1279	1440	13 967
7月中旬	310.48	135 817	3846	945	117	1815	1292	117	1292	1409	2134	27 528
7月下旬	315.75	163 345	2904	558	134	558	1178	134	424	558	620	5384
8月上旬	316.80	169 267	2309	540	139	540	583	139	401	540	469	−6134
8月中旬	315.71	163 132	2369	687	73	1428	1268	73	1268	1341	1697	23 254
8月下旬	319.66	186 386	3090	721	63	1799	988	63	988	1051	2290	42 424
9月上旬	326.49	233 052	5443	477	77	5224	1286	77	1286	1363	5443	18 912
9月中旬	329.12	251 964	1924	656	184	1842	1238	184	1238	1422	1816	−2286
9月下旬	328.81	249 678	2145	667	121	1111	1172	121	990	1111	1165	4739
10月上旬	329.46	254 417	5359	603	84	2704	1164	84	1164	1248	2740	3063
10月中旬	329.87	257 480	2652	503	102	1263	1150	102	1150	1252	1263	0
10月下旬	329.87	257 480	1026	404	88	461	388	88	373	461	440	−1771
11月上旬	329.61	255 532	1561	244	51	442	421	51	391	442	442	0
11月中旬	329.61	255 532	1671	253	111	446	479	111	335	446	446	0
11月下旬	329.61	255 532	443	219	72	443	264	72	264	336	357	−7422
12月上旬	328.59	248 110	616	181	64	616	329	64	329	393	335	−24 348
12月中旬	325.18	223 763	349	157	51	279	346	51	228	279	279	0
12月下旬	325.18	223 763	298	147	90	147	333	90	57	147	297	13 025
2004年1月上旬	327.20	238 090										

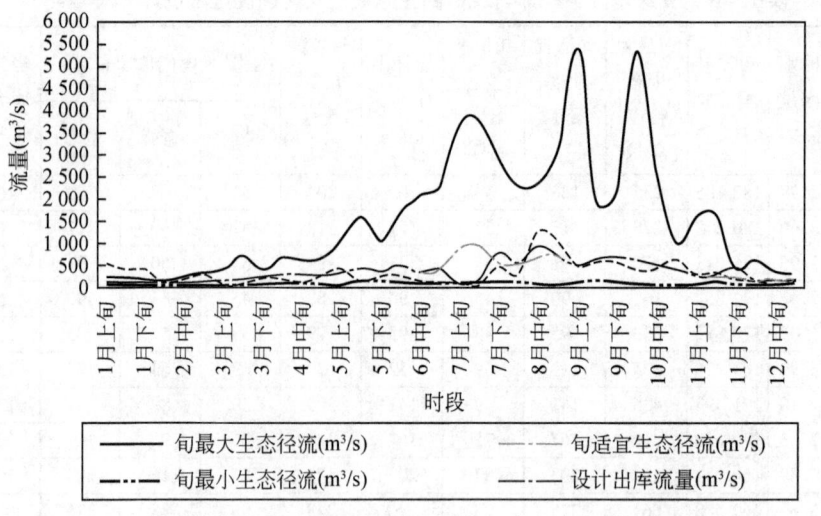

图 10-14　安康水电站 1995 年重现情况下的生态径流实时调度过程设计

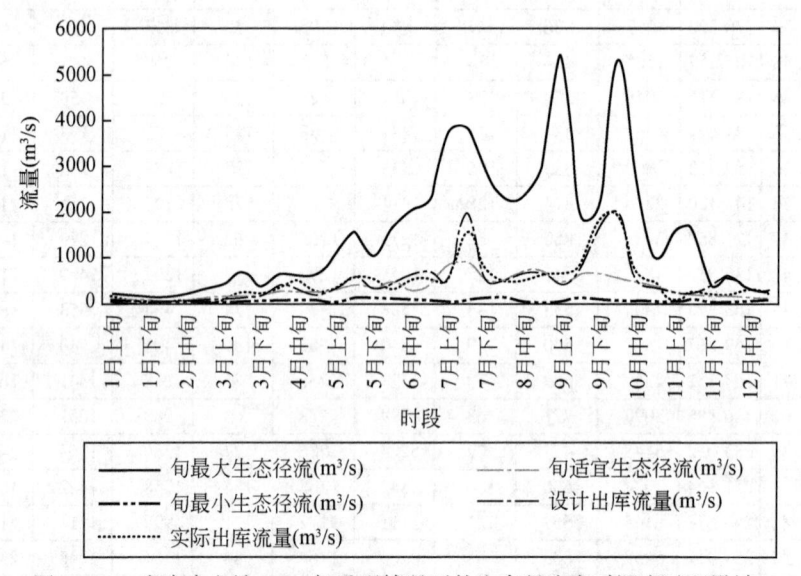

图 10-15　安康水电站 1992 年重现情况下的生态径流实时调度过程设计

2）执行生态调度方案对发电的影响
A. 发电量计算方法
a. 出力、发电量计算公式
发电出力公式用以表达决定出力和发电流量及水头的关系。

$$N = 9.81 Q_{发} \cdot H\eta = K \cdot Q_{发} \cdot H$$

式中，N 为电厂发电出力，单位 kW；$Q_{发}$ 为发电流量，非溢流时即为出流量，单位 m³/s；H 为发电水头，为上下游水位之差，单位 m；η 为电厂发电总效率；$K=9.81\eta$ 为水电站出力系数，经调查，安康水电站出力系数为 8.4~8.5。故选取 $K=8.45$ 作为出力系数。

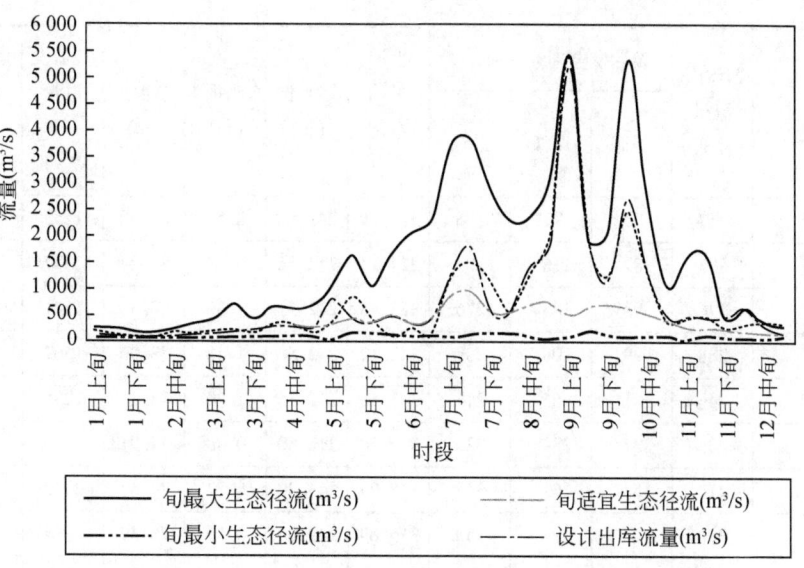

图 10-16 安康水电站 2003 年重现情况下的生态径流实时调度过程设计

b. 发电电能公式用以表达决定发电量与出力关系。

$$E = N\Delta t$$

式中，E 为发电量，单位 kW·h；Δt 为以出力 N 发电的时段长，单位 h。

c. 安康水电站引水系统水头损失计算公式

安康水电站引水系统水头损失计算公式为：

$$H_s = 13.701 \times 10^{-6} Q^2 + 7.37 \times 10^{-6} Q^{1.9}$$

式中，Q 为单机引用流量（m³/s），最大 304m³/s（机组最大过水能力）。

B. 执行生态调度方案的发电量计算结果

发电量计算结果如表 10-45、表 10-46 和表 10-47 所示。

表 10-45 执行生态调度方案的发电量计算（1995 年代表年）

时段	设计出库流量（m³/s）	设计发电流量（m³/s） 基荷	调峰	总量	上游平均水位（m）	尾水位（m）	水头损失（m）	净水头（m）	基荷发电量（万 kW·h）	调峰发电量（万 kW·h）	总发电量（万 kW·h）
1月上旬	123	54	69	123	322.85	241.48	0.28	81.09	888	1135	2023
1月中旬	116	57	59	116	324.24	241.42	0.25	82.57	955	988	1943
1月下旬	91	31	60	91	325.33	241.21	0.15	83.97	581	1124	1705
2月上旬	90	45	45	90	325.55	241.20	0.15	84.20	768	768	1537
2月中旬	95	38	57	95	325.50	241.24	0.17	84.09	648	972	1620
2月下旬	132	69	63	132	325.72	241.56	0.32	83.84	939	857	1796
3月上旬	141	59	66	125	325.56	241.64	0.36	83.56	1000	1118	2118

续表

时段	设计出库流量（m³/s）	设计发电流量（m³/s） 基荷	设计发电流量（m³/s） 调峰	设计发电流量（m³/s） 总量	上游平均水位（m）	尾水位（m）	水头损失（m）	净水头（m）	基荷发电量（万kW·h）	调峰发电量（万kW·h）	总发电量（万kW·h）
3月中旬	167	75	91	166	324.79	241.88	0.51	82.40	1253	1521	2774
3月下旬	203	87	116	203	324.11	242.12	0.74	81.24	1577	2102	3679
4月上旬	276	93	183	276	323.43	242.51	1.36	79.56	1501	2953	4453
4月中旬	288	99	108	288	322.12	242.58	1.48	78.06	1567	1710	4559
4月下旬	246	81	165	246	321.65	242.35	1.09	78.21	1285	2617	3902
5月上旬	326	37	289	326	321.20	242.80	0.48	77.91	585	4566	5151
5月中旬	414	154	161	315	318.94	243.30	0.77	74.87	2338	2444	4783
5月下旬	350	123	227	350	316.89	242.94	0.55	73.39	2014	3716	5730
6月上旬	484	115	272	387	313.74	243.61	1.05	69.08	1611	3810	5422
6月中旬	333	95	146	241	309.21	242.84	0.50	65.87	1269	1950	3219
6月下旬	414	128	117	245	304.65	243.30	0.77	60.58	1572	1437	3010
7月上旬	62	62	0	62	302.05	240.96	0.07	61.02	767	0	767
7月中旬	177	117	60	177	304.94	241.43	0.57	62.94	1493	766	2259
7月下旬	775	134	462	596	307.84	244.75	1.20	61.89	1850	6379	8229
8月上旬	540	139	291	430	305.43	243.80	1.31	60.32	1700	3560	5260
8月中旬	902	73	829	902	310.76	245.17	1.61	63.97	947	10 755	11 702
8月下旬	721	63	658	721	318.63	244.57	1.04	73.02	1026	10 719	11 745
9月上旬	477	77	400	477	318.53	243.59	1.02	73.92	1154	5996	7150
9月中旬	656	184	472	656	321.91	244.28	0.86	76.77	2865	7349	10 213
9月下旬	667	121	546	667	323.47	244.43	0.89	78.15	1918	8653	10 571
10月上旬	603	84	387	471	321.26	244.01	1.62	75.62	1288	5935	7223
10月中旬	503	102	401	503	323.38	243.68	1.13	78.56	1625	6389	8014
10月下旬	422	88	334	422	327.26	243.34	0.80	83.11	1632	6193	7824
11月上旬	244	51	193	244	329.05	242.34	1.07	85.64	886	3352	4238
11月中旬	253	111	142	253	329.02	242.38	1.15	85.49	1924	2462	4386
11月下旬	443	72	177	249	326.84	243.46	0.88	82.50	1205	2961	4166
12月上旬	181	64	117	181	324.17	242.01	0.60	81.57	1059	1935	2994
12月中旬	157	51	73	124	322.78	241.79	0.45	80.54	833	1192	2025
12月下旬	147	90	57	147	321.80	241.70	0.39	79.70	1600	921	2376
总量									48 122	121 307	170 566

表10-46 执行生态调度方案的发电量计算（1992年代表年）

时段	设计出库流量(m³/s)	设计发电流量(m³/s) 基荷	设计发电流量(m³/s) 调峰	设计发电流量(m³/s) 总量	上游平均水位(m)	尾水位(m)	水头损失(m)	净水头(m)	基荷发电量(万kW·h)	调峰发电量(万kW·h)	总发电量(万kW·h)
1月上旬	54	54	0	54	303.73	240.90	0.05	62.77	687	0	687
1月中旬	57	57	0	57	304.05	240.92	0.06	63.06	729	0	729
1月下旬	91	31	60	91	304.00	241.21	0.15	62.63	433	671	1104
2月上旬	90	45	45	90	303.81	241.19	0.15	62.47	570	570	1140
2月中旬	95	38	57	95	303.50	241.24	0.17	62.09	478	718	1196
2月下旬	132	69	63	132	302.72	241.56	0.32	60.84	766	0	766
3月上旬	141	59	82	141	302.47	241.64	0.36	60.47	724	1006	1729
3月中旬	167	75	92	167	304.20	241.88	0.50	61.82	940	1153	2094
3月下旬	203	87	116	203	306.16	242.12	0.74	63.29	1228	1638	2866
4月上旬	420	93	327	420	307.40	243.33	0.79	63.28	1193	4196	5390
4月中旬	350	99	251	350	308.10	242.94	0.55	64.60	1297	3288	4585
4月下旬	246	81	165	246	307.75	242.35	1.09	64.31	1056	2152	3208
5月上旬	326	37	289	326	307.65	242.80	0.48	64.37	483	3773	4256
5月中旬	621	154	467	621	308.28	244.11	0.77	63.40	1980	6004	7984
5月下旬	350	123	227	350	307.62	242.94	0.55	64.13	1760	3247	5007
6月上旬	484	115	330	484	305.15	243.61	1.05	60.48	1411	4048	5458
6月中旬	630	95	531	630	304.48	244.15	0.79	59.53	1147	6411	7558
6月下旬	731	128	564	731	306.02	244.60	1.07	60.35	1567	6903	8470
7月上旬	541	62	479	541	306.27	243.80	1.31	61.15	769	5941	6710
7月中旬	1978	117	602	1978	311.20	247.30	1.65	62.25	1477	7600	9077
7月下旬	558	134	522	558	317.33	243.86	1.39	72.07	2154	8393	10 547
8月上旬	540	139	401	540	315.93	243.80	1.31	70.82	1996	5760	7756
8月中旬	687	73	524	687	314.23	244.43	0.94	68.85	1019	7317	8336
8月下旬	721	63	572	721	314.98	244.57	1.04	69.37	975	8852	9827
9月上旬	477	77	400	477	314.06	243.59	1.02	69.45	1084	5634	6718
9月中旬	783	184	599	783	317.98	244.78	1.22	71.97	2686	8743	11 429
9月下旬	1623	121	946	1623	326.44	246.71	1.65	78.08	1916	14 979	16 895
10月上旬	1971	84	891	1971	329.41	247.29	1.65	80.47	1371	14 540	15 911
10月中旬	519	102	417	519	329.13	243.73	1.21	84.19	1741	7120	8861
10月下旬	404	88	316	404	328.68	243.24	0.74	84.70	1663	5971	7633
11月上旬	280	51	84	280	328.32	242.53	1.41	84.38	873	1437	2310
11月中旬	253	111	142	253	327.92	242.38	1.15	84.39	1900	2430	4330
11月下旬	443	72	202	443	325.78	243.46	0.88	81.44	1189	3336	4525
12月上旬	616	64	201	616	321.09	244.08	0.76	76.24	990	3108	4098
12月中旬	349	51	298	349	316.86	242.94	0.55	73.37	759	4434	5193
12月下旬	298	90	208	298	314.03	242.64	1.58	69.80	1401	3239	4640
总量									44 414	164 611	209 025

表 10-47 执行生态调度方案的发电量计算（2003 年代表年）

时段	设计出库流量 (m^3/s)	设计发电流量（m^3/s）基荷	设计发电流量（m^3/s）调峰	设计发电流量（m^3/s）总量	上游平均水位 (m)	尾水位 (m)	水头损失 (m)	净水头 (m)	基荷发电量（万 kW·h）	调峰发电量（万 kW·h）	总发电量（万 kW·h）
1月上旬	123	54	69	123	318.82	241.48	0.28	77.06	844	1078	1922
1月中旬	117	57	60	117	318.31	241.43	0.25	76.63	886	932	1818
1月下旬	91	31	60	91	317.69	241.21	0.15	76.33	528	1022	1549
2月上旬	90	45	45	90	317.25	241.19	0.15	75.91	693	693	1385
2月中旬	95	38	57	95	317.00	241.24	0.17	75.59	583	874	1456
2月下旬	132	69	63	132	317.05	241.56	0.32	75.17	842	768	1610
3月上旬	141	59	82	141	317.11	241.64	0.36	75.11	899	1249	2148
3月中旬	167	75	92	167	316.71	241.88	0.50	74.33	1130	1387	2517
3月下旬	203	87	116	203	316.01	242.12	0.74	73.14	1420	1893	3312
4月上旬	276	93	183	276	317.81	242.51	1.37	73.93	1394	2744	4138
4月中旬	288	99	189	288	319.42	242.58	1.48	75.35	1513	2888	4401
4月下旬	246	81	161	242	318.61	242.35	1.09	75.17	1235	2454	3689
5月上旬	800	37	393	430	316.88	244.83	1.27	70.77	531	5640	6172
5月中旬	414	154	260	414	317.37	243.30	0.77	73.30	2289	3865	6154
5月下旬	350	123	227	350	319.37	242.94	0.55	75.88	2082	3842	5924
6月上旬	484	115	83	198	316.84	243.61	1.05	72.18	1683	1215	2898
6月中旬	333	95	238	333	313.03	242.84	0.50	69.69	1343	3364	4706
6月下旬	414	128	123	251	309.59	243.30	0.77	65.52	1701	1634	3335
7月上旬	1279	62	1217	1279	308.95	245.98	1.65	61.32	771	15134	15905
7月中旬	1815	117	1292	1409	313.12	247.03	1.65	64.43	1529	16883	18412
7月下旬	558	134	424	558	316.28	243.86	1.39	71.02	2123	6718	8841
8月上旬	540	139	401	540	316.26	243.80	1.31	71.15	2006	5786	7792
8月中旬	1428	73	1268	1341	317.69	246.33	1.65	69.70	1032	17 924	18 956
8月下旬	1799	63	988	1051	323.08	247.00	1.65	74.42	1046	16 403	17 449
9月上旬	5224	77	1286	1363	327.81	251.75	1.65	74.40	1162	19 405	20 567
9月中旬	1842	184	1238	1422	328.97	247.07	1.65	80.24	2994	20 147	23 141
9月下旬	1111	121	990	1111	329.14	245.69	1.38	82.07	2014	16 476	18 490
10月上旬	2704	84	1164	1248	329.67	248.42	1.65	79.59	1356	18 789	20 145
10月中旬	1263	102	1150	1252	329.87	245.95	1.65	82.27	1702	19 187	20 889
10月下旬	461	88	373	461	329.74	243.54	0.95	85.25	1673	7093	8767
11月上旬	442	51	391	442	329.61	243.46	0.88	85.27	882	6762	7643
11月中旬	446	111	335	446	329.61	243.47	0.90	85.24	1919	5791	7710
11月下旬	443	72	264	336	329.10	243.46	0.88	84.76	1238	4538	5775
12月上旬	616	64	329	393	326.89	244.08	0.76	82.04	1065	5474	6539
12月中旬	279	51	228	279	325.18	242.52	1.39	81.27	841	3758	4598
12月下旬	147	90	57	147	326.19	241.70	0.39	84.10	1688	1069	2758
总量									48 634	244 880	293 514

C. 执行生态调度方案的发电量与实际发电量的比较

执行生态调度方案的发电量与实际发电量列于表 10-48 中。从表中可见，执行生态调度方案对发电总量影响不大，但对调峰能力的影响较明显。

表 10-48　不同方案发电总量比较　　　　　　（单位：亿 kW·h）

代表年	发电总量实际	执行生态调度方案	调峰电量 实际	执行生态调度方案
1995 年（枯水年）	17.27	17.06	17.27	12.13
1992 年（平水年）	19.35	20.90	19.35	16.46
2003 年（丰水年）	30.36	29.35	30.36	24.49

参 考 文 献

陈进等. 2011. 中国环境流研究与实践. 北京：中国水利水电出版社.
丛振涛，倪广恒. 2006. 生态水权的理论与实践. 中国水利，(19)：21-24.
崔保山，杨志峰. 2002. 湿地生态环境需水量研究. 环境科学学报，22(2)：219-224.
崔丽娟等. 2006. 扎龙湿地生态需水分析及补水对策. 东北师大学报（自然科学版），38(3)：128-132.
戴向前等. 2007. 扎龙湿地生态需水研究. 南水北调与水利科技，5(5)：41-44.
段爱旺等著. 2004. 北方地区主要农作物灌溉用水定额. 北京：中国农业科学技术出版社.
郭跃东等. 2004. 扎龙国家自然湿地生态环境需水量研究. 水土保持学报，18(6)：163-166.
河北省质量技术监督局，河北省水利厅. 河北省用水定额（DB 13/T 1161—2009）.
贾毅. 1992. 白洋淀环境演变的人为因素分析. 地理学与国土研究，8(1)：31-33.
姜文来. 2000. 水权及其作用探讨. 中国水利，(12)：13-14.
蒋朝晖. 2000. 安康水电站水库运用的探讨与实践. 水力发电，(11)：7-8.
柯劲松，桂发亮. 2006. 模糊决策和层次分析法在水权初始分配中的应用。中国农村水利水电，(5)：59-61.
李辉，何春梅，王卫成. 2005. 扎龙自然保护区水平衡分析. 黑龙江水专学报，32(2)：39-40.
李捷，夏自强，马广慧等. 2007. 河流生态径流计算的逐月频率计算法. 生态学报，27(7)：2916-2921.
李九一等. 2006. 沼泽湿地生态储水量及生态需水量计算方法探讨. 地理学报，61(3)：289-296.
李兴春等. 2004. 扎龙湿地生态环境需水量研究. 吉林大学学报（理学版），42(1)：143-146.
李云玲，谢永刚，谢悦波. 2004. 生态环境用水权的界定和分配. 河海大学学报（自然科学版），32(2)：229-232.
刘春丽，吕洪波，魏永霞. 2009. 扎龙湿地生态需水量研究. 水利科技与经济，15(11)：950-952.
刘鹤峰. 2006. 河北省地质·矿产·环境. 北京：地质出版社.
刘加海，许唯临，曹波. 2007. 扎龙湿地生态需水分析. 水利科技与经济，13(1)：52-54.
刘建芝，魏建强. 2007. 白洋淀蒸发渗漏与补水量计算分析. 水科学与工程技术，(1)：15-16.
刘晓燕等. 2009. 黄河环境流研究. 郑州：黄河水利出版社.
刘越，程伍群，尹健梅，等. 2010. 白洋淀湿地生态水位及生态补水方案分析. 河北农业大学学报，33(2)：107-109.
鲁学仁. 1993. 华北暨胶东地区水资源研究. 北京：中国科学技术出版社.
乔晔. 2005. 长江鱼类早期形态发育与种类鉴别. 中国科学院研究生院（水生生物研究所）学位论文.

任宪韶. 2007. 海河流域水资源评价. 北京：中国水利水电出版社.
史银军，粟晓玲. 2010. 干旱区内陆河流域水资源使用权多目标优化分配——以甘肃省石羊河流域为例. 干旱地区农业研究, 28（2）：136-140.
史作民，程瑞梅. 1996. 区域生态系统多样性评价方法. 农村生态环境, 12（2）：1-5.
水利部松辽水利委员会. 2004. 实施生态恢复工程促进人与自然协调发展. 中国水利,（5）：39-41.
水利电力部水文局. 1987. 中国水资源评价. 水利电力出版社.
孙静霞等. 2006. 洪河自然保护区水资源退化原因及生态需水分析. 黑龙江水利科技, 34（4）：131-132.
孙涛，杨志峰. 2005. 基于生态目标的河道生态环境需水量计算. 环境科学, 26（5）：43-48.
孙晓梅，杜连梅，赵东辉. 2010. 向海湿地生态环境需水量分析. 东北水利水电,（2）：37-39.
唐蕴，王浩，严登华. 2005. 向海自然保护区湿地生态需水研究. 资源科学, 27（5）：101-106.
唐占辉，马逊风. 2003. 向海湿地生态需水量的初步研究. 吉林水利,（12）：1-2.
汪恕诚. 2001. 水权和水市场. 水电能源科学, 19（1）：1-5.
王浩，王干. 2004. 水权理论及实践问题浅析. 行政与法,（6）：89-91.
王建群，韩丽，马铁民. 2006. 扎龙湿地生态系统需水量. 湖泊科学, 18（2）：114-119.
王教河，张延坤，朱景亮，等. 2004. 引察济向生态应急补水的分析. 东北水利水电, 22（243）：40-41.
王俊德. 1999. 白洋淀环境管理与规划研究. 河北水利水电技术,（4）：26-27.
王锐琛. 2000. 中国水力发电工程（工程水文卷）. 北京：中国电力出版社.
王西琴，刘斌，张远. 2010. 环境流量界定与管理. 北京：中国水利水电出版社.
王西琴. 2007. 河流生态需水理论、方法与应用. 中国水利水电出版社.
阎新兴，张素珍，李素丽，等. 2009. 白洋淀水资源综合承载力最佳水位研究. 南水北调与水利科技, 7（3）：81-83.
杨春霄. 2010. 白洋淀入淀水量变化及影响因素分析. 地下水, 32（2）：110-112.
杨柳等. 2008. 洪河国家级自然保护区最小生态需水量与补水分析. 生态学报, 28（9）：4501-4507.
杨志峰等编著. 2003. 生态环境需水量理论、方法与实践. 北京：科学出版社：38-39.
曾志新，罗军. 1999. 生物多样性的评价指标和评价标准. 湖南林业科技, 26（2）：26-29.
张海斌，钟林，杨军严等. 2006. 汉江陕西段河流湿地鱼类物种多样性研究. 陕西师范大学学报（自然科学版），34（专辑）：60-66.
张雷等. 2011. 流域开发的生态效应问题初探. 资源科学, 33（8）：1422-1430.
张素珍，宋保平. 2004. 白洋淀水资源承载力研究. 水土保持研究, 11（2）：100-103.
张晓敏，黄道明，谢文星，等. 2009. 汉江中下游"四大家鱼"自然繁殖的生态水文特征. 水生态学杂志, 2（2）：126-129.
张星朗等. 2001. 安康水库渔业资源调查及开发利用建议. 水利渔业, 21（2）：39-41.
张峥，张建文，李寅年，等. 1999. 湿地生态评价指标体系. 农业环境保护, 18（6）：283-285.
赵东升，吴正方，商丽娜. 2004. 洪河保护区湿地生态需水量研究. 湿地科学, 2（2）：133-138.
赵翔，崔保山，杨志峰. 2005. 白洋淀最低生态水位研究. 生态学报, 25（5）：1033-1040.
赵彦红，连进元，赵秀平. 2005. 白洋淀自然保护区湿地生物生境安全保护. 石家庄职业技术学院学报, 17（2）：1-4.
郑剑锋，雷晓云，王建北，等. 2006. 基于满意度决策理论的玛纳斯河取水权分配研究. 水资源与水工程学报, 17（2）：1-4.
衷平，杨志峰，崔保山，等. 2005. 白洋淀湿地生态环境需水量研究. 环境科学学报, 25（8）：1119-1126.
周林飞，许士国，李青山，等. 2007. 扎龙湿地生态环境需水量安全阈值的研究. 水利学报, 38（7）：

845-851.

周年生,李彦东. 2000. 流域环境管理规划方法与实践. 北京:中国水利水电出版社.

周霞,胡继连,周玉玺. 2001. 我国流域水资源产权特性与制度建设. 经济理论与经济管理,(12):11-15.

Tharme R E. 2003. A global perspective on environmental flow assessment: emerging trends in the development and application of environmental flow methodologies for rivers. River Research and Applications. 19(5-6), 397-441.